2013年4月23日，"十二五"国家科技支撑计划"既有建筑绿色化改造关键技术研究与示范"项目阶段工作总结会在北京顺利召开

2013年4月22日，由中国建筑科学研究院主办，北京筑巢传媒有限公司承办的"第五届既有建筑改造技术交流研讨会"现场

中国建筑改造网

www.chinabrn.cn

咨询电话：010-51668621

涉及专业：

绿色改造　建筑与规划　结构与材料
暖通空调　给排水　电气与自控
施工管理　运行管理　历史建筑

核心内容：

案例　论文　规范　工法
设计　行业动态

其他栏目：

既有建筑改造项目信息栏目
产品与设备求购栏目
改造相关企业与产品库

主办单位：中国建筑科学研究院

从热源、热网、热力站到热用户的整体节能运行解决方案

· 开放数据中心　　· 开放通讯协议　　· 开放工具　　· 支持所有品牌的控制及计量设备接入

STEC2000热网监控系统

- 分布式变频控制系统
- 混水换热站控制系统
- 间连换热站控制系统
- 公建楼栋控制系统

STEC2000热网监控系统

SMEC3000供热计量温控系统

通断时间面积法

室内温控器　　通断控制器　　电动阀门系列　　楼栋处理器

SMEC3000管理软件

流量温度法

温度采集系统　　散热器恒温阀　　热量分配查询器

公建计量温控

公建计量温控

温度面积法

无线室温采集器　　无线室内温控器　　通断控制器　　电动阀门系列　　楼栋处理器

北京硕人时代科技股份有限公司　　北京市海淀区上地信息路11号彩虹大厦北楼东302、304室
网址：www.shuoren.com.cn　　电话：010-62973205/06/07　　传真：010-62965262

A better environment inside and out.™

悉尼歌剧院

美国国会山

北京人民大会堂

上海金茂大厦

隔热保温——玻璃窗在夏天是主要的热源进入处,舒热佳玻璃贴膜通过阻挡红外热量的传导和辐射,能阻隔多达81%的太阳能进入室内。

节省能耗——舒热佳玻璃贴膜可显著节省建筑物空调制冷能耗。

安全防爆——事故发生时,玻璃碎片危害非常严重。贴舒热佳安全膜是使玻璃提高安全性能的便捷方法。拥有专利技术的安全膜使可能的危害降低到最小。

防紫外线——太阳辐射中的紫外线,是造成室内家具褪色老化的主要原因。舒热佳玻璃贴膜可阻隔将近100%的有害紫外线,给客户提供放心的保护。

　　圣戈班舒热佳特殊镀膜是隶属于圣戈班集团的一个独立业务单元,也是国际公认的汽车膜、建筑膜、太阳能背板和工业膜行业的技术领先企业及全球磁控溅射膜的最大生产商。在全球64个国家开展业务并拥有190,000名员工的圣戈班集团,为发展节能及环境保护领域遇到的挑战提供创新的解决方案。舒热佳特殊镀膜不但通过ISO9001(2000版)认证,并被国际高度认可,不但应用于北京人民大会堂、上海金茂大厦,还应用于美国国会山、美国能源部、FBI总部、英国哈罗德商场等世界知名建筑。

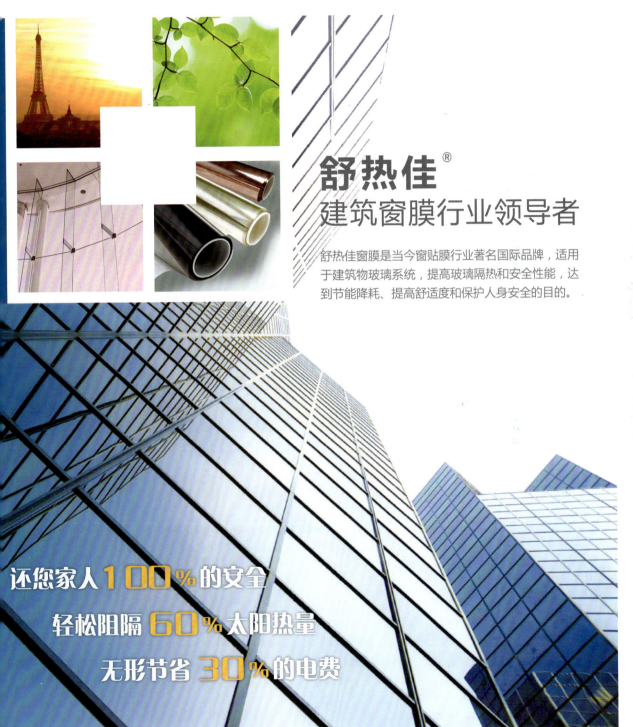

舒热佳®
建筑窗膜行业领导者

舒热佳窗膜是当今窗贴膜行业著名国际品牌，适用于建筑物玻璃系统，提高玻璃隔热和安全性能，达到节能降耗、提高舒适度和保护人身安全的目的。

还您家人 **100%** 的安全

轻松阻隔 **60%** 太阳热量

无形节省 **30%** 的电费

圣戈班舒热佳特殊镀膜有限公司　Saint-Gobain Solar Gard Specialty Films　官方网站：cn.solargard.com　咨询热线：400-820-1108

以科技为先导 以创新为动力 以品质为生命

★ 北京金隅股份有限公司旗下核心制造企业

★ 无机保温材料专业生产企业

★ 拥有数十年保温材料、装饰材料和墙体材料的生产研发经验

★ 引进欧洲年产4万吨的岩棉生产线

★ 引进日东纺矿棉生产技术，年产能力5万吨

金隅星® 岩棉产品是以玄武岩等天然岩石为原料，配比称重，经工业电炉1520℃高温熔化，由四辊离心机高速成纤，均匀喷淋粘合剂，以平摆布棉法铺棉，采用三维立体打褶技术，固化成型，加工成不同规格、用途的岩棉板（毡），产品具有防火、保温、憎水、吸声、耐久及环保等卓越性能。

建筑中每使用一吨矿物棉绝热制品，一年可节约一吨石油。通常用于保温材料的投资一年左右可以通过节约的能量回收。

昌平区老旧小区改造

昌平区老旧小区改造

东城区老旧小区改造

东城区老旧小区改造

北京金隅节能保温科技有限公司

地址：北京市朝阳区高井2号　邮编：100123

电话：010-85760213　010-85766155　传真：010-85760203

网址：www.bemt.com.cn

节能保温系列产品

既有建筑改造年鉴（2013）

《既有建筑改造年鉴》编委会 编

中国建筑工业出版社

图书在版编目（CIP）数据

既有建筑改造年鉴（2013）/《既有建筑改造年鉴》编委会主编. —北京：中国建筑工业出版社，2014.4
ISBN 978-7-112-16600-8

Ⅰ.①既… Ⅱ.①既… Ⅲ.①建筑物－改造－中国－2013－年鉴 Ⅳ.①TU746.3-54

中国版本图书馆CIP数据核字（2014）第053521号

责任编辑：马　彦
装帧设计：甄　玲
责任校对：姜小莲　刘　钰

既有建筑改造年鉴（2013）

《既有建筑改造年鉴》编委会　编

*

中国建筑工业出版社出版、发行（北京西郊百万庄）
各地新华书店、建筑书店经销
北京筑巢传媒广告有限公司制版
北京画中画印刷有限公司印刷

*

开本：787×1092毫米 1/16　印张：31　插页：8　字数：680千字
2014年4月第一版　2014年4月第一次印刷
定价：108.00元
ISBN 978-7-112-16600-8
（25420）

版权所有　翻印必究
如有印装质量问题，可寄本社退换
（邮政编码 100037）

既有建筑改造年鉴（2013）
编辑委员会

主　任：　王　俊　中国建筑科学研究院　院长、研究员

副主任：　（以姓氏笔画为序）
　　　　　许杰峰　中国建筑业协会建筑技术与信息分会　常务副会长
　　　　　孙成永　科技部社会发展科技司　副司长
　　　　　李朝旭　中国建筑科学研究院　党委书记、教授级高工
　　　　　吴慧娟　住房和城乡建设部建筑市场监管司　司长
　　　　　武　涌　住房和城乡建设部建筑节能与科技司　巡视员
　　　　　林海燕　国家建筑工程技术研究中心　主任、研究员
　　　　　赵基达　中国建筑科学研究院　总工程师、研究员
　　　　　韩爱兴　住房和城乡建设部建筑节能与科技司　副司长
　　　　　路　红　天津市国土资源和房屋管理局　副局长

编　委：　（以姓氏笔画为序）
　　　　　王　霓　国家建筑工程质量监督检测中心　常务副主任、研究员
　　　　　王清勤　中国建筑科学研究院　院长助理、教授级高工
　　　　　田　炜　上海现代建筑设计（集团）有限公司　主任
　　　　　吕新荣　新疆建筑科学研究院　院长、教授级高工
　　　　　毕既华　住房和城乡建设部科技发展促进中心　处长
　　　　　孙　超　天津市保护风貌建筑办公室　主任、教授级高工
　　　　　孙大明　中国建筑科学研究院上海分院　总工、教授级高工
　　　　　李引擎　住房和城乡建设部防灾研究中心　副主任、研究员
　　　　　李向民　上海市建筑科学研究院　所长、教授级高工

何春凯	中国建筑科学研究院深圳分院	副院长、高工
邱小坛	国家建筑工程质量监督检测中心	总工程师、研究员
张　峰	住房和城乡建设部科技发展促进中心	处长、高工
张　辉	中国建筑科学研究院深圳分院	常务副院长、教授级高工
张巧显	中国21世纪议程管理中心	处长
张福麟	住房和城乡建设部建筑节能与科技司	处长
陈其针	科技部社会发展科技司社会事业处	副调研员
陈明中	上海维固工程实业有限公司	总经理
赵　力	中国建筑科学研究院建筑环境与节能研究院	高工
赵　伟	中国建筑技术集团有限公司	副总裁、教授级高工
赵建平	中国建筑科学研究院建筑环境与节能研究院	副院长
赵霄龙	中国建筑科学研究院建筑材料研究所	所长
南建林	中国建筑科学研究院上海分院	常务副院长、教授级高工
莫争春	能源基金会建筑节能项目部	主任
徐　伟	中国建筑科学研究院建筑环境与节能研究院	院长
徐连和	天津市国土房管局既有房屋管理处	处长、教授级高工
麻名更	科技部社会发展科技司社会事业处	处长
梁传志	住房和城乡建设部科技发展促进中心	高工
程志军	中国建筑科学研究院标准处	处长、研究员
傅建华	天津市保护风貌建筑办公室	副主任、教授级高工
路　宾	中国建筑科学研究院建筑环境与节能研究院	副院长

编辑部： 主　任　陈乐端
　　　　　副主任　谢尚群　高　迪
　　　　　成　员　赵　海　赵乃妮　李海峰　高润东　郭永聪　张宇霞
　　　　　　　　　马建民　康井红　朱荣鑫　李国柱　夏聪和

编辑说明

一、《既有建筑改造年鉴（2013）》是由中国建筑科学研究院以"十二五"国家科技支撑计划重大项目"既有建筑绿色化改造关键技术研究与示范"（项目编号：2012BAJ06B00）为依托，编辑出版的行业大型工具用书。

二、本书是近年来我国既有建筑绿色化改造领域发展的缩影，全书分为政策篇、标准篇、科研篇、成果篇、论文篇、工程篇、统计篇和附录共八部分内容，可供从事既有建筑改造的工程技术人员、大专院校师生和有关管理人员参考。

三、谨向所有为《既有建筑改造年鉴（2013）》编辑出版付出辛勤劳动、给予热情支持的部门、单位和个人深表谢意。

在此，特别感谢中国建筑科学研究院、上海市建筑科学研究院（集团）有限公司、上海现代建筑设计（集团）有限公司、深圳市建筑科学研究院有限公司、住房和城乡建设部防灾研究中心、住房和城乡建设部科技发展促进中心、中国建筑技术集团有限公司、上海维固工程实业有限公司、同济大学、江苏省建筑科学研究院有限公司、南京工业大学、建研科技股份有限公司、哈尔滨工业大学、圣戈班高功能塑料（上海）有限公司、北京硕人时代科技股份有限公司等部门和单位为本书的出版所付出的努力。

四、由于既有建筑绿色化改造在我国规范化发展时间较短，资料与数据记载较少，致使本书个别栏目比较薄弱。由于水平所限和时间仓促，本书难免有错讹、疏漏和不足之处，恳请广大读者批评指正。

目录

一、政策篇
国务院关于加快棚户区改造工作的意见……13
关于转发发展改革委 住房城乡建设部绿色建筑行动方案的通知……17
"十二五"绿色建筑和绿色生态城区发展规划……24
住房城乡建设部 国家发展改革委 财政部关于做好2013年农村危房改造工作的通知……32
相关政策法规简介……36

二、标准篇
国家标准简介……45
行业标准简介……47
地方标准简介……50
CECS协会标准简介……54

三、科研篇
"既有建筑绿色化改造综合检测评定技术与推广机制研究"课题阶段性成果简介……59
"典型气候地区既有居住建筑绿色化改造技术研究与工程示范"课题阶段性成果简介……62
"城市社区绿色化综合改造技术研究与工程示范"课题阶段性成果简介……66
"大型商业建筑绿色化改造技术研究与工程"课题阶段性成果简介……70
"办公建筑绿色化改造技术研究与工程示范"课题阶段性成果简介……74
"医院建筑绿色化改造技术研究与工程示范"课题阶段性成果简介……82
"工业建筑绿色化改造技术研究与工程示范"课题阶段性成果简介……86

四、成果篇
绿色既有建筑监测系统……93
住宅新风净化系统……95
用于建筑结构拆除的落料装置……96

人字形屋架构件及其构建的屋架··98
医院医疗废气的处理和安全排放系统··100
一种可用于大型商业建筑的消能减震加固技术······································101
坡屋面屋顶绿化技术··103
可再生能源系统运行性能远程监测技术··104
基于通断时间面积法热计量系统的供热节能技术····································105
发泡陶瓷保温板外墙节能改造应用技术··106
高强早强高耐久性加固材料的早期体积稳定性设计方法······························108
示范工程改造前建筑及室内环境测试··110
粘贴竹板加固预应力混凝土空心板··113
钢丝网水泥砂浆加固空斗墙··114
城市社区可再生能源资源潜力评估方法··115
城市社区能源系统综合评价与优化配置··116
聚苯颗粒混凝土复合板理论分析··117
老旧木梁维修加固试验研究和数值分析··118
免灌溉屋顶绿化系统··119
消能减震加固评估分析系统··120
多能源智能照明控制系统··122
一种淋浴废水废热回收利用装置··123
一种阳台型遮阳装置··124
一种新型的垂直绿化装置··125
绿色建筑现场综合检测仪器··126
一种新型防屈曲耗能支撑··128
低消耗商品砂浆··129
脱硫石膏保温砂浆··130
一种可释放自由度的消能减震机构··131
利用TCR+FC型SVC进行供配电系统改造技术··132
自然屋预制高效供热末端技术··135
用户热量分配系统··138
新型无线无源智能化楼宇控制系统··140
银通YT无机活性墙体保温隔热系统··144
既有建筑外门窗的不拆窗框节能改造技术··147

Low-E隔热保温膜在建筑玻璃上的节能应用技术…………149
供热计量管理平台…………152
PASSIVE120型木塑铝多层复合框体高效节能窗…………155
热水吊顶辐射板采暖系统在高大空间及半敞开式建筑中的应用…………159
低层建筑外墙改造干挂通气式施工法…………164
机械固定钢丝网架聚苯乙烯复合保温板外墙外保温技术…………167
绿色"3升房" 建筑节能技术体系…………170
采暖热计量节能控制系统…………172

五、论文篇

我国既有建筑绿色化改造的发展现状与研究展望…………179
既有建筑绿色化改造策略与工程实践…………188
我国既有建筑绿色化改造特点和方法研究…………197
夏热冬暖地区既有建筑绿色化改造共性关键技术研究…………202
华东地区既有办公建筑绿色化改造技术选择与实践…………214
典型既有建筑绿色评价体系指标权重研究…………224
与创意产业结合的上海旧工业建筑改造再利用研究…………229
绿色城市社区物理环境评价体系研究…………235
家用热泵空调器除霜系统改造实验研究…………240
全过程建筑合同能源管理…………246
大型公共建筑典型中庭空间声场研究…………255
绿色商店建筑围护结构节能评价方法探析…………266
石家庄某既有居住建筑节能诊断与测试…………272

六、工程篇

中国国家博物馆改扩建工程…………277
江苏省人大绿色建筑改造工程…………288
天津大学生命科学学院办公楼绿色化改造工程…………299
北京市京燕饭店改造工程…………306
上海市绿城埃力生大厦改造工程…………318
河北师范大学北院供热系统节能改造工程…………325
上海某四星级酒店空调及热水系统节能改造…………329
深圳国际人才大厦节能改造工程…………335

上海市小东门社区医院改造工程……338
上海市儿童医院普陀新院改造工程……345
深圳莲花二村住区综合改造……354
石家庄市方北小区供热计量节能改造工程……362
天津市塘沽区河华里小区改造工程……368
上海申都大厦改造工程……374
天津绿领慧谷低碳产业园改造工程……381
杭州新天地G&G2地块改造工程……390
上海春宇集团金桥21号地块改造工程……399
天津市解放北路52号改造工程……408
上海市思南公馆二期历史风貌别墅群改造保护……412
上海申达大楼结构改造工程……420
天津市大同道15号原中国实业银行改造工程……426

七、统计篇

住房城乡建设部办公厅关于2012年全国住房城乡建设领域节能减排专项监督检查建筑节能检查情况的通报……437
住房城乡建设部办公厅关于2012年北方采暖地区供热计量改革工作专项监督检查情况的通报……442
既有居住建筑节能改造工程实施进展与成效……446
最具潜力的内需市场既有建筑改造是目前我国建筑节能的最大市场……450
中国建筑节能的技术路线图……457
全国重点省市"十二五"绿色建筑行动目标……469
北京市既有公共建筑能耗情况调研报告……477
上海市既有公共建筑能耗情况调研报告……484

八、附录

既有建筑改造大事记……493

一、政策篇

在十八大"生态文明建设"精神的指引下,既有建筑绿色化改造工作不断得到国家和地方政府的高度重视,除了出台与既有建筑改造相关的政策外(如公共建筑节能改造、居住建筑热计量改造等),还在发布的部分绿色建筑政策法规中对既有建筑改造作出规定,有效激发了我国既有建筑改造市场的需求,发掘了既有建筑改造的潜力,对我国既有建筑绿色化改造的快速健康发展具有重要意义。

国务院关于加快棚户区改造工作的意见

(2013年7月4日　国发[2013]25号)

各省、自治区、直辖市人民政府，国务院各部委、各直属机构：

棚户区改造是重大的民生工程和发展工程。2008年以来，各地区、各有关部门贯彻落实党中央、国务院决策部署，将棚户区改造纳入城镇保障性安居工程，大规模推进实施。2008年至2012年，全国改造各类棚户区1260万户，有效改善了困难群众住房条件，缓解了城市内部二元矛盾，提升了城镇综合承载能力，促进了经济增长与社会和谐。但也要看到，目前仍有部分群众居住在棚户区中。这些棚户区住房简陋，环境较差，安全隐患多，改造难度大。为进一步加大棚户区改造力度，让更多困难群众的住房条件早日得到改善，同时，有效拉动投资、消费需求，带动相关产业发展，推进以人为核心的新型城镇化建设，发挥助推经济实现持续健康发展和民生不断改善的积极效应，现提出以下意见。

一、总体要求和基本原则

(一)总体要求

以邓小平理论、"三个代表"重要思想、科学发展观为指导，适应城镇化发展的需要，以改善群众住房条件作为出发点和落脚点，加快推进各类棚户区改造，重点推进资源枯竭型城市及独立工矿棚户区、三线企业集中地区的棚户区改造，稳步实施城中村改造。2013年至2017年改造各类棚户区1000万户，使居民住房条件明显改善，基础设施和公共服务设施建设水平不断提高。

(二)基本原则

1. 科学规划，分步实施。要根据当地经济社会发展水平和政府财政能力，结合城市规划、土地利用规划和保障性住房建设规划，合理确定各类棚户区改造的目标任务，量力而行、逐步推进，先改造成片棚户区、再改造其他棚户区。

2. 政府主导，市场运作。棚户区改造政策性、公益性强，必须发挥政府的组织引导作用，在政策和资金等方面给予积极支持；注重发挥市场机制的作用，充分调动企业和棚户区居民的积极性，动员社会力量广泛参与。

3. 因地制宜，注重实效。要按照小户型、齐功能、配套好、质量高、安全可靠的要求，科学利用空间，有效满足基本居住功能。坚持整治与改造相结合，合理界定改造范围。对规划保留的建筑，主要进行房屋维修加固、完善配套设施、环境综合整治和建筑节能改造。要重视维护城市传统风貌特色，保护历史文化街区、历史建筑以及不可移动文物。

4. 完善配套，同步建设。坚持同步规划、同步施工、同步交付使用，组织好新建安置小区的供水、供电、供气、供热、通讯、污水与垃圾处理等市政基础设施和商业、教育、医疗卫生、无障碍设施等配套公共服务设施的建设，促进以改善民生为重点的社会建设。

二、全面推进各类棚户区改造

（一）城市棚户区改造

2013年至2017年五年改造城市棚户区800万户，其中，2013年改造232万户。在加快推进集中成片城市棚户区改造的基础上，各地区要逐步将其他棚户区、城中村改造，统一纳入城市棚户区改造范围，稳步、有序推进。市、县人民政府应结合当地实际，合理界定城市棚户区具体改造范围。禁止将因城市道路拓展、历史街区保护、文物修缮等带来的房屋拆迁改造项目纳入城市棚户区改造范围。城市棚户区改造可采取拆除新建、改建（扩建、翻建）等多种方式。要加快城镇旧住宅区综合整治，加强环境综合整治和房屋维修改造，完善使用功能和配套设施。在改造中可建设一定数量的租赁型保障房，统筹用于符合条件的保障家庭。

（二）国有工矿棚户区改造

五年改造国有工矿（含煤矿）棚户区90万户，其中，2013年改造17万户。位于城市规划区内的国有工矿棚户区，要统一纳入城市棚户区改造范围。铁路、钢铁、有色、黄金等行业棚户区，要按照属地原则纳入各地棚户区改造规划组织实施。国有工矿（煤矿）各级行业主管部门，要加强对棚户区改造工作的监督指导。

（三）国有林区棚户区改造

五年改造国有林区棚户区和国有林场危旧房30万户，其中，2013年改造18万户。对国有林区（场）之外的其他林业基层单位符合条件的住房困难职工，纳入当地城镇住房保障体系筹解决。

（四）国有垦区危房改造

五年改造国有垦区危房80万户，其中，2013年改造37万户。要优化垦区危房改造布局，方便生产生活，促进产业发展和小城镇建设。将华侨农场非归难侨危房改造，统一纳入国有垦区危房改造中央补助支持范围，加快实施改造。

三、加大政策支持力度

（一）多渠道筹措资金

要采取增加财政补助、加大银行信贷支持、吸引民间资本参与、扩大债券融资、企业和群众自筹等办法筹集资金。

1.加大各级政府资金支持。中央加大对棚户区改造的补助，对财政困难地区予以倾斜。省级人民政府也要相应加大补助力度。市、县人民政府应切实加大棚户区改造的资金投入，可以从城市维护建设税、城镇公用事业附加、城市基础设施配套费、土地出让收入等渠道中，安排资金用于棚户区改造支出。各地区除上述资金渠道外，还可以从国有资本经营预算中适当安排部分资金用于国有企业棚户区改造。有条件的市、县可对棚户区改造项目给予贷款贴息。

2.加大信贷支持。各银行业金融机构要按照风险可控、商业可持续原则，创新金融产品，改善金融服务，积极支持棚户区改造，增加棚户区改造信贷资金安排，向符合条件的棚户区改造项目提供贷款。各地区要建立健全棚户区改造贷款还款保障机制，积

一、政策篇

极吸引信贷资金支持。

3. 鼓励民间资本参与改造。鼓励和引导民间资本根据保障性安居工程任务安排，通过直接投资、间接投资、参股、委托代建等多种方式参与棚户区改造。要积极落实民间资本参与棚户区改造的各项支持政策，消除民间资本参与棚户区改造的政策障碍，加强指导监督。

4. 规范利用企业债券融资。符合规定的地方政府融资平台公司、承担棚户区改造项目的企业可发行企业债券或中期票据，专项用于棚户区改造项目。对发行企业债券用于棚户区改造的，优先办理核准手续，加快审批速度。

5. 加大企业改造资金投入。鼓励企业出资参与棚户区改造，加大改造投入。企业参与政府统一组织的工矿（含中央下放煤矿）棚户区改造、林区棚户区改造、垦区危房改造的，对企业用于符合规定条件的支出，准予在企业所得税前扣除。要充分调动企业职工积极性，积极参与改造，合理承担安置住房建设资金。

（二）确保建设用地供应

棚户区改造安置住房用地纳入当地土地供应计划优先安排，并简化行政审批流程，提高审批效率。安置住房中涉及的经济适用住房、廉租住房和符合条件的公共租赁住房建设项目可以通过划拨方式供地。

（三）落实税费减免政策

对棚户区改造项目，免征城市基础设施配套费等各种行政事业性收费和政府性基金。落实好棚户区改造安置住房税收优惠政策，将优惠范围由城市和国有工矿棚户区扩大到国有林区、垦区棚户区。电力、通讯、市政公用事业等企业要对棚户区改造给予支持，适当减免入网、管网增容等经营性收费。

（四）完善安置补偿政策

棚户区改造实行实物安置和货币补偿相结合，由棚户区居民自愿选择。各地区要按国家有关规定制定具体安置补偿办法，禁止强拆强迁，依法维护群众合法权益。对经济困难、无力购买安置住房的棚户区居民，可以通过提供租赁型保障房等方式满足其基本居住需求，或在符合有关政策规定的条件下，纳入当地住房保障体系筹解决。

四、提高规划建设水平

（一）优化规划布局

棚户区改造安置住房实行原地和异地建设相结合，优先考虑就近安置；异地安置的，要充分考虑居民就业、就医、就学、出行等需要，合理规划选址，尽可能安排在交通便利、配套设施齐全地段。要贯彻节能、节地、环保的原则，严格控制套型面积，落实节约集约用地和节能减排各项措施。

（二）完善配套基础设施建设

棚户区改造项目要按照有关规定规划建设相应的商业和综合服务设施。各级政府要拓宽融资渠道，加大投入力度，加快配套基础设施和公共服务设施的规划、建设和竣工交付进度。要加强安置住房管理，完善社区公共服务，确保居民安居乐业。

（三）确保工程质量安全

要落实工程质量责任，严格执行基本建设程序和标准规范，特别是抗震设防等强制性标准。严格建筑材料验核制度，防止假冒伪劣建筑材料流入建筑工地。健全项目信息公开制度。项目法人对住房质量负终身责任。勘察、设计、施工、监理等单位依法对建设工程质量负相应责任,积极推行单位负责人和项目负责人终身负责制。推广工程质量责任标牌,公示相关参建单位和负责人,接受社会监督。贯彻落实绿色建筑行动方案,积极执行绿色建筑标准。

五、加强组织领导

(一)强化地方各级政府责任

各地区要进一步提高认识,继续加大棚户区改造工作力度。省级人民政府对本地区棚户区改造工作负总责,按要求抓紧编制2013年至2017年棚户区改造规划,落实年度建设计划,加强目标责任考核。市、县人民政府要明确具体工作责任和措施,扎实做好棚户区改造的组织工作,特别是要依法依规安置补偿,切实做到规划到位、资金到位、供地到位、政策到位、监管到位、分配补偿到位。要加强信息公开,引导社会舆论,主动发布和准确解读政策措施,及时反映工作进展情况。广泛宣传棚户区改造的重要意义,尊重群众意愿,深入细致做好群众工作,积极引导棚户区居民参与改造,为推进棚户区改造营造良好社会氛围。

(二)明确各部门职责

住房城乡建设部会同有关部门督促各地尽快编制棚户区改造规划,将任务分解到年度,落实到市、县,明确到具体项目和建设地块;加强协调指导,抓好建设进度、工程质量等工作。财政部、发展改革委会同有关部门研究加大中央资金补助力度。人民银行、银监会研究政策措施,引导银行业金融机构继续加大信贷支持力度。国土资源部负责完善土地供应政策。

(三)加强监督检查

监察部、住房城乡建设部等有关部门要建立有效的督查制度,定期对地方棚户区改造工作进行全面督促检查;各地区要加强对棚户区改造的监督检查,全面落实工作任务和各项政策措施,严禁企事业单位借棚户区改造政策建设福利性住房。对资金土地不落实、政策措施不到位、建设进度缓慢、质量安全问题突出的地方政府负责人进行约谈,限期进行整改。对在棚户区改造及安置住房建设、分配和管理过程中滥用职权、玩忽职守、徇私舞弊、失职渎职的行政机关及其工作人员,要依法依纪追究责任;涉嫌犯罪的,移送司法机关处理。

(国务院)

关于转发发展改革委 住房城乡建设部绿色建筑行动方案的通知

(2013年1月1日 国办发[2013]1号)

各省、自治区、直辖市人民政府，国务院各部委、各直属机构：

发展改革委、住房城乡建设部《绿色建筑行动方案》已经国务院同意，现转发给你们，请结合本地区、本部门实际，认真贯彻落实。

为深入贯彻落实科学发展观，切实转变城乡建设模式和建筑业发展方式，提高资源利用效率，实现节能减排约束性目标，积极应对全球气候变化，建设资源节约型、环境友好型社会，提高生态文明水平，改善人民生活质量，制定本行动方案。

一、充分认识开展绿色建筑行动的重要意义

绿色建筑是在建筑的全寿命期内，最大限度地节约资源、保护环境和减少污染，为人们提供健康、适用和高效的使用空间，与自然和谐共生的建筑。"十一五"以来，我国绿色建筑工作取得明显成效，既有建筑供热计量和节能改造超额完成"十一五"目标任务，新建建筑节能标准执行率大幅度提高，可再生能源建筑应用规模进一步扩大，国家机关办公建筑和大型公共建筑节能监管体系初步建立。但也面临一些比较突出的问题，主要是：城乡建设模式粗放，能源资源消耗高、利用效率低，重规模轻效率、重外观轻品质、重建设轻管理，建筑使用寿命远低于设计使用年限等。

开展绿色建筑行动，以绿色、循环、低碳理念指导城乡建设，严格执行建筑节能强制性标准，扎实推进既有建筑节能改造，集约节约利用资源，提高建筑的安全性、舒适性和健康性，对转变城乡建设模式，破解能源资源瓶颈约束，改善群众生产生活条件，培育节能环保、新能源等战略性新兴产业，具有十分重要的意义和作用。要把开展绿色建筑行动作为贯彻落实科学发展观、大力推进生态文明建设的重要内容，把握我国城镇化和新农村建设加快发展的历史机遇，切实推动城乡建设走上绿色、循环、低碳的科学发展轨道，促进经济社会全面、协调、可持续发展。

二、指导思想、主要目标和基本原则

（一）指导思想

以邓小平理论、"三个代表"重要思想、科学发展观为指导，把生态文明融入城乡建设的全过程，紧紧抓住城镇化和新农村建设的重要战略机遇期，树立全寿命期理念，切实转变城乡建设模式，提高资源利用效率，合理改善建筑舒适性，从政策法规、

体制机制、规划设计、标准规范、技术推广、建设运营和产业支撑等方面全面推进绿色建筑行动，加快推进建设资源节约型和环境友好型社会。

（二）主要目标

1. 新建建筑。城镇新建建筑严格落实强制性节能标准，"十二五"期间，完成新建绿色建筑10亿平方米；到2015年末，20%的城镇新建建筑达到绿色建筑标准要求。

2. 既有建筑节能改造。"十二五"期间，完成北方采暖地区既有居住建筑供热计量和节能改造4亿平方米以上，夏热冬冷地区既有居住建筑节能改造5000万平方米，公共建筑和公共机构办公建筑节能改造1.2亿平方米，实施农村危房改造节能示范40万套。到2020年末，基本完成北方采暖地区有改造价值的城镇居住建筑节能改造。

（三）基本原则

1. 全面推进，突出重点。全面推进城乡建筑绿色发展，重点推动政府投资建筑、保障性住房以及大型公共建筑率先执行绿色建筑标准，推进北方采暖地区既有居住建筑节能改造。

2. 因地制宜，分类指导。结合各地区经济社会发展水平、资源禀赋、气候条件和建筑特点，建立健全绿色建筑标准体系、发展规划和技术路线，有针对性地制定有关政策措施。

3. 政府引导，市场推动。以政策、规划、标准等手段规范市场主体行为，综合运用价格、财税、金融等经济手段，发挥市场配置资源的基础性作用，营造有利于绿色建筑发展的市场环境，激发市场主体设计、建造、使用绿色建筑的内生动力。

4. 立足当前，着眼长远。树立建筑全寿命期理念，综合考虑投入产出效益，选择合理的规划、建设方案和技术措施，切实避免盲目的高投入和资源消耗。

三、重点任务

（一）切实抓好新建建筑节能工作

1. 科学做好城乡建设规划。在城镇新区建设、旧城更新和棚户区改造中，以绿色、节能、环保为指导思想，建立包括绿色建筑比例、生态环保、公共交通、可再生能源利用、土地集约利用、再生水利用、废弃物回收利用等内容的指标体系，将其纳入总体规划、控制性详细规划、修建性详细规划和专项规划，并落实到具体项目。做好城乡建设规划与区域能源规划的衔接，优化能源的系统集成利用。建设用地要优先利用城乡废弃地，积极开发利用地下空间。积极引导建设绿色生态城区，推进绿色建筑规模化发展。

2. 大力促进城镇绿色建筑发展。政府投资的国家机关、学校、医院、博物馆、科技馆、体育馆等建筑，直辖市、计划单列市及省会城市的保障性住房，以及单体建筑面积超过2万平方米的机场、车站、宾馆、饭店、商场、写字楼等大型公共建筑，自2014年起全面执行绿色建筑标准。积极引导商业房地产开发项目执行绿色建筑标准，鼓励房地产开发企业建设绿色住宅小区。切实推进绿色工业建筑建设。发展改革、财政、住房城乡建设等部门要修订工程预算和建设标准，各省级人民政府要制定绿色建筑工程定额和造价标准。严格落实固定资产投资项目节能评估审查制度，强化对大型公共建筑项目执行绿色建筑标准情况的审查。强化绿色建筑评价标识管理，加强对规划、设计、施工和运行的监管。

3. 积极推进绿色农房建设。各级住房城乡建设、农业等部门要加强农村村庄建设整体规划管理，制定村镇绿色生态发展指导意见，编制农村住宅绿色建设和改造推广图集、村镇绿色建筑技术指南，免费提供技术服务。大力推广太阳能热利用、围护结构保温隔热、省柴节煤灶、节能炕等农房节能技术；切实推进生物质能利用，发展大中型沼气，加强运行管理和维护服务。科学引导农房执行建筑节能标准。

4. 严格落实建筑节能强制性标准。住房城乡建设部门要严把规划设计关口，加强建筑设计方案规划审查和施工图审查，城镇建筑设计阶段要100%达到节能标准要求。加强施工阶段监管和稽查，确保工程质量和安全，切实提高节能标准执行率。严格建筑节能专项验收，对达不到强制性标准要求的建筑，不得出具竣工验收合格报告，不允许投入使用并强制进行整改。鼓励有条件的地区执行更高能效水平的建筑节能标准。

（二）大力推进既有建筑节能改造

1. 加快实施"节能暖房"工程。以围护结构、供热计量、管网热平衡改造为重点，大力推进北方采暖地区既有居住建筑供热计量及节能改造，"十二五"期间完成改造4亿平方米以上，鼓励有条件的地区超额完成任务。

2. 积极推动公共建筑节能改造。开展大型公共建筑和公共机构办公建筑空调、采暖、通风、照明、热水等用能系统的节能改造，提高用能效率和管理水平。鼓励采取合同能源管理模式进行改造，对项目按节能量予以奖励。推进公共建筑节能改造重点城市示范，继续推行"节约型高等学校"建设。"十二五"期间，完成公共建筑改造6000万平方米，公共机构办公建筑改造6000万平方米。

3. 开展夏热冬冷和夏热冬暖地区居住建筑节能改造试点。以建筑门窗、外遮阳、自然通风等为重点，在夏热冬冷和夏热冬暖地区进行居住建筑节能改造试点，探索适宜的改造模式和技术路线。"十二五"期间，完成改造5000万平方米以上。

4. 创新既有建筑节能改造工作机制。做好既有建筑节能改造的调查和统计工作，制定具体改造规划。在旧城区综合改造、城市市容整治、既有建筑抗震加固中，有条件的地区要同步开展节能改造。制定改造方案要充分听取有关各方面的意见，保障社会公众的知情权、参与权和监督权。在条件许可并征得业主同意的前提下，研究采用加层改造、扩容改造等方式进行节能改造。坚持以人为本，切实减少扰民，积极推行工业化和标准化施工。住房城乡建设部门要严格落实工程建设责任制，严把规划、设计、施工、材料等关口，确保工程安全、质量和效益。节能改造工程完工后，应进行建筑能效测评，对达不到要求的不得通过竣工验收。加强宣传，充分调动居民对节能改造的积极性。

（三）开展城镇供热系统改造

实施北方采暖地区城镇供热系统节能改造，提高热源效率和管网保温性能，优化系统调节能力，改善管网热平衡。撤并低能效、高污染的供热燃煤小锅炉，因地制宜地推广热电联产、高效锅炉、工业废热利用等供热技术。推广"吸收式热泵"和"吸收式换热"技术，提高集中供热管网的输送能力。开展城市老旧供热管网系统改造，减少管网热损失，降低循环水泵电耗。

（四）推进可再生能源建筑规模化应用

积极推动太阳能、浅层地能、生物质能等可再生能源在建筑中的应用。太阳能资源适宜地区应在2015年前出台太阳能光热建筑一体化的强制性推广政策及技术标准，普及太阳能热水利用，积极推进被动式太阳能采暖。研究完善建筑光伏发电上网政策，加快微电网技术研发和工程示范，稳步推进太阳能光伏在建筑上的应用。合理开发浅层地热能。财政部、住房城乡建设部研究确定可再生能源建筑规模化应用适宜推广地区名单。开展可再生能源建筑应用地区示范，推动可再生能源建筑应用集中连片推广，到2015年末，新增可再生能源建筑应用面积25亿平方米，示范地区建筑可再生能源消费量占建筑能耗总量的比例达到10%以上。

（五）加强公共建筑节能管理

加强公共建筑能耗统计、能源审计和能耗公示工作，推行能耗分项计量和实时监控，推进公共建筑节能、节水监管平台建设。建立完善的公共机构能源审计、能效公示和能耗定额管理制度，加强能耗监测和节能监管体系建设。加强监管平台建设统筹协调，实现监测数据共享，避免重复建设。对新建、改扩建的国家机关办公建筑和大型公共建筑，要进行能源利用效率测评和标识。研究建立公共建筑能源利用状况报告制度，组织开展商场、宾馆、学校、医院等行业的能效水平对标活动。实施大型公共建筑能耗（电耗）限额管理，对超限额用能（用电）的，实行惩罚性价格。公共建筑业主和所有权人要切实加强用能管理，严格执行公共建筑空调温度控制标准。研究开展公共建筑节能量交易试点。

（六）加快绿色建筑相关技术研发推广

科技部门要研究设立绿色建筑科技发展专项，加快绿色建筑共性和关键技术研究，重点攻克既有建筑节能改造、可再生能源建筑应用、节水与水资源综合利用、绿色建材、废弃物资源化、环境质量控制、提高建筑物耐久性等方面的技术，加强绿色建筑技术标准规范研究，开展绿色建筑技术的集成示范。依托高等院校、科研机构等，加快绿色建筑工程技术中心建设。发展改革、住房城乡建设部门要编制绿色建筑重点技术推广目录，因地制宜推广自然采光、自然通风、遮阳、高效空调、热泵、雨水收集、规模化中水利用、隔音等成熟技术，加快普及高效节能照明产品、风机、水泵、热水器、办公设备、家用电器及节水器具等。

（七）大力发展绿色建材

因地制宜、就地取材，结合当地气候特点和资源禀赋，大力发展安全耐久、节能环保、施工便利的绿色建材。加快发展防火隔热性能好的建筑保温体系和材料，积极发展烧结空心制品、加气混凝土制品、多功能复合一体化墙体材料、一体化屋面、低辐射镀膜玻璃、断桥隔热门窗、遮阳系统等建材。引导高性能混凝土、高强钢的发展利用，到2015年末，标准抗压强度60兆帕以上混凝土用量达到总用量的10%，屈服强度400兆帕以上热轧带肋钢筋用量达到总用量的45%。大力发展预拌混凝土、预拌砂浆。深入推进墙体材料革新，城市城区限制使用黏土制品，县城禁止使用实心黏土砖。发展改革、住房城乡建设、工业和信息化、质检部门要研究建立绿色建材认证制度，编制绿色建材产品目录，引导规范市场消费。质检、住房城乡建设、工业和信息化部门要加强建材生产、流通和使用环节的质量监管和稽查，杜绝性能不达标的建材进入市场。积极支持绿色建材产业发展，组织开展绿色建材产业化示范。

（八）推动建筑工业化

住房城乡建设等部门要加快建立促进建筑工业化的设计、施工、部品生产等环节的标准体系，推动结构件、部品、部件的标准化，丰富标准件的种类，提高通用性和可置换性。推广适合工业化生产的预制装配式混凝土、钢结构等建筑体系，加快发展建设工程的预制和装配技术，提高建筑工业化技术集成水平。支持集设计、生产、施工于一体的工业化基地建设，开展工业化建筑示范试点。积极推行住宅全装修，鼓励新建住宅一次装修到位或菜单式装修，促进个性化装修和产业化装修相统一。

（九）严格建筑拆除管理程序

加强城市规划管理，维护规划的严肃性和稳定性。城市人民政府以及建筑的所有者和使用者要加强建筑维护管理，对符合城市规划和工程建设标准、在正常使用寿命内的建筑，除基本的公共利益需要外，不得随意拆除。拆除大型公共建筑的，要按有关程序提前向社会公示征求意见，接受社会监督。住房城乡建设部门要研究完善建筑拆除的相关管理制度，探索实行建筑报废拆除审核制度。对违规拆除行为，要依法依规追究有关单位和人员的责任。

（十）推进建筑废弃物资源化利用。

落实建筑废弃物处理责任制，按照"谁产生、谁负责"的原则进行建筑废弃物的收集、运输和处理。住房城乡建设、发展改革、财政、工业和信息化部门要制定实施方案，推行建筑废弃物集中处理和分级利用，加快建筑废弃物资源化利用技术、装备研发推广，编制建筑废弃物综合利用技术标准，开展建筑废弃物资源化利用示范，研究建立建筑废弃物再生产品标识制度。地方各级人民政府对本行政区域内的废弃物资源化利用负总责，地级以上城市要因地制宜设立专门的建筑废弃物集中处理基地。

四、保障措施

（一）强化目标责任

要将绿色建筑行动的目标任务科学分解到省级人民政府，将绿色建筑行动目标完成情况和措施落实情况纳入省级人民政府节能目标责任评价考核体系。要把贯彻落实本行动方案情况纳入绩效考核体系，考核结果作为领导干部综合考核评价的重要内容，实行责任制和问责制，对作出突出贡献的单位和人员予以通报表扬。

（二）加大政策激励

研究完善财政支持政策，继续支持绿色建筑及绿色生态城区建设、既有建筑节能改造、供热系统节能改造、可再生能源建筑应用等，研究制定支持绿色建材发展、建筑垃圾资源化利用、建筑工业化、基础能力建设等工作的政策措施。对达到国家绿色建筑评价标准二星级及以上的建筑给予财政资金奖励。财政部、税务总局要研究制定税收方面的优惠政策，鼓励房地产开发商建设绿色建筑，引导消费者购买绿色住宅。改进和完善对绿色建筑的金融服务，金融机构可对购买绿色住宅的消费者在购房贷款利率上给予适当优惠。国土资源部门要研究制定促进绿色建筑发展在土地转让方面的政策，住房城乡建设部门要研究制定容积率奖励方面的政策，在土地招拍挂出让规划条件中，要明确绿色建筑的建设用地比例。

（三）完善标准体系

住房城乡建设等部门要完善建筑节能标准，科学合理地提高标准要求。健全绿色建筑评价标准体系，加快制（修）订适合不同气候区、不同类型建筑的节能建筑和绿色建筑评价标准，2013年完成《绿色建筑评价标准》的修订工作，完善住宅、办公楼、商场、宾馆的评价标准，出台学校、医院、机场、车站等公共建筑的评价标准。尽快制（修）订绿色建筑相关工程建设、运营管理、能源管理体系等标准，编制绿色建筑区域规划技术导则和标准体系。住房城乡建设、发展改革部门要研究制定基于实际用能状况，覆盖不同气候区、不同类型建筑的建筑能耗限额，要会同工业和信息化、质检等部门完善绿色建材标准体系，研究制定建筑装修材料有害物限量标准，编制建筑废弃物综合利用的相关标准规范。

（四）深化城镇供热体制改革

住房城乡建设、发展改革、财政、质检等部门要大力推行按热量计量收费，督导各地区出台完善供热计量价格和收费办法。严格执行两部制热价。新建建筑、完成供热计量改造的既有建筑全部实行按热量计量收费，推行采暖补贴"暗补"变"明补"。对实行分户计量有难度的，研究采用按小区或楼宇供热量计量收费。实施热价与煤价、气价联动制度，对低收入居民家庭提供供热补贴。加快供热企业改革，推进供热企业市场化经营，培育和规范供热市场，理顺热源、管网、用户的利益关系。

（五）严格建设全过程监督管理

在城镇新区建设、旧城更新、棚户区改造等规划中，地方各级人民政府要建立并严格落实绿色建设指标体系要求，住房城乡建设部门要加强规划审查，国土资源部门要加强土地出让监管。对应执行绿色建筑标准的项目，住房城乡建设部门要在设计方案审查、施工图设计审查中增加绿色建筑相关内容，未通过审查的不得颁发建设工程规划许可证、施工许可证；施工时要加强监管，确保按图施工。对自愿执行绿色建筑标准的项目，在项目立项时要标明绿色星级标准，建设单位应在房屋施工、销售现场明示建筑节能、节水等性能指标。

（六）强化能力建设

住房城乡建设部要会同有关部门建立健全建筑能耗统计体系，提高统计的准确性和及时性。加强绿色建筑评价标识体系建设，推行第三方评价，强化绿色建筑评价监管机构能力建设，严格评价监管。要加强建筑规划、设计、施工、评价、运行等人员的培训，将绿色建筑知识作为相关专业工程师继续教育培训、执业资格考试的重要内容。鼓励高等院校开设绿色建筑相关课程，加强相关学科建设。组织规划设计单位、人员开展绿色建筑规划与设计竞赛活动。广泛开展国际交流与合作，借鉴国际先进经验。

（七）加强监督检查

将绿色建筑行动执行情况纳入国务院节能减排检查和建设领域检查内容，开展绿色建筑行动专项督查，严肃查处违规建设高耗能建筑、违反工程建设标准、建筑材料不达标、不按规定公示性能指标、违反供热计量价格和收费办法等行为。

（八）开展宣传教育

采用多种形式积极宣传绿色建筑法律法规、政策措施、典型案例、先进经验，加强舆论监督，营造开展绿色建筑行动的良好氛围。将绿色建筑行动作为全国节能宣传周、科技活动周、城市节水宣传周、全国低碳日、世界环境日、世界水日等活动的重要宣传内容，提高公众对绿色建筑的认知度，倡导绿色消费理念，普及节约知识，引导公众合理使用用能产品。

各地区、各部门要按照绿色建筑行动方案的部署和要求，抓好各项任务落实。发展改革委、住房城乡建设部要加强综合协调，指导各地区和有关部门开展工作。各地区、各有关部门要尽快制定相应的绿色建筑行动实施方案，加强指导，明确责任，狠抓落实，推动城乡建设模式和建筑业发展方式加快转变，促进资源节约型、环境友好型社会建设。

（国务院办公厅）

"十二五"绿色建筑和绿色生态城区发展规划

（2013年4月3日　建科[2013]53号）

我国正处于工业化、城镇化、信息化和农业现代化快速发展的历史时期，人口、资源、环境的压力日益凸显。为探索可持续发展的城镇化道路，在党中央、国务院的直接指导下，我国先后在天津、上海、深圳、青岛、无锡等地开展了生态城区规划建设，并启动了一批绿色建筑示范工程。建设绿色生态城区、加快发展绿色建筑，不仅是转变我国建筑业发展方式和城乡建设模式的重大问题，也直接关系群众的切身利益和国家的长远利益。为深入贯彻落实科学发展观，推动绿色生态城区和绿色建筑发展，建设资源节约型和环境友好型城镇，实现美丽中国、永续发展的目标，根据《国民经济和社会发展第十二个五年规划纲要》、《节能减排"十二五"规划》、《"十二五"节能减排综合性工作方案》、《绿色建筑行动方案》等，制定本规划。

一、规划目标、指导思想、发展战略和实施路径

（一）规划目标

到"十二五"期末，绿色发展的理念为社会普遍接受，推动绿色建筑和绿色生态城区发展的经济激励机制基本形成，技术标准体系逐步完善，创新研发能力不断提高，产业规模初步形成，示范带动作用明显，基本实现城乡建设模式的科学转型。新建绿色建筑10亿平方米，建设一批绿色生态城区、绿色农房，引导农村建筑按绿色建筑的原则进行设计和建造。"十二五"时期具体目标如下：

1. 实施100个绿色生态城区示范建设。选择100个城市新建区域（规划新区、经济技术开发区、高新技术产业开发区、生态工业示范园区等）按照绿色生态城区标准规划、建设和运行。

2. 政府投资的党政机关、学校、医院、博物馆、科技馆、体育馆等建筑，直辖市、计划单列市及省会城市建设的保障性住房，以及单体建筑面积超过2万平方米的机场、车站、宾馆、饭店、商场、写字楼等大型公共建筑，2014年起率先执行绿色建筑标准。

3. 引导商业房地产开发项目执行绿色建筑标准，鼓励房地产开发企业建设绿色住宅小区，2015年起，直辖市及东部沿海省市城镇的新建房地产项目力争50%以上达到绿色建筑标准。

4. 开展既有建筑节能改造。"十二五"期间，完成北方采暖地区既有居住建筑供热计量和节能改造4亿平方米以上，夏热冬冷和夏热冬暖地区既有居住建筑节能改造5000

万平方米，公共建筑节能改造6000万平方米；结合农村危房改造实施农村节能示范住宅40万套。

（二）指导思想

以邓小平理论、"三个代表"重要思想和科学发展观为指导，落实加强生态文明建设的要求，紧紧抓住城镇化、工业化、信息化和农业现代化的战略机遇期，牢固树立尊重自然、顺应自然、保护自然的生态文明理念，以绿色建筑发展与绿色生态城区建设为抓手，引导我国城乡建设模式和建筑业发展方式的转变，促进城镇化进程的低碳、生态、绿色转型；以绿色建筑发展与公益性和大型公共建筑、保障性住房建设、城镇旧城更新等惠及民生的实事工程相结合，促进城镇人居环境品质的全面提升；以绿色建筑产业发展引领传统建筑业的改造提升，占领材料、新能源等新兴产业的制高点，促进低碳经济的形成与发展。

（三）发展战略

在理念导向上，倡导人与自然生态的和谐共生理念，以人为本，以维护城乡生态安全、降低碳排放为立足点，倡导因地制宜的理念，优先利用当地的可再生能源和资源，充分利用通风、采光等自然条件，因地制宜发展绿色建筑，倡导全生命周期理念，全面考虑建筑材料生产、运输、施工、运行及报废等全生命周期内的综合性能。在目标选取上，发展绿色建筑与发展绿色生态城区同步，促进技术进步与推动产业发展同步，政策标准形成与推进过程同步。在推进策略上，坚持先管住增量后改善存量，先政府带头后市场推进，先保障低收入人群后考虑其他群体，先规划城区后设计建筑的思路。

（四）发展路径

一是规模化推进。根据各地区气候、资源、经济和社会发展的不同特点，因地制宜地进行绿色生态城区规划和建设，逐步推动先行地区和新建园区（学校、医院、文化等园区）的新建建筑全面执行绿色建筑标准，推进绿色建筑规模化发展。

二是新旧结合推进。将新建区域和旧城更新作为规模化推进绿色建筑的重要手段。新建区域的建设注重将绿色建筑的单项技术发展延伸至能源、交通、环境、建筑、景观等多项技术的集成化创新，实现区域资源效率的整体提升。旧城更新应在合理规划的基础上，保护历史文化遗产。统筹规划进行老旧小区环境整治；老旧基础设施更新改造；老旧建筑的抗震及节能改造。

三是梯度化推进。充分发挥东部沿海地区资金充足、产业成熟的有利条件，优先试点强制推广绿色建筑，发挥先锋模范带头作用。中部地区结合自身条件，划分重点区域发展绿色建筑。西部地区扩大单体建筑示范规模，逐步向规模化推进绿色建筑过渡。

四是市场化、产业化推进。培育创新能力，突破关键技术，加快科技成果推广应用，开发应用节能环保型建筑材料、装备、技术与产品，限制和淘汰高能耗、高污染产品，大力推广可再生能源技术的综合应用，培育绿色服务产业，形成高效合理的绿色建筑产业链，推进绿色建筑产业化发展。在推动力方面，由政府引导逐步过渡到市场推动，充分发挥市场配置资源的基础性作用，提升企业的发展活力，加大市场主体的融资力度，推进绿色建筑市场化发展。

五是系统化推进。统筹规划城乡布局，

结合城市和农村实际情况，在城乡规划、建设和更新改造中，因地制宜纳入低碳、绿色和生态指标体系，严格保护耕地、水资源、生态与环境，改善城乡用地、用能、用水、用材结构，促进城乡建设模式转型。

二、重点任务

（一）推进绿色生态城区建设

在自愿申请的基础上，确定100个左右不小于1.5平方公里的城市新区按照绿色生态城区的标准因地制宜进行规划建设。并及时评估和总结，加快推广。推进绿色生态城区的建设要切实从规划、标准、政策、技术、能力等方面，加大力度，创新机制，全面推进。一是结合城镇体系规划和城市总体规划，制定绿色生态城区和绿色建筑发展规划，因地制宜确定发展目标、路径及相关措施。二是建立并完善适应绿色生态城区规划、建设、运行、监管的体制机制和政策制度以及参考评价体系。三是建立并完善绿色生态城区标准体系。四是加大激励力度，形成财政补贴、税收优惠和贷款贴息等多样化的激励模式。进行绿色生态城区建设专项监督检查，纳入建筑节能和绿色建筑专项检查制度，对各地绿色生态城区的实施效果进行督促检查。五是加大对绿色环保产业扶持力度，制定促进相关产业发展的优惠政策。

建设绿色生态城区的城市应制定生态战略，开发指标体系，实行绿色规划，推动绿色建造，加强监管评价。一是制定涵盖城乡统筹、产业发展、资源节约、生态宜居等内容的绿色生态城区发展战略。二是建立法规和政策激励体系，形成有利于绿色生态城区发展的环境。三是建立包括空间利用率、绿化率、可再生能源利用率、绿色交通比例、材料和废弃物回用比例、非传统水资源利用率等指标的绿色生态城区控制指标体系，进而制定新建区域控制性详细规划，指导绿色生态城区全面建设。四是在绿色生态城区的立项、规划、土地出让阶段，将绿色技术相关要求作为项目批复的前置条件。五是完善绿色生态城区监管机制，严格按照标准对规划、设计、施工、验收等阶段进行全过程监管。六是建立绿色生态城区评估机制，完善评估指标体系，对各项措施和指标的完成情况及效果进行评价，确保建设效果，指导后续建设。

（二）推动绿色建筑规模化发展

一是建立绿色建筑全寿命周期的管理模式，注重完善规划、土地、设计、施工、运行和拆除等阶段的政策措施，提高标准执行率，确保工程质量和综合效益。二是建立建筑用能、用水、用地、用材的计量和统计体系，加强监管，同时完善绿色建筑相关标准和绿色建筑评价标识等制度。三是抓好绿色建筑规划建设环节，确保将绿色建筑指标和标准纳入总体规划、控制性规划、土地出让等环节中。四是注重运行管理，确保绿色建筑综合效益。五是明确部门责任。住房城乡建设部门统筹负责绿色建筑的发展，并会同发改、教育、卫生、商务和旅游等部门制定绿色社区、绿色校园、绿色医院、绿色宾馆的发展目标、政策、标准、考核评价体系等，推进重点领域绿色建筑发展。

（三）大力发展绿色农房

一是住房城乡建设部要制定村镇绿色生态发展指导意见和政策措施，完善村镇规划制度体系，出台绿色生态村镇规划编制技术标准，制定并逐步实施村镇建设规划许可证制度，对小城镇、农村地区发展绿色建筑提出要求。继续实施绿色重点小城镇示范项目。编制村镇绿色建筑技术指南，指导地方完善绿色建筑标准体系。二是省级住房城乡建设主管部门会同有关部门各地开展农村地区土地利用、建设布局、污水垃圾处理、能源结构等基本情况的调查，在此基础上确定地方村镇绿色生态发展重点区域。出台地方鼓励村镇绿色发展的法规和政策。组织编制地方农房绿色建设和改造推广图集。研究具有地方特色、符合绿色建筑标准的建筑材料、结构体系和实施方案。三是市（县）级住房城乡建设主管部门会同有关部门编制符合本地绿色生态发展要求的新农村规划。鼓励农民在新建和改建农房过程中按照地方绿色建筑标准进行农房建设和改造。结合建材下乡，组织农民在新建、改建农房过程中使用适用材料和技术。

（四）加快发展绿色建筑产业

提高自主创新和研发能力，推动绿色技术产业化，加快产业基地建设，培育相关设备和产品产业，建立配套服务体系，促进住宅产业化发展。一是加强绿色建筑技术的研发、试验、集成、应用，提高自主创新能力和技术集成能力，建设一批重点实验室、工程技术创新中心，重点支持绿色建筑新材料、新技术的发展。二是推动绿色建筑产业化，以产业基地为载体，推广技术含量高、规模效益好的绿色建材，并培育绿色建筑相关的工程机械、电子装备等产业。三是加强咨询、规划、设计、施工、评估、测评等企业和机构人员教育和培训。四是大力推进住宅产业化，积极推广适合工业化生产的新型建筑体系，加快形成预制装配式混凝土、钢结构等工业化建筑体系，尽快完成住宅建筑与部品模数协调标准的编制，促进工业化和标准化体系的形成，实现住宅部品通用化，加快建设集设计、生产、施工于一体的工业化基地建设。大力推广住宅全装修，推行新建住宅一次装修到位或菜单式装修，促进个性化装修和产业化装修相统一，对绿色建筑的住宅项目，进行住宅性能评定。五是促进可再生能源建筑的一体化应用，鼓励有条件的地区对适合本地区资源条件及建筑利用条件的可再生能源技术进行强制推广，提高可再生能源建筑应用示范城市的绿色建筑的建设比例，积极发展太阳能采暖等综合利用方式，大力推进工业余热应用于居民采暖，推动可再生能源在建筑领域的高水平应用。六是促进建筑垃圾综合利用，积极推进地级以上城市全面开展建筑垃圾资源化利用，各级住房城乡建设部门要系统推行建筑垃圾收集、运输、处理、再利用等各项工作，加快建筑垃圾资源化利用技术、装备研发推广，实行建筑垃圾集中处理和分级利用，建立专门的建筑垃圾集中处理基地。

（五）着力进行既有建筑节能改造，推动老旧城区的生态化更新改造

一是住房城乡建设部会同有关部门制定推进既有建筑节能改造的实施意见，加强指导和监督，建立既有建筑节能改造长效工作机制。二是制定既有居住、公共建筑节能改造标准及相关规范。三是设立专项补贴资金，各地方财政应安排必要的引导资金予以支持，并充分利用市场机制，鼓励采用合同能源管理等建筑节能服务模式，创新资金投入方式，落实改造费用。四是各地住房

城乡建设主管部门负责组织实施既有建筑节能改造，编制地方既有建筑节能改造的工作方案。五是推动城市旧城更新实现"三改三提升"，改造老旧小区环境和安全措施，提升环境质量和安全性，改造供热、供气、供水、供电管网管线，提升运行效率和服务水平，改造老旧建筑的节能和抗震性能，提升建筑的健康性、安全性和舒适性。六是各地住房城乡建设主管部门将节能改造实施过程纳入基本建设程序管理，对施工过程进行全过程全方面监管，确保节能改造工程的质量。七是各地住房城乡建设主管部门在节能改造中应大力推广应用适合本地区的新型节能技术、材料和产品。

三、保障措施

（一）强化目标责任

落实《绿色建筑行动方案》的要求，住房城乡建设部要将规划目标任务科学分解到地方，将目标完成情况和措施落实情况纳入地方住房城乡建设系统节能目标责任评价考核体系。考核结果作为节能减排综合考核评价的重要内容，对作出突出贡献的单位和个人予以表彰奖励，对未完成目标任务的进行责任追究。

（二）完善法规和部门规章

一是健全、完善绿色建筑推广法律法规体系。二是引导和鼓励各地编制促进绿色建筑地方性法规，建立并完善地方绿色建筑法规体系。三是开展《中华人民共和国城乡规划法》和《中华人民共和国建筑法》的修订工作，明确从规划阶段抓绿色建筑，从设计、施工、运行和报废等阶段对绿色建筑进行全寿命期监管。四是加强对绿色建筑相关产业发展的规范管理，依法推进绿色建筑。

（三）完善技术标准体系

一是加快制定《城市总体规划编制和审查办法》，研究编制全国绿色生态城区指标体系、技术导则和标准体系。二是引导省级住房城乡建设主管部门制定适合本地区的绿色建筑标准体系，适合不同气候区的绿色建筑应用技术指南、设备产品适用性评价指南、绿色建材推荐目录。三是加快制定适合不同气候区、不同建筑类型的绿色建筑评价标准。培育和提高地方开展评价标识的能力建设，大力推进地方绿色建筑评价标识。四是制定配套的产品（设备）标准，编制绿色建筑工程需要的定额项目。五是鼓励地方出台农房绿色建筑标准（图集）。

（四）加强制度监管

实行以下十项制度：一是绿色建筑审查制度，在城市规划审查中增加对绿色生态指标的审查内容，对不符合要求的规划不予以批准，在新建区域、建筑的立项审查中增加绿色生态指标的审查内容。二是建立绿色土地转让制度，将可再生能源利用强度、再生水利用率、建筑材料回用率等涉及绿色建筑发展指标列为土地转让的重要条件。三是绿色建筑设计专项审查制度，地方各级住房城乡建设主管部门在施工图设计审查中增加绿色建筑专项审查，达不到要求的不予通过。四是施工的绿色许可制度，对于不满足绿色建造要求的建筑不予颁发开工许可证。五是实行民用建筑绿色信息公示制度，建设单位在房屋施工、销售现场，根据审核通过的施工图设计文件，把民用建筑的绿色性能以张贴、载明等方式予以明示。六是建立节水器具和太阳能建筑一体化强制推广制度，不使用符合要求产品的项目，建设单位不得组织竣工验收，住房城乡建设主管部门不得进行竣工验收备案；对太阳能资源适宜地区及具备条件的建筑强制推行太阳能光热建筑一体化系统。七是建立建筑的精装修制度，对国家强制推行绿色建筑的项目实行精装修制度，对未按要求实行精装修的绿色建筑不予颁发销售许可证。八是完善绿色建筑评价标识制度，建立自愿性标识与强制性标识相结合的推进机制，对按绿色建筑标准设计建造的一般住宅和公共建筑，实行自愿性评价标识，对按绿色建筑标准设计建造的政府投资的保障性住房、学校、医院等公益性建筑及大型公共建筑，率先实行评价标识，并逐步过渡到对所有新建绿色建筑均进行评价标识。九是建立建筑报废审批制度，不符合条件的建筑不予拆除报废；需拆除报废的建筑，所有权人、产权单位应提交拆除后的建筑垃圾回用方案，促进建筑垃圾再生回用。十是建立绿色建筑职业资格认证制度，全面培训绿色生态城区规划和绿色建筑设计、施工、安装、评估、物业管理、能源服务等方面的人才，实行考证并持证上岗制度。

（五）创新体制机制

规划期内要着重建立和完善如下体制与机制：一是建立和完善能效交易机制。研究制定推进能效交易的实施意见，研究制定能效交易的管理办法和技术规程，指导和规范建筑领域能效交易。建立覆盖主要地区的建筑能效交易平台。积极与国外机构交流合作，推进我国建筑能效交易机制的建立和完善。二是积极推进住房城乡建设领域的合同能源管理。规范住房城乡建设领域能源服务行为，利用国家资金重点支持专业化节能服务公司为用户提供节能诊断、设计、融资、改造、运行管理一条龙服务，为国家机关办公楼、大型公共建筑、公共设施和学校实施节能改造。三是推进供热体制改革，全面落实供热计量收费。建立健全供热计量工程监管机制，实行闭合管理，严格落实责任制。严把计量和温控装置质量，要由供热企业在当地财政或者供热等部门监督下按照规定统一公开采购。全面落实两部制热价制度，取消按面积收费。四是积极推动以设计为龙头的总承包制。要研究制定促进设计单位进行工程总承包的推进意见，会同有关部门研究相关激励政策，逐步建立鼓励设计单位进行工程总承包的长效机制。进行工程总承包的设计单位要严格按照设计单位进行工程总承包资格管理的有关规定实施工程总承包。五是加快培育和形成绿色建筑的测评标识体系。修订《民用建筑能效测评标识管理暂行办法》、《民用建筑能效测评机构管理暂行办法》。严格贯彻《民用建筑节能条例》规定，对新建国家机关办公建筑和大型公共建筑进行能效测评标识。指导和督促地方将能效测评作为验证建筑节能效果的基本手段以及获得示范资格、资金奖励的必要条件。加大民用建筑能效测评机构能力建设力度，完成国家和省两级能效测评机构体系建设。

（六）强化技术产业支撑

一是国家设立绿色建筑领域的重大研究专项，组织实施绿色建筑国家科技重点项目和国家科技支撑计划项目。二是加大绿色建筑领域科技平台建设，同时建立华南、华东、华北和西南地区的国家级绿色建筑重点实验室和国家工程技术研究中心，鼓励开展绿色建筑重点和难点技术的重大科技攻关。

三是加快绿色建筑技术支撑服务平台建设，积极鼓励相关行业协会和中介服务机构开展绿色建筑技术研发、设计、咨询、检测、评估与展示等方面的专业服务，开发绿色建筑设计、检测软件，协助政府主管部门制定技术标准、从事技术研究和推广、实施国际合作、组织培训等技术研究和推广工作。四是建立以企业为主，产、学、研结合的创新体制，国家采取财政补贴、贷款贴息等政策支持以绿色建筑相关企业为主体，研究单位和高校积极参与的技术创新体系，推动技术进步，占领技术与产业的制高点。五是加快绿色建筑核心技术体系研究，推动规模化技术集成与示范，包括突破建筑节能核心技术，推动可再生能源建筑规模化应用；开展住区环境质量控制和关键技术，改善提升室内外环境品质；发展节水关键技术，提升绿色建筑节水与水资源综合利用品质；建立节能改造性能与施工协同技术，推动建筑可持续改造；加强适用绿色技术集成研究，推动低成本绿色建筑技术示范；加快绿色施工、预制装配技术研发，推动绿色建造发展。六是加大高强钢筋、高性能混凝土、防火与保温性能优良的建筑保温材料等绿色建材的推广力度。建设绿色建筑材料、产品、设备等产业化基地，带动绿色建材、节能环保和可再生能源等行业的发展。七是定期发布技术、产品推广、限制和禁止使用目录，促进绿色建筑技术和产品的优化和升级。八是金融机构要加大对绿色环保产业的资金支持，对于生产绿色环保产品的企业实施贷款贴息等政策。

（七）完善经济激励政策

一是支持绿色生态城区建设，资金补助基准为5000万元，具体根据绿色生态城区规划建设水平、绿色建筑建设规模、评价等级、能力建设情况等因素综合核定。对规划建设水平高、建设规模大、能力建设突出的绿色生态城区，将相应调增补助额度。支持地方因地制宜开展绿色建筑法规、标准编制和支撑技术、能力、产业体系形成及示范工程。鼓励地方因地制宜创新资金运用方式，放大资金使用效益。二是对二星级及以上的绿色建筑给予奖励。二星级绿色建筑45元/平方米（建筑面积，下同），三星级绿色建筑80元/平方米。奖励标准将根据技术进步、成本变化等情况进行调整。三是住房城乡建设主管部门制定绿色建筑定额，据此作为政府投资的绿色建筑项目的增量投资预算额度，对满足绿色建筑要求的项目给予快速立项的优惠。四是绿色建筑奖励及补助资金、可再生能源建筑应用资金向保障性住房及公益性行业倾斜，达到高星级奖励标准的优先奖励，保障性住房发展一星级绿色建筑达到一定规模的也将优先给予定额补助。五是改进和完善对绿色建筑的金融服务，金融机构可对购买绿色住宅的消费者在购房贷款利率上给予适当优惠。六是研究制定对经标识后的绿色建筑给予开发商容积率返还的优惠政策。

（八）加强能力建设

一是大力扶持绿色建筑咨询、规划、设计、施工、评价、运行维护企业发展，提供绿色建筑全过程咨询服务。二是完善绿色建筑创新奖评奖机制，奖励绿色建筑领域的新建筑、新创意、新技术的因地制宜应用，大力发展乡土绿色建筑。三是加强绿色建筑全过程包括规划、设计、建造、运营、拆除从业主体的资质准入，保证绿色建筑的质量和市场有序竞争。四是建立绿色建筑从业人员（咨询、规划、设计、施工、评价、运行管理等从业人员）定期培训机制，对绿色建筑现行政策、标准、新技术进行宣贯。五是加强高等学校绿色建筑相关学科建设，培养绿色建筑专业人才。

（九）开展宣传培训

一是利用电视、报纸、网络等渠道普及绿色建筑知识，提高群众对绿色建筑的认识，树立绿色节能意识，形成良好的社会氛围。二是加大绿色建筑的相关政策措施和实施效果的宣传力度，使绿色建筑深入人心。三是加强国际交流与合作，促进绿色建筑理念的发展与提升。

（住房和城乡建设部）

住房城乡建设部 国家发展改革委 财政部关于做好2013年农村危房改造工作的通知

（2013年7月11日　建村[2013]90号）

各省、自治区住房城乡建设厅、发展改革委、财政厅，直辖市建委（建交委、农委）、发展改革委、财政局：

为贯彻落实党中央、国务院关于加快农村危房改造的部署和要求，切实做好2013年农村危房改造工作，现就有关事项通知如下：

一、改造任务

2013年中央支持全国266万贫困农户改造危房，其中：国家确定的集中连片特殊困难地区的县和国家扶贫开发工作重点县等贫困地区105万户，陆地边境县边境一线15万户，东北、西北、华北等"三北"地区和西藏自治区14万农户结合危房改造开展建筑节能示范。各省（区、市）危房改造任务由住房城乡建设部会同国家发展改革委、财政部确定。

二、补助对象与补助标准

农村危房改造补助对象重点是居住在危房中的农村分散供养五保户、低保户、贫困残疾人家庭和其他贫困户。各地要按照优先帮助住房最危险、经济最贫困农户解决最基本安全住房的要求，坚持公开、公平、公正原则，严格执行农户自愿申请、村民会议或村民代表会议民主评议、乡（镇）审核、县级审批等补助对象的认定程序，规范补助对象的审核审批。同时，建立健全公示制度，将补助对象基本信息和各审查环节的结果在村务公开栏公示。县级政府要组织做好与经批准的危房改造农户签订合同或协议工作，并征得农户同意公开其有关信息。

2013年中央补助标准为每户平均7500元，在此基础上对贫困地区每户增加1000元补助，对陆地边境县边境一线贫困农户、建筑节能示范户每户增加2500元补助。各省（区、市）要依据改造方式、建设标准、成本需求和补助对象自筹资金能力等不同情况，合理确定不同地区、不同类型、不同档次的省级分类补助标准，落实对特困地区、特困农户在补助标准上的倾斜照顾。

三、资金筹集和使用管理

2013年中央安排农村危房改造补助资金230亿元（含中央预算内投资35亿元），由财政部会同国家发展改革委、住房城乡建设部联合下达。中央补助资金根据农户数、危房数、地区财力差别、上年地方补助资金落实情况、工作绩效等因素进行分配。各地要采取积极措施，整合相关项目和资金，将抗震安居、游牧民定居、自然灾害倒损农房恢复重建、贫困残疾人危房改造、扶贫安居等资金与农村危房改造资金有机衔接，通过政府补助、银行信贷、社会捐助、农民自筹等多渠道筹措农村危房改造资金。地方各级财政要将农村危房改造地方补助资金和项目管理等工作经费纳入财政预算，省级财政要切实加大资金投入力度，帮助自筹资金确有困难的特困户解决危房改造资金问题。

各地要按照《中央农村危房改造补助资金管理暂行办法》（财社[2011]88号）等有关规定，加强农村危房改造补助资金的使用管理。补助资金实行专项管理、专账核算、专款专用，并按有关资金管理制度的规定严格使用，健全内控制度，执行规定标准，直接将资金补助到危房改造户，严禁截留、挤占、挪用或变相使用。各级财政部门要会同发展改革、住房城乡建设部门加强资金使用的监督管理，及时下达资金，加快预算执行进度，并积极配合有关部门做好审计、稽查等工作。

四、科学制定实施方案

各省级住房城乡建设、发展改革、财政等部门要认真组织编制2013年农村危房改造实施方案，明确政策措施、任务分配、资金安排和监管要求，并于今年8月上旬联合上报住房城乡建设部、国家发展改革委、财政部（以下简称3部委）。各省（区、市）分配危房改造任务要综合考虑各县的实际需求、建设与管理能力、地方财力、工作绩效等因素，确保安排到贫困地区的任务不低于中央下达的贫困地区任务量。各县要细化落实措施，合理安排各乡（镇）、村的危房改造任务。

五、合理选择改造建设方式

各地要因地制宜，积极探索符合当地实际的农村危房改造方式，努力提高补助资金使用效益。拟改造农村危房属整体危险（D级）的，原则上应拆除重建，属局部危险（C级）的应修缮加固。危房改造以农户自建为主，农户自建确有困难且有统建意愿的，地方政府要发挥组织、协调作用，帮助农户选择有资质的施工队伍统建。坚持以分散分户改造为主，在同等条件下传统村落和危房较集中的村庄优先安排，已有搬迁计划的村庄不予安排，不得借危房改造名义推进村庄整体迁并。积极编制村庄规划，统筹协调道路、供水、沼气、环保等设施建设，整体改善村庄人居环境。陆地边境一线农村危房改造以原址为主，确需异址新建的，应靠紧边境，不得后移。

六、严格执行建设标准

农村危房改造要执行最低建设要求，改造后住房须建筑面积适当、主要部件合格、房屋结构安全和基本功能齐全。原则上，改造后住房建筑面积要达到人均13平方米以上；户均建筑面积控制在60平方米以内，可根据家庭人数适当调整，但3人以上农户（含3人）的人均建筑面积不得超过18平方米。

各地要加强引导和规范，既要防止改造后住房达不到最低建设要求，又要防止群众盲目攀比、超标准建房。积极组织编制符合建设标准的农房设计方案，注重为将来扩建预留好接口。农房设计要符合农民生产生活习惯，体现民族和地方建筑风格，注重保持田园风光与传统风貌。加强地方建筑材料利用研究，传承和改进传统建造工法，探索符合标准的就地取材建房技术方案,推进农房建设技术进步。要结合建材下乡,组织协调主要建筑材料的生产、采购与运输,并免费为农民提供主要建筑材料质量检测服务。各地要利用好中央预拨资金,支持贫困农户提前备工备料。

七、强化质量安全管理

各地要建立健全农村危房改造质量安全管理制度,严格执行《农村危房改造抗震安全基本要求(试行)》(建村[2011]115号),积极探索抗震安全检查情况与补助资金拨付进度挂钩的具体措施。地方各级尤其是县级住房城乡建设部门要组织技术力量,开展危房改造施工现场质量安全巡查与指导监督。加强乡镇建设管理员和农村建筑工匠培训与管理,提高农房建设抗震设防技术知识水平和业务素质。编印和发放农房抗震设防手册或挂图,向广大农民宣传和普及抗震设防常识。开设危房改造咨询窗口,面向农民提供危房改造技术和工程纠纷调解服务。各地要健全和加强乡镇建设管理机构,提高服务和管理农村危房改造的能力。

农房设计要符合抗震要求,可以选用县级以上住房城乡建设部门推荐使用的通用图、有资格的个人或有资质的单位的设计方案,或由承担任务的农村建筑工匠设计。农村危房改造必须由经培训合格的农村建筑工匠或有资质的施工队伍承担。承揽农村危房改造项目的农村建筑工匠或者单位要对质量安全负责,并按合同约定对所改造房屋承担保修和返修责任。乡镇建设管理员要在农村危房改造的地基基础和主体结构等关键施工阶段,及时到现场逐户进行技术指导和检查,发现不符合抗震安全要求的当即告知建房户,并提出处理建议和做好现场记录。

八、完善农户档案管理

农村危房改造实行一户一档的农户档案管理制度,批准一户、建档一户。每户农户的纸质档案必须包括档案表、农户申请、审核审批、公示、协议等材料,其中档案表按照全国农村危房改造农户档案管理信息系统(以下简称信息系统)公布的最新样表制作。在完善和规范农户纸质档案管理与保存的基础上,严格执行农户纸质档案表信息化录入制度,将农户档案表及时、全面、真实、完整、准确地录入信息系统。各地要按照绩效考评和试行农户档案信息公开的要求,加快农户档案录入进度,提高录入数据质量,加强对已录入农户档案信息的审核与抽验。改造后农户住房产权归农户所有,并根据实际做好产权登记。

九、推进建筑节能示范

建筑节能示范地区各县要安排不少于5个相对集中的示范点(村),有条件的县每个乡镇安排一个示范点(村)。每户建筑节能示范户要采用2项以上的房屋围护结构建筑节能技术措施。省级住房城乡建设部门要及时总结近年建筑节能示范经验与做法,制定和完善技术方案与措施;充实省级技术指导组力量,加强技术指导与巡查;及时组织中期检查和竣工检查,开展典型建筑节能示范房节能技术检测。县级住房城乡建设部门要按照建筑节能示范监督检查要求,实行逐户施工过程检查和竣工验收检查,并做好检查情况记录。建筑节能示范户录入信息系统的"改造中照片"必须反映主要建筑节能措施施工现场。加强农房建筑节能宣传推广，开展农村建筑工匠建筑节能技术培训，不断向农民普及建筑节能常识。

十、健全信息报告制度

省级住房城乡建设部门要严格执行工程进度月报制度，于每月5日前将上月危房改造进度情况报住房城乡建设部。省级发展改革、财政部门要按照有关要求，及时汇总并上报有关农村危房改造计划落实、资金筹集、监督管理等情况。各地要组织编印农村危房改造工作信息，将建设成效、经验做法、存在问题和工作建议等以简报、通报等形式，定期或不定期上报三部委。省级住房城乡建设部门要会同发展改革部门、财政部门于2014年1月底前将2013年度总结报告和2014年度危房改造任务及补助资金申请报3部委。省级发展改革部门要牵头编报2014年农村危房改造投资计划，并于7月中旬前报国家发展改革委。

十一、完善监督检查制度

各地要认真贯彻落实本通知要求和其他有关规定，主动接受纪检监察、审计和社会监督。要定期对资金的管理和使用情况进行监督检查，发现问题，及时纠正，严肃处理。问题严重的要公开曝光，并追究有关人员责任，涉嫌犯罪的，移交司法机关处理。加强农户补助资金兑现情况检查，坚决查处冒领、克扣、拖欠补助资金和向享受补助农户索要"回扣"、"手续费"等行为。财政部驻各地财政监察专员办事处和发改稽察机构将对各地农村危房改造资金使用管理等情况进行监控和检查。

建立健全农村危房改造年度检查与绩效考评制度，完善激励约束并重、奖惩结合的任务资金分配与管理机制，逐级开展年度检查与绩效考评。住房城乡建设、国家发展改革委、财政部对各省份农村危房改造工作情况实行年度检查与绩效考评，综合评价各地政策执行、资金落实与使用、组织管理、工程质量与进度、建筑节能示范等情况，公布检查与绩效考评结果及排名，并将结果作为安排下一年度危房改造任务和补助资金的重要依据。各地住房城乡建设部门要会同发展改革、财政部门制定年度检查与绩效考评办法，全面监督检查当地农村危房改造任务落实与政策执行情况。

十二、加强组织领导与部门协作

各地要加强对农村危房改造工作的领导，建立健全协调机制，明确分工，密切配合。各地住房城乡建设、发展改革和财政部门要在当地政府领导下，会同民政、民族事务、国土资源、扶贫、残联、环保、交通运输、水利、农业、卫生等有关部门，共同推进农村危房改造工作。地方各级住房城乡建设部门要通过多种方式，积极宣传农村危房改造政策，认真听取群众意见建议，及时研究和解决群众反映的困难和问题。

（住房和城乡建设部、国家发展和改革委员会、财政部）

相关政策法规简介

《住房城乡建设部办公厅关于开展北方采暖地区集中供热老旧管网改造规划编制工作的通知》

发布单位：中华人民共和国住房和城乡建设部办公厅

发布时间：2012年12月15日

文件编号：建办城函[2012]751号

该通知发布了《北方采暖地区集中供热老旧管网改造规划》（以下简称《规划》），《规划》编制工作由住房城乡建设部会同国家有关部门负责具体组织，委托中国城市规划设计研究院、北京市煤气热力工程设计院有限公司承担具体工作。明确了规划的城市范围包括北方采暖地区15个省、自治区、直辖市中的地级以上城市以及集中供热面积大于100万平方米的县级城市。规划的内容为城市集中供热管网现状、存在问题、改造措施及意见，城市集中供热管网改造技术方案、管网改造建设规划、管网改造建设规模及投资估算，保障措施及政策建议等。

《北京市人民政府办公厅关于印发发展绿色建筑推动生态城市建设实施方案的通知》

发布单位：北京市人民政府办公厅

发布时间：2013年5月13日

文件编号：京政办发[2013]25号

北京市政府研究制定的《北京市发展绿色建筑推动生态城市建设实施方案》，在全国率先提出了新建项目执行绿色建筑标准，实现居住建筑节能75%的目标。按照《方案》要求，自2013年6月1日起，新获得规划许可证的项目在送审施工设计图阶段，将被要求达到一星级及以上的绿色建筑标准，否则将不能通过审查，此举在全国尚属首次。

《方案》要求：1.在土地的招拍挂阶段，即开发商"买地"时应满足一定的生态指标，否则土地的交易将受到阻碍；2."十二五"期间，创建至少10个绿色生态示范区，示范区内的建筑应100%满足一星级标准，二星级及以上的绿色建筑达到40%以上，70%绿化选用本地植物，绿地植林地比例不低于30%；3.3年内，创建至少10个5万平方米以上的绿色居住区，80%的区域内，居民步行300米内可乘坐公交车，500米内能乘坐轨道交通，小区中绿地的植林地比例达到30%。

《关于进一步完善住宅成套改造工程建设管理分工的通知》

发布单位：上海市建设交通委

发布时间：2013年5月7日

文件编号：沪建交联[2013]427号

为规范住宅修缮工程建设管理，推进实施本市住宅成套改造工程，根据《上海市建设工程质量和安全管理条例》以及《关于进一步完善本市建设工程管理分工的指导意见》（沪府办[2012]69号），现将住宅成套改造工程建设管理分工进一步明确如下：

一、涉及拆除重建、加高加层的成套改造工程项目，按照国家和本市有关规定，纳入建设部门管理范畴。

二、涉及内部隔断调整、外扩面积的成套改造工程项目，由市建设交通委委托市住房保障房屋管理局，参照《上海市住宅修缮工程管理试行办法》（沪府办发[2011]60号），纳入住宅修缮工程管理，有关技术规定按《上海市旧住房综合改造管理暂行办法》（沪府发[2005]37号）的相关规定执行。

《关于印发<上海市国家机关办公建筑和大型公共建筑用能分项计量装置安装项目市级资金扶持申报指南>等五个文件的通知》

发布单位：上海市建设交通委

发布时间：2012年9月20日

文件编号：沪建交联[2012]1056号

为加强本市国家机关办公建筑和大型公共建筑节能管理，根据《上海市人民政府印发关于加快推进本市国家机关办公建筑和大型公共建筑能耗监测系统建设实施意见的通知》（沪府发[2012]49号），市建设交通委、市发展改革委、市质量技监局会同相关单位制订了《上海市国家机关办公建筑和大型公共建筑用能分项计量装置安装项目市级资金扶持申报指南》、《上海市国家机关办公建筑和大型公共建筑能耗监测系统市、区两级平台数据传输规约》、《上海市国家机关办公建筑和大型公共建筑区级能耗监测平台建设技术要求》、《关于选择建筑用能分项计量器具的指导意见》、《关于建筑用能分项计量装置安装实施单位的指导意见》等5个文件。

申报条件：中央在沪国家机关办公建筑单体建筑面积大于1万平方米，其余建筑单体建筑面积大于2万平方米。

技术要求：项目应符合本市工程建设规范《公共建筑用能监测系统工程技术规范》（DGJ08-2068-2012）要求，且与本市国家机关办公建筑和大型公共建筑能耗监测系统联网。

《关于组织申报上海市公共建筑节能改造重点城市示范项目的通知》

发布单位：上海市城乡建设和交通委员会、上海市发展和改革委员会、上海市财政局

发布时间：2013年3月27号

文件编号：沪建交联[2013]311号

上海市城乡建设和交通委员会组织开展公共建筑节能改造重点城市示范项目的申报工作，通知所称的"公共建筑节能改造重点城市示范项目"，是指对用能系统和围护结构等进行单项或多项节能改造，改造后单位建筑面积能耗下降20%（含）以上的项目。项目应为办公建筑、宾馆饭店、商场、医疗卫生和文化教育等公共建筑。项目应按照上海市工程建设规范《公共建筑用能监测系统工程技术规范》（DGJ08-2068）要求，安装建筑用能分项计量监测装置，且与本市国家机关办公建筑和大型公共建筑能耗监测系统联网。

按照不同的改造类别设置不同的支持标准，其中采用合同能源管理模式实施公共建筑节能改造的示范项目，按每平方米建筑面

积40元进行补助（其中中央财政资金20元、本市市级财政配套资金20元）；采用其他方式实施公共建筑节能改造的示范项目，按每平方米建筑面积35元进行补助（其中中央财政资金20元、本市市级财政配套资金15元）。单个项目补助资金总额最高不超过该项目改造投资额的50%。节能量审核费用由基本审核费用和附加审核费用组成，其中基本审核费用1万元，附加审核费用为项目补助资金的1%，单个项目总的审核费用最高不超过5万元。

《深圳市公共建筑节能改造重点城市建设工作方案》

发布单位：深圳市住房和建设局
发布时间： 2012年8月2日
文件编号：深建字[2012]107号

深圳市开展公共建筑节能改造重点城市建设有利于提升城市发展质量进而打造深圳质量，有利于推进建筑节能、完成国家下达深圳市的节能减排任务，有利于改善人居环境、实现深圳市低碳生态城市发展目标，意义重大。本方案明确了深圳市2012~2013年的工作目标为对高能耗公共建筑进行节能改造和优化运行，改造项目折算总建筑面积不少于405万平方米，并对改造任务作出了具体分配。

方案指出，深圳市公共建筑节能改造主要任务包括：

（一）以合同能源管理方式实施政府投资公共建筑节能改造。

（二）选择合适的社会投资公共建筑实施节能改造。

（三）建立基于能耗限额的用能约束机制。

（四）建立和完善既有建筑节能改造政策和技术标准体系。

（五）设立公共建筑节能改造重点城市专项资金。

《深圳经济特区碳排放管理若干规定》

发布单位：深圳市人民代表大会常务委员会
发布时间：2012年10月30日
文件编号：第107号

为了加快深圳市经济发展方式的转变，优化环境资源配置，合理控制能源消耗总量，推动碳排放强度的持续下降，该规定要求全市的重点碳排放企业及重点碳排放单位要严格执行碳排放减量，实行碳排放管控制度及碳排放权交易制度，并应向市政府碳排放权交易主管部门提交经第三方核查机构核查的年度碳排放报告。

实施《深圳市公共建筑节能改造重点城市建设工作方案》指引

发布单位：深圳市住房和建设局
发布时间： 2012年12月12日
文件编号：深建字[2012]169号

为按计划完成深圳市公共建筑节能改造重点城市建设任务，促进建筑节能服务产业可持续发展，实现深圳市"十二五"期间建筑节能减排目标，制定本指引。凡需申请公共建筑节能改造重点城市专项资金（以下简称：专项资金）补助的公共建筑节能改造项目，应参照本指引实施。

指引中明确提出了公共建筑节能改造项目应满足的四项条件，节能改造企业应符合的四项条件以及专项资金补助申请所需的三个阶段。该指引对《深圳市公共建筑节能改造重点城市建设工作方案》在实际执行过程中出现的疑问进行了补充和说明。

《深圳市建筑碳排放权交易实施方案》

发布时间：2013年6月

建筑碳排放是全社会碳排放的三大源头之一。降低建筑领域碳排放是减少能源消耗、减轻环境污染、改善环境质量最有效和最廉价的措施之一。《方案》包括总量控制、配额分配、MRV机制、交易机制、惩罚机制、抵消机制和柔性机制七个方面的内容。

《深圳市绿色建筑促进办法》

发布单位：深圳市人民政府
发布时间：2013年7月19日
文件编号：第253号

《办法》从项目的立项、设计和建设、运营、改造和拆除、技术措施、技术规范与评价标识、激励措施以及法律责任几个方面对深圳市有关推进绿色建筑在政府管理层面的政策及要求做了比较详细系统的梳理，是一份执行性较强的指导文件。

《办法》明确规定：用能水平在市主管部门发布能耗限额标准以上的大型公共建筑和机关事业单位办公建筑，应当采用合同能源管理方式进行节能改造。鼓励对既有建筑进行节能改造的同时，进行节水、节地和节材的改造。

《关于做好既有居住建筑节能改造工作的通知》

发布单位：湖北省住房和城乡建设厅
发布时间：2012年11月13日
文件编号：鄂建墙[2012]8号

为贯彻落实《国务院印发"十二五"节能减排综合性工作方案》提出的夏热冬冷地区完成既有建筑节能改造5000万平方米的工作任务，住房城乡建设部、财政部印发了《关于推进夏热冬冷地区既有居住建筑节能改造的实施意见》（建科[2012]55号）、《夏热冬冷地区既有居住建筑节能改造补助资金管理暂行办法》（财建[2012]148号），并于近期下达我省首批100万平方米既有居住建筑节能改造的工作任务。

《关于加强无机轻集料砂浆外墙保温隔热系统应用管理的通知》

发布单位：湖北省住房和城乡建设厅
发布时间：2012年6月30日
文件编号：鄂建文[2012]52号

近年来，无机轻集料砂浆类外墙保温隔热系统在我省建筑节能工程中的应用量快速增长，由于存在生产企业规模小、产品质量不稳定、施工控制不严等因素，已对建筑保温工程质量构成不利影响。为规范市场管理，确保建筑节能工程质量，根据《湖北省民用建筑节能条例》及相关管理规定，现规定有关事项。

《陕西省人民政府办公厅关于印发省绿色建筑行动实施方案的通知》

发布单位：陕西省人民政府办公厅
发布时间：2013年7月24日
文件编号：陕政办发[2013]68号

为贯彻落实《国务院办公厅关于转发发展改革委住房城乡建设部绿色建筑行动方案的通知》（国办发[2013]1号）精神，促进陕西省城乡建筑模式的转变和持续健康发展，实现节能减排目标，提高人民生活质量和生态文明水平，制定本实施方案。该方案对全省绿色建筑行动的总体思路和主要目标进行了阐释。同时，提出了十一项要求：1.加强新建建筑节能工作；2.抓好既有建筑节能改造；3.大力促进城镇绿色建筑发展；4.加强公共建筑节能管理；5.开展城镇供热系统改造；6.大力发展绿色建材；7.加快绿色建筑的技术研发与推广；8.推进可再生能源建筑规模化应用；9.推动建筑工业化；10.严格建筑拆除管理程序；11.推进建筑废弃物资源化利用。

《关于做好2013年既有居住建筑供热计量及节能改造工作的通知》

发布单位：陕西省住房和城乡建设厅
发布时间：2013年2月28日
文件编号：陕建发[2013]43号

本通知就做好2013年度陕西省既有居住建筑供热计量及节能改造工作有关事项提出五个方面的要求：1.明确各市、区2013年"既改"的目标任务；2.及早着手，做好改造项目的确定和改造实施方案的制定等前期工作，统筹安排工程进度，确保按期完成改造任务；3.加强既有居住建筑供热计量及节能改造的质量管理和现场管理；4.认真做好改造项目的验收工作；5.加强目标责任考核，严格奖惩措施。

《四川省绿色建筑行动实施方案》

发布单位：四川省人民政府办公厅
发布时间：2013年6月26日
文件编号：川办发[2013]38号

为切实转变城乡建设模式和建筑业发展方式，推进建筑领域节能减排，根据《国务院办公厅关于转发发展改革委住房城乡建设部绿色建筑行动方案的通知》（国办发[2013]1号）要求，结合四川实际，制定全省绿色建筑行动实施方案。

既有建筑节能改造。到2015年，力争完成既有居住建筑节能改造200万平方米，公共建筑和公共机构办公建筑节能改造350万平方米，其中公共机构办公建筑完成节能改造180万平方米。推进"节约型高等学校"建设及高等学校建筑节能改造示范，争创60家节约型公共机构示范单位。

《关于做好2013年全市建筑节能与绿色建筑工作的实施意见》

发布单位：重庆市城乡建设委员会
发布时间：2013年3月1日
文件编号：渝建发[2013]23号

为扎实推进城乡建设领域绿色低碳节能工作，切实转变城乡建设模式和建筑业发展方式，提高生态文明水平，改善人民生活质量，根据《民用建筑节能条例》、《重庆市建筑节能条例》和《国务院办公厅关于转发

发展改革委 住房城乡建设部绿色建筑行动方案的通知》（国办发[2013]1号），现就做好全市2013年建筑节能与绿色建筑工作，提出如下实施意见。

既有建筑节能改造。各区组织实施不少于10万平方米的公共建筑节能改造示范项目和2万平方米的居住建筑节能改造示范项目，各县应组织实施不少于3万平方米的公共建筑节能改造示范项目和1万平方米的居住建筑节能改造示范项目。

《山东省人民政府关于大力推进绿色建筑行动的实施意见》

发布单位：山东省人民政府
发布时间：2013年4月27日
文件编号：鲁政发[2013]10号

《关于大力推进绿色建筑行动的实施意见》明确了山东省绿色建筑行动的6个主要目标：一是新建建筑。到2015年，城镇新建建筑强制性节能标准执行率设计阶段达到100%、施工阶段达到99%以上；累计建成绿色建筑5000万平方米以上。二是既有建筑节能改造。"十二五"期间，对全省40%以上具备改造价值的城镇既有居住建筑实施节能改造，完成公共建筑节能改造1000万平方米以上。三是可再生能源建筑应用。"十二五"期间，新增太阳能光热建筑应用面积1.5亿平方米以上，太阳能光电建筑应用装机容量150兆瓦以上。到2015年年末，城镇应用可再生能源的新建建筑达到50%以上，可再生能源占建筑能耗的比重达到12%以上。四是公共建筑节能监管体系建设。"十二五"期间，完成1000栋以上公共建筑节能监测系统建设，形成覆盖全省的建筑能耗监测网络。到2015年年末，公共建筑单位面积能耗降低10%，其中大型公共建筑降低15%。五是绿色建材。到2015年年末，城市、县城、镇规划区新型墙材应用比例达到100%，城市、县城规划建设用地范围内限制使用黏土制品，高性能混凝土在建筑工程中的用量达到10%以上，高强钢筋在建筑工程中的用量达到80%以上。六是供热计量改革和供热系统节能改造。"十二五"期间，集中供热的新建建筑和完成节能改造的既有建筑，全部实行按用热量计价收费；大型公共建筑全面完成供热计量改造并实行计量收费。

《关于开展绿色建筑行动创建建筑节能省的实施意见》

发布单位：河北省人民政府办公厅
发布时间：2013年4月28日
文件编号：冀政办[2013]6号

为切实转变城乡建设模式和建筑业发展方式，实现节能减排约束性目标，推动生态文明建设，提高人民生活质量，河北省人民政府办公厅下发了《关于开展绿色建筑行动创建建筑节能省的实施意见》（以下简称《意见》）。《意见》提出：全省城镇新建建筑节能标准执行率达到100%，到2015年底，城镇新建建筑中绿色建筑面积达到25%，三星级绿色建筑面积占绿色建筑总量比例达到10%；全省可再生能源建筑应用面积累计达到1.55亿平方米，新建建筑中可再生能源建筑应用面积达到40%以上，示范地区建筑可再生能源消费量占建筑能耗总量的比例达到10%以上；"十二五"期间，全省完成具备改造价值的既有非节能居住建筑供热计量及节能改造3300万平方米。到2015年底，既有居住建筑供热计量及节能改造累计完成9600万平方米以上。同时，对于太阳能利用、绿色建筑园区培育、新型绿色建材研发等发面也提出了具体要求。

《山西省人民政府办公厅关于进一步做好"十二五"既有居住建筑节能改造工作的通知》

发布单位：山西省人民政府办公厅
发布时间：2012年10月25日
文件编号：晋政办发[2012]75号

本通知是为保质、保量、按期完成"十二五"期间山西省2000万平方米既有居住建筑供热计量及节能改造任务而发布的，对该省既有居住建筑供热计量及节能改造的总体任务和目标进行了地方分配和确定，同时，对于改造实施方式，改造内容，供热计量监管机制，节能新技术、新工艺、新材料、新设备，过程管理，合同能源管理，领导与保障机制等方面提出了具体详细的要求，对促进该省绿色、低碳、转型发展，建设"四化山西"有重要意义。

《北京市农民住宅抗震节能工作实施方案（2013年）》

发布单位：北京市住房和城乡建设委员会
发布时间：2013年3月28日
文件编号：京建发[2013]159号

为加快推进农民住宅抗震节能工作和城乡一体化进程，不断提高农民住宅抗震节能标准，北京市制定了《北京市农民住宅抗震节能工作实施方案（2013年）》（以下简称《方案》）。根据《方案》，农宅的抗震节能改造按照"政府引导、农民主体、操作规范、统筹推进"的原则进行。由农户或村集体自愿申报后，经专业机构对其申报农宅改造的可行性鉴定评估后制定施工方案，改造完工后由相关部门和专家验收。《方案》要求，进行农宅新建翻建、综合改造的农民住宅必须达到北京市农民住宅抗震节能标准；综合改造的外墙传热系数K值不大于0.45W/（m²·K）；外窗传热系数K值不大于2.7W/（m²·K）。

《关于开展本市农村低收入户危旧房改造的实施意见》

发布单位：上海市建设交通委
发布时间：2013年3月25日
文件编号：沪建交联[2013]293号

为贯彻落实党中央、国务院关于扩大农村危旧房改造试点要求，进一步加快统筹城乡发展，切实解决农村居民"三最"问题，根据住房城乡建设部、国家发展改革委、财政部《关于做好2012年扩大农村危房改造试点工作的通知》（建村[2012]87号）和上海市人民政府《关于进一步加强本市保障性安居工程建设和管理的意见》（沪府办发[2012]38号），市建设交通委、民政局、财政局制定了《关于开展本市农村低收入户危旧房改造的实施意见》，并经市政府同意印发和组织实施。2013～2015年，计划完成农村低收入户危旧房改造5000户。其中：2013年完成3000户，2014年完成1000户，2015年完成1000户。

二、标准篇

　　工程建设标准和相关产品标准对于确保既有建筑改造领域的工程质量和安全、促进既有建筑改造事业的健康发展具有重要的基础性保障作用。本篇选列2012~2013年发布实施的工程建设国家标准2部、工程建设行业标准3部、地方标准19部和中国工程建设标准化协会（CECS）标准6部，涉及工程建设标准体系中的建筑设计、建筑地基基础、建筑结构、建筑维护加固与房地产、建筑环境与节能、建筑电气、建筑工程质量等多个专业领域。

国家标准简介

《农村居住建筑节能设计标准》GB/T50824-2013

主编单位：中国建筑科学研究院、中国建筑设计研究院

参编单位：哈尔滨工业大学、中国建筑西南设计研究院有限公司、清华大学、大连理工大学、天津大学、国家太阳能热水器质量监督检验中心、同济大学、河南省建筑科学研究院有限公司、陕西省建筑科学研究院、国家建筑工程质量监督检验中心、宁夏大学、江西省建筑科学研究院、吉林科龙建筑节能科技股份有限公司、深圳海川公司、北京城建技术开发中心、北京怀柔京北新型建材厂、北京金隅加气混凝土有限责任公司

主要起草人：邹瑜、宋波、刘晶、林建平、焦燕、金虹、冯雅、杨旭东、端木琳、王立雄、李忠、李骥、谭洪卫、栾景阳、高宗祺、冯爱荣、潘振、李卫东、郭良、凌薇、南艳丽、王宗山、任普亮、张海文、黄永衡、赵丰东、徐金生、张瑞海、彭梅

简介：本标准是根据住房和城乡建设部《关于印发<2010年工程建设标准规范制订、修订计划>的通知》（建标[2010]43号）的要求，由中国建筑科学研究院、中国建筑设计研究院会同有关单位共同编制完成。

本标准在编制过程中，标准编制组进行了广泛调查研究，认真总结实践经验，结合农村建筑的实际情况，吸收我国现行建筑节能设计标准的经验，并在广泛征求意见的基础上，最后经审查定稿。

本标准共分8章和1个附录。主要技术内容是：总则、术语、基本规定、建筑布局与节能设计、围护结构保温隔热、供暖通风系统、照明、可再生能源利用等。

本标准适用于农村新建、改建和扩建的居住建筑节能设计。

本标准由住房和城乡建设部负责管理，由中国建筑科学研究院负责具体技术内容的解释。

《建筑边坡工程鉴定与加固技术规范》GB50843-2013

主编单位：重庆一建建设集团有限公司、重庆市设计院

参编单位：中国建筑技术集团有限公司、重庆市建筑科学研究院、中冶建筑研究总院有限公司、四川省建筑科学研究院、重庆大学、建设综合勘察研究设计院有限公司、重庆市建设工程勘察质量监督站、广厦建设集团有限责任公司

主要起草人：郑生庆、陈希昌、汤启明、刘兴远、姚刚、胡建林、何平、林文修、周忠明、王德华、郭明田、董勇、叶晓明、冉艺、陈阁琳、何开明、周长安、廖乾章、王嘉琳、方玉树、张培文

简介：根据住房和城乡建设部《关于印

发〈2009年工程建设标准规范制订、修订计划〉的通知》（建标[2009]88号）的要求，规范编制组经广泛调查研究，认真总结实践经验，参考有关国内标准和国际标准，并在广泛征求意见的基础上，编制本规范。

本规范主要技术内容是：总则、术语和符号、基本规定、边坡加固工程勘察、边坡工程鉴定、边坡加固工程设计计算、边坡工程加固方法、边坡工程加固、监测和加固工程施工及验收。

本规范适用于岩质边坡高度为30米以下（含30米），土质边坡高度为15米以下（含15米）的既有建筑边坡工程和岩质基坑边坡的鉴定和加固。超过上述高度的边坡加固工程以及地质和环境条件复杂的边坡加固工程除应符合本规范外，还应进行专项设计，采取有效、可靠的加固处理措施。

本规范由住房和城乡建设部负责管理和对强制性条文的解释，由重庆一建建设集团有限公司负责具体技术内容的解释。

行业标准简介

《既有建筑地基基础加固技术规范》
JGJ123-2012

主编单位：中国建筑科学研究院

参编单位：福建省建筑科学研究院、河南省建筑科学研究院、北京交通大学、同济大学、山东建筑大学、中国建筑技术集团有限公司

主要起草人：滕延京、张永钧、叶观宝、冯禄、刘金波、张天宇、李安起、李湛、张鑫、赵海生、崔江余

简介：本规范是根据住房和城乡建设部建标[2009]88号《关于印发〈2009年工程建设标准规范制订、修订计划〉的通知》的要求，由中国建筑科学研究院会同有关设计、勘察、施工、研究与教学单位，对行业标准《既有建筑地基基础加固技术规范》JGJ123-2000修订而成。

本规范的主要技术内容有：总则、术语和符号、基本规定、地基基础鉴定、地基计算、增层改造、纠倾加固、移位加固、托换加固、事故预防与补救、加固方法、检验与监测及有关附录。

本规范修订的主要技术内容是：1.术语；2.既有建筑地基基础加固设计的基本要求；3.邻近新建建筑、深基坑开挖、新建地下工程对既有建筑产生影响时，应采取对既有建筑的保护措施；4.不同加固方法的承载力和变形计算方法；5.托换加固；6.地下水位变化过大引起的事故预防与补救；7.检验与监测；8.既有建筑地基承载力持载再加荷载试验要点（附录B）；9.既有建筑桩基础单桩承载力持载再加荷载试验要点（附录C）。

本规范修订调整的主要技术内容有：1.既有建筑地基基础鉴定评价的要求；2.原规范纠倾加固和移位一章，调整为纠倾加固、移位加固两章；3.增层改造、事故预防和补救、加固方法等的内容；4.其他与现行国家标准表述不一致的修订；5.充实了条文说明的内容。

本规范适用于既有建筑因勘察、设计、施工或使用不当；增加荷载、纠倾、移位、改建、古建筑保护；遭受邻近新建建筑、深基坑开挖、新建地下工程或自然灾害的影响等需对其地基和基础进行加固的设计、施工和质量检验。

本规范由住房和城乡建设部负责管理和对强制性条文的解释，由中国建筑科学研究院负责日常管理和具体技术内容的解释。

《既有居住建筑节能改造技术规程》
JGJ/T129-2012

主编单位：中国建筑科学研究院

参编单位：哈尔滨工业大学市政环境工程学院、中国建筑设计研究院、中国建筑西北设计研究院有限公司、中国建筑东北设计研究院有限公司、吉林省建苑设计集团有

限公司、福建省建筑科学研究院、广东省建筑科学研究院、中国建筑西南设计研究院有限公司、重庆大学城市规划学院、上海市建筑科学研究院(集团)有限公司、北京市建筑设计研究院有限公司、西安建筑科技大学建筑学院、住房和城乡建设部科技发展促进中心、深圳市建筑科学研究院有限公司

主要起草人：林海燕、郎四维、方修睦、潘云钢、陆耀庆、金丽娜、吴雪岭、赵士怀、冯雅、付祥钊、杨仕超、夏祖宏、刘明明、刘月莉、宋波、闫增峰、郝斌、刘俊跃、潘振

简介：根据原建设部《关于印发<2006年工程建设标准规范制订、修订计划(第一批)>的通知》(建标[2006]77号)的要求，规程编制组经广泛调查研究，认真总结实践经验，并在广泛征求意见的基础上，对原行业标准《既有采暖居住建筑节能改造技术规程》JGJ129-2000进行了修订。

本规程的主要技术内容有：1.总则；2.基本规定；3.节能诊断；4.节能改造方案；5.建筑围护结构节能改造；6.严寒和寒冷地区集中供暖系统节能与计量改造；7.施工质量验收。

本规程主要修订的技术内容是：1.将规程的适用范围扩大到夏热冬冷地区和夏热冬暖地区；2.规定了在制定节能改造方案前对供暖空调能耗、室内热环境、围护结构、供暖系统进行现状调查和诊断；3.规定了不同气候区的既有建筑节能改造方案应包括的内容；4.规定了不同气候区的既有建筑围护结构改造内容、重点以及技术要求；5.规定了热源、室外管网、室内系统以及热计量的改造要求。

本规程适用于各气候区既有居住建筑进行下列范围的节能改造：1.改善围护结构保温、隔热性能；2.提高供暖空调设备(系统)能效，降低供暖空调设备的运行能耗。

本规程由住房和城乡建设部负责管理，由中国建筑科学研究院负责具体技术内容的解释。

《建筑消能减震技术规程》JGJ297-2013

主编单位：广州大学

参编单位：中国建筑科学研究院、同济大学、清华大学、东南大学、大连理工大学、南京工业大学、云南大学、北京工业大学、华南理工大学、青岛理工大学、太原理工大学、昆明理工大学、北京市建筑设计研究院、深圳华侨城房地产有限公司、上海材料研究所减震事业部、上海隆诚实业有限公司、隔而固（青岛）振动控制有限公司、南京丹普科技工程有限公司、四川国方建筑机械有限公司

主要起草人：周云等

简介：本规程是根据原建设部建标[2006]77号文《关于印发〈2006年工程建设标准规范制订、修订计划（第一批）〉的通知》要求，由广州大学会同有关设计、研究和生产单位编制而成。

本规程主要内容包括：消能减震建筑结构基本要求、结构分析、消能器的技术性能、结构设计、连接与构造、施工及相关附录资料。

本规程适用于抗震设防烈度为6度～9度地区建筑消能减震的设计与施工。抗震设防

烈度大于9度地区的建筑结构、有特殊要求的既有建筑的抗震加固,可参照本规程执行。

本规程由住房和城乡建设部负责管理和对强制性条文的解释,由广州大学负责具体技术内容的解释。

地方标准简介

《供热系统节能改造技术规程》DB11/T 1009-2013（北京市）

备案号：J12299-2013

主编单位：北京城建科技促进会、泛华建设集团有限公司、北京市供热协会

主编人：鲁丽萍、刘慧敏等

适用范围：本标准适用于以区域锅炉房、热电联产热力站为热源的既有民用建筑集中供热系统的节能改造工程，其他形式热源的集中供热系统的节能改造工程可参照执行。

联系方式：北京市西城区广莲路甲5号

邮编：100055

《保温板薄抹灰外墙外保温施工技术规程》DB11/T 584-2013（北京市）

备案号：J12370-2013

主编单位：北京住总集团有限责任公司、北京建筑材料检验中心有限公司、北京城建科技促进会

主编人：鲍宇清、张增寿、徐晨辉等

适用范围：本规程适用于在各类新建、扩建、改建建筑及既有居住建筑的节能改造中，采用保温板薄抹灰做法的外墙外保温工程的施工和验收。

联系方式：北京市朝阳区十里堡北里恒泰大厦A座二层

邮编：100025

《民用建筑能耗监测系统设计标准》DB29-216-2013（天津市）

备案号：J12262-2013

主编单位：天津市建筑设计院

主编人：王东林等

适用范围：本标准适用于天津市新建、改建、扩建和既有公共建筑以及居住建筑中的热源、热力站的能耗监测系统设计。

联系方式：天津市河西区气象台路95号

邮编：300074

《袖阀管注浆加固地基技术规程》DBJ04/T290-2012（山西省）

备案号：J12025-2012

主编单位：山西四建集团有限公司、山西博奥建筑纠偏加固工程有限公司

参编人：霍小妹、王文明等

适用范围：本规程适用于山西省行政区域内既有建筑地基的加固、新建建筑的地基处理以及建筑深基坑人工底板的设计、施工和验收。

联系方式：山西省太原市小店区体育北街7号

邮编：030012

《泡沫混凝土外墙外保温工程技术规程》DB21/T 2117-2013（辽宁省）

备案号：J12402-2013

主编单位：辽宁省建筑节能环保协会、沈阳建筑大学

主编人：唐明、王晓初等

适用范围：本规程适用于24米以下混凝土墙和砌体墙结构为基层的新建民用建筑的泡沫混凝土外墙外保温工程的设计、施工及验收以及工业建筑、公共建筑和既有民用建筑有保温要求和防火要求的建筑部位。

联系方式：辽宁省沈阳市和平区太原北街2号省政府综合办公楼A座0208房间

邮编：110001

《既有住宅建筑光纤到户改造工程技术规范》DG/TJ08-2118-2013（上海市）

备案号：12321-2013

主编单位：上海市通信管理局

主编人：张军、季褆等

适用范围：本规范适用于本市公寓式、里弄式及别墅式既有住宅建筑实施的光纤到户改造工程，其他类型的既有居住建筑在技术条件相同时，可执行本规范。

联系方式：上海市延安东路1200号

邮编：200003

《保温装饰复合板墙体保温系统应用技术规程》DG/TJ08-2122-2013（上海市）

备案号：J12364-2013

主编单位：上海申城建筑设计有限公司

主编人：刘永峰、陈忠勇等

适用范围：本规程适用于新建、扩建、改建的民用建筑外墙保温装饰工程的设计、施工及质量验收。工业建筑外墙保温装饰及既有建筑外墙保温装饰改造工程，在技术条件相同时也可适用。

联系方式：上海市溧阳路1208弄12号

邮编：200000

《岩棉板（带）薄抹灰外墙外保温系统应用技术规程》DG/TJ08-2126-2013（上海市）

备案号：J12395-2013

主编单位：同济大学、上海市建筑科学研究院（集团）有限公司、上海中房建筑设计有限公司

主编人：张永明、李德荣等

适用范围：本规程适用于新建、扩建、改建的民用建筑节能工程。既有建筑节能改造和工业建筑节能工程在技术条件相同时也可适用。

联系方式：上海市四平路1239号

邮编：200092

《机关办公建筑用能监测系统工程技术规范》DG/TJ08-2127-2013（上海市）

备案号：J12394-2013

主编单位：上海市机关事务管理局、上海市建筑科学研究院(集团)有限公司、上海市建筑建材业市场管理总站

主编人：薛晓峰、倪一飞等

适用范围：适用于新建和既有机关办公建筑的用能监测系统工程的设计、施工、调试、检测、验收、运营和维护。

联系方式：上海市人民大道200号

邮编：200003

《既有建筑结构加固工程现场检测技术规程》DGJ32/TJ136-2012（江苏省）

备案号：J12031-2012

主编单位：江苏省建筑科学研究院有限公司、江苏省建筑工程质量检测中心有限公司

主编人：杨晓虹、方平等

适用范围：本规程适用于既有建筑结构加固工程中有关新增混凝土、外加砂浆面层等加固质量的现场检测。

联系方式：江苏省南京市北京西路12号

邮编：210008

《国家机关办公建筑和大型公共建筑用电分项计量系统设计标准》DB33/1090-2013（浙江省）

备案号：J12323-2013

主编单位：浙江清华长三角研究院

主编人：秦筑君等

适用范围：适用于浙江省新建、改建和扩建的国家机关办公建筑和大型公共建筑。既有建筑在增设用电分项计量系统时，也适用本标准。

联系方式：浙江省杭州市西溪路525号浙大科技园A座西区528室

邮编：310013

《自密实混凝土加固工程结构技术规程》DBJ/T13-150-2012（福建省）

备案号：J12109-2012

主编单位：福州大学、福建省中嘉建设工程有限公司

主编人：郑建岚、罗素蓉等

适用范围：本规程适用于工程结构采用增大截面法加固所进行的结构设计、自密实混凝土配合比设计、生产、施工。

联系方式：福建省福州市福州地区大学新区学园路2号

邮编：350116

《隔离式防火构造保温板外墙外保温系统应用技术规程》DBJ/T14-093-2012（山东省）

备案号：J12240-2013

主编单位：山东省建筑科学研究院

主编人：孙洪明等

适用范围：本规程适用于新建、扩建和改建的居住建筑、公共建筑和工业建筑隔离式防火构造保温板外墙外保温工程的设计、施工和验收。

联系方式：山东省济南市无影山路29号

邮编：250031

《既有民用建筑节能改造技术规程》DBJ15-91-2012（广东省）

主编单位：广东省建筑科学研究院、广州市建筑科学研究院有限公司

主编人：杨仕超、任俊

适用范围：适用于各类既有民用建筑的节能改造。

联系方式：广东省广州市先烈东路121号

邮编：510500

《岩棉板薄抹灰外墙外保温系统应用技术规程》DBJ50/T-141-2012（重庆市）

备案号：J12058-2012

主编单位：中煤科工集团重庆设计研究院

主编人：谢自强、郑松青等

适用范围：本规程适用于重庆地区新建、扩建、改建民用建筑采用岩棉板薄抹灰外墙外保温系统的建筑节能工程。

联系方式：重庆市渝中区长江二路177、179号

邮编：400016

《公共建筑节能改造应用技术规程》DBJ50/T-163-2013（重庆市）

备案号：J12307-2013

主编单位：重庆市设计院

适用范围：适用于重庆地区公共建筑的节能改造。

联系方式：重庆市渝中区人和街31号4楼

邮编：4000015

《住宅建筑通信配套光纤入户工程技术规范》DBJ51/004-2012（四川省）

备案号：J12008-2012

主编单位：中国建筑西南设计研究院有限公司、四川通信科研规划设计有限责任公司

主编人：熊泽祝等

适用范围：适用于四川省新建住宅建筑通信配套光纤入户工程建设。改、扩建住宅建筑通信配套光纤入户工程建设可参照执行。

联系方式：四川省成都市天府大道北段866号

邮编：610042

《既有村镇住宅抗震加固技术规程》DBJ/T61-68-2012（陕西省）

备案号：J12073-2012

主编单位：长安大学、陕西省住房和城乡建设厅

主编人：王毅红、茹广生、王步等

适用范围：本规程适用于抗震设防烈度为6度～8度地区经抗震鉴定后需要进行抗震加固的一、二层既有村镇住宅。不适用于历史保护建筑的抗震加固。

联系方式：陕西省西安市南二环路中段

邮编：710064

《居民住宅用电一户一表建设与改造技术规程》DB62/T25-3067-2013（甘肃省）

备案号：J12413-2013

主编单位：甘肃省电力公司

适用范围：新建城镇居民住宅；新发展的城镇居民客户；电气化小区、电气化村（社）居民住宅；城乡结合部自愿接受一户一表改造的居民住宅；同一建筑内与居民住宅相关联的商业、办公用电等。

联系方式：甘肃省兰州市城关区北滨河东路8号

邮编：730030

CECS协会标准简介

《旋转型喷头自动喷水灭火系统技术规程》CECS 213：2012

主编单位：公安部四川消防研究所、广州龙雨消防设备有限公司

主编人：肖睿书、王炯、姜文源、颜日明

适用范围：本规程适用于新建、改建、扩建的民用与工业建筑中采用旋转型喷头自动喷水灭火系统的设计、施工及验收。不适用于火药、炸药、弹药、火工品工厂、核电站和飞机库等有特殊功能要求的建筑中采用的旋转型喷头自动喷水灭火系统。

联系方式：四川省成都市金牛区金科南路69号

邮编：610036

《既有村镇住宅功能评价标准》CECS 324：2012

主编单位：哈尔滨工业大学

主编人：金虹

适用范围：本标准适用于我国既有村镇住宅的功能评价。不适用于鉴定为危险房屋的农村住宅。

联系方式：哈尔滨市南岗区西大直街92号

邮编：150001

《既有村镇住宅建筑抗震鉴定和加固技术规程》CECS 325：2012

主编单位：建研科技股份有限公司

主编人：朱立新

适用范围：本规程适用于抗震设防烈度为6度、7度、8度、9度地区，层数为一、二层的既有村镇住宅的抗震鉴定与加固，不适用于村镇中三层及以上住宅的抗震鉴定加固和新建村镇住宅的抗震设计。

联系方式：北京市北三环东路30号

邮编：100013

《既有村镇住宅建筑安全性评定标准》CECS 326：2012

主编单位：上海市建筑科学研究院（集团）有限公司

主编人：蒋利学、李向民

适用范围：本标准适用于农民自建的层数为一、二层，采用砌体结构、木结构、生土结构和石结构的既有村镇住宅建筑的安全性评定。其他村镇建筑的安全性评定也可按本标准执行。

联系方式：上海市宛平南路75号上海市建筑科学研究院结构所

邮编：200032

《酚醛泡沫板薄抹灰外墙外保温工程技术规程》CECS 335：2013

主编单位：中国建筑科学研究院

主编人：王新民

适用范围：本规程适用于以混凝土或砌体为基层墙体的民用建筑采用酚醛泡沫板薄抹灰外墙外保温工程的设计、施工及验收。

联系方式：北京市北三环东路30号

邮编：100013

《钢结构防腐蚀涂装技术规程》CECS 343：2013

主编单位：中国钢结构协会、中冶建筑研究总院有限公司

主编人：张大厚、柴昶

适用范围：本规程适用于钢结构防腐蚀涂装工程的材料、设计、施工、验收及钢结构使用期内的维护管理。

联系方式：北京市海淀区西土城路33号

邮编：100088

三、科研篇

"十二五"初期,国家正式启动了国家科技支撑计划项目"既有建筑绿色化改造关键技术研究与示范",项目包括"既有建筑绿色化改造综合检测评定技术与推广机制研究"、"典型气候地区既有居住建筑绿色化改造技术研究与工程示范"、"城市社区绿色化综合改造技术研究与工程示范"、"大型商业建筑绿色化改造技术研究与工程示范"、"办公建筑绿色化改造技术研究与工程示范"、"医院建筑绿色化改造技术研究与工程示范"和"工业建筑绿色化改造技术研究与工程示范"七个课题。根据课题实施进展情况,本篇对课题的阶段性成果进行简要介绍。

"既有建筑绿色化改造综合检测评定技术与推广机制研究"课题阶段性成果简介

一、研究背景

截至2012年,我国既有建筑面积约为500亿平方米,且绝大部分的非绿色"存量"建筑都存在能耗高、安全性差、使用功能不完善等问题,与此同时,我国每年拆除的既有建筑面积约为4亿平方米。拆除使用年限较短的非绿色"存量"建筑不仅会造成对生态环境的二次污染和破坏,也是对能源资源的极大浪费。在我国城市化发展和城镇化战略转型的关键时期,绿色建筑的理念逐渐被市场和行业接受,绿色建筑已成为我国建筑业可持续发展的主导方向。若通过对既有建筑实施绿色改造,不仅可以提升既有建筑的环境品质,还将极大地促进节能减排战略目标的实现。

为了引导、规范和促进既有建筑绿色化改造在我国建筑工程的推广应用,落实党中央国务院有关新型城镇化发展与节能减排工作的战略部署,"十二五"国家科技支撑计划课题"既有建筑绿色化改造综合检测评定技术与推广机制研究"于2012年年初全面启动。

本课题的研究顺应时代需求,符合《国家中长期科学和技术发展规划纲要(2006-2020年)》中重点领域"城镇化与城市发展"的"建筑节能和绿色建筑"优先主题任务要求。通过本课题的实施,将全面推进我国既有建筑绿色化改造工作顺利进行。

二、课题目标与任务

(一)课题目标

课题立足我国既有建筑发展现状,在既有建筑改造相关单项关键技术研究的基础上,通过集成创新及模式创新,分别展开既有建筑绿色化改造测评诊断成套技术、配套政策和推广机制研究及综合性技术服务平台和技术推广信息网络平台建设,为既有建筑绿色化改造提供可靠的鉴定评价技术、完善的配套政策、可行的运作推广模式以及全面的技术服务平台,形成健全的、良性的、可持续的既有建筑绿色化改造领域的研究发展能力。

(二)研究任务

课题的主要研究任务分为五个方面:既有建筑绿色化改造测评诊断成套技术研究、既有建筑绿色化改造评价方法研究、既有建筑绿色化改造政策研究、既有建筑绿色化改造市场推广机制研究和既有建筑绿色化改造综合性技术服务平台建设,旨在形成多层次、全方位的既有建筑绿色化改造技术体系与推广机制。

(三)创新点

课题创新点为:1.多目标、多手段、多因素的既有建筑绿色化改造测评诊断方法;2.以定量化判别为主要模式的既有建筑绿色化改造评价方法;3.立足国情,借鉴先进的既有建筑绿色化改造的政策与机制建议；
4. 既有建筑绿色化改造推广的模式创新；
5. 既有建筑绿色化改造综合性技术服务平台的集成创新。

三、阶段性成果

课题执行期限为2012年1月至2015年12月，截至2013年取得的主要技术和应用成果如下：

（一）基础信息及数据调研

为了全面掌握国内既有建筑的改造与维护使用现状、绿色化改造潜力及推广市场，课题组采取资料搜集及实地调研的方式，针对不同气候区不同建筑类型既有建筑现状、改造案例和绿色建筑及其相关产业政策收集了大量基础资料，梳理了既有建筑绿色化改造6大类诊断内容（包括建筑与规划，结构与材料，暖通空调，给水排水，电气与自控以及运行管理）总计71个诊断指标，确定了各指标的基本诊断流程。

结合以上调研成果完成了《既有建筑现状分析与绿色化改造政策机制研究报告》、《既有建筑绿色化改造的产业链研究报告》、《既有建筑绿色化改造与绿色就业研究报告》、《既有建筑绿色化改造的投融资机制研究报告》、《既有建筑绿色化改造效果评价的技术指标体系与评价方法研究报告》以及《绿色建筑及相关产业政策汇编》。

（二）技术体系

在前期调研的基础上，针对既有建筑的特殊性，建立涵盖绿色建筑整体实施效果与分项技术应用的统分结合的诊断测评体系，形成全时段无缝式差别化的诊断测评方法；参照现行《绿色建筑评价标准》的技术框架，统筹考虑既有建筑绿色改造的经济可行性、技术先进性及地域适宜性，构建既有建筑绿色化改造潜力和效果评价体系框架，旨在直观反映既有建筑绿色改造的效果水平。

（三）标准或指南

课题组已启动国家标准《既有建筑改造绿色评价标准》、《公共建筑结构监测技术规范》和协会标准《绿色建筑检测技术标准》、《既有建筑评定与改造技术规范》的编制工作。其中，《公共建筑结构监测技术规范》和《绿色建筑检测技术标准》已进入审定稿阶段，《既有建筑评定与改造技术规范》已完成征求意见工作。

（四）新装置研发

在既有建筑综合性能测评诊断成套技术研究的基础上，研发形成了一套绿色既有建筑监测装置，该装置可实现对既有建筑室外环境、室内环境、围护结构、暖通空调系统、给水排水、变配电以及能耗情况进行全面的监测和分析比较，帮助物业管理人员提升管理的水平和效率。目前该监测装置已成功应用于上海某绿色办公建筑上，并将通过在实际项目的应用，对装置的性能和功能进行不断的调试和完善。

通过既有建筑绿色化改造措施和关键技术研究，正在建设以北京凯晨大厦绿色改造项目为载体的绿色效能监测系统，采用远程传输手段及时采集能耗数据，实现了建筑能耗的在线实时监测和动态分析功能，保证能耗数据的及时性、统一性，达到了建筑的能耗分类和分项能耗计量，提高建筑运行监管能力，节约运行成本，提升建筑人居环境。

（五）网络信息平台

目前正依托中国建筑改造网在业界的强

大影响力及完善的构架体系，积极进行全面改版及更新，加入既有建筑绿色化改造相关新闻时讯、统计数据、法律法规、政策文件、标准规范、科研成果、技术介绍、产品推广、借鉴案例等丰富板块，形成既有建筑绿色化改造网，打造我国既有建筑绿色化改造领域最具权威、专业及影响力的网络信息平台。

（六）综合技术服务平台

依托中国建筑科学研究院国家建筑工程检验中心和上海国研工程检测有限公司在既有建筑和新建建筑工程各项检测、围护结构节能检测等多方面的工程实践技术优势，正在积极搭建面向我国华北和华东地区的既有建筑绿色化改造综合技术服务平台，为既有建筑绿色化改造提供包含设计、施工、诊断、检测、绿色咨询、运行维护等在内的"一站式"服务，全面推进既有建筑绿色化改造的实施。

（七）人才培养及宣传推广

2012年6月和2013年4月，由中国建筑科学研究院主办在北京召开"推动建筑绿色改造，提升人居环境品质"为主题的第四届和第五届"既有建筑改造技术交流研讨会"，共700多人参会。课题组成员及其他参会代表就国内外既有建筑绿色化改造的发展趋势、科技成果、成功案例展开了交流，对既有建筑绿色化改造技术标准、政策措施等内容进行了研讨，分享了既有建筑绿色化改造的成功经验。会议的成功举办将进一步促进我国既有建筑绿色化改造领域政策和科技的创新。

课题组分别在新疆和常州召开"绿色建筑、低能耗建筑示范工程技术交流会"，参会培训人员达600多人，有力地推动了我国严寒地区和夏热冬冷地区既有建筑绿色化改造工作的宣贯及开展。此外，课题组还积极组织开展多次课题内部工作会议和专题研讨会议，严格把控课题执行进度和成果质量，确保课题如期完成。

四、研究展望

课题将在未来的几年内，在现有取得的成果基础之上，着重加强以下几个方面的研究工作。

（一）进一步加强政策机制建议在实践工作中的结合和可操作性

既有建筑绿色化改造的政策机制建议的制定和实际落实面临一定的阻碍，应该与国家及地方当前开展的绿色节能及既有建筑改造领域的重点工作相结合，加强建议的时效性和可实施性；在实践应用当中检验政策机制建议的合理性和可操作性。

（二）既有建筑性能诊断与评价软件

在综合考量既有建筑特性、绿色化改造的经济性、技术适用性的原则下，课题组将在既有建筑绿色化改造潜力和效果的评价上，给出具体评价方法和指标体系，并形成相应的评价软件。

（三）绿色既有建筑评价体系

在具体考虑我国不同地域的气候多样性、资源差异性以及建筑功能的详细区分的基础上，并且借鉴国外先进标准规范的成熟模式，完善我国绿色既有建筑评价、检测技术标准体系。

（中国建筑科学研究院供稿，王俊、王清勤执笔）

"典型气候地区既有居住建筑绿色化改造技术研究与工程示范"课题阶段性成果简介

一、课题背景

我国《"十二五"节能减排综合性工作方案》（国发[2011]26号）提出将实施节能减排重点工程。当前大量的既有居住建筑未按节能标准设计和建造，其绿色化改造任务艰巨，技术需求旺盛。目前我国实施既有居住建筑绿色化改造面临以下突出问题：1.绿色建筑技术体系、绿色建造与改造工艺和技术、绿色建筑评价标准体系尚未形成，既有居住建筑改造缺乏绿色化技术指导；2.发达国家绿色建筑技术和评价体系严重不适合我国不同气候地区的资源能源供应特点和建筑功能需求，简单套用会带来严重隐患；3.既有居住建筑普遍存在居住功能不完善、居住舒适度不高、结构安全储备不足、能耗大、资源利用率低等问题，急需通过绿色化改造改变现状；4.既有居住建筑的典型气候适应性较差，缺乏不同气候地区既有居住建筑绿色化改造技术体系以及相关的关键技术支撑。

以上问题均需通过专项研究加以解决，基于此，进行国家"十二五"科技支撑计划课题"典型气候地区既有居住建筑绿色化改造技术研究与工程示范"（2012BAJ06B02）的研究。课题由上海市建筑科学研究院（集团）有限公司负责，中国建筑科学研究院和哈尔滨工业大学参与。

二、目标与研究任务

（一）课题目标

根据我国城镇化与城市发展进程中大规模既有居住建筑绿色化改造的需求，以寒冷和严寒、夏热冬冷、夏热冬暖等典型气候地区的既有居住建筑为研究对象，针对其在建筑形式与功能、结构安全性、居住舒适度、新能源利用与节能减排等方面存在的问题，进行绿色化改造关键共性技术和适用于典型气候地区的绿色化改造建筑新技术研究，建立符合我国国情和不同气候地区特点的既有居住建筑绿色化改造集成技术体系，并在典型气候地区进行示范和大面积推广。

（二）研究任务

课题研究任务包括：1.既有居住建筑绿色化改造关键共性技术研究；2.寒冷和严寒地区既有居住建筑绿色化改造建筑新技术研究；3.夏热冬冷地区既有居住建筑绿色化改造建筑新技术研究；4.夏热冬暖地区既有居住建筑绿色化改造建筑新技术研究；5.典型气候地区既有居住建筑绿色化改造技术集成和综合示范。

（三）创新点

课题创新点为：1.既有居住建筑绿色高效加固技术方法和施工工艺；2.可满足典型气候地区既有居住建筑绿色化改造不同功能需求的绿色功能材料及应用技术体系；3.低

品位能源和太阳能等可再生能源与常规能源互补供热的设计方法；4.适合夏热冬冷地区既有居住建筑应用的遮阳形式，以及可规模化应用的隔声门窗产品；5.既有居住建筑隔声与通风的外窗综合性能提升改造技术体系及带净化功能的主动式通风技术。

三、阶段性成果

课题执行期限为2012年1月至2015年12月，截至2013年取得的主要技术和应用成果如下：

任务一：关键共性技术

建筑方面：对既有居住建筑绿色化改造的涵义进行了深入探索；进一步完善了既有居住建筑绿色化再生设计的功能组织、空间整合、界面改造等研究内容，并结合调研对象进行了应用研究；上海天龙地块改造工程和城南小区改造工程两项示范工程目前正在洽谈推进。

结构方面：研发了现浇梁板协同工作性能应用技术；研发了纵横墙协同工作性能应用技术和砌体抗压强度推定新方法；研发了增设型钢圈梁构造柱技术；研发了增设水泥基灌浆料圈梁构造柱技术。功能改善与安全性能提升一体化技术研究已基本完成第一批试验；结构整体效应应用技术中部分比较成熟的成果已形成指南性或规范性条文形式；局部绿色高效加固技术与施工工艺已完成所有试验，目前正在进行整理和深化研究；结合调研，计划补充用预制构件加固既有居住建筑（抗震加固与节能一体化改造技术）振动台模型试验。

材料方面：根据既有居住建筑绿色化改造需要，将绿色建筑材料（低消耗商品砂浆、薄层砂浆、无甲醛石膏腻子等）和高性能绿色功能材料（轻质无机泡沫混凝土保温板、石膏内保温砂浆、反射隔热涂料、防潮石膏砂浆等）进行改造技术集成，分为墙体节能、防火改造技术和低资源、能源消耗改造技术两部分，各类材料均完成了配比、物理化学性能以及基本力学性能研究。

任务二：寒冷和严寒地区

开展了既有居住建筑热源绿色化改造研究，把既有住区小型锅炉房燃煤供热，改为利用清洁能源和可能再生能源的单栋供热方式，并对不同供热方案进行了综合比较；开展了严寒地区太阳能防冻及集热性能实验研究，完成了实验系统设计和实验台搭建并已运行测试；开展了既有居住建筑废水余热回收装置研究，完成了实验系统设计和实验台搭建并已运行测试，对比研究了传统电热水器与新研发的带有余热回收功能的热水器的相关性能的差异；开展了分体式空调冷凝热回收装置实验研究，完成了实验系统设计和实验台搭建并已运行测试；开展了水喷射器在既有居住建筑热力入口改造中的应用研究，主要包括水喷射器在热力入口应用装置研究和水喷射器特性曲线及其应用研究。

任务三：夏热冬冷地区

确定了夏热冬冷地区既有居住建筑太阳能热水系统改造的系统形式及主要构件型式，建立了平板集热器与建筑一体化的传热模型，采用TRNSYS软件初步建立真空管集热器热水系统模型；完成了微气候模拟软件ENVI-met的模型研究、功能研究以及案例应用；利用建筑能耗分析软件建立了建筑遮阳系统模型；结合测试研究，确定了窗体设计需求，开展了新型隔声外窗设计；开展了水质测试，以及夏热冬冷地区既有居住建筑适宜的节水改造技术。

任务四：夏热冬暖地区

开展了外窗和屋面隔热性能提升、非传统水源收集利用、新型绿化、通风与净化等关键技术研究，成功研发了住宅新风净化系统。《深圳市既有居住建筑绿色化改造技术规程》已获批复，目前正在编制中，主要内容包括：1.总则；2.术语及符号；3.基本规定；4.建筑再生设计方法；5.结构安全性提升；6.围护结构隔热性能提升；7.节水改造；8.智能化改造；9.可再生能源利用；10.环境改善；11.改造效果的评估。本规程主要解决以下问题：（1）外窗和屋面隔热性能提升技术；（2）非传统水源收集利用技术（3）建筑新型绿化技术；（4）建筑通风与净化技术；（5）建筑适老化改造技术。

任务五：示范工程

1. 寒冷和严寒地区：哈尔滨红旗小区住区绿色化改造工程

地理位置：哈尔滨市经济开发区东北部

基本信息：占地面积23.0万平方米，住宅建筑面积39.6万平方米，庭院面积13.1万平方米，共计63栋住宅，7900余户居民，建筑多为7~8层的多层建筑。

改造范围：拟节能改造建筑面积39.6万平方米，建设太阳能集热器面积2.8万平方米，扩容住宅4.5万平方米，扩容车库3.9平方米等。

改造时间：2013年

改造目标：实现低能耗、低污染、舒适健康、与周边环境协调的绿色化改造目标。

改造内容：供热系统改造、建筑屋面改造、首层商服改造、建筑围护结构节能改造、庭院和住区环境改造、结构性能提升改造、其他绿色化改造。

绿色化改造技术应用：

围护结构：墙体采用保温性能优异的硬泡聚氨酯外保温技术；窗户采用多腔塑料型材及带换气功能的三玻窗；屋面采用挤塑聚苯板的倒置式保温屋面。

新能源利用：利用太阳能提供生活热水；设置空调冷凝热回收装置、生活废水余热回收装置；路灯采用小型风力发电辅以太阳能电池板。

供热改造：采用带温控阀的热计量方式；热力入口采用水喷射器改造、热源利用太阳能加热系统补水。

2. 夏热冬冷地区：上海思南公馆二期绿色化改造工程

地理位置：上海市黄浦区

改造范围：思南公馆二期改造保护项目面积为5310平方米，由11幢居住功能的独立式风貌别墅组成，均为3层砖木结构。所有建筑均为上海市优秀历史建筑。

改造时间：2013年

改造目标：在保护基础上，通过环境整治、部分功能置换、建筑单体修缮改造、结构加固、配套设施改善、绿化更新等方式保护和提升这一地区的人文、历史内涵与风貌，使其成为具有海派文化风韵的、以居住为主的高级居住社区。

改造内容：建筑改造、室内外环境改造、结构加固改造、采暖空调改造、绿色节能改造等。

绿色化改造技术应用：使用新型墙体节能材料如超薄绝热板保温系统、内墙保温腻子；木屋架等轻型木屋盖采用新型节能保温技术；可再生能源适宜性利用技术；高性能隔声门窗，外窗为与建筑外立面协调的带百叶木窗；采用立体绿化技术。

3. 夏热冬暖地区：深圳莲花二村既有居住建筑绿色化改造工程

地理位置：深圳莲花山公园东侧

基本信息：占地面积16.4万平方米，总建筑面积20万平方米，区内多层住宅44栋，高层楼宇2栋，规划居住人口约1万人。主要配套设施有综合服务大楼1座，中学、幼儿园、文化活动中心各1个，停车场3个。

改造时间：2012～2013年

改造目标：在保持原有建筑结构和墙体不变、居民不作动迁的条件下，通过对建筑物的外墙面、外窗、屋面、绿化环境、配套服务设施进行绿色化改造，提升住区居住环境，促进和谐社区建设。

绿色化改造技术应用：采用屋顶、外立面复合绿化技术；屋顶、外墙采用热反射涂料，外窗玻璃采用隔热涂膜、增设遮阳罩；采用地面绿化技术，增设生态停车场；住区内步行路面采用透水砖、嵌草砖等代替硬化地面。

各地区第二项示范工程目前正在积极地联络与择选中。

取得的其他显化成果为：

形成阶段性研究报告；申请国家发明专利3项；发表学术论文6篇，录用论文7篇；已培养研究生2名。

四、研究展望

课题实施可支撑和保障典型气候地区各类既有居住建筑的绿色化改造，既有助于提高既有居住建筑的室内外环境质量和综合品质、提升既有居住建筑的使用功能和结构安全性能，从而改善人民群众的生活品质；又可显著改善既有居住建筑的整体能耗水平，避免大拆大建所产生的巨大资源能源浪费，从而实现建筑领域的节能减排和可持续发展目标。

课题研究成果具有显著的推广价值和广阔的应用前景。

（上海市建筑科学研究院(集团)有限公司供稿，李向民执笔）

"城市社区绿色化综合改造技术研究与工程示范"课题阶段性成果简介

一、课题背景

我国城乡既有建筑面积总计约500亿平方米,其中城镇既有建筑面积约200亿平方米,既有城镇建筑中99%以上达不到绿色建筑的要求。按照国家建设行业的发展政策,"十二五"期间,我国城镇建筑将从单一的建筑节能走向内涵更丰富的绿色建筑,从单体建筑改造转向社区连片的大规模综合改造。

城市社区绿色化综合改造包含功能、资源、环境、运营管理等方面的改造内容,通过绿色化改造是提升建筑品质、提高人们居住水平、满足快速城市化需求的重要手段。成片更新改造是我国既有建筑改造的主要方式,目前几乎所有大中城市均不同程度以旧城或者旧村更新改造方式进行城市更新。然而,当前城市更新改造多数是拆除重建,或者"穿衣戴帽",真正通过改造实质提升建筑品质、提高能源资源利用效率、改善城市环境的项目很少。

"十五"、"十一五"期间,我国在"绿色建筑"和"既有建筑改造"方面积累了大量研究成果和工程实践,但主要集中于针对单体建筑的改造技术,针对社区层级的改造技术的研究处于空白,而这正是解决成片建筑更新改造的关键技术。为此,2012年5月获得立项的"十二五"国家科技支撑计划项目"既有建筑绿色化改造关键技术研究与示范"研究课题三"城市社区绿色化综合改造技术研究与工程示范"将展开针对城市社区层级的绿色化综合改造技术研究和工程示范。

二、目标与研究任务

(一)课题目标

通过本课题的研究,建立针对既有城市社区的绿色化改造综合技术支撑体系,加快形成适用于我国国情的城市社区绿色改造集成技术工程化、产业化能力,提升我国既有建筑绿色改造整体水平,加快推进我国民用建筑实现绿色转型。

(二)研究任务

课题研究任务包括:1. 城市社区绿色化改造基础信息数字化平台构建技术研究与示范;2. 城市社区绿色化改造规划设计技术研究与示范;3. 城市社区资源利用优化集成技术研究与示范;4. 城市社区环境综合改善技术研究与示范;5. 城市社区运营管理监控平台构建技术研究与示范;6. 城市社区绿色化综合改造标准及评价指标体系研究。

(三)创新点

课题创新点为:1. 既有城市社区三维基础信息平台构建技术;2. 既有城市社区复合功能升级规划设计技术体系;3. 既有城市社区资源综合诊断和集成优化技术体系;4. 既有城市社区环境综合改善技术体系;5. 既有

城市社区运营管理监控及持续优化管理方法和评价标准。

三、阶段性成果

课题执行期限为2012年1月至2015年12月，截至2013年取得的主要技术和应用成果如下：

任务一：城市社区绿色化改造基础信息数字化平台构建技术研究

根据城市社区绿色化改造技术指标体系研究成果，进一步细化了城市社区绿色化改造基础信息平台开发需求，在此基础上开发了城市社区绿色化改造基础信息数字化平台初版。

该平台主要包含基础信息和诊断评价两大功能模块，采用了大数据技术进行海量数据的处理，可以与风环境模拟、采光日照分析等软件进行有机对接，解决城市社区绿色化改造所需的基础信息的快速获取、科学处理和有效应用问题。通过该平台可以更高效地整合资源，积累社区信息，为城市社区绿色化综合改造的诊断评价、改造规划、项目技术方案设计、项目实施和运营管理等工作提供数据支撑。

任务二：城市社区绿色化改造规划设计技术研究

研究基于单中心城市模型的用地功能提升解释模型，可以对社区功能提升加以解释及预测；并提出社区绿色化改造规划方法技术，该技术体系基于传统的调查、分析、规划设计和实施四阶段方法，但对内涵和方法技术加以扩充，强调动态思维和持续更新，调查及分析对象兼顾社区物质空间的客观信息和社区内个人及群体的满意度和需求等主观感受。规划设计上强调的社区文脉延续，不仅包含可以物化的符号体系的撷取、移植和改造，也强调社区原有社会经济关系的维系。实施上摈弃蓝图—建设模式，转而寻求绿色化运行维护。

任务三：城市社区资源利用优化集成技术研究

能源资源利用方面：开展了既有社区建筑能耗现状调研及评估方法的研究，提出社区能耗现状评估方法；对示范社区内可再生能源资源利用潜力进行评估，采用能值分析理论，结合社区内建筑分布格局，对社区内太阳能的可利用资源的潜力进行评估，目前已完成太阳能、浅层地热能的资源利用潜力的评估方法的研究。针对拟改造的示范项目进行能源改造规划设计方法的研究，确立了规划改造的指导思想与改造目标，采用综合资源规划（IRP）方法进行既有城市社区能源系统改造规划；建立了社区能源系统优化设计方法，即应用"模糊数学综合评价方法"建立相应的数学模型，对提出的各种能源集成系统方案按经济性、技术性、节能性、环保性、舒适性等原则进行综合评价、优化选择，以便投资决策。

水资源利用方面：通过对三个典型气候区不同类型社区进行水资源利用现状情况的问卷和实地调研，掌握既有城市社区水资源利用主要存在的问题及改造潜力方向，完成调研报告；同时对国内外社区相关的评价指标体系和水资源利用现状诊断模型软件的调研及分析，初步研究确定既有城市社区水资源利用现状诊断因子、诊断指标及评价方法；研究提出一种道路雨水消减技术，并进行实验模型研究；并结合2个示范工程，提出改造规划方案及技术措施。

任务四：城市社区环境综合改善技术研究

通过对国内外绿色社区评价标准和相关文献调研，掌握已有环境影响因素和评价方法和诊断技术，并对2个示范工程进行了环境诊断测试和问卷调查，已完成研究报告编写工作。

同时，重点开展了城市区域微气候与热平衡预测方法与城市小区常见污染源排放扩散特性及预测研究。城市区域微气候与热平衡预测方法方面，已完成主体研究工作，并完成了报告编写、软件开发以及软件测试等工作。城市小区常见污染源排放扩散特性及预测方面，已形成阶段报告2份，梳理确定了计算模型及方法。

任务五：城市社区绿色化综合改造标准及评价指标体系研究

通过文献及实地调研，确定了城市社区的定义、内涵及要素。在此基础上，充分利用城市社区现状调研成果，分析出现有城市社区普遍存在的问题，同时，根据绿色化改造的内涵，最终确定了城市社区绿色化综合改造的内容要求。

根据已确定的城市社区绿色化综合改造内涵延展确定指标分类，共包括土地利用及空间（土地保护及利用、公共设施配套、建筑、开放空间等）、交通（道路、公共交通系统、人行交通、自行车、私家车等）、资源（能源资源、水资源、材料资源等）、环境（空气、水环境、风环境、光环境、热环境、声环境、生物多样性等）以及社区（社区管理、文化、居民生活、公共参与等）共五大类别。在上述工作的基础上，开展了城市社区绿色化改造影响因素指标化研究，同步完成了国内外城市社区指标体系的调研分析工作，从而初步提出了城市社区绿色化综合改造评价指标体系。

同时，充分整合课题的所有研究成果，已完成一项地方标准的立项工作，并同步开展标准的编制工作。

任务六：示范工程

从前阶段已确定的示范工程备选项目中，根据不同项目所处气候区、社区类型以及社区改造的代表性等因素，挑选出北京751厂区、深圳梅坳社区、深圳国际低碳城高桥启动区更新项目、罗湖笋岗-清水河更新改造项目、山东潍坊昌邑示范项目、张家港示范项目以及无锡太湖新城老街改造等项目进行重点跟进与实施。

所挑选的示范工程能涵盖我国不同的气候区，社区类型包括居住型社区、厂区、商业型社区等不同类型社区，具有一定的代表性。目前，均已完成前期接洽，并已基本完成改造方案的制定工作，部分示范工程已进入工程实施阶段。

取得的其他显化成果为：

形成阶段性研究报告；完成专利申请4项，发表学术论文10篇。

四、研究展望

以城市社区绿色化改造内涵与指标体系为核心，以基础信息数字化平台为载体，继续深入开展城市社区绿色化改造规划设计技术研究与示范、城市社区资源利用优化集成技术研究与示范、城市社区环境综合改善技术研究与示范和城市社区运营管理监控平台构建技术研究与示范，保证成果的科学性与可实施性。

同时，本课题的研究成果，可支撑城市社区绿色化改造，将实现城市既有建筑的规模化绿色升级，促进社区的复合功能、综合活力的极大提升，推动生态环境和交通条件的有效改善、资源的高效利用。通过本课题形成的综合信息数字化平台建设方法对绿色社区实施精细化管理，将加强社区作为生态城市基本单位的自适应、自循环能力，使社区成为一个环境友好、资源节约、和谐幸福的城市单元，提升我国城市成片绿色更新的水平，加快推进我国城市实现整体绿色转型。

（深圳市建筑科学研究院有限公司供稿，叶青、郑剑娇执笔）

"大型商业建筑绿色化改造技术研究与工程"课题阶段性成果简介

一、项目背景

目前我国约有500亿平方米既有建筑的存量，既有公共建筑存量占53亿平方米以上（至2008年，公共建筑的存量约为53亿平方米），约为总建筑面积的11%。既有公共建筑目前普遍存在能耗大、空间利用率低、隔热保温性能差等问题。本课题以大型商业建筑大空间综合改造、热能综合利用、增层及增建地下空间、以既有大型商业建筑为核心的城市综合体改扩建成套技术为主要研究内容，为商业建筑绿色化改造的设计和施工提供技术依据。力求通过本课题的研究，解决既有商业建筑能耗大、空间利用率低、舒适性低等的相关技术问题。课题的开展对既有商业建筑的使用功能改善、使用空间改善、能源利用率提升、土地利用率提升、减少建筑材料用量、提高绿色宜居性等方面均具有重要意义。

本课题符合《国家中长期科学和技术发展规划纲要》（2006-2020）中重点领域"城镇化与城市发展"中"城市功能提升与空间节约利用"、"建筑节能与绿色建筑"和"城市生态居住环境质量保障"三个优先主题任务要求。

课题系统开展大型商业建筑绿色化改造关键技术研究，旨在取得大型商业建筑绿色化改造关键技术突破，提出成套应用技术，大力推广绿色化改造成套技术，实质性推动节地、节材、节能、环保工作，实现建设事业的可持续发展。

二、研究任务

（一）大型商业建筑功能提升与环境改善关键技术研究

主要内容包括：大型商业建筑绿色改造的空间功能提升技术可行性评估研究；大型商业建筑室内空气品质改善关键技术研究；大型商业建筑绿色改造的室内自然采光与人工照明集成关键技术研究；大型商业建筑边庭与中庭空间改造设计关键技术研究；大型商业建筑改造的减尘降噪等环保关键技术研究。

（二）大型商业建筑能源系统提升与节能关键技术研究

主要内容包括：适用于大型商业建筑节能的系统化技术研究；大型商业建筑精细化节能运行管理的关键技术研究；适用于大型商业建筑节能效率提升的设备改造技术研究；适用于大型商业建筑的可再生能源利用关键技术研究。

（三）大型商业建筑绿色化改造节地关键技术研究

主要内容包括：大型商业建筑增层及增建地下空间改造的可行性评估研究；大型商业建筑增层的关键技术研究；大型商业建筑

增建地下空间的关键技术研究。

（四）大型商业建筑绿色化改造节材关键技术研究

主要内容包括：基于节材的大型商业建筑室内功能空间业态可持续设计关键技术研究；适用于大型商业建筑的减震体系及减震产品研发；基于全寿命期评价的高强早强高耐久性加固材料研发。

（五）大型商业建筑绿色化改造工程示范

主要内容包括：综合考虑建筑功能提升与环境改善、节能、增加空间利用率和节材的大型商业建筑绿色化改造技术集成体系，及其各方面的集成交叉效应和不同适宜性。

三、阶段性成果

（一）大型商业建筑功能提升与环境改善关键技术研究

完成大型商业建筑的初步调研工作，在此基础上拟确立大型商业建筑绿色化改造目标，建立评价模型，进行绿色改造空间功能评估技术研究；对天津市商业中心五家大型商场冬季室内环境状况进行问卷调查；通过大型商业建筑改造实例，分析研究结构改造过程中的粉尘、噪声污染源及影响程度，确定建筑结构改造过程中的拆除方式及施工特点。

开展实地调研、网络调查和图纸勘察；建立商场绿色改造功能提升评估指标体系；现代既有大型商场结构特点；调研大型商场冬季室内空气品质现状；针对空调系统送风方案提出改进措施；技术指南框架已完成；案例和相关资料收集整理，环境污染因素调查；进行现场案例调查，挖掘改造现场施工的环境影响因素；测试常用机具和工艺的噪声、粉尘、排污等污染指标。

（二）大型商业建筑能源系统提升与节能关键技术研究

调查南京、北京地区百货公司、家电商场、超市三类商业建筑；针对不同区域气候特点，建立商场建筑的仿真模型；分析不同构件对能耗的整体影响水平；室外空气状态点和送风状态点的位置关系分析；对建筑物进行负荷分析，确立空调系统的转换温度；分时分温控制、远程智能监控、全自动节能运行；建筑热特性智能分析、优化运行控制策略、自适应调节、最大限度节能。

精细化管理理论方法；建筑空间管理模型；商场温度测试；夏热冬冷全空气系统节能运行方法；统计分析商场人流和照明特点；完成论文《地源热泵数据监测系统技术评价与应用实例》、《寒冷地区通风双层玻璃幕墙冬季试验研究》、《温度梯度下土壤盐分迁移过程的数值模拟》、《潍坊市浅层地热能利用的岩土原位热传导试验》、《Experimental investigation on the operation performance of a direct expansion ground source heat pump system for space heating》、《Thermal performance of borehole heat exchangers in different aquifers: a case study from Shouguang》、《Effects of sand-bentonite backfill materials on the thermal performance of borehole heat exchangers》；取得相关专利"一种地源热泵系统自动监测装置"、"一种地下储能—地源热泵联合建筑供能系统"、"一种基于土壤-空气换热的建筑新风系统"；取得软件著作权"可再生能源供热制冷工程项目数据库管理系统"、"通断时间面积法热计量分摊计算软件"；开发新装置"可再生能源在线监测装置"、"公共建筑节能控制装置"。

（三）大型商业建筑绿色化改造节地关键技术研究

确定模型试验的方案，完成试验的准备工作；模型初步建立已经基本完成；初步提出应用隔震技术增层及增建地下空间的改造方案。

增层和增建地下室关键技术和指标的梳理；软件算法模型的建立；案例数据库的收集整理；软件算法核心指标确立。进行隔震加层方案的方案研究；建立加层隔震的弹性分析模型。增层或增建地下空间案例收集及技术经济分析；评估系统架构设想；确定既有桩再利用模型试验方案；已开展两组实验，确定增建地下空间施工具体做法，建立分析模型，模拟现场施工作业过程。

（四）大型商业建筑绿色化改造节材关键技术研究

抗震体系特点分析；消能减震技术分析及技术经济性分析；确定加固体系及加固料自身耐久性关键评价指标，配方设计方法，并对加固料的兼容性指标、自身耐久性评价、体系耐久性评价进行试验研究。

开展实地调研和图纸勘察；室内功能空间业态可设计关键技术研究框架体系。各类减震技术体系及减震产品；应用新装置的技术经济性、消能减震部件的技术经济性；申请专利"一种新型防屈曲耗能支撑"、"一种可释放自由度的消能减震机构"；新型加固料的研发，完成配方改进和样品试验，"可喷射加固料的配制技术"、"高强早强高耐久性加固材料的早期体积稳定性设计方法"。

四、研究展望

（一）大型商业建筑功能提升与环境改善关键技术研究

下一步的研究内容包括：暖通空调系统模式及运行调控方案对改善室内空气品质的研究；既有大型商业建筑与室内人工照明优化配置关键技术研究；边庭与中庭空间改造设计和大型商业建筑绿色改造的空间功能提升技术的关系；视觉景观与采光照明之间的关系；边庭与中庭声景与降噪之间的关系；中庭边庭的形式布局，各种交叉耦合效应；不同气候区、季度的边庭中庭空气环境研究（热环境、风环境、能耗、光环境）；不同改造工艺的环境评价；在改造中的商业建筑的环境影响调研。

（二）大型商业建筑能源系统提升与节能关键技术研究

下一步的研究内容包括：其他地区全空气系统的运行策略；其他空调形式节能研究；商场建筑的能耗计算模型；确定不同气候区商场热工参数；进一步完善大型商业建筑能耗统计与分析工作；大力开展大型商业建筑能效在线监测工作；建筑本身的结构和建筑用能系统的耦合特性；照明能耗高，考虑采光时把能耗加进去作为一个考核指标；节能措施如何结合可再生能源与幕墙等；分项计量考核能耗。

（三）大型商业建筑绿色化改造节地关键技术研究

下一步的研究内容包括：进一步收集部分案例的数据；软件的编写；进行隔震加层方案的弹性参数优化分析和大震弹塑性分析，验证隔震加层方案的合理性；进行隔震地下加层方案的弹性分析；对增层和增建地下空间技术、指标和工艺进行梳理总结；完善评估系统架构，并进行数据库架构；完成既有桩室内模型试验,并对试验成果进行荷载传递理论分析,对所建立模型考虑参数取值、施工工艺、施工工况等各项因素,做更进一步细化、处理,得出具有实践意义的仿真数值模拟结果。

（四）大型商业建筑绿色化改造节材关键技术研究

下一步的研究内容包括:根据建筑不同的使用功能需求和发展需求,确定合理结构体系;建筑及材料的可持续利用是指在满足现有的功能要求的基础上,保留一定的再开发余地,以保持建筑空间的持续发展;进行试验及构造改进;以满足结构性能目标为基准要求,对同一结构采用不同减震产品分别进行减震设计,然后对各方案的经济性作对比分析;选取示范项目,进行常规方法和应用该型号产品的方法,对节材指标和经济性指标进行对比;评价综合性设计方法对加固需求的影响;根据被加固结构的特性,研究特征指标与体系耐久性的关联;进行喷射工艺的环境评价。

（上海维固工程实业有限公司供稿,陈明中、马建民执笔）

"办公建筑绿色化改造技术研究与工程示范"课题阶段性成果简介

一、课题背景

自20世纪90年代以来,随着我国城市化进程的加快,目前既有建筑面积已达500亿平方米左右,其中绿色建筑面积仅有0.758亿平方米,仅占现有建筑面积的0.15%(截至2012年12月)。我国既有建筑存量大,其中绝大部分为高耗能建筑,而办公建筑的能耗又远高于住宅建筑。目前,"存量"办公建筑都存在资源消耗水平偏高、环境负面影响偏大、工作实用环境亟需改善、使用功能有待提升等方面的不足。庞大的体量加之诸多的缺陷犹如一座"大山"阻碍了办公建筑节能减排工作的推进。针对既有办公建筑存在的巨大症结,绿色化改造无疑是解决上述问题乃至整个国民经济中日益尖锐的能源与环境问题的利器。推进既有办公建筑绿色化改造,可以集约节约利用资源,提高建筑的安全性、舒适性和健康性,破解能源资源瓶颈约束,具有十分重要的意义和作用。

"十一五"期间,我国实施完成了"既有建筑综合改造关键技术研究与示范"国家科技支撑计划重大项目,以及"建筑节能关键技术研究与示范"、"城市综合节水技术开发与示范"、"现代建筑设计与施工关键技术研究"等资源节约方面的国家科技支撑计划项目,取得了丰硕的成果,但是针对办公建筑绿色化改造的内容不多,相关研究成果不足。办公建筑的绿色化改造整体还处在起步阶段,技术体系尚未形成,还需要更深入的技术研究作支撑,对改造过程中的共性和个性技术进行研究,并通过建设不同改造类型的示范项目,推动办公建筑的绿色化改造实践。

二、目标与研究任务

(一)课题目标

本课题在对我国既有办公建筑绿色化改造实际发展状况的研究基础上,结合我国国内对既有办公建筑绿色化改造技术的潜在需求,借鉴国外既有办公建筑绿色化改造技术的发展趋势,重点研究既有办公建筑的室内环境与室外环境绿色化改造技术研究,既有办公建筑绿色化改造的节能节水技术研究,既有办公建筑设备系统提升改造成套技术研究,既有办公建筑绿色化改造的装修与加固技术研究,既有办公建筑绿色化改造工程示范,并结合办公建筑绿色化改造工程示范,有效解决我国既有办公建筑绿色化改造技术的水平和效率不高以及资源浪费严重的问题,为提升办公建筑绿色化改造的整体技术水平,促进建设事业的可持续发展起到重要的作用。

本课题重点攻克办公建筑绿色化改造中的关键技术问题,涉及室外环境、室内环境、节能节水、设备的升级改造、装修与加固中的节材技术、改造施工技术等方面，旨在解决办公建筑绿色化改造中的共性技术问题，为推动国内办公建筑绿色化改造提供技术支撑。

（二）研究任务

课题以五项任务，十二项专题的形式对既有办公建筑的绿色化改造开展研究并进行工程示范。

任务一：既有办公建筑的室内环境绿色化改造技术研究

任务包括：既有办公建筑室内环境绿色化改造的设计原理与评估方法研究；既有办公建筑室内空间高效再组织利用和多重利用技术研究；与室内环境绿色化改造相适应的温湿度控制、照明、采光、降噪等技术研究。

任务二：既有办公建筑绿色化改造的节能节水技术研究

任务分为：既有办公建筑绿色化改造的建筑围护结构新技术研究，即研究既有办公建筑外窗隔热性能提升技术，研究既有办公建筑外墙的保温隔热技术，研究既有办公建筑的采光与外遮阳技术；既有办公建筑节水与非传统水源收集利用综合改造关键技术研究，即研究雨水、中水等非传统水源收集利用综合改造技术；研究针对既有办公建筑的节能节水的人员行为引导和约束机制。

任务三：既有办公建筑设备系统提升改造关键技术研究

任务分解为：既有办公建筑设备分类分项计量系统技术研究，即研究既有办公建筑中空调通风设备、给水排水设备、电气设备的分类分项计量系统技术，根据不同功能、不同办公区域等要求，实现分类分项计量，以利于节能节水；既有办公建筑采暖与通风空调系统提升改造关键技术研究，即研究既有办公建筑新风系统的能量回收利用技术，研究既有办公建筑的制冷机、锅炉、水泵、末端换热设备等综合节能技术，研究既有办公建筑冷热水输送的节能改造技术；既有办公建筑智能化系统提升改造关键技术研究，即研究既有办公建筑楼宇自控系统的提升改造关键技术，研究既有办公建筑网络电话、门禁、监控等系统提升改造关键技术。

任务四：既有办公建筑绿色化改造的施工和建筑材料的回收与再利用技术研究

任务包括：既有办公建筑绿色化改造中建筑材料的回收与再利用技术研究；既有办公建筑绿色化改造中施工技术研究。

任务五：既有办公建筑绿色化改造工程示范

在上述任务研究的基础上，运用课题的科研成果，同时兼顾办公建筑绿色化改造的集成交叉效应和不同适用性，完成既有办公建筑示范工程5项，并获得绿色建筑标识。

三、阶段性成果

课题执行期限为2012年1月至2015年12月，截至2013年取得的主要技术和应用成果如下：

（一）关键共性技术

1. 办公建筑绿色化改造的建筑围护结构新技术研究

（1）完善了A级防火保温材料——发泡陶瓷保温板相关技术，保温板性能显著改善，导热系数降到0.06以下，采用该产品的外墙外保温系统防火、安全、耐久、不开裂、不渗漏，可与建筑同寿命，目前已成为夏热冬冷地区综合性能极佳的外保温产品，具有显著的竞争优势。

（2）开发了采用改性酚醛树脂泡沫板、复合岩棉带（A级）等作保温芯材的保温装饰板，采用改性酚醛树脂泡沫板作为保温材料的复合材料燃烧等级可达到复合A级。

（3）进一步完善了建筑外遮阳技术。

2. 办公建筑分类分项计量系统技术研究

开发了针对既有办公建筑用电系统和用热用水系统的分类分项计量技术，实时将照明插座用电、动力用电、空调系统用电及其他功能用电、生活用水、建筑供热等能耗数据上传至能耗监测平台，实现对建筑能耗的实时监测和历史数据处理。目前，分类分项计量系统技术已在江苏省人大综合楼、天津大学两栋办公建筑、北京中化大厦等建筑的绿色化改造中得到应用。

3. 办公建筑墙体蓄热与通风降温耦合技术研究

开展了办公建筑通风降温措施的资料调研；利用Climate Consultant软件开展了既有办公建筑通风降温技术的研究，以贵州省毕节、贵阳、遵义三个地区为例，分析三个地区办公建筑通风降温措施的有效性，确定了适宜三个地区的通风降温形式；开展了贵州省办公建筑夜间通风技术的研究，确定了适宜贵州省办公建筑的夜间通风时段及通风量；开展了办公建筑墙体蓄热性能的资料调研及实际应用的现状研究；确定了既有办公建筑墙体蓄热与通风降温耦合技术的研究方向及实验测试系统，完成了既有办公建筑墙体蓄热与通风降温耦合技术的实验系统设计；采用EnergyPlus软件，初步开始建立仿真模型。

4. 空调系统的节能优化运行研究

开展了空调系统的节能运行方式的资料调研及实际应用的现状研究，确定了空调系统节能优化的研究方向及实验测试系统，完成了实验系统设计和实验台搭建；采用TRNSYS软件，初步开始建立仿真模型；利用能耗模拟软件开展了对排风能量热回收技术的研究，对不同气候区既有办公建筑采用排风热回收技术的应用效果进行了研究；同时，开展了换热器强化换热方面的研究，形成了初步的研究成果；进行了降低空调水系统输配能耗的研究；开展了办公建筑空调冷凝水系统再利用的研究，申请实用新型研究专利1项。

5. 办公建筑采光与节能技术的研究

开展了对既有办公建筑外窗结构的调研活动，分析比较了不同种类、不同传热系数的窗对建筑节能的影响。对既有办公建筑的遮阳形式进行了文献查阅以及走访调研，用Dest软件模拟总结了不同种类遮阳对空调能耗的影响，完成了实验系统设计和实验台搭建并进行实地测试和实验验证。开展了既有办公建筑采光对建筑节能技术的研究，通过查阅现有相关文献，确定了初步的研究路线。

（二）示范工程

针对不同地区既有办公建筑的特点，开展了绿色化改造示范工程。由于某些工程尚在进行中，因此暂未获得绿色建筑星级评价。具有代表性的示范工程项目简介如下：

1. 江苏省人大常委会办公楼绿色化改造工程

地理位置：南京市鼓楼区

改造范围：江苏省人大常委会既有办公

建筑包括综合楼、老办公楼、会议厅，建筑面积共23423平方米，老办公楼为南京市历史建筑。

改造时间：2012~2015年

改造目标：在保护历史建筑基础上，对建筑进行修缮改造、结构加固、配套设施改善、绿化更新等。通过绿色化改造，改善室内外环境，提供健康、舒适、高效的使用空间，并达到节约资源（节能、节地、节水、节材）、保护环境、减少污染的目的。

改造内容：建筑及结构改造、室内外环境改造、采暖空调改造、绿色节能改造等。

绿色化改造技术应用：外墙增加玻璃棉内保温系统，屋面增加XPS保温层；原单玻窗更换高性能中空玻璃断热铝合金节能门窗，受阳光辐射较大的外窗增加与建筑外立面协调的铝合金外遮阳百叶帘；增加部分屋顶绿化；屋面增加太阳能热水系统，增加分项计量装置等等。

已完成其中1个单体工程——综合楼（面积5275平方米）的节能改造及部分绿色化改造项目，综合楼的节能改造项目（江苏省示范项目）即将进行验收。

2. 镇江市老市政府办公楼绿色改造工程

地理位置：江苏省镇江市正东路141号

改造范围：镇江市老市政府由原档案局、原文化局、原政法局、原发改委、原财政局、原市政府一号、二号楼等组成。建筑面积共4.48万平方米。

改造时间：2013~2014年

改造目标：对建筑进行修缮改造、结构加固、配套设施改善、绿化更新等。通过绿色化改造，改善室内外环境，提供健康、舒适、高效的使用空间，并达到节约资源（节能、节地、节水、节材）、保护环境、减少污染的目的。

改造内容：建筑及结构改造、室内外环境改造、采暖空调改造、绿色节能改造等。

绿色化改造技术应用：外墙增加玻化微珠保温板保温系统，屋面增加真空绝热板保温层；原单玻窗更换高性能中空玻璃断热铝合金节能门窗；选用节水器具，采用透水铺装地面，增加雨水回用系统；屋面增加太阳能热水系统，空调系统局部进行节能改造，增加分项计量装置；采用节能灯具、可再循环、可再利用材料等等。

该项目已获得2013年度江苏省建筑节能专项引导资金补助，目前已完成了绿色改造设计方案工作，即将开始实施。

3. 上海电气总部办公大楼综合改造工程

地理位置：上海四川中路和元芳弄交叉口

基本信息：建筑占地约820平方米，总建筑面积6884.16平方米。

改造范围：6884.16平方米

改造时间：2012年5~12月

改造目标：与上海地区同类建筑相比，综合能耗下降30%。

改造内容：节地与室外环境改造、节能与能源利用改造、节水与水资源利用改造、节材与材料资源利用改造、室内环境改造、智能化改造等几个方面。

①节地与室外环境改造：绿色施工及绿色月报制度；建筑场地噪声的控制；可持续交通；

②节能与可再生能源利用改造：生态绿化种植屋面；高效变制冷剂流量空调系统；排风热回收技术的应用；Low-e玻璃窗的改造；LED灯+光导管改造；

③节水与水资源利用改造：雨水的回收利用；喷灌节水系统；节水龙头、节水坐便装置；

④室内环境改造：自然通风技术的应用；建筑光环境的模拟；低挥发性材料的应用；

⑤智能化改造：楼宇自动控制系统；智能灯控系统；能耗独立分项计量；远程能效管理系统；建筑智能化系统集成。

改造效果：改造工程主要集合了高效设备、屋顶绿化、低挥发性材料、屋顶绿化和雨水收集利用、智能化系统和能源管理系统的应用等技术。工程将成为第一个获得LEED金级和绿色建筑评价标识二星级认证的外滩文物保护建筑。

4.中国科学院高能物理所绿色化改造工程

地理位置：北京市海淀区玉泉路19号乙

基本信息：建筑物为一座4层办公楼，一、二层层高3.6米，三、四层层高为3.3米。原有建筑为砖混结构，建筑面积2393.34平方米。

改造时间：2012年年底～2013年

改造目标：本次综合改造目的是在使用功能、内部环境、安全性、耐用性方面得以提高，降低建筑物运行能耗；并扩建一定使用面积的钢结构会议室。使建筑各项功能更好地满足办公、会议的使用要求，降低建筑物运行能耗、也为类似建筑的改造提供借鉴经验。

绿色化改造技术应用：围护结构外墙更换为热工性能良好的砌块墙体；内隔墙填充保温材料；外窗更换为断桥铝合金中空玻璃窗；建筑外立面的改造；屋面改造及屋顶花园方案的设计；电气照明及配电线路改造；空调系统改造。

其他改造项目：给水排水系统改造；消防系统改造、安全系统改造；视听系统的改造、噪声控制、结构改造。

改造效果：改造工程实现了对既有建筑使用寿命的再延长，改善了建筑物的使用功能及室内环境，提高了能源系统的效率，满足了办公及报告厅的需求。同时，在已有建筑物上扩建的会议室在做到安全性的前提下，节约了土地资源及资金费用。

5.天津大学生命科学学院办公楼绿色化改造工程

地理位置：天津市南开区天津大学校园内

基本信息：4层砖混结构房屋，总建筑面积5380平方米

改造时间：2013年4月～9月

改造目标：即在经济适用的前提下，改造设计需要满足学院常规的科研办公；同时，改造设计要求使用方、设计方、施工方等多方合作，实现改造后建筑的节能、节水、节材，创造生态、健康、舒适的室内外科研办公环境；在此基础之上，改造后建筑设计力求展现生命科学学院形象独特、崭新的一面。通过绿色化改造技术策略的应用和实施，使改造后建筑能够达到绿色建筑的星级标识。

绿色化改造技术应用：改造设计以绿色化技术整合的方式，在保留原有建筑结构主体承载力不变的情况下，对该既有建筑进行了建筑设计再创作。通过多种方案的设计、模拟、比选、优化，确定改造设计方案。其改造重点包括了建筑外围护结构、节水设备与中水利用、建筑设备分类分项计量、可再生能源综合利用等内容。

改造效果：根据最初制定的改造目标，以及绿色化改造技术策略的应用与实施，使得完成绿色化改造后的生命科学学院办公楼成功地实现了以下几点转变：（1）改造设计充分利用原有场地，用本地经济性植物和学院试验田营造景观，创造"生命学院"崭新的形象。（2）改造后的生命科学学院办公楼在保持原建筑荷载基本不变的前提下，完成了外围护结构节能改造，达到天津市地方三步节能的设计标准。（3）完成了内部给水排水设备改造，电气工程及暖通系统的改造，实现了分类分项计量设计等改造内容。（4）将室外遮阳、立体绿化、太阳能空调设备（可再生能源利用）等绿色化技术策略，与建筑外立面新增设的钢构架进行了有效的整合。

6. 凯晨世贸中心改造工程

地理位置：北京市西城区复兴门内大街28号

基本信息：凯晨世贸中心占地面积约为4.4公顷，建设用地约为2.2公顷，总建筑面积约19.4万平方米，为2003年北京市确定的60项重点工程之一。由三幢平行且互相连通的14层写楼宇组成，分别为东座、中座及西座。楼层分地上14层，地下4层，建筑层高3.9米，室内净高2.8米。

改造时间：2012年3月～12月。

改造目标：凯晨世贸中心是中国中化集团公司总部所在地，本着建设成为世界一流写字楼的目标，物业部门对大厦实施了绿色管理、写字楼部门开展了大量绿色生活宣传活动。同时，本着因地制宜、被动优先的理念，结合楼宇自身条件，综合国内外先进节能技术并加以运用，使其与建筑、景观设计相结合，创造节能、健康的绿色写字楼。

绿色化改造技术应用：凯晨世贸中心设计之初便结合绿色技术使用。但是节能水平还有进一步提高的空间，为了响应国家号召，为中国节能减排目标做出力所能及的贡献，促进绿色战略落地实施，决定开展节能改造工程，进而进一步降低能耗。工程在实施节能改造过程中，运用了中央空调机组变频技术、冷冻出水温度调节技术、空调水系统优化技术、空调风系统优化技术、热回收与自然冷源应用技术、采暖季供暖水温度自动调节技术、更换车库灯具、设置分项计量与能耗监测平台设施等8项改造技术。

改造效果：凯晨世贸中心改造工程是第一个在不间断运营情况下开展改造工程的项目。凯晨世贸中心改造工程预计每年节能616吨标准煤，其中每年节约电力485万度。按照每度电0.7元计算，每年共节约340万元电费，同时，每年节约580吉焦热量。工程准备利用新安装的182块计量表，对2013全年的能耗进行分析，验证节能改造效果。

7. 中化大厦改造工程

地理位置：北京市西城区复兴门外大街A2号

基本信息：中化大厦竣工于1995年，占地面积3136.3平方米，总建筑面积49065.9平方米，地上26层，地下3层。

改造时间：2011年～2013年12月

改造目标：根据大厦建筑、结构现状，结合办公建筑节能技术的发展，本次改造的总体设计理念为：（1）充分利用原有建筑条件，高效利用能源、保护环境、减少污染；（2）提供适宜、清洁、安静的办公环境，保证工作人员的健康，提高工作效率；

（3）增强系统的可调、可靠性能，方便运行管理。本项目的预期改造总目标为提高大厦能源利用水平，从而比原有能耗大幅降低。经测算，本次改造可达到节能率24.5%的目标。

绿色化改造技术应用：对于建立建筑物内污染监控系统的要求，在原有自控系统中加装了二氧化碳传感器，既可对室内主要位置进行二氧化碳浓度等数据采集和分析，实现自动控制室内送风量与新风量，保证室内始终处于健康的空气环境，也可保证空调系统高效、节能运行。对于建筑物能耗进行分项计量的要求，将计量设备按用电分项管理细化区分，从而了解和掌握各项能耗水平和能耗结构是否合理，对用能系统达到有效的在线监控。

其他改造项目：供配电系统、空调系统、电梯系统、安防监控系统、通信系统、备用发电系统等。

改造效果：改造项目预期总目标为提高大厦能源利用，预计改造后的节能效果为：总节能率24.5%，年节电量186万度，总节能量427.06吨标准煤，年减排二氧化碳量1123.5吨。

（三）取得的其他显化成果

1. 标准规程修编或制订情况

参与编制国家行业标准《热反射涂料应用技术规程》，已完成初稿；修编江苏省工程建设规程《发泡陶瓷保温板保温系统应用建筑技术规程》苏JG/T042-2011，已发布实施；修编江苏省工程建设标准《保温装饰板外墙外保温系统应用技术规程》DGJ32/TJ86-2009，已通过审查。

2. 发明专利情况

开发新型外遮阳装置，获得实用新型专利——建筑保温遮阳装饰一体化的窗体（ZL201220731397.8）。另一项实用新型专利"一种建筑外窗冷却用的空调凝结水膜状布水装置"目前正在申请过程中。

3. 服务平台建设

在已完成的课题研究思路及研究内容的基础之上，根据实验台设计图纸及实验台可借鉴的已有资源，完成了两个实验台：一个是围护结构（被动式技术）实验台；二是空调系统测试平台（针对流体输配热泵系统）的改造搭建。下一阶段将进行实验台的调试、试运行及相应的问题排查。

4. 发表论文

课题共发表论文14篇（包括仅获得录用通知），其中两篇即将被SCI检索。

5. 人才培养

在课题本年度的实施过程中，正在培养既有办公建筑绿色化改造骨干研究人才10名（含博士后1名）；培养既有办公建筑绿色化硕士研究生5名；高级工程技术人员1名，培养中级技术人员2名，初级技术人员3名。

四、问题与建议

虽然课题研究已经取得了一定的成果，但在执行过程中仍存在以下两点问题：其一，是研究很大程度上仍停留在具体的设计实例分析与介绍层面，缺少一套完整的理论体系来支撑，系统工作薄弱。对于具体的办公建筑绿色化改造项目仍需要根据实际情况制定个体改造方案，并将技术路线应用到改造实施和运营管理之中。其二，过分关注节能改造，或是强调设备改造，对技术的协调与区分、设计的整合与特色等内容关注不够。一个成功的、全面的、综合的绿色化改造过程,应该是以建筑设计为主导,水、暖、电、设备等各个专业积极配合与协调的过程。

课题组在下一阶段技术研究与示范工程中,除按照任务书要求完成年度计划外,还将对以上问题进行综合统筹考虑,逐步凝练提出既有办公建筑绿色化改造技术体系。此外,由于既有建筑设计建造年代较早,大多数参数指标无法满足现行标准规范要求,按照《绿色建筑评价标准》GB/T50378-2006进行改造试评,能获得绿色建筑星级标识较为不易。建议尽快出台《既有建筑绿色改造评价标准》,以加快办公建筑绿色化改造的步伐。

(中国建筑科学研究院供稿,李朝旭、王清勤、赵海执笔)

"医院建筑绿色化改造技术研究与工程示范"课题阶段性成果简介

一、课题背景

2007年底,全国医院床位总数达327.9万张,比2003年增加32.4万张,年平均增长2.6%,其中每千人口医院床位由2003年2.34张增加到2007年2.54张。加之随着经济发展和人们生活水平的提高,我国医院建筑面积正在突飞猛进地增长,成为我国医院建筑能耗增长的刚性动力。有关资料表明,医院空调系统的一次能源消耗量一般是办公建筑的1.6~2.0倍,医院能源支出达到医院总运行费用支出的10%以上。不仅如此,现有医院建筑在耗地、耗水等方面数量巨大,功能结构也较为单一,而且我国不少医院的室内外环境污染和交叉感染状况也令人担忧。有关权威部门统计,我国医院内感染发生率约为10%,每年有数百万住院患者发生院内感染,平均延长住院日达15~18天。时至今日,对医院建筑进行绿色化改造成为国内亟待关注及发展的主要方向,我国在各个层面也在大力倡导进行大型公共建筑绿色化改造,并给予了相关政策扶持。2010年,国际卫生组织WHO已将绿色医疗的推广,作为2010年以及今后几年的重点工作之一,并在我国内地重点扶持相关项目。2010年8月中国医院协会医院建筑分会与WHO在南昌召开会议,确定共同推动我国绿色安全医院建设。从国际大背景来看,推动"绿色医院"建设,是顺应世界发展潮流的必然趋势。

但目前医院绿色化建设还处于初级阶段,医院建筑绿色化改造还存在很多亟待解决的问题,主要体现在以下几个方面:(1)缺乏针对医疗功能用房有特殊要求的区域的绿色化改造成套技术;(2)医院建筑能耗巨大,且能源结构不合理,清洁或可再生的能源份额很少,缺乏适用于医院用能特点的分项计量系统和能耗监测平台;(3)医院建筑室内环境交叉感染严重,需要专门的环境质量改善与安全保障技术;(4)医院建筑室外环境需要进行生态化、人性化改造设计,医疗废气、废水、废物无害化处理技术有待升级。

针对上述问题,本课题拟针对医院建筑所处的地域特点、气候特征、资源条件及功能结构,依据绿色、生态、可持续设计原则,在医疗功能用房绿色化改造、医院能源系统节能改造与能效提升、医院建筑室内环境质量改善与安全保障、医院建筑室外环境绿色化综合改造、医院建筑绿色化改造工程示范等关键技术上形成突破和创新,最终实现医院建筑安全性能升级、环保改造、节能优化、功能提升的目标,充分满足我国医院建筑绿色化改造的经济和社会发展的重大需求。

二、目标和研究任务

（一）课题目标

本课题主要针对医院建筑所处地域特点、气候特征等，依据绿色、可持续原则，在医疗功能用房绿色化改造、医院能源系统节能改造与能效提升、室内环境质量改善与安全保障、室外环境绿色化综合改造及绿色化改造工程示范等关键技术上形成突破和创新，研发适用于医院建筑绿色化改造的关键设备，并提供技术支撑；提出适用于医院建筑高效、节能的绿色化改造技术条件、优化设计方法等，形成适用于医院建筑绿色化改造的综合技术集成体系；因地制宜进行示范工程建设，全面提升建筑功能、优化能源系统结构、改善室内外环境，最终实现医院建筑安全性能升级、节能优化等目标，充分满足我国医院建筑绿色化改造的经济和社会发展的重大需求。

（二）研究任务

课题从5个方面对医院建筑的绿色化改造开展研究并进行工程示范，即：（1）医疗功能用房绿色化改造技术研究；（2）医院能源系统节能改造与能效提升技术研究；（3）医院建筑室内环境质量综合改善与安全保障技术研究；（4）医院建筑室外环境绿色化综合改造技术研究；（5）医院建筑绿色化改造示范工程建设。

（三）创新点

课题创新点为：（1）针对医疗功能用房的功能集中化程度，构建功能布局"适度集中化"评价指标体系；（2）研究装饰材料与墙体材料配置方案优化关键技术；（3）针对我国不同气候区医院建筑的功能特征及用能特点，在医院既有能源系统基础数据信息调研与测评的基础上，开发相应的综合评价软件及决策支持系统；（4）结合医院建筑的负荷特性及既有能源系统形式，研究既有常规能源与可再生能源的复合能源系统协同优化设计技术；（5）基于全工况下各子系统在能量传递与转换过程中的品位变化规律及运行特性研究，提出医院既有能源系统的运行调控策略及高效管理模式；（6）研发基于湿度优先控制理论体系下集能量调节、长效抑菌、防霉的一体化专用空气处理单元或装置；（7）医院建筑能耗、空气质量监测系统或预警系统软件；（8）基于医疗废物的来源以及成分多样化等特点，研发与焚烧技术配套的尾气高效无害化处理技术。

三、阶段性成果

课题执行期限为2012年1月至2015年12月，截至2013年取得的主要技术和应用成果如下：

（一）调研

针对不同的气候类型的城市，如黑龙江、内蒙古、山西、北京、广东、广西、江苏、上海等地，对涵盖一、二、三级综合医院、专科医院、中医医院、教学医院等多种类型的医院，在功能布局和空间利用、房间墙面涂料、医院能源系统、室内环境质量、医疗废气废水与固体废弃物等方面展开调研测试。

（二）关键技术

1.医院建筑功能用房被动技术的适宜性和可行性研究

经调研，医院建筑基于特殊使用人群在节能和绿色方面，与一般公共建筑的主要区别在于对建筑室内环境和空气质量的要求更高，而确保这一要求的被动技术主要为自然通风、自然采光、建筑遮阳等，因此，主要从医院建筑的自然通风、自然采光和遮阳等方面来研究医院建筑功能用房被动技术的适宜性和可行性。

（1）从自然通风方面展开研究工作，同时考虑夏热冬暖地区春夏之交，回暖天的特殊气候影响（潮湿），研发了一种节能除湿通风空调系统；基于研究范围在自然通风方面长期积累的经验和研究成果，与有关厂家合作开发了一种陶粒混凝土砖中空微通风墙体，并已取得良好的工程应用效果。此外，还将尝试在示范工程中运用现有自然通风设备，研究分析其应用效果。

（2）针对医院建筑的特殊使用功能，研究了一套智能遮阳板控制系统，包括计算机、智能遮阳板控制器、小型气象站和GSM通信模块等组成。该系统可以获取当地天气情况、室内照度、太阳高度角、方位角等参数，将该系统用于医院建筑自然采光和遮阳，可以准确控制遮阳板角度，使医院建筑处于自然采光和遮阳的最佳平衡点，不仅可以实现有效遮阳，减少空调能耗，防止强光直射，而且可以确保一定光线进入室内，实现自然采光和紫外线杀菌消毒的作用，从而给病人提供一个舒适的康复环境。

2.提出了一种新型的医疗废气处理系统，包括依次连接的除尘器、密闭加热器、反应器、过滤器、主引风机和循环风机。根据测量信号，自动控制模块对除尘器、密闭加热器、反应器和风机设备的工作状态进行调整，以适应当前医疗废气处理的需要。该设备能够对医学试验加热、药剂液蒸发、医疗过程中特种气体释放等原因产生的医疗废气进行有效处理和安全排放。并可采用有针对性的处理手段对特定环境的医疗废气进行调整，从而达到更理想效果。该系统处理医疗废气的范围宽，处理效果好，且具有安装维护方便、投资相对较少的特点。

3.基于医院建筑的既有室外环境体系，本着院区环境有益于病人和医护人员身心健康的原则，综合考虑与周边环境的协调，运用生态学原理与技术，研究了立体化、网络化、生态化等多样化的绿化配置新技术；针对既有景观用水资源的可持续利用，研究医院建筑景观用水水质及水量保障技术。

4.对医疗功能房间采用的墙面涂料根据材料特性进行分类、统计；调研分析各类综合类医院及专科医院的医疗废气、废水、固体废弃物来源以及废弃物目前处理方式；并现场检测医疗废弃物焚化处理后尾气中有害物质成分与浓度。

5.研究不同消毒剂及其投量、接触时间对医疗废水中大肠杆菌的灭活率以及消毒副产物生成量的影响效果，提出优化方案和改进措施，进而提出适用于医疗废水无害化处理的生化处理技术。

6.完成了洁净功能用房下限换气次数的理论计算方法体系研究，并完成研究报告；完成了长效抑菌防霉节能空气处理单元的开发工作，正进行样机制作及研究报告编写整理；微生物计数器的开发已完成核心部件性能指标要求、设备选型及核心部件采购，目前已进入电气设计制作阶段。

（三）示范工程

1.上海市第十人民医院

改造目标：在原有建筑面积与周边环境的基础上，以绿色建筑为理念，走人性化道路。建筑功能改造、结构改扩建、节能改造、绿化改造。

改造技术：外窗采用静电喷涂断热型材铝合金窗框及中空LOW-E玻璃、绿化设计改造、通风与日照优化、带热回收全空气系统、节水技术应用、节水器具选用、节能灯具选用等。

拟示范内容：适合于医院建筑的多视角、全方位的覆盖式复合绿化景观体系；医院建筑污水回收利用技术、景观用水水质及水量保障的技术应用；与既有室外环境体系相适应的适合于医院建筑的热岛强度降解型景观体系应用；室外环境人性化改造设计技术的研究。

2. 上海电力医院

工程概况：位于上海市长宁区延安西路937号，电力医院大楼为一栋21层建筑，为配合建筑功能调整、内部装修和立面改造，对原有建筑物整体进行改造。建筑总高85.2米，建筑面积为31444.65平方米，地下1层，地上21层，裙房5层，上部结构体系为框架-剪力墙，下部基础为钻孔灌注桩加筏板基础。

改造内容：功能布局及室内设计人性化改造、节能设计改造、节水设计改造、废水废气废固影响分析等。

拟示范内容：适合于医院建筑的复合绿化景观体系；医院建筑景观用水水质及水量保障技术；基于有效降低和避免室外再生风、二次风的模拟优化技术室外环境规划设计；医院建筑室外环境绿色改造设计技术、产品、设备与工程应用的协调、匹配、优化集成技术应用。

取得的其他显化成果为：

形成研究报告5篇；申请发明专利3项；发表学术论文12篇；发布广东省地方标准规范1项。

四、研究展望

课题重点研究了各项绿色建筑技术在医院建筑绿色化改造中的应用特点，并基于实际工程对医院建筑绿色化改造技术的适应性进行了研究，受时间及项目研究团队精力所限，本课题研究深度及广度仍存在一定的不足之处。

结合项目目前的研究成果，归纳出以下几个方面尚待进一步研究：

（一）进一步对调研样本进行深化研究，分区域归纳不同类型医院建筑的绿色化改造技术的应用特点，结合国家和地方绿色建筑设计标准及地方经济发展情况，编制适合推动当地医院绿色化改造的设计指南或导则。

（二）进一步开展示范工程研究，对其绿色化改造技术的应用情况进行量化研究和统计，建立相应的数据库，并开发信息完善、操作性强的医院建筑绿色化改造设计及评价软件。

（三）对新产品、新设备、新技术等专利技术的适用性进行深入研究，重点结合市场对其经济效益和社会效益进行研究，建设试验基地并对有市场价值的专利技术进行应用推广。

（中国建筑技术集团有限公司供稿，赵伟、张宇霞执笔）

"工业建筑绿色化改造技术研究与工程示范"课题阶段性成果简介

一、课题背景

工业建筑是城市建筑的重要组成部分。以上海为例,至2010年底,上海市既有建筑面积为9.35亿平方米,其中工业建筑面积2.02亿平方米,占比达到21.6%。城市化的快速扩张与经济转型的双重背景使得工业厂区由原先的城市边缘地区逐渐转变为城市中心区,由于产业转型、土地性质转换、技术落后、污染严重等各种问题,大量的传统工业企业逐渐退出城市区域,在城市中遗留下大量废弃和闲置的旧工业建筑。截至2005年初,上海中心城区因搬迁而空出的厂房已达400万平方米,类似情况在国内许多一、二线城市出现。如何处理这些废弃和闲置的旧工业建筑,是城市规划者、建筑师、企业、政府必须面对的问题。如果将这些旧厂房全部拆除,从生态、经济、历史文化角度都是对资源的一种浪费,因而对既有工业建筑进行改造再利用成为符合可持续发展原则的有效策略。传统的改造设计中,建筑师是从艺术和文化角度来进行改造,虽然使建筑改变了使用功能避免被拆除的命运,但是由于缺乏减少能源消耗、创造健康舒适生态环境等要求的考虑,旧工业建筑并未达到再利用的根本目的。

工业建筑改造再利用与绿色建筑相结合,是破解城市旧工业建筑改造问题的新思路。将旧工业建筑进行绿色化改造再利用,以绿色环保为契合点,可以实现城市的环境效益与社会效益共赢。同时,可以利用城市工业建筑再生模式来发挥城市优势生产要素,以及通过各项政策、技术等手段实现旧工业建筑再生与升级。将旧工业建筑改造为办公、宾馆、商场等类型的绿色建筑,使改造后的建筑最大限度地节约资源、保护环境和减少污染,为使用者提供健康、舒适的室内环境,这不仅是对工业建筑改造方式的拓展与提升,也是促进国内绿色建筑发展的有效措施。

为提升国内旧工业建筑改造再利用的水平,研发工业建筑绿色化改造技术体系,国家科技支撑计划项目"既有建筑绿色化改造关键技术研究与示范"设立课题七"工业建筑绿色化改造技术研究与工程示范",由上海现代建筑设计(集团)有限公司作为课题承担单位,联合建研科技股份有限公司、北京建筑技术发展有限责任公司以及北京交通大学共同研究。

二、目标与研究任务

(一)课题的总体目标

"工业建筑绿色化改造技术研究与工程示范"课题旨在从改造可行性评估、室内环境、能源利用、雨水资源利用、结构加固、改造施工等方面，解决工业建筑绿色化改造中的共性技术问题，以及办公建筑、商场建筑、宾馆建筑和文博会展建筑等不同改造目的下的个性技术问题，形成工业建筑绿色化改造技术体系，并建立4个工业建筑绿色化改造示范项目，培养一支熟悉工业建筑绿色化改造建设的人才队伍，发表多项具备一定国内外影响力的科研成果。

（二）课题的研究内容

课题从5个方面开展工业建筑绿色化改造技术研究与示范工作：

1.既有工业建筑民用化改造综合评估技术研究

重点研究：（1）工业建筑改造利用的技术经济性分析方法与指标体系构建；（2）工业建筑民用化改造中不同建筑功能取向的适宜性研究；（3）工业建筑民用化改造中不同绿色建筑技术的适宜性研究。

2.工业建筑室内功能转换与基于大空间现状的室内环境改善技术研究

针对工业建筑改造为绿色办公建筑、商场建筑、宾馆建筑以及文博会展建筑，重点研究：（1）与工业建筑空间特点相匹配的功能类型转换和基于被动节能的空间整合设计；（2）工业建筑大进深空间光环境改善策略；（3）高大空间的通风利用改造技术；（4）工业建筑围护结构改造与立体绿化集成技术；（5）基于功能转换的大空间气流组织策略。

3.工业建筑机电设备系统改造技术研究

重点研究：（1）既有机电设备系统现状评估技术；（2）供配电与照明系统改造技术；（3）基于不同改造功能目标的可再生能源（太阳能与地源热泵）利用技术；（4）能耗监测管理平台建设与控制技术；（5）大屋面工业建筑雨水收集与再利用技术。

4.工业建筑结构加固与改造施工技术研究

重点研究：（1）基于节材的耗能减震加固技术在工业建筑结构改造中的应用；（2）用于大空间建筑室内增层的加固技术；（3）以低噪声、低振动和低尘为特征的工业建筑绿色拆除施工技术；（4）可再利用材料的回收利用在工业建筑中的利用技术；（5）拆除、加固和新建一体化设计施工技术。

5.工业建筑绿色化改造工程示范

针对南方、北方气候特点，将工业建筑改造为绿色民用建筑进行4项工程示范，并获得绿色建筑标识，总示范面积超过2万平方米。

三、阶段性成果

课题执行期限为2012年1月至2015年12月，截至2013年取得的主要技术和应用成果如下：

任务一：既有工业建筑民用化改造综合评估技术研究

1.进行工业建筑改造案例拆除和保留原因分析，完成初步的技术经济分析方法和指标体系构建，并结合典型的工业建筑改造案例对指标体系进行试评和修正。

2.对工业建筑改造功能取向影响因素进行提炼，针对面向不同使用功能的工业建筑民用化改造案例研究，包括创意产业园、商场、办公和展览建筑以及景观公园，确定工业建筑民用化改造功能定位影响因子框架，并提出工业建筑民用化改造功能取向合理性评估指标构建原则。

3. 对15个工业建筑改造再利用案例中的绿色建筑技术进行梳理，形成技术分类汇总表，并从适宜性角度开展各种专项技术的分析。

任务二：工业建筑室内功能转换与基于大空间现状的室内环境改善技术研究

1. 针对四种改造目标类型，分析建筑空间与环境需求，并对既有工业建筑空间特点进行总结，开展工业建筑与办公、宾馆、商场及展览类建筑的空间契合点研究，并在此基础上开展基于功能转换的工业空间改造需求分析。

2. 进行既有工业建筑自然采光特点分析，对利用天窗构件改善自然采光的改造类型进行模拟分析研究，包括锯齿形天窗和矩形天窗；开展中庭改善室内自然采光的类型进行研究。

3. 对既有工业建筑改造案例中的通风技术措施进行总结，完成工业建筑改造中涉及高大空间的通风改造体系和效果评估方法研究，对单层厂房改造中利用天窗构件通风的措施进行研究，涉及影响因素和优化设计措施；对多层厂房改造中增设中庭改善通风措施进行模拟分析，并结合典型项目进行测试。

4. 针对工业建筑围护结构的特点，开展了工业建筑围护结构节能改造技术研究，并开发外墙保温产品高渗量粉煤灰水泥泡沫保温板，已完成实验室放大工艺的研究，产品已通过专业检测机构的检测；完成地被种植藤本植物、模块式垂直绿化单元在既有围护结构中的改造增设研究。

5. 基于高大空间气流组织案例，对空间特点与气流组织方式进行分析，提炼高大空间置换通风、分层空调气流组织设计要点；针对典型案例，通过模拟分析研究喷口送风对气流组织的影响，并在上海理工大学实验室开展大空间喷口送风测试。

任务三：工业建筑机电设备系统改造技术研究

1. 对机电设备现状与发展趋势、机电设备分类、机电设备系统技术分析、机电设备管理、设备的运行和保养及维修等方面进行了分析。

2. 根据资料分析和对现场调研，针对工业建筑与民用建筑场地使用功能的不同，对变配电和照明系统做了初步的改造设想和方案设计。

3. 开展不同改造功能目标的可再生能源利用技术分析，包括应用情况调研和专项技术应用研究。

4. 进行数据采集系统与智能控制系统的设计与开发，能耗监测管理平台架构设计及开发。

5. 完成雨水收集处理储存设备空间布置选取与改造技术研究，开展不同功能取向的用水特点以及雨水利用分析。

任务四：工业建筑结构加固与改造施工技术研究

1. 完成工业建筑绿色化改造中结构加固用的消能减震系统的选型分析，以课题示范项目上海申都大厦为基准实例开发结构消能减震控制仿真平台。基于仿真平台完成开孔式加劲阻尼器（HADAS）在工业建筑改造结构加固中的应用研究。

2. 完成大空间工业建筑室内增层结构选型及抗侧力体系和结构材料的优选，大空间工业建筑增层改造中的基础加固技术分析、工业建筑改造夹层楼盖结构技术分析，开展基于建筑净空要求的屋盖形式和加固技术研究。

3. 分析了工业建筑绿色化改造中结构拆除类型和技术、环境要求，对低振动、低噪声和低尘混凝土机械切割工艺与设备，无振动、低噪声、高效率混凝土破碎技术与设备分别进行研究，开展既有工业建筑中需保护部件的无损拆卸技术分析。

4. 完成建筑垃圾减量化与综合利用措施的研究、循环再生骨料绿色混凝土技术的研究、旧金属材料（钢筋、铝材）回收利用途径的研究，开展基于再生材料的绿色建材性能和绿色化评价体系研究。

5. 分析了拆除、加固和新建一体化设计施工的特点、优势及途径，拆除、加固和新建过程中结构的检测、鉴定、设计和施工一体化技术，开展BIM在工业建筑拆除、加固和新建一体化设计施工中的应用研究。

任务五：工业建筑绿色化改造工程示范

课题已全部落实任务书要求的4个工业建筑绿色化改造示范项目，分别涉及单层厂房和多层厂房改造再利用，区域分布包括北方和南方，总示范面积达到78050平方米。截至2013年底其中2个项目已获得国家绿色建筑三星级设计评价标识。

1. 上海申都大厦

地理位置：上海市黄浦区西藏南路1368号

基本信息：该建筑原建于1975年，为上海围巾五厂漂染车间，1995年由上海建筑设计研究院改造设计成带半地下室的六层办公楼。经过十多年的使用，建筑损坏严重，业主单位决定对其进行翻新改造。改造后的项目地下一层，地上六层，地上面积为6231.22平方米，地下面积为1069.92平方米，建筑高度为23.75米。

改造时间：2012～2013年

改造目标：三星级绿色建筑

改造内容：建筑立面改造、屋面改造、围护结构保温改造、空调系统改造、结构加固、电气系统改造、给排水系统改造。

绿色化改造技术应用：外立面单元式垂直绿化、屋顶复合绿化、建筑功能集成的边庭空间、中庭拔风烟囱强化自然通风、太阳能光热技术、太阳能光伏技术、排风热回收、能耗分项计量与监控、雨水回收与利用、结构阻尼器增设加固。

2. 天友绿色设计中心

地理位置：天津市华苑新技术产业园区开华道17号

基本信息：该项目原来为多层电子厂房，经天津天友建筑设计公司改造为其自用办公楼，项目基地面积3215平方米，建筑面积5766平方米。

改造时间：2013～2014年

改造目标：三星级绿色建筑

改造内容：建筑立面改造、屋面改造、围护结构保温改造、空调系统改造、电气系统改造、给水排水系统改造。

绿色化改造技术应用：南向活动外遮阳、拉丝式垂直绿化、增设特朗伯墙、顶层天窗采光与水墙蓄热、模块式地源热泵结合蓄冷蓄热的水蓄能系统、模块式地板辐射供冷供热。

3. 上海财经大学创业实训中心

地理位置：上海财经大学武川路校区

基本信息：该项目位于上海财经大学武川路校区内，占地面积2313平方米，改造后总建筑面积为3753平方米，原为上海凤凰自行车三厂的一个单层热轧车间，根据规划要求校方对其进行改造再利用，改为学生创业实训中心。

改造时间：2013～2014年

改造目标：二星级绿色建筑

改造内容：建筑立面改造、屋面改造、围护结构保温改造、空调系统改造、电气系统改造、给水排水系统改造、结构加固。

绿色化改造技术应用：

结合旧建筑特征的被动式设计，利用厂房高大空间的矩形天窗，设置电动可开启扇，促进自然通风和采光；高能效比的空调设备，多联机的IPLV比上海公建节能标准高一个等级；设置屋顶雨水收集与利用系统，针对不同用途和不同使用单位的供水分别设置用水计量水表。

4. 上海世博会城市最佳实践区B1～B4改建工程

地理位置：上海世博园浦西园区

基本信息：该项目位于上海世博会城市最佳实践区，世博会后为了满足会后发展需求，在保留大部分建筑的基础上，进行相应的改造和新建。由南北两个街坊组成，北街坊最早为上钢三厂的单层工业厂房，其中B1、B2改造后功能为办公建筑，南街坊最早为南市发电厂，改造后定位商业和文化休闲，传承世博会美好城市理念形成文化创意街区。B3、B4为商业建筑。改造后总建筑面积62300平方米。

改造时间：2012～2014年

改造目标：二星级绿色建筑

改造内容：建筑立面改造、屋面改造、围护结构保温改造、空调系统改造、电气系统改造、给水排水系统改造、结构改造。

绿色化改造技术应用：

围护结构被动节能设计、节能照明、可再生能源利用、非传统水源、屋顶和垂直绿化、增层提高空间利用效率、既有结构及材料的利用、结构绿色拆除。

阶段性物化成果：

1. 形成4部阶段性研究报告；
2. 申报专利9项，其中已获得授权4项；
3. 参编国家标准1部；
4. 申报软件著作权2项；
5. 发表论文11篇。

四、研究展望

城市化和产业转型导致城市中遗留下大量废弃旧工业建筑，将其进行绿色化改造再利用意义重大。"工业建筑绿色化改造技术研究与工程示范"课题针对工业建筑改造为绿色办公、商场、宾馆以及文博会展建筑，对绿色化改造过程中的关键技术进行研究与示范。截至2013年，课题总体上按照年度计划安排完成了相应的研究内容并全部落实任务书要求的4个示范项目。在下一阶段的研究中，示范工程的推进是工作的重点，对于已建造完成的项目进行后期运营测试与评估研究，对于设计阶段的项目，推动绿色建筑设计的落实，将所研究的绿色化改造技术进行应用示范。同时，紧扣工业建筑的特征，各项绿色化改造技术的研究工作要继续深入展开，并在研究过程中进行技术总结，编制专著和指南，提炼专利等知识产权，力争在2014年底完成全部技术研究内容。

（上海现代建筑设计（集团）有限公司供稿，田炜、李海峰执笔）

四、成果篇

随着既有建筑绿色化改造工作的不断推进，我国在既有建筑绿色化改造方面逐渐形成一批具有自主知识产权的技术、产品和软件等成果，提升了我国既有建筑绿色化改造的整体实力，增强了既有建筑绿色化改造的核心竞争力。本篇选择国家科技支撑计划项目"既有建筑绿色化改造关键技术研究与示范"部分研究成果进行交流。

绿色既有建筑监测系统

一、成果名称
绿色既有建筑监测系统

二、完成单位
完成单位：中国建筑科学研究院、上海国研工程检测有限公司

完成人：孙大明、梁一峰、孙金金、马素贞、张永炜、阳交辉、王梦林

三、成果简介
既有建筑经过绿色改造后，如何客观评价和判断其绿色改造效果，需要有针对性的监测一系列建筑运行指标和参数，包括建筑的能耗使用（含电、水、燃气、集中供暖、集中供冷、可再生能源）、室外环境、围护结构、暖通空调、室内环境、给排水、电气设备的运行状况。在此基础上，通过统计与分析来综合评价既有建筑改造后的绿色化水平，量化改造前后的指标变化和成效。该系统有针对性的监测既有建筑改造前后的指标和参数，重点围绕建有建筑绿色改造中的监测和前后对比进行了研究与开发，取得了重大的创新和突破。

（一）依据既有建筑绿色改造的要求，确立了一套完整的监测对象，全面覆盖绿色改造项目涉及的所有监测项，包括能源使用、室内环境、室外环境、围护结构、暖通空调、给排水、电气等。

（二）基于既有建筑的特点，限于设备和工程等原因，改造前部分监测对象无法监测，系统提供手动录入的方法，确保监测数据的科学与全面。如遇到既有建筑改造前部分数据无法提供，则借助当地主管部门公布的相关指标和数据，其相关指标和数据默认为平均水平，保证既有建筑改造前后监测对象的可比性，尽可能真实和全面地反映绿色改造的成效。

（三）既有建筑的设备使用时间普遍较长，部分设备老化严重或者故障，导致能源浪费。基于此，重点监测建筑的能源消耗，通过采集原始能耗数据，量化一系列建筑能耗指标（如单位建筑面积能耗、单位采暖面积能耗、可再生能源利用率等），为管理层和决策者提供改造前后能源消耗状况和变化。

（四）研究成果主要内容

1.制定了既有建筑绿色改造的监测指标体系，覆盖了建筑的能源使用、室外环境、围护结构、暖通空调、室内环境、给排水和电气，并实现了各个环节的数据共享，避免了评价建筑时采取单一的能源指标或室内空气品质、舒适度。

2.整理既有建筑绿色改造的监测指标和参数，确定了两种数据录入的标准方式，其一为设备自动采集，其二为手动录入。另外，部分指标无法直接获得的，依据相关模型和监测参数，通过计算转换而来。

3.开发了一套完整的建筑监测系统，支持各种楼宇自动化设备的接入，支持常规的

Modbus、Bacnet通信协议，传输方式支持有线和无线两种方式，提高了工程项目的可操作性。

住宅新风净化系统

一、成果名称
住宅新风净化系统

二、完成单位
完成单位：中国建筑科学研究院深圳分院
完成人：张辉、王立璞等

三、成果简介
改善室内空气品质(IAQ)的措施很多，最直接最有效的方法是向室内送新风，进行通风换气，因此，人们提出了住宅新风系统的要求。在国内外，住宅新风经过了多年的发展与改进，从最初自然通风，到被动式新风系统（自然进风+机械排风），再到当前的主动式新风系统和带热回收的新风系统（机械进风+机械排风或机械进风+自然排风）。

研究成果主要内容：

新风系统的工作特点是：（1）室内CO_2感应装置来控制新风系统的运行；（2）室外新风经高压静电杀菌除尘装置和PHT光氢离子净化装置相结合；（3）具有开式循环和闭式循环两种工作模式。

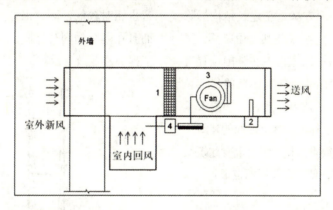

上图中1为高压静电杀菌除尘装置、2为PHT光氢离子净化装置、3为小型静音风机、4为CO_2浓度监测模块。系统工作时，CO_2浓度传感器探测室内CO_2浓度，当浓度超过一定范围，新风机启动，向室内输送新鲜的空气，同时静电除尘装置和PHT光氢离子净化装置启动，将引入的新风进行除尘和净化处理，从而保证新风的质量。此外，该系统还可以进行闭式循环，即不引入室外新风的情况下只高压静电除尘装置和PHT光氢离子净化装置和风机启动，对室内的空气进行杀菌净化。

该新型住宅新风净化系统有以下优点：1.具有高效空气净化、杀菌消毒能力；2.富氧洁净无菌，温湿度适宜的洁净新风使人们精力充沛；3.本系统结构简洁，使用及清洗方便，耐用性强及能耗低；4.不同型号、不同规格的系统可按不同面积和使用人数进行多种设计。

用于建筑结构拆除的落料装置

一、成果名称

用于建筑结构拆除的落料装置

二、完成单位

完成单位：中国建筑科学研究院、建研科技股份有限公司

完成人：南建林、徐建设、王凯

三、成果简介

既有建筑结构拆除过程中会产生大量的碎砖、混凝土碎块等建筑垃圾。对于这些建筑垃圾，现有的处理方法是在建筑结构拆除过程中将其抛落至地面或任其自由坠落，虽然有些建筑结构的拆除过程中在外围设置有安全网，但是这种抛落或任其坠落的建筑垃圾处置方式依然非常危险，而且会产生大量的粉尘、噪声以影响环境，落至地面的建筑垃圾的收集、搬运也很不方便，因此现有建筑结构拆除作业效率都很低，作业周期也很长。

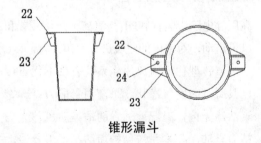

锥形漏斗

针对上述现有技术中存在的缺陷，本发明所要解决的技术问题是提供一种能降低建筑结构拆除作业过程中的粉尘、噪音对环境的影响，能提高建筑结构拆除作业安全性及作业效率的用于建筑结构拆除的落料装置。包括悬挂结构、废料收集容器及多个锥形漏斗。

研究成果主要内容

本发明涉及建筑施工技术，本发明提供的用于建筑结构拆除的落料装置，利用锥形漏斗构建成相对封闭的竖向落料通道，建筑结构拆除作业过程中产生的建筑垃圾可以顺着落料通道下落入废料收集容器内，能将建筑垃圾中的粉尘控制在通道内，降低建筑结构拆除作业过程中的粉尘对环境的影响，噪音也相对较低，同时也提高了作业安全性，而且在落料的同时完成了建筑垃圾的收集，能提高作业效率。

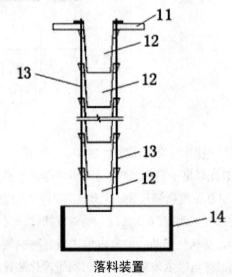

落料装置

如图，所述悬挂结构11上固定有左右各一根挂索13；各锥形漏斗12均固定在两根挂索13上，并顺着两根挂索从上至下依序活动

串联，构成一条竖向的落料通道，各锥形漏斗的大口端均朝上，每个位于上序的锥形漏斗的小口端，均从位于其下序的锥形漏斗的大口端伸入该锥形漏斗的内腔；废料收集容器14是一个向上开放的容器，落料通道的下起第一个锥形漏斗的小口端向下伸入废料收集容器的内腔。

在使用时，将悬挂结构11固定在建筑垃圾送料点处的落地物上，将废料收集容器14置于建筑垃圾收集点处，建筑结构拆除过程中，将拆下的建筑垃圾扔进落料通道的主进料口，建筑垃圾即可顺着相对封闭的落料通道下落至废料收集容器14中，通过调整锥形漏斗的数量，可以调整落料通道的总长度，以适应各种高度的拆除建筑结构。

人字形屋架构件及其构建的屋架

一、成果名称

人字形屋架构件及其构建的屋架

二、完成单位

完成单位：中国建筑科学研究院、建研科技股份有限公司

完成人：南建林、徐建设、王凯

三、成果简介

现有人字形屋架构件主要由两根搭建成人字形的上弦梁，及一根水平设置的下弦梁构成，下弦梁的两端分别与两根上弦梁的下端连接，由上弦梁来承受压力，由下弦梁来承受拉力。现有人字形屋架构件的自身高度都很大，为保证足够的室内净空，必然大大提高整体结构的总高度和竖向构件的高度，不仅造成材料浪费、造价高，而且空间的浪费也导致能源消耗的增加。

一种人字形屋架构件及其构建的屋架，涉及建筑工程技术领域，所解决的是现有屋架自身高度大、室内净空小的技术问题。该构件包括两根上弦杆，两根下弦杆，及落地的支撑件；所述两根上弦杆的顶端相接，构建成尖顶朝上的人字梁；所述两根下弦杆交叉连接，构成X形支撑梁；X形支撑梁的两个顶端分别连接两根上弦杆的上部杆身，X形支撑梁的两个底端分别连接两根上弦杆的底端；所述人字梁的尖顶部经一竖直的中腹杆连接X形支撑梁的交叉点部，所述中腹杆的两侧各有多根侧腹杆，每根侧腹杆的一端与上弦杆相接，另一端与下弦杆相接；所述人字梁的两端分别安装在支撑件上。本发明提供的构件及屋架，能实现大跨度，且自身高度小、室内净空大。

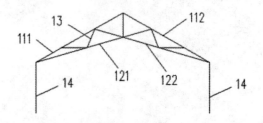

研究成果主要内容

1. 人字形屋架构件构建的第一种屋架，包括多榀人字形屋架构件。各榀人字形屋架构件中的人字梁的尖顶经檩条相互连接，各榀人字形屋架构件中的第一上弦杆经檩条相互连接，各榀人字形屋架构件中的第二上弦杆经檩条相互连接。

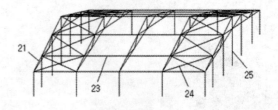

2. 人字形屋架构件构建的第二种屋架，包括多榀人字形屋架构件。各榀人字形屋架构件相互交叉，且各榀人字形屋架构件中的人字梁的尖顶部交汇于一点，各榀人字形屋

架构件中的X形支撑梁的交叉点部交汇于一点，各榀人字形屋架构件共用一根中腹杆，各相邻上弦杆之间经多根檩条相互连接。

榀多跨屋架构件均由多榀人字形屋架构件组成。单个多跨屋架构件中，各榀人字形屋架构件按第一上弦杆在左、第二上弦杆在右的方式从左至右依次连续布设，且相邻人字形屋架构件中，左侧人字形屋架构件中的人字梁的右端，与右侧人字形屋架构件中的人字梁的左端交汇于一点。

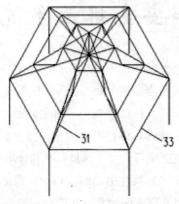

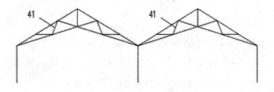

3. 本发明所提供的人字形屋架构件构建的第三种屋架，包括多榀多跨屋架构件，每

医院医疗废气的处理和安全排放系统

一、成果名称

医院医疗废气的处理和安全排放系统

二、完成单位

完成单位：中国建筑科学研究院、中国建筑科学研究院天津分院

完成人：尹波、周海珠、杨彩霞、王雯翡、李晓萍、魏慧娇、闫静静、惠超微、李以通

三、成果简介

医疗废气中一般含有大量的致病微生物，并含有各种药物、烟气颗粒和大量微小的气溶胶颗粒。常用的紫外光消毒、臭氧消毒等处理方式普遍存在较多的缺陷。为克服现有的技术缺陷，本发明提供的医疗废气处理和安全排放系统能全面集中处理医疗废气，全面采用消毒，除尘，除臭，过滤等方法，生物安全性好，不易出现致病微生物扩散。而且能处理医疗废气的范围宽，处理效果好，且具有安装维护方便，投资相对较少的特点。

该系统重点围绕废气处理工艺、测量、自控等问题进行研究，取得了重大的突破：

（一）系统中的反应器具备多种反应试剂，从而能够集中处理各类医疗废气。

（二）在过滤器出口对主要污染物和致病微生物含量进行准确测量，排放到环境中的废气必须符合安全排放标准和环境要求。

（三）系统中的测量模块和自动控制模块可以实现全面的自动化检测和控制。

研究成果主要内容：

1. 研究采用热电阻、压力计、流量计、电功率计、湿度计、气体含尘量仪表、气体污染物测量仪表和气体含菌量测量仪表，系统配套控制系统、测量信号数据采集系统对废气处理和安全排放进行一系列处理和监测。

2. 在获得监测信号后，采集系统首先进行数据筛选和处理，然后根据数据处理后的结果进行控制各部件的工作。

3. 各部件的主要工作包括：废气除尘过程、废气加热过程、废气处理反应过程、废气过滤过程、处理后废气再循环、处理废气排出。该系统可优选除去医疗废气中含有致病微生物，药物颗粒，烟尘颗粒、烟尘及气溶胶小颗粒的场合。

一种可用于大型商业建筑的消能减震加固技术

一、成果名称
一种可用于大型商业建筑的消能减震加固技术

二、完成单位
完成单位：上海维固工程实业有限公司
完成人：陈明中、黄坤耀、周海涛

三、成果简介
该技术的主要特点是通过设置多个吨位较小的防屈曲耗能支撑在梁柱交接的位置，可以起到减小配筋，增加结构的耗能能力的作用，对结构的安全性有大幅度的提高，可以减少加固量，提高施工速度。特别是在大型商业建筑中应用，对于提高工程的质量，降低成本具有重要意义。

通过在大型商业建筑中应用该技术可以实现：

（一）梁端弯矩和配筋大量减少，使结构的受力更加合理，同时可以大幅度减少结构加固改造的工程量；

（二）施工工序简单，对结构的影响小，与传统方式相比，该方法可以避免支模，浇筑混凝土等工序；

（三）安装快捷，施工速度快，可以减少大型商业建筑改造施工周期；

（四）采用防屈曲耗能支撑时可以与原结构形成耗能结构体系，避免梁端部塑性铰过早的形成，明显提高结构的抗震能力和延性，对提高大型商业建筑的抗震安全性能提供了保障，特别是设防烈度较高的乙类商业建筑；

（五）可以通过调整隅撑的位置避免对结构使用净空造成影响，即采用该技术对既有商业建筑进行加固后不会对建筑的使用造成不利影响，这与传统的加固方式不同。

研究成果主要内容：

该成果是关于一种新的结构加固方法。该方法通过在结构柱（墙）与梁交接处附近设置隅撑的方法。该隅撑为具有一定刚度的钢结构支撑或防屈曲耗能支撑。应用该方法能够大量减少梁端部的配筋量，从而避免梁端配筋不足加固的困难。当所述的隅撑为防屈曲耗能支撑时加固后的结构还具有消耗地震能量的作用，对结构安全更加有利。

该技术的主要构造为：

（一）该结构为在结构柱（墙）顶端与结构梁交接附近设置隅撑。隅撑与水平面的夹角为30度～60度之间。

（二）隅撑为钢结构支撑或防屈曲支撑，隅撑与原结构的连接采用铰接或固接。隅撑与梁的连接位置可以位于梁的底部也可以位于梁的侧面。

（三）隅撑与原结构的连接通过设置连

接机构连接，连接结构为销栓或节点板，连接机构与原结构采用化学锚栓连接。

（四）所述的隅撑为防屈曲支撑时可以控制其刚度，发挥更好的加固效果。

坡屋面屋顶绿化技术

一、成果名称
坡屋面屋顶绿化技术

二、完成单位
完成单位：深圳建筑科学研究院有限公司
完成人：罗刚、张炜、李鸿辉

三、成果简介
该成果涉及实用新型专利——"用于坡屋面的轻型绿化容器"（专利申请号为：201320126183.2）。

传统的屋顶绿化方式大多是在平屋面上建造绿化栽植池，也有一些是将种植容器直接放置在平屋面上。而在城市里，越来越多的平屋面被用作供人休闲活动及健身的场所，所以屋顶绿化的面积很难有大幅度增长。对于坡屋面，则很难进行屋顶绿化，特别是大跨度的金属屋面，则更难进行屋顶绿化。如果能解决坡屋面屋顶绿化的技术问题，就能使城市屋顶绿化的应用和普及得到巨大的发展空间。

本发明的目的在于提供一种造价低廉、安装方便、可减少灌溉频次、简化灌溉系统的用于坡屋面的轻型绿化容器。本发明设置了简单实用的挡水板，使容器底部能够蓄水且分布均匀；进出水口的设置可使多个容器串联连接，可大大简化灌溉系统，且本发明形状简单，安装和更换方便，造价低廉，易于大面积的推广使用。

此外，还可以将本发明的轻型绿化容器设置在金属骨架上并简化灌溉设施，就能实现在上人平屋面的上方空间进行绿化，使可上人平屋面因上方有植物遮阳而增加舒适度和美感。

四、经济效益和社会效益
该技术所提出的用于坡屋面的轻型绿化容器，可工厂规模化生产、成本低、绿化效果好。应用此技术的屋顶绿化产品，施工简易，效果良好，使坡屋顶绿化的大面积推广成为可能，因此产品在市场中拥有一定的竞争力，能够产生较好的经济效益。同时，由于屋顶绿化本身是绿色建筑鼓励的技术措施，其应用可以形成良好的示范效应，带来良好的社会效益。

五、推广应用前景
该技术已在坪地国际低碳城项目中得到应用，还可以用于对平屋顶的上方空间进行绿化。其施工简易、造价低廉、易维护，对于当前众多的改造和新建项目都具有良好适用性。由于目前国家大力推进绿色建筑以及既有建筑改造，该技术存在较广阔的推广应用前景。

可再生能源系统运行性能远程监测技术

一、成果名称

可再生能源系统运行性能远程监测技术

二、完成单位

完成单位：河北工业大学

完成人：王华军、齐承瑛、杨斌

三、成果简介

该装置采用了模块化设计，结构紧凑，安装简便，适合批量化生产，广泛适用于各类地源热泵系统，包括土壤源热泵、水源热泵、地表水源热泵、污水源热泵、海水源热泵等。

截至目前，河北工业大学已在唐山市积极开展了可再生能源数据监测系统的开发和推广工作，已累计应用达200万平方米，积累了较为丰富的实践经验。可再生能源系统运行性能远程监测技术对我国的建筑能耗监测与应用状况进行分析，旨在为进一步建筑节能示范推广与节能评价工作提供第一手的基础数据。

研究成果主要内容：

近年来可再生能源系统在我国北方地区应用比较广泛，成为我国建筑供能的主要形式之一。鉴于目前设计、施工及管理水平的差异，其系统的实际性能差距很大，严重者出现运行能耗过高、甚至系统瘫痪的现象，这在一定程度上制约了相关技术的规模化应用。针对现有技术的不足，提出并建立一种针对可再生能源系统运行性能的自动监测及远程传输技术及装置。该装置能够以现场集中总线方式采集系统的相关运行性能参数数据，并通过GPRS无线传输的方式发送至指定的讯通服务器中，供用户实时访问浏览，从而完成系统性能的在线监测、诊断、干预及管理等工作。其主要工作原理如下：内部设计了一个单片机模块（ISCM），其一侧通过外围电路与数据接口模块（DIM）相连接，可以实现供能系统运行数据的集中采集、转换与处理；另一侧通过外围电路与包含GSM接口器的数据处理单元（DTU）相连接，并与发射天线（ATN）相连接，可以通过GPRS通信网络和既定通信协议，实现向远程通讯服务器实时集中传输系统的运行数据。用户端可以通过互联网来登陆通讯服务器的数据库，掌握供能系统的实际运行状况，从而进行有效的系统调节。

基于通断时间面积法热计量系统的供热节能技术

一、成果名称

基于通断时间面积法热计量系统的供热节能技术

二、完成单位

完成单位：河北工业大学

完成人：杨斌、王华军、齐承瑛

三、成果简介

"基于通断时间面积法热计量系统的供热节能技术"应用示范工程已覆盖河北、北京、山东、内蒙古、新疆、黑龙江等省市（自治区），应用面积达3000余万平方米，热用户超过30万户。节能效果显著，获得了显著的社会效益和经济效益。

2012年在邢台热力公司供热系统节能升级改造项目中，对供热面积1500万平方米的热网进行了全面技术升级，包括建立了智能热网节能监控平台；对120余座换热站进行自控设备升级改造；累计安装通断时间面积法热计量30多个小区300多万平方米；邢台技师学院整个校园所有建筑安装了公共建筑节能控制系统，实现分时分温控制，年节能量1.56万吨标准煤。

研究成果主要内容：

"基于通断时间面积法热计量系统的供热节能技术"处于国内领先水平，提供一个以智能热网节能监控平台为核心，以热交换站自动控制系统、公共建筑供热自动控制系统、供热末端用户通断时间面积法热计量系统为关键产品的供热节能解决方案，实现了城市供热管网系统运行中一次管网、二次管网运行均衡输送以及末端热用户按需供热、计量收费的节能应用系统。"基于通断时间面积法热计量系统的供热节能技术"整体方案由以下部分组成：①城市集中热系统远程监控及优化运行节能技术；②热交换站自动控制装置及节能运行策略；③公共建筑供热自动控制节能技术，分时分温控制、远程智能监控、全自动节能运行，多点无线测温、自动运行保护、避免冻管事故、确保供热安全；建筑热特性智能分析、优化运行控制策略、自适应调节、最大限度节能；④通断时间面积法热计量系统供回水温度修正：采用供回水温度修正算法提高热分摊的可靠性和适用性，避免因水力失调、系统堵塞、热用户改动室内散热器容量（类型）等原因造成的热量分摊误差，热计量数据准确；实时热量分摊：固定周期进行热用户采暖耗热量分摊计算，并在用户端（室温控制器和通断控制器）液晶屏显示采暖耗热量，便于热用户了解采暖热耗情况。

发泡陶瓷保温板外墙节能改造应用技术

一、技术成果名称

发泡陶瓷保温板外墙节能改造应用技术

二、完成单位

完成单位:江苏省建筑科学研究院有限公司、江苏康斯维信建筑节能技术有限公司

主要完成人:刘永刚、许锦峰、吴志敏、张海遐、魏燕丽、沈志明、段宁

三、成果简介

外墙节能改造以往主要采用粘贴EPS、XPS、PU保温板或喷涂聚氨酯等有机保温材料。近年国内接连发生多起外墙外保温火灾引发的安全事故,造成了重大的损失,外墙节能改造中的火灾危害尤其严重(如上海11.15火灾)。为保证安全,外墙节能改造尤其在高层建筑中应采用无机不燃保温材料。目前常用的无机保温材料如岩棉板、发泡水泥保温板等保温系统由于材料的缺陷,易发生开裂、空鼓、渗水、保温层脱落等质量通病,开发和应用高性能的无机不燃保温材料变得迫切。

十一五期间,江苏省建筑科学研究院有限公司联合相关企业开发了可用于外墙外保温的导热系数小于0.08的发泡陶瓷保温板,该材料具有不燃、防火、耐高温、耐老化、耐腐蚀、与水泥制品相容性好等优点,符合国家及地方关于建筑外保温防火方面的要求,已成功用于数百万平方米的节能建筑,具有较好的应用前景。十二五期间,研究人员加强研发,对发泡陶瓷保温板的性能进行了优化提升,使其保温性能得到较大改善,导热系数降到0.06以下,垂直于板面拉伸强度达到150KPa,体积吸水率不大于3%,同时,系统耐候性、抗冲击性、耐冻融性等均达到JGJ144-2004中的相关指标要求。此外,还完善了相关的保温装饰一体化技术,获得1项发明专利。

为更好地推广发泡陶瓷保温板保温系统,在总结工程实践经验并广泛征求意见的基础上,江苏省建筑科学研究院有限公司对原《发泡陶瓷保温板保温系统应用技术规程》苏JG/T042-2011进行了修订,调整了发泡陶瓷保温板的部分性能指标,增加了部分构造详图,增加了楼板、屋面保温的做法等。该规程已通过江苏省工程建设标准站组织的专家审查,即将发布实施。

发泡陶瓷保温板外墙外保温系统防火、抗裂、防渗、与建筑同寿命、施工简便,在江苏地区新建建筑外保温工程中已大量应用,市场逐渐走向成熟,并带来较好的经济和社会效益。截至2013年6月,发泡陶瓷保温板保温系统已实现销售收入8000万元以上。

发泡陶瓷保温板的开发、应用与性能提升,能有效提高外墙保温系统的防火安全性能,推动了建筑节能事业的发展。外墙节能改造中的火灾危害严重,发泡陶瓷保温板在

高层建筑外墙节能改造能极大地发挥其防火、抗裂抗渗等作用。该技术已在江苏省通讯管理局（建筑面积1万平方米）外墙节能改造工程中成功应用，推广应用前景广阔。

改造前

改造后

江苏省通讯管理局外墙节能改造工程

高强早强高耐久性加固材料的早期体积稳定性设计方法

一、成果名称
高强早强高耐久性加固材料的早期体积稳定性设计方法

二、完成单位
完成单位：上海维固工程实业有限公司
完成人：陈明中、黄坤耀、王鸿博

三、成果简介
高强早强型加固料的早期体积稳定性设计方法，能够基本解决加固料在早期容易引发的开裂导致的耐久性不良问题，为加固料在全寿命周期中的耐久性奠定了坚实的基础，大大增强了加固料及加固体系的长期耐久性，是大型商业建筑绿色化改造中节材目标实现的前提保障，因此具有良好的经济效益。

同时，高强早强型加固料的早期体积稳定性设计方法，在现今对建筑改造与加固工程安全性与耐久性日益重视的环境下，将对同类型加固料的研究与应用带来良好的示范作用，因此具有良好的社会效益。

随着国内建筑改造与加固市场的日益扩大，加固施工的安全性与耐久性也日益受到重视，高强早强型加固料的早期体积稳定性设计方法能够解决此类加固料在早期体积收缩过大，开裂难以控制的顽疾，大大延长加固料的应用耐久性，同时在国家大力推进建筑的绿色化改造中能够节约材料，降低重复加固施工的频率，符合国家倡导的资源节约型发展政策，因此具有良好的推广应用价值。

研究成果主要内容：

该成果为提高高强早强高耐久性加固材料早期体积稳定性而研究的材料组成设计方法。

加固料的耐久性是确保加固体系长期稳定的重要因素，目前对加固料耐久性的研究主要集中在材料在中后期的体积稳定性及长期耐久性等方面，对加固料的早期体积稳定性研究较少，系统性研究也不多见。在大型商业建筑绿色化改造中，应用高强早强耐久性加固料对降低材料消耗、提高加固后结构的稳定性具有重要意义，但正是由于加固料的高强早强特征，加固料的早期体积稳定性表现不良，容易产生因化学减缩过大或水化过快等因素造成的塑性开裂，严重影响加固料及加固体系的长期耐久性，而加固料早期的体积变形占全寿命周期的体积总变形高达70%，因此对高强早强型加固料的早期体积稳定性研究是确保其长期耐久性的重中之重。

该组成设计方法参照美国混凝土学会ACI-544"纤维增强混凝土的性能测试"技术报告中的砂浆及混凝土干燥收缩裂缝测试方法，从水灰比、抗裂增强纤维类型及长径比、保水增稠材料类型、木质素纤维类型、胶凝材料组成等多方面对加固料的早期体积稳定性即抗开裂性能进行了较为系统的研究，从而归纳出早期体积稳定性较好的加固料组成设计方法，基本解决了高强早强型加固料在水化早期较为严重的抗裂问题。

示范工程改造前建筑及室内环境测试

一、成果名称
示范工程建筑及室内环境测试

二、完成单位
完成单位：天津大学建筑学院、天津市风貌办、天津大学建筑设计研究院二所

完成人：刘刚、卓彦彬、侯丹、霍虹光、李琴波等

三、成果简介
（一）成果概况

办公建筑绿色化改造项目示范工程为天津大学第15教学楼，第21教学楼。

天津大学第15教学楼，建成于20世纪80年代，建筑面积5360平方米，该建筑结构类型为砖混结构；外墙部分破损，未设置保温层；平面形式为内走廊，两侧布置房间，改造前用作普通教师，改造后为生命科学学院教学实验楼。

天津大学第21教学楼，为天津大学建筑学院系馆，1989年建成，建筑面积8889平方米。该建筑结构类型为框架结构，外墙保温依靠墙厚，未设置保温层；内部包含行政办公、教师办公（工作室形式），基本上为小开间办公的分隔。

改造前进行建筑和室内环境测试（图1），从测试结果上评估建筑使用情况和环境质量，为建筑改造提供设计建议和理论依据。

红外热像仪　　　　JTNT-C热工巡检仪　　　　JTRG-2热工巡检仪

叶轮风速仪　　热线风速仪　　热线风速仪　　HOBO温湿度记录仪

图1 测试主要仪器

（二）研究成果主要内容

1. 天津大学15楼、21楼维护结构的传热系数、热成像测试

21楼外墙围护结构的传热系数为$1.336\pm0.1W/(m^2·K)$；屋顶结构为$1.194\pm0.11W/(m^2·K)$；15楼外墙围护结构的传热系数为$0.85\pm0.1W/(m^2·K)$；屋顶结构无吊顶$0.98\pm0.1W/(m^2·K)$有20mm厚空气层吊顶与屋顶复合结构传热系数$0.635\pm0.1W/(m^2·K)$。21教学楼与15教学楼为20世纪70~80年代建筑均未达到此要求，墙体保温主要依靠结构厚度，进行节能改造时建议增加外保温。

第15教学楼南立面局部

第15教学楼入口

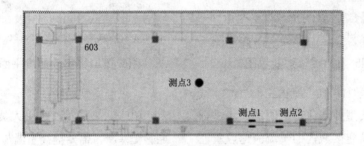

图2 第15楼热成像测试

第21楼主体围护结构传热系数测试

测试时间：2013.1.18~2013.1.24

测点1（B-k-1垂直墙体）$1.5W/m^2·K$

测点2（B-k-2垂直墙体）$1.85W/m^2·K$

测点3（B-k-3屋面）$1.45W/m^2·K$

测试结论：建筑无保温层、远小于《公共建筑节能设计标准》中的要求

2. 天津大学15楼、21楼温湿度监测

对15楼21楼特定房间安置温湿度自记仪，测试室内环境在采暖季一天内的温湿度变化。从测试结果分析冬季室内环境湿度不利于人员办公，需要适当加湿以提高人员的舒适性，为空调系统的室内控制提出建议。

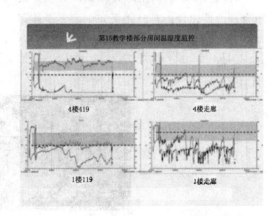

图3 第15教学楼部分房间温湿度监控

3. 天津大学21楼光环境测试

对21教学楼内典型房间进行照度及亮度测试，获取室内工作面上的采光系数，及照度均匀度为采光口及遮阳设计提供依据。

图4 第21楼太阳辐射强度测试实验台搭建

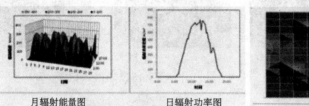

月辐射能量图　　　日辐射功率图

月辐射能量图：累计一个月份内随日期和时间变化的单位面积单位时间内获得的太阳辐射能量；
日辐射功率图：可转化为一天内室外光环境参数。
两者能为太阳能和室内照明的合理设计和使用提供数据基础。

图5 第21楼辐射能量图

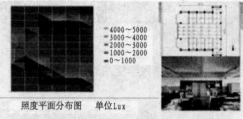

照度平面分布图　单位Lux

从照度分布图上就可以看出室内自然光的分配情况以及均匀度

图6 第21楼室内照度平面分布图

4. 天津大学21楼典型室内空间气流测试

对室内外典型外部作用下的风环境进行模拟，并实测特定区域内的气流流速以验证模拟的准确性。从模拟结果中提取改善室外环境的建议。

对气流组织的缺陷进行测试和评估，提出合理改造建议：对21楼采光中庭冬季渗风量测试，估算采暖能耗增量为一个采暖季5吨标准煤。

5. 热舒适度调研

调研结果显示，冬季人员在室内办公普遍感受寒冷，需要提高室温与室内舒适度。

6. 背景环境噪声测试

天津大学15楼和21楼为校内建筑。声环境质量较好，噪声源主要为室内人员活动和室外偶尔车辆驶过。测试背景噪声声压级在标准要求以下，不需要做过多改进。

图7 第21楼CFD模拟

粘贴竹板加固预应力混凝土空心板

一、成果名称

粘贴竹板加固预应力混凝土空心板

二、完成单位

完成单位：上海市建筑科学研究院（集团）有限公司、上海市建筑科学研究院科技发展总公司

完成人：许清风、李向民、蒋利学、张富文、贡春成

三、成果简介

预应力混凝土空心板（又称预制空心板）在我国得到了大范围推广应用。经过多年使用后，预应力混凝土空心板存在一定程度的老化，且由于部分建筑使用功能调整使其使用荷载增加，安全性能明显下降，需通过合理的加固方法提高其承载力，保证安全使用。

采取粘贴竹板加固预应力混凝土空心板不仅施工速度快、影响范围小，且能保证预应力混凝土空心板的承载力和变形满足后续使用要求。竹板作为可再生天然速生材料，用其加固既有建筑可有效减少对资源能源的消耗，提高既有建筑改造业的可持续性。

研究成果主要内容：

本发明涉及建筑工程领域，公开了一种粘贴竹板加固预应力混凝土空心板的方法，其技术方案为，根据简支预应力混凝土空心板的受力模式（上部为受压边缘，下部为受拉边缘），通过在预应力混凝土空心板的受拉边缘粘贴竹板提高其承载能力。本方法不仅施工速度快、影响范围小，且能保证预应力混凝土空心板的承载力和变形满足后续使用要求；加固后的预应力混凝土空心板，其承载力比加固前提高80%以上。本发明采用竹板作为加固材料，竹板是一种可再生天然速生材料，具有很好的抗拉强度。采用粘贴竹板加固预应力混凝土空心板，可有效降低既有建筑加固改造行业对资源能源的消耗。

钢丝网水泥砂浆加固空斗墙

一、成果名称

钢丝网水泥砂浆加固空斗墙

二、完成单位

完成单位：上海市建筑科学研究院（集团）有限公司、上海市建筑科学研究院科技发展总公司

完成人：蒋利学、王卓琳、李向民、许清风、郑乔文、郑士举

三、成果简介

空斗墙房屋是我国长江中下游和华东地区村镇建筑的主要结构类型，量大面广。大部分地区空斗墙通常的做法是采用标准黏土砖，并以三斗一眠或五斗一眠砌法较为常见。通过调查发现，空斗墙房屋受力性能与抗震性能较实砌房屋差，且由于大部分空斗墙房屋都由农民自行建造，普遍存在层高较高、开间较大、构造措施不完善等问题，经过一定使用年限后存在不同程度的老化、开裂。为保证结构安全，提升空斗墙结构的抗震能力，需对空斗墙结构进行加固。由于空斗墙的特殊砌筑形式，斗砖位置的受力性能不良，而现有的各类砌体结构加固方法都是针对实砌墙体，其连接锚固措施及位置不适用于空斗墙结构。

研究成果主要内容：

本发明涉及建筑工程领域，公开了一种铁丝网水泥砂浆加固空斗墙的方法，包括铁丝网、植入被加固空斗墙的穿墙销钉、水泥砂浆保护层。技术方案为，根据空斗墙的实际砌筑方法，选择眠砖与丁砖之间的砂浆灰缝布置穿墙销钉，通过销钉将铁丝网固定在墙面上，再在墙体表面进行水泥砂浆保护层施工。本方法可以显著提高空斗墙的受力性能和抗震性能，试验结果表明，加固后空斗墙体的水平极限承载力比未加固墙体提高50%以上；同时，铁丝网造价低廉，施工工艺简单，不需要搭设模板，特别适用于空斗墙砌体结构，尤其是能解决既有村镇空斗墙结构强度不足以及加固技术受经济条件限制的问题。

城市社区可再生能源资源潜力评估方法

一、成果名称
城市社区可再生能源资源潜力评估方法

二、完成单位
完成单位：深圳市建筑科学研究院有限公司

完成人：李雨桐、孙冬梅

三、成果简介
建筑能源规划是低碳生态城市建设的重要内容，其中可再生能源资源潜力评估是开展建筑能源规划工作的基础。可再生能源是指从自然界获取的、可以再生的非化石能源，包括太阳能、风能、水能、生物质能、地热能、海洋能等。建筑中应用的可再生能源资源主要有太阳能、浅层地热能、风能、生物质能。

创新点：该技术建立了较系统的可再生能源资源潜力技术评价方法和评价指标，提出了基于最大技术资源潜力、供需匹配资源潜力及实际应用资源潜力逐级做"减法"的可再生能源资源潜力计算方法。

主要内容：

（一）可再生能源资源评估方法研究

从可再生能源资源的容量、品位、安全性、稳定性、高效性等方面，研究提出了太阳能资源（太阳能光热、太阳能光电）、浅层地热能资源（土壤资源、地下水资源、地表水资源）潜力的技术评价方法及评价指标，主要是解决各类可再生能源资源应用的技术适宜性。

（二）可再生能源资源潜力计算方法

在进行可再生能源资源评估的基础上，针对适宜开发利用的可再生能源资源类型，计算其最大技术资源潜力、供需匹配资源潜力及实际应用资源潜力。

城市社区能源系统综合评价与优化配置

一、成果名称

城市社区能源系统综合评价与优化配置

二、完成单位

完成单位：深圳市建筑科学研究院有限公司

完成人：李雨桐、孙冬梅

三、成果简介

在城市化与低碳时代背景下，我国面临着能源、环境和发展的多重压力。建筑能源规划作为低碳生态城市建设的重要内容，合理规划与优化配置建筑能源系统将是解决低碳生态城市建设与能源、环境问题的关键。然而，我国的现有城市规划体系中，主要是宏观的城市能源发展战略规划和基础设施专项规划（如电力规划、供热规划、燃气规划等），缺乏区域层面的建筑能源规划，导致各专项规划之间缺乏系统性和协调性，从而造成基础设施重复建设和能源利用效率不高的现象出现。

社区能源系统规划是在对社区能源需求预测和可再生能源资源潜力评估的基础上，进行能源供需匹配，对社区建筑的供冷、供热、电力、燃气供应系统及可再生能源系统进行综合规划设计，实现按需供能和能源的梯级利用，提高能源综合利用效率。社区能源系统的高效运行依赖于完善的优化配置方法，但目前我国尚缺乏社区能源系统的优化配置技术。

创新点：该技术基于能量守恒原理，建立了以社区能源系统（可再生能源系统、冷热电三联供系统及常规能源系统）的节能效益、经济效益为优化目标的线性目标规划模型，为社区能源系统的优化设计提供关键技术支撑。

主要内容：社区能源系统系统综合评价与优化配置方法的核心是优化配置模型，包括能源系统优化的目标函数、约束条件和设计变量。该技术建立了社区能源系统的节能、经济、环境效益综合评价指标体系，并以节能效益、经济效益、环境效益指标为目标函数，以能量供需平衡方程为约束条件，以社区能源系统的应用规模为设计变量，对社区能源系统进行优化配置，确定最佳的能源系统供给方案。

聚苯颗粒混凝土复合板理论分析

一、成果名称

聚苯颗粒混凝土复合板理论分析

二、完成单位

完成单位：同济大学土木工程学院建筑工程系

完成人：周建民、司远、蒲师钰、杨扬

三、成果简介

聚苯颗粒是一种良好的保温隔热和隔声的复合材料，其单体材料的传热系数可以达到0.17，隔声量可以打到40dB以上，这在一定程度上克服了传统建筑材料的保温隔热和隔声性能差的特点，但因为其强度太低，在运用到建筑外墙上受到一定的限制。所以利用钢筋、混凝土、FRP筋和聚苯颗粒组成的复合墙板，可以很有效地结合它们的优点，克服它们的缺陷，实现既有建筑绿色化改造的要求。

该成果取得的重大创新与突破有：

（一）由于聚苯颗粒混凝土复合保温墙板为多层复合，对该复合板进行了传热理论计算，可以满足隔热相关规范的要求。

（二）将混钢筋混凝土、聚苯颗粒、硅酸钙三种材料组合在一起，通过编程分析复合板的隔声性能，可以满足隔声相关规范的要求。

（三）对复合板的受力性能进行了理论分析。

研究成果主要内容：

1. 保温隔热方面

对墙板进行优化设计，研究聚苯颗粒混凝土复合板的保温隔热性能，主要通过计算复合墙体综合传热系数来确定其保温隔热性能。

2. 隔音性能方面

经过现阶段的理论分析，采用声学波动理论，噪音源发出的噪音，经过复合板后，其隔音量能到达45～50dB，满足绿色建筑隔音要求。

3. 承载力方面

钢筋混凝土层用于复合墙板的内侧，在均布荷载，比如风压的作用下，钢筋混凝土内的受拉钢筋起到抗拉作用，以抵御建筑室内对墙体产生的均布荷载。在室内，复合墙板的抗冲击性能通过钢筋混凝土层得以体现。混凝土层与聚苯颗粒层之间的连接通过FRP筋形成。

老旧木梁维修加固试验研究和数值分析

一、成果名称
老旧木梁维修加固试验研究和数值分析

二、完成单位
完成单位：上海市建筑科学研究院（集团）有限公司

完成人：许清风、李向民、张富文、贡春成

三、成果简介
木结构和砖木结构是我国历史建筑的主要结构形式，至今仍有相当数目存世，且大多已使用数百年之久。自然力的破坏、老化损伤以及木材自身的缺陷，导致大量既有木构件亟需加固。与钢筋、钢板等相比，纤维增强复合材料（FRP）具有轻质、高强、耐腐蚀、施工方便快捷等优点，已被越来越多地用于建筑加固工程中。21世纪初，国外学者开展了内嵌FRP筋加固木梁的研究，国内此类研究还较匮乏。

研究成果立足于我国历史木结构普遍存在老化损伤的现状，进行老化损伤旧木梁维修加固方法的研发。研究成果已在上海、天津、南京等多个木结构维修加固工程中得到成功应用，经济效益显著；高效维修加固方法的使用，可保证优秀历史木结构特别是文物木结构的永续使用，社会效益明显。

研究成果主要内容：

研究成果针对我国历史建筑普遍存在老化损伤的现状，进行了内嵌CFRP筋与木材粘结锚固性能的试验研究，研究改进了BPE模型。通过进行内嵌CFRP筋维修加固木梁的试验研究，结果表明，内嵌CFRP筋/片加固试件的受弯承载力较未加固试件明显提高，提高幅度为14%~85%，平均提高39%；破坏位移亦平均提高32%。内嵌CFRP筋加固试件的初始弯曲刚度均大于对比试件。内嵌CFRP筋加固试件的跨中截面应变随荷载增加仍基本符合平截面假定。针对历史木结构中存在的老化损伤格构木梁进行了加固方法的研发，在格构木梁空隙处填充灌浆料或结构胶可显著提高其初始弯曲刚度，但对提高承载力不显著；在格构木梁底面粘贴CFRP布可显著提高其承载力，但对提高初始弯曲刚度不明显。

研究成果为我国历史木结构的维修加固提供了技术数据，研发的加固方法具有应用前景。研究成果还将加大推广力度，更好地为我国历史建筑保护和适应性利用工程实践服务。

免灌溉屋顶绿化系统

一、成果名称

免灌溉屋顶绿化系统

二、完成单位

完成单位：深圳建筑科学研究院有限公司

完成人：罗刚

三、成果简介

该成果涉及发明专利——"便于雨水利用的密肋楼盖"。

蓄水覆土种植屋面具有极好地隔热性能，可以美化环境，净化空气，而且可以充分蓄积和利用雨水，实现全年免灌溉维护。从大局看，可以减少雨水径流，减缓城市热岛效应，大量采用则可有效消除城市雨洪灾害。但是蓄水覆土种植屋面在大量蓄积雨水的同时，必然会加大屋面的荷载，这将使建筑楼盖本体的建设（或加固）成本有所增加。本发明提出了一种新型屋面结构，使得在采用蓄水覆土种植屋面时，建筑楼盖本体的造价不会增加，同时解决了防水和防植物根穿刺问题。其基本原理是将普通密肋楼盖的肋梁做成"反梁"，使密肋梁位于混凝土薄板的上方，且浇筑密肋梁时采用"防水模壳"，就可以利用密肋梁围成的池状的空间做成蓄水层。

此外，还可以将上述技术用在既有建筑的平屋面上。理论计算表明，按本技术改造的楼盖，其承载能力增大至原来的2.3倍以上，一般情况可满足蓄水覆土种植屋面的要求。

采用本技术建造成蓄水覆土种植屋面后，可大大减少灌溉频次，甚至可实现免灌溉维护。可将既有建筑的平屋面改造成蓄水覆土种植屋面，且一般情况无需增加本体加固成本。模壳本身具有防水功能，可减少种植屋面防水工程造价。

四、经济效益和社会效益

该技术所提出的新型密肋楼盖所用防水模壳，可以在工厂规模化生产，成本低，防水效果好。应用此技术的屋顶绿化产品，施工简易，效果良好，造价约为现有技术的70%，因此产品在市场中拥有一定的竞争力，能够产生较好的经济效益。同时由于屋顶绿化本身是绿色建筑鼓励的技术措施，其应用可以形成良好的示范效应，带来良好的社会效益。

五、推广应用前景

该技术提出的新型密肋楼盖装置已在建科大厦和坪地国际低碳城项目中得到应用。其施工简易、造价低廉、易维护，对于当前众多的建筑改造和新建项目都具有良好适用性。由于目前国家大力推进绿色建筑以及既有建筑绿色改造，该技术具有较广阔的推广应用前景。

消能减震加固评估分析系统

一、成果名称

消能减震加固评估分析系统

二、完成单位

完成单位：北京交通大学土木建筑工程学院、上海现代建筑设计（集团）有限公司技术中心

完成人：刘林、李喜庆、田炜

三、成果简介

近年来，结构控制装置在土木工程结构加固工程中得到了越来越多的应用。研究人员提出了很多应用在土木工程结构中的控制算法和控制装置，并且每一种控制算法和控制装置都有其各自的优点。但是显而易见的是，研究人员采用不同的结构和标准来显示他们提出的控制策略的功效和影响力。因此，在结构控制研究越来越多样化的时代，如何将多样化的结构控制算法和控制装置标准化，这是土木工程结构控制需要解决的问题之一。自主开发的消能减震加固评估分析系统也正是一种数字化的模拟仿真模型，目的是为了方便研究人员可以便捷地比较施加在结构上不同的消能减震方案，并了解安装消能装置后减震结构的效果。

消能减震加固评估分析系统是依据申都大厦加固改造工程，以MATLAB为开发平台进行开发设计的。此评估分析系统以申都大厦加固改造工程为基础，可实施各种减震控制方案（包括被动控制、半主动控制、主动控制和混合控制方案）对结构抗震性能指标的计算分析，并对不同的减震控制方案进行评价。

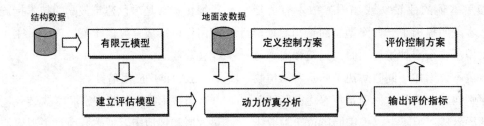

图1 利用评估分析系统进行消能减震仿真分析的流程图

利用评估分析系统进行动力仿真分析的主要过程包括：（1）依据结构的加固改造施工图在SAP2000中建立有限元模型；（2）利用SAP2000输出的结构动力特性建立一个三维线性的状态空间模型，并指定为评估模型；（3）定义控制方案，主要包括控制装置的位置和参数以及采用的半主动、主动等控制策略；（4）通过施加地震激励进行评

估模型模拟仿真的运算分析；（5）计算并报告结构响应的评价指标；（6）根据提出的评价指标对消能减震加固方案进行评价。整个过程可以通过流程图的形式（如图1所示）表现出来。在定义控制方案的部分，用户可以根据需要通过改变阻尼器的类型、阻尼器的数量、位置和参数自行定义不同的减震控制方式，既可以是被动控制方式，也可以是半主动控制等方式。评估分析系统中采用的基准结构是根据申都大厦加固改造工程建立的，因此根据申都大厦实际的结构形式，确定阻尼器的位置可以布置在结构六个外立面的一到四层的框格内。因为定义过程均实现了可视化操作，因此选择过程比较方便快捷。

输出的评价指标是为了更好地对控制方案进行评价。设计过程中考虑到在实际工程中，一个合理的减震控制方案需要同时满足省时性、节材性、经济性、环保性等多方面的要求。如果只是通过动力分析得到结构在地震作用下的响应，并不能直接反应应用减震控制装置后结构的减震效果。因此，为更加直观地表现消能减震加固方案的减震效果和经济性因素，通过综合考虑地震作用下结构和控制器的关键参数，特制定九项评价指标：（1）楼层层间位移角的峰值；（2）楼层层间位移角的均方根值；（3）楼板绝对加速度的峰值；（4）楼板绝对加速度的均方根值；（5）底部剪力的峰值；（6）底部剪力的均方根值；（7）减震控制装置的个数；（8）减震控制装置的位移需求；（9）减震控制装置的控制力需求。

研究成果主要特点：

1.评估分析系统以上海申都大厦改造工程为基础，在MATLAB开发平台中建立基准结构评估模型，为比较不同的控制方案和控制策略提供公共的平台，将理论研究与工程实践紧密相连。

2.从繁多的结构响应中选择关键参数，设计九项评价指标，包括结构层间位移角、楼板绝对加速度、底部剪力、阻尼器响应等结构在地震作用下的关键响应输出。同时包含了消能减震控制方案的减震效果和经济性需求，方便设计人员对不同的加固设计方案进行全面综合的评价。

3.此消能减震加固评估分析系统与通用有限元软件相比，不仅分析速度快，效率高，并且可以定义通用有限元软件中不能实现的一些控制装置和控制策略，在进行消能减震方案优化设计时为设计人员提供更加便捷高效的手段。

多能源智能照明控制系统

一、成果名称

多能源智能照明控制系统

二、完成单位

完成单位：北京建筑技术发展有限责任公司

完成人：钟衍、罗淑湘、王志忠、刘丽莉

三、成果简介

该成果用于既有工业建筑改造成民用建筑后的智能照明控制，系统采用分布式结构，其由三部分组成，分别为照明监控系统管理单元（工作站）、区域照明监控单元（控制终端）和受控设备（照度传感器、照明设备〈灯具和导光管〉）。控制终端的数量根据受控设备的数量确定。

工作站完成对照明监控系统中所有照明设备工况的实时监控。远程强制各区域照明设备的开启和关闭，或对任意区域的任意回路进行开启和关闭的控制。与控制终端进行数据交换，画面显示各设备的工况；并可远程设置每个区域的运行参数（照度值、开启和关闭时间等）。

控制终端分为两部分，第一部分是对电力照明的监控（照明区域监控单元1~n）；第二部分是对导光管采光系统的监控（照明区域监控单元m）。照明区域监控单元1~n完成区域内设备的状态和照度信息的采集且上传至监控管理单元，并接收监控管理单元的遥控命令实现远程运行参数的设置，参数也可本地设置。根据预先设置的照度值对照明设备进行控制和调节，只有当检测到控制范围内有人且未达到设定的照度值时才启动照明设备。照明区域监控单元m通过本地的触摸屏显示该区域设备的工况画面；参数设置（照度值、开启和关闭时间等）和设备的开启和关闭的操作；根据设置的参数自动运行；完成与管理单元（工作站）的数据交换，接收下行的遥控命令，实现远程参数设置，将采集区域内的照度信息和设备的状态信息上传给照明系统监控管理单元，根据采集信息的情况对受控设备进行开启和关闭或调节控制。

受控设备（照度传感器）将区域的照度信息提供给区域照明监控单元（控制终端），为控制终端提供最优化控制的理论依据。受控设备（照明设备）在控制终端的控制下完成区域的照明要求。

研究成果主要内容：

（一）充分利用自然光，应用导光管采光系统解决照明问题。

（二）根据各区域对照度的不同需求，采用不同的运行策略控制模式。

（三）采用绿色光源照明，实现低碳、环保(通过试验测试和计算得知，在同一建筑物内使用LED日光灯要比使用普通T5日光灯在理论上节电40%左右。其次，LED日光灯的使用寿命和日后维修成本上都优于普通T5日光灯)。

一种淋浴废水废热回收利用装置

一、成果名称

一种淋浴废水废热回收利用装置

二、完成单位

完成单位：哈尔滨工业大学

完成人：董建锴、雷博、姜益强

三、成果简介

为了解决小型家庭中淋浴废水废热回收问题，同时解决生活用热水的制取问题，提出了一种淋浴废水废热回收利用装置。本装置核心为一个污水源热泵，主要包括压缩机、容积式热水箱、节流机构、废水取热装置等。

采用本淋浴废水废热回收装置，利用污水源热泵制取生活用热水，达到能量回收再利用的目的，有效解决了小型家庭中淋浴废水废热回收和生活用热水的制取问题，满足了市场需求，减少了能量损失，提高了能源利用效率，达到了节能减排的目的。为既有居住建筑绿色化改造过程中生活热水的制取提供了一种可行方法，具有良好的经济和社会效益。

研究成果主要内容：

通过废水取热装置将淋浴废水储存起来，用来预热自来水，同时，通过制冷剂循环，继续吸收废水中的热量，在容积式热水箱中把热量传递给预热过的自来水，继续提高自来水的温度，直到其满足使用要求，并储存在储水箱中。废水取热装置中储存的废水在温度低于某一设定值时自动排出，以免影响系统运行效率。且装置带有溢水口，方便淋浴装置运行时持续使用。

废水取热装置放置于淋浴系统的下方，用户在装置上方进行淋浴。淋浴开始时，淋浴所用废水从上端入口逐渐流入装置，随着废水水量的增加，装置内水位线逐渐上移，直到达到排水管的高度时，废水通过排水管逐步流出装置。当有废水排出时，整个系统开始运行，制冷剂和预热水通过换热管进行换热。废水通过该装置循环排出，当用户淋浴结束时，装置中存有一定高度的废水。制冷剂和预热水继续与废水进行换热，直到废水的温度低于预热水的温度，系统停止运行。

现有的洗浴废水废热回收再利用装置，一般体积较大、造价相对较高、多用于大型工厂等，不适合单独运用于小型家庭，所以在家庭中很难普及。随着人民生活水平的提高，生活热水的需求量越来越大。本装置实现了小型家庭中淋浴废水制取生活热水，在提供生活热水的同时，实现了低品位能量的回收利用。同时装置尺寸较小，且使用方便。因此，本装置在家庭用生活热水的制取过程中将具有良好的应用前景。

一种阳台型遮阳装置

一、成果名称

一种阳台型遮阳装置

二、完成单位

完成单位：上海市建筑科学研究院（集团）有限公司

完成人：杨伟华、曹毅然

三、成果简介

目前在对旧房进行轻型环保节能改造中，对于阳台的功能设定只有阳台的本身，没有考虑到阳台实际上可以起到一定的遮阳作用，没有充分发挥阳台潜在的扩展功能。而且，在设计中也缺乏将阳台和遮阳结合起来的产品。

本成果为一种实用新型遮阳装置，提供了一种结合阳台功能的阳台型遮阳装置。此阳台型遮阳装置将阳台和遮阳装置合为一体，上层的阳台型遮阳装置是下层住户的遮阳板，阳台型遮阳装置用轻质钢板铆接在东向或者西向的窗侧。

研究成果主要内容：

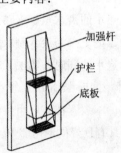

本成果为一种阳台型遮阳装置，其技术方案如下：该阳台型遮阳装置采用轻质铜板；底板尺寸垂直于墙面方向为1.5米，护栏高度1.2米；该阳台型遮阳装置以铆接方式与墙体固接，两侧分别用一加强杆与所述护栏焊接且与墙体例接；该遮阳装置与所述墙体的明接处至少6个，分别位于所述底板、所述护栏和所述加强杆与所述墙体固接处。其结构示意图如上图所示。

根据国家公共建筑节能设计标准（GB 50189-2005），可得到外挑系数为0.75下各朝向的平均遮阳系数，如下表所示，可见该遮阳装置有着较好的遮阳效果。

遮阳板外挑系数	朝向	SD
PF=0.75 （1500/2000）	东	0.63
	东南	0.65
	南	0.67
	西南	0.69
	西	0.63
	西北	0.69
	北	0.73
	东北	0.65

本实用新型提供的阳台型遮阳装置，在夏热冬冷地区既有建筑的节能技术改造中，在原有窗户的基础上，改善遮阳设施，此遮阳装置主要设在东西向，既增加了住宅的使用空间，又起到了遮阳作用。

一种新型的垂直绿化装置

一、成果名称
一种新型的垂直绿化装置

二、完成单位
完成单位：深圳建筑科学研究院有限公司
完成人：罗刚、刘吉贵、蹇婕、张阳

三、成果简介
该成果涉及两个相关的实用新型专利——"用于绿化墙面的防水挂件"（专利号为：ZL201220533181.0）和"用于建筑物墙面绿化的花盆"（专利号为：ZL201220533183.X）。

在现有的垂直绿化系统中，多数包含由塑料制成的绿化模块、由土工布制成的植物培植袋、由金属型材制成的模块承载框、设置于墙面上的金属型材制作的安装架和灌溉系统。也有墙体绿化装置舍弃了金属安装架，其结构包括具有高强度基材，设置于高强度基材上的营养盒，与营养盒相接触的灌溉棉，与灌溉棉相连接的植物生长装置。但由于上述的墙面绿化技术较复杂，成本高，寿命短，实际应用收到一定的局限性。

本技术提出一种新型的垂直绿化装置，可将"防水挂件"直接安装在建筑墙壁上并承受系统的所有重力和风荷载，省去了现有技术中的钢制龙骨或承载用防水卷材；将钢丝网片挂牢在防水挂件上再将上述专用花盆挂牢在钢丝网片上，安装简单方便。而专用花盆可大大简化灌溉系统，提高植物的成活率。本发明造价低廉，宜维护，使用寿命长。

四、经济效益和社会效益
该技术所提出的新型垂直绿化装置，可工厂规模化生产、成本低、绿化效果好。应用此技术的垂直绿化产品，施工简易，效果良好，造价约为现有技术的30%~40%，因此产品在市场中拥有一定的竞争力，能够产生较好的经济效益。同时，由于垂直绿化本身是绿色建筑鼓励的技术措施，其应用可以形成良好的示范效应，带来良好的社会效益。

五、推广应用前景
该技术提出的新型垂直绿化装置已在坪地国际低碳城项目中得到应用。其施工简易、造价低廉、易维护，对于当前众多的改造和新建项目都具有良好的适用性。由于目前国家大力推进绿色建筑以及既有建筑改造，该技术存在较广阔的推广应用前景。

绿色建筑现场综合检测仪器

一、成果名称
绿色建筑现场综合检测仪器

二、完成单位
完成单位：同济大学土木工程学院
完成人：周建民、于洪波

三、成果简介
常见的传统建筑现场检测仪器有以下几种：第一种是单一功能的检测仪器，如温度仪、照度仪等，该类检测仪器操作携带方便，但是数据处理能力较低，检测数据需要检测人员实时记录；第二种类似声级计的仪器，这一类仪器可以与计算机进行通讯，具有强大的数据处理能力，但是不足之处是功能单一，而且多是通过串口方式与计算机连接，受到数据线长度的限制，传输距离短，而且需要随身携带计算机，给检测工作造成不便；第三种是类似空气质量检测仪之一类的多功能检测仪器，该类仪器优点是检测指标多，但是多数不能与计算机进行通讯，部分产品具有通讯功能，由于功能较多，增加了数据处理软件的制作成本，因而该类软件一般价格昂贵；第四种检测仪器同第二种相似，其与计算机连接同样受到数据线长度的限制，传输距离短。绿色建筑现场综合检测仪器，该仪器在以通用计算机为核心的平台上，由用户设计定义，具有虚拟面板，测试功能由测试软件实现，使用者通过控制终端显示器上的虚拟面板完成检测工作，其实质是利用显示器的显示功能来模拟传统的控制面板，以多种形式表达输出检测结果，利用强大的软件功能实现信号数据的运算、分析和处理，利用无线传输方式完成信号的采集、测量与调理，从而完成各种测试功能的一种仪器系统在一定程度上克服了传统检测仪器的缺点，具有广泛的推广意义。

绿色建筑现场综合检测仪器以实现各类检测功能的集成为主线，集中力量重点围绕数据传输方式、数据处理、检测诊断方法等问题进行了研究，取得了重大的创新和突破：

（一）仪器实现了多个指标检测功能的集成，并采用无线传输方式进行数据采集工作，有效地避免了繁荣的现场布线工作。

（二）传统仪器功能单一，所以对一个信号完成多个参数（最大值、最小值、平均值、噪声检测中各等级连续声级等）的测量需要多台仪器，使测量受连接方式、电缆长度等因素的影响。绿色建筑综合检测仪器只需对信号进行一次采样，多个软件模块对同一组数据进行不同的处理就能实现多个参数的同时测量。数据处理方面：绿色建筑综合检测仪器可以对采集数据进行实时显示、保存并绘制实时曲线，另外通过编程实现了对数据分析及特殊处理，例如噪声频谱分析等。

（三）仪器内嵌绿色建筑综合评价程序，可以对检测指标及《绿标》中各指标进行综合评价打分，并对不符合《绿标》的指标给出改善建议。

研究成果主要内容：

1. 开发绿色建筑现场综合检测诊断工具并内嵌在绿色建筑现场综合检测仪器中，实现了数据采集、综合评价、指标诊断等功能的一体化。

2. 实现了对仪器远距离的半自动化控制，仪器采用无线传输方式进行数据采集工作，有效地避免了繁荣的现场布线工作。另外考虑到检测对测点位置的特殊要求以及数据采集周期长短不一的情况，仪器通过编程实现了对数据采集端的自动化控制，检测人员只需将数据采集端安装在测点位置，剩下的数据采集与记录工作均由主机操作人员完成，从而大大减轻了检测人员的工作量。

一种新型防屈曲耗能支撑

一、成果名称
一种新型防屈曲耗能支撑

二、完成单位
完成单位：上海维固工程实业有限公司
完成人：陈明中、黄坤耀、周海涛

三、成果简介
该技术是具有自主知识产权、可以国内自主生产的技术，对建筑的消能减震事业具有重要意义。同样，该技术产品应用于大型商业建筑的改造，对于提高大型商业建筑的抗震性能也较好的效果。从目前的发展趋势看，市场上对防屈曲耗能支撑的需求逐渐增多。对于将来的建筑抗震发展方向来说，新技术必然是发展方向，防屈曲耗能支撑作为耗能减震技术之一具有其不可替代的优势，应用前景广阔。

防屈曲耗能支撑技术应用于新建结构能够降低结构的构件尺寸和材料用量，同时能够为结构提供一道设防防线。应用于加固结构，特别是刚度较差的老结构，能够减少建筑结构的加固量和施工周期，降低综合造价。国外工程资料表明，耗能减震结构体系与传统抗震结构体系相比，新建结构可节约造价5%～10%，加固改造工程可节省造价60%。因此，该产品实现国产化后对节能降耗，减少资源的消耗有重要意义。

研究成果主要内容：

最近几十年时间以来，防屈曲耗能支撑在美国、日本、我国台湾等国家和地区的应用较多。防屈曲耗能支撑是通过屈曲约束支撑不仅可以提高结构的刚度和延性，而且利用钢材的滞回性能可以消耗由于水平荷载作用在结构上的能量，对结构的抗震能力提高有很大意义。到2008年屈曲约束支撑的建筑有数百栋，然而国内在这方面的研究尚处于起步阶段，工程案例较少，产品应用以国外产品为主，因此造价偏高。

一般的屈曲约束耗能支撑截面在纵向上由五部分构成：约束屈服段；约束非屈服段；无约束非屈服段；无粘结可膨胀材料；屈服约束机构。约束非屈服段和无约束非屈服段要保证支撑在极限受力时处于非屈服状态，因此这两部分的面积较大，即这两段的外围尺寸较大。该技术产品主要解决了目前产品以下几个方面的问题：（1）芯板及套筒的耗材量大的问题；（2）有些情况下具有芯板需要多次变截面以及制作加工的工序复杂的问题；（3）套筒的外观尺寸大的问题。构件的外观尺寸为了到达对非屈服段的约束导致套筒外观尺寸很大，对建筑使用功能造成不良影响，同时会浪费材料。

低消耗商品砂浆

一、成果名称

低消耗商品砂浆

二、完成单位

完成单位：上海市建筑科学研究院（集团）有限公司

完成人：樊钧、赵立群、施钟毅、叶蓓红、陈宁、管文等

三、成果简介

在既有建筑改造过程中，往往要使用大量商品砂浆（目前称为预拌砂浆）材料。砂浆的胶凝材料主要为水泥，水泥能耗高，污染大；骨料主要为天然砂，天然砂是一种有限不可再生的自然资源，资源日益短缺，且过度开采对环境造成严重危害，国内部分区域已禁止或限制天然砂的开采。同时在城市化进程中，往往伴随大量工业固体废弃物的产生，如粉煤灰、炉底渣、建筑渣、石屑和尾矿砂等，将对城市发展、城市环境造成不利影响。

该研究用工业固体废弃物（建筑渣、炉底渣、石屑和尾矿砂）取代天然砂，并采用粉煤灰和稠化粉双掺技术，配制低消耗商品砂浆，砂浆性能符合《预拌砂浆》（GB/T25181-2010）的要求，适用于一般工业与民用建筑工程的砌筑工程，完全可应用于既有建筑的绿色化改造工程。

研究成果主要内容：

1. 根据固体废弃物排放和天然资源实际情况，研究粉煤灰、炉底渣、石屑、建筑渣和尾矿砂在预拌砂浆中的应用，处理、消纳固体废弃物，减少天然资源的消耗，提高预拌砂浆的绿色度。掺工业固体废弃物（包括粉煤灰）的低消耗商品砂浆中粉煤灰占胶凝材料的50%，低消耗商品砂浆中工业固体废弃物（包括粉煤灰）用量占低消耗商品砂浆总物料量的30%以上。

2. 工业固体废弃物成分复杂、理化性质差别大，在使用前应进行充分的验证试验，并针对不同工业固体废弃物在低消耗商品砂浆中的应用技术条件提出相关要求，符合其应用技术条件后方可使用；其中建筑渣最大取代量为25%，且只能在砌筑砂浆中使用；尾矿砂最大取代量为40%。

3. 充分利用了再生资源，有利于环境保护和资源综合利用。其中每吨粉煤灰石屑干粉砂浆较传统砂浆可节能9kg标煤，减少134kg二氧化碳排放，节约水泥57kg、石灰41kg和河砂243kg，处理工业固体废弃物343kg，节能减排效果明显。此外，低消耗商品砂浆材料成本降低11.2%，经济效益良好。

脱硫石膏保温砂浆

一、成果名称

脱硫石膏保温砂浆

二、完成单位

完成单位：上海市建筑科学研究院（集团）有限公司

完成人：叶蓓红、赵立群、谈晓青、陈宁、管文、钱耀丽等

三、成果简介

随着国内发电机规模的增长以及燃煤电厂烟气脱硫改造，我国烟气脱硫石膏的排放量将逐年增加，将烟气脱硫石膏进行深加工用于既有建筑物改造（或重新装修）时的内保温，是既有居住建筑绿色化设计的重要环节，同时也是脱硫废渣资源化综合利用的有效途径。

该研究利用上海市外高桥电厂、石洞口电厂建成的二条脱硫石膏煅烧示范线生产的脱硫建筑石膏，通过配合比调整及性能研究，研发石膏内保温砂浆绿色改造建材，并针对既有建筑改造过程中的保温和防火要求，在不增加建筑物改造造价的基础上，增加建筑墙体的保温隔热性能，确保居住建筑的整体防火性能。

研究成果主要内容：

1. 在研究过程中发明建筑石膏三相分析方法，用于控制用于开发石膏保温砂浆的脱硫建筑石膏的质量及稳定性。

2. 开发用于既有建筑改造的石膏内保温砂浆，主要原料采用了工业固体废弃物——脱硫建筑石膏，减少了天然资源的消耗，提高了材料的绿色度。

3. 石膏内保温砂浆在未掺保水剂的情况下，滤纸法测得的保水率就可达到91%，高于《建筑砂浆基本性能试验方法标准》JGJ/T70中对砂浆保水率≥88%的规定；而开发的石膏内保温砂浆滤纸法测得的保水率可接近100%，在试验条件苛刻的真空抽滤法下，保水率也可达到94%，具有良好的保水性能。

4. 石膏内保温砂浆干密度为375kg/m³，质量轻；其抗压强度达到1.1MPa，远高于标准中对抗压强度≥0.6MPa的要求；其导热系数为0.072W/(m·K)，具有良好的保温性能，满足既有建筑改造中对材料的保温要求，有利于增加建筑墙体的保温隔热性能，降低能耗。同时石膏内保温砂浆属于无机类保温材料，能达到A级防火的要求，满足既有建筑改造过程中对材料的防火要求。

一种可释放自由度的消能减震机构

一、成果名称
一种可释放自由度的消能减震机构

二、完成单位
完成单位：上海维固工程实业有限公司
完成人：陈明中、黄坤耀、周海涛

三、成果简介
该技术通过在金属阻尼器上安装一自由度释放装置，可以释放金属阻尼器竖直方向及水平面内某个方向的自由度，进而让其在水平面内的单个方向上发挥作用，这样令装有金属阻尼器的结构受力更加明确，也可避免阻尼器的水平受力方向和垂直受力方向上金属阻尼器受力的相互干扰以及水平面内两个方向上阻尼器间的相互干扰，有利于金属阻尼器作用的发挥。对于提高结构的抗震性能，减少结构加固的拆除量和施工作业面有较大作用。

该技术通过设置一种自由度的释放装置使得阻尼器的受力更加符合设计的要求和实际情况，可以充分发挥阻尼器的耗能作用和效率，是一种优良的消能减震装置，在大型商业建筑中应用方便可靠。另外，该技术在实际应用方面比较简单快捷，可以缩短施工周期，减少资源浪费，具有较好推广前景。

研究成果主要内容：

金属阻尼器是一种耗能性能优越、构造简单、制作方便、造价低廉、易于更换的耗能减震装置。它既可以配合隔震支座或隔震系统，作为其中的耗能单元或限位装置使用，又可以单独用于建筑结构中作为耗能装置使用，以提供附加阻尼和刚度，在未来抗震消能领域具有广泛的应用前景。

但是，一般金属阻尼器在三个方向（X、Y、Z）均具有一定的刚度，这样在结构中设置阻尼器时，阻尼器通过连接装置与结构形成桁架结构，改变了结构的受力形式，并且在水平面上的两个方向会相互干扰，给设计的效果带来较大的不确定因素，另外阻尼器的受力状态变得复杂，不利于其作用发挥，甚至会酿成不良后果。该技术提出了一种装置可以释放阻尼器某个（些）方向的自由度，进而让其在某个（些）方向发挥作用，这样令装有阻尼器的结构受力更加明确，也可避免两个方向（阻尼器的水平受力方向和垂直受力方向）上阻尼器受力的相互干扰。

利用TCR+FC型SVC进行供配电系统改造技术

一、成果名称

利用TCR+FC型SVC进行供配电系统改造技术

二、完成单位

完成单位：北京建筑技术发展有限责任公司

完成人：钟衍、罗淑湘、刘丽莉、王志忠

三、成果简介

在旧工业建筑民用化改造项目中，对供配电系统的改造主要从两方面进行：一种是继续沿用原旧工业建筑供配电设备，在此基础上进行线路优化等局部改造；另一种是根据需求新增供配电设备，对整个供配电系统进行全面改造。

旧工业建筑民用化改造项目中常出现的问题有：负荷中阻感性负载较多导致功率因数低需要进行无功补偿，单相负荷较多容易引起三相不平衡，各种谐波源较多致使谐波污染严重。采用TCR+FC型SVC进行分相补偿或整体补偿可以解决以上问题。

研究成果主要内容：

1. TCR+FC型SVC

首先以单相TCR + FC型SVC来为例进行具体阐述其无功补偿原理。通过理论分析可知，改变触发角就可以改变TCR发出的感性无功，进而改变TCR与FC两者的无功和，从而实现连续补偿，进而解决旧工业建筑民用化改造项目中供配电系统改造时遇到的三相不平衡以及无功功率因数低的问题。

2. 供配电系统改造方案仿真

在理论验证TCR+FC型SVC可以解决旧工业建筑民用化改造项目中供配电系统改造所遇到的问题后，采用MATLAB软件对其搭建模型进行仿真。

以下分别为TCR+FC型SVC中比较重要的仿真模块：三角形（△）连接的三相TCR仿真模块、星形（Y）连接的FC模块、TCR中脉冲触发生成模块。

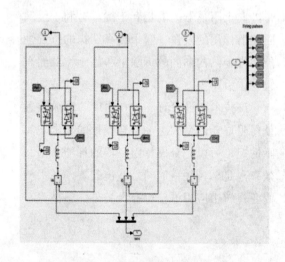

图1 三相TCR仿真模块

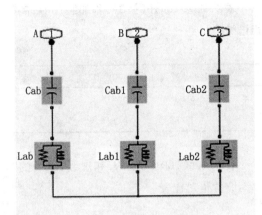

图2 三相FC仿真模块

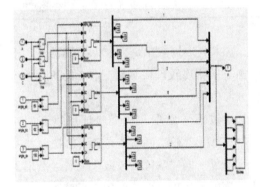

图3 三相TCR所用触发脉冲生成模块

加装TCR+FC型SVC后仿真结果如下:

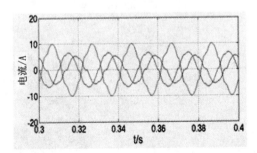

图4 加装TCR+FC型SVC后的TCR电流图

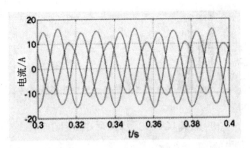

图5 加装TCR+FC型SVC后的SVC电流图

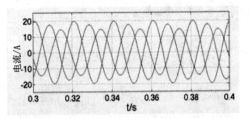

图6 加装TCR+FC型SVC后的负荷电流图

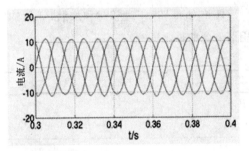

图7 加装TCR+FC型SVC后的系统电流图

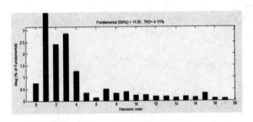

图8 加装TCR+FC型SVC后的A相THD图

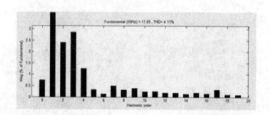

图9 加装TCR+FC型SVC后的B相THD图

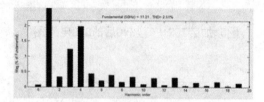

图10 加装TCR+FC型SVC后的C相THD图

加装TCR+FC型SVC与只加装TCR的对比如下表，由表1、表2、表3中可以看出原来存在的3、5、7次谐波经过滤波后含量大大减少，达到滤波的目的，说明设计的滤波器可行。

表1 加装TCR+FC型SVC和加装TCR后的A相谐波含量对比表

	A相3次谐波	A相5次谐波	A相7次谐波
TCR	8.01%	3.81%	0.78%
TCR+FC	2.86%	0.34%	0.5%

表2 加装TCR+FC型SVC和加装TCR后的B相谐波含量对比表

	B相3次谐波	B相5次谐波	B相7次谐波
TCR	8.24%	5.91%	1.04%
TCR+FC	4.08%	0.12%	0.11%

表3 加装TCR+FC型SVC和加装TCR后的C相谐波含量对比表

	C相3次谐波	C相5次谐波	C相7次谐波
TCR	0.53%	2.44%	0.66%
TCR+FC	1.23%	0.44%	0.39%

加装TCR+FC型SVC与只加装TCR的三相不平衡系统相比较，很明显，前者能滤除系统内大部分谐波。

通过前述原理和仿真验证可以证明，TCR+FC型SVC不仅可以补无功、解决三相不平衡现象，同时滤除谐波效果显著。故旧工业建筑民用化项目中，供配电系统改造可以采用TCR+FC型SVC进行优化设计。

自然屋预制高效供热末端技术

一、成果名称

自然屋预制高效供热末端技术

二、完成单位

完成单位：上海安贞暖通设备工程有限公司

完成人：林峰、许芳

三、成果简介

既有建筑的节能改造如果单纯就供热改造而言，主要是通过降低能源消耗的手段来实现，其一是改造供热热源，其二是改造供热末端。供热能耗在建筑总能耗中占有相当大的比例，特别在北方寒冷地区，采暖能耗几乎占总使用能耗的35%，因此降低这部分使用能耗在建筑节能改造中是一项非常重要的任务。降低供热能耗有两条途径，一是从源头解决，即改造传统的供热热源，彻底摒弃高品位能源的使用，充分利用低品位的绿色可再生能源；二是从改造末端入手，采用新型的高效节能供热设备，提高末端的供热效率。

图1 预制高效末端安装

自然屋预制高效末端是属于后者的一项节能技术，其应用成果吸收了德国以及日本在辐射供热技术上的节能和部品化的技术精髓，结合国内建筑本身的保温条件，对传统安装工艺进行部品化整合，使之具有轻、薄、预制以及节能特性。该项技术成果对于既有建筑的节能改造具有三方面的意义：

（一）它是一项高效供热末端技术，可以大幅降低采暖使用能耗，节省可观的使用费用。其核心是通过对传统的辐射供暖技术进行产品结构和安装工艺的改进，使得单位面积的供热效率更高、供热超低温化，即便是采用相同的供热热源，也可以比传统供热方式节省30%左右的采暖使用费用。自然屋预制高效供热末端经过建研院检测中心测试，在进水温度35℃（比常规地暖低10℃）的标准工况下，散热效率高达100W/㎡以上，是目前通过大流量、小温差来实现最高能效的供热末端技术之一。在我国的北方采暖地区，传统的居住建筑以集中供热方式为主，末端设备通常使用传统的散热器，对供水温度要求较高，而在老的建筑中，由于系统供热设备陈旧使得末端供热不足，以致不能达到室内正常设计温度的要求。如果改用超低温地面辐射方式，供热温度只需在35℃左右就能满足采暖需求。从节能的角度，采用这项超低温地面辐射供热可以很好地解决系统供热不足的问题。另一方面，对于改造为热计量方式的建筑，采暖费用不再是按照面积收费的统一模式，而是与实际使用能耗有关，那么末端设备的节能改造对用户来说可以节省不少的费用支出。除此以外，这种方式的供热还可以提高室内温度场的舒适度，从而改善居住品质。

（二）自然屋预制高效供热末端的轻、薄型结构更适合既有建筑的改造。较之传统厚、重型的地面采暖施工工艺，其整体厚度减小为原来的1/3，楼面荷载减少100～200kg/㎡。地面辐射供热技术在我国的大规模应用不过是十来年的时间，既有建筑的现状是，使用年限在十年以上的建筑在当初设计时，通常建筑师和结构师并没有在空间高度以及结构荷载上充分考虑这些因素。传统地暖本身需要8cm的厚度，并且5cm混凝土填充层自重过大，由于这些因素的限制会令传统的地暖施工工艺不宜在这样的旧建筑中大规模整体采用，而预制高效地暖由于结构"轻"和"薄"，恰恰可以弥补传统

地暖在这方面的缺陷，更适用于这样的改造条件。

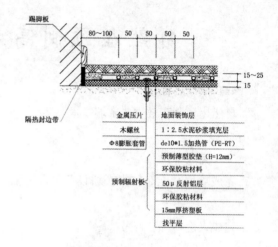

图2 预制高效地暖安装节点图

（三）预制高效末端如果结合低品位的新型绿色能源配套应用，系统COP值可以超过3.0，供热效率会提高50%以上。预制高效供热末端所需要的供热范围一般在28℃～35℃，而空气源热泵、地源热泵，甚至是太阳能设备提供如此低温热水所需的补充能耗就会降低。而热源低温输出与末端超低温需求相匹配，无疑是最佳的节能供热系统组合。2011年由住建部立项的《空气源热泵、太阳能与低温热水地暖组合建筑采暖系统的节能能效研究》课题中，安贞暖通以这种高效末端供热技术参与了该项课题的实证研究，经过在南、北方地区的实际测试，验证了其系统的显著节能效果。在北京的鸿博家园住宅小区的应用案例中，对一套82平方米的普通住户进行了供热改造，热源采用清华索兰空气源热泵，末端采用自然屋高效辐射地暖，课题组每天详细记录测试数据，进行了一个完整采暖冬季的跟踪测试。其基

本情况为：Φ10的地暖管道嵌入预制模块铺设层，用2厘米厚普通水泥砂浆做填充层找平，上铺强化复合地板做地面装饰材料，包括地暖保温层、管道敷设层、填充层以及地面装饰层在内的总共厚度仅为5厘米。测试结果为：室内平均温度20.3℃，每天24小时连续供热并持续一个完整采暖季，总采暖费用为956.3元，单位面积采暖费用为11.7元/平方米。如果与北方集中供暖30元/平方米的花费进行比较，节省了60%的费用。

结论是：自然屋高效末端技术是一项值得普遍推广的节能技术，不论是用于新建还是改造项目中，它可以使可再生能源发挥出深埋的更大效能。即满足35℃左右的供热条件，系统的COP值可以达到高于3的理想状态，这种高效末端与可再生能源结合应用，可以构成低碳、节能、舒适、环保的供热系统，一旦将其作为我国节能的供热模式推广，市场潜力将无比巨大。

行业主管部门和专家鉴定结果：自然屋高效供热末端被认为是具有国际先进水平的末端供热技术。其价值体现于引导了市场主流需求方向——"节能"、"舒适"和"安全"。2010年中国房地产业协会将其推举为首批《中国绿色节能建材部品》。2011年高效末端技术被编入《住宅户式空气源热泵和太阳能供热系统应用技术导则》（2013年出台）中。到目前为止，高效末端地暖在全国各地的应用规模已超过20万平方米，遍布华北、华东、华中及西部地区，并得到广大用户和专业人士的一致好评。

用户热量分配系统

一、成果名称

用户热量分配系统

二、完成单位

完成单位：深圳市丰利源节能科技有限公司

完成人：孔庆丰、刘晓东

三、成果简介

热量是一种特殊的商品，它的计量方式既不能像电表计算线路中的电能，又不能像水表计算管道中的水量，由于它传输方式的特殊性，注定了热能表的不适宜性。热能表在国外已经开始淘汰，于是各国针对供热计量产生的供热及收费问题推出了不同的热量分摊法，如蒸发法。

而我公司则针对我国所推出的温度面积法研发了一套"用户热量分配系统"。温度面积法的出发点是按照住户的等舒适度等价格进行分摊热费，是一种既公平又合理的计量方式。

本系统通过计量整栋楼的热量及用户室内温度分摊耗热量，供热企业的热费按照楼栋热量表实际读取的热量进行计量，用户则根据所享受的温度在等舒适度等价格的原则下来计算热费。

如图所示，本系统由带控制的用户终端、用户家管道上的电动阀、信号协调器、楼栋热量表、中心控制站组成。用户终端采集用户室内温度，通过信号协调器传给中心控制站，楼栋热量表采集该楼栋的热量后传给中心站，中心站则通过用户家的住房面积

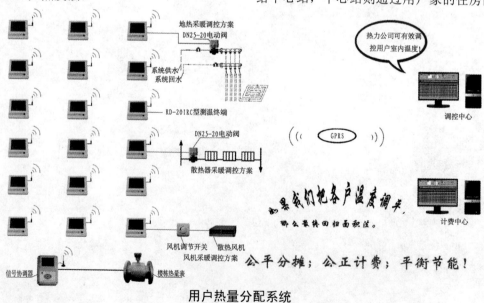

用户热量分配系统

和室内温度来计算各用户分配的热量。

热力公司可在上位机软件中远程设置温度上限值（比如22℃），用户根据自身的实际情况来控制自家的温度；其控制原理为用户可自行在用户终端内设置所需的室内温度，但其设置的温度须在上位机软件给定的温度范围之内（即设置的温度上限值之下），用户终端会自动调节电动阀来改变室内温度，使室内温度达到设定值。

"户用热量分配系统"的应用改变了人工管理方式，采用计算机作为辅助手段，对用户室内温度数据、楼栋热量数据进行实时、准确的测量采集，为热网管理提供了系统的、现代化的管理方式。对用户参数进行准确的采集，便于运调管理人员调控整个热网的运行状况，避免了用户冷热不均现象，处理故障及时率得到显著提高，提高了供热的服务质量，达到使用户满意的程度。

并且本系统采用无线方式传输数据，系统的安装施工速度快，省去布线及架设天线的人力、物力及各项费用，数据采集准确；上位机软件可控制用户温度上限值，防止用户温度设定过高，可减少能源的浪费，真正做到：量化管理、按需供热、热尽其用、经济运行。

本系统于2012年获得《建设行业成果评估证书》，并被列为"2012年全国建设行业科技成果推广项目"。

目前"户用热量分配系统"已在吉林、黑龙江、内蒙古、新疆、甘肃、山西、河南、青海等地进行了将近50万户的工程示范。实际应用表明，本系统不仅提高了管理质量，而且提高了能源的利用效率，客观评介供热能耗，减少了环境污染，为社会的发展提供了更为广阔的前景。

新型无线无源智能化楼宇控制系统

一、成果名称

智能家居和智能楼宇的无线无源技术

二、完成单位

完成单位：深圳市鸿基绿拓科技有限公司
完成人：游延筠、赵州芝

三、成果简介

智能化目前已成为一个特别普及的概念，但如何在楼宇或家居上真正系统地进行智能化的应用，特别是对既有楼宇进行节能性、系统化的应用，则是一个新课题。

无线无源技术的核心是对能量的采集、转化并加以应用。无线智能控制系统采用德国的无线能量采集技术，通过系列智能产品的配合作用，在对既有楼宇的节能改造时，无需重新挖槽，无需额外铺埋电线，无需刻意安排施工时段，降低了施工人工和施工成本，安装便捷，降低管线及其他材料的消费，更降低了碳成本的消耗。同时，该系统维护简单，更有很好的扩展性，特别适用于大型公共设施建筑、各类学校、特别是各高校、图书馆、医院、养老院、博物馆和特殊危险区域等。

无源技术的优势在于按下开关的瞬间，将机械能转化成为电能，通过产品的自有收集太阳能和光能，并通过外力机械能的按压，实现电能的转化，真正实现节能的效果。

无线无源的技术标准：

距离：
空旷地带300米；2.用中继器在室内可达100米；3.室内30米。

可靠性：
1. 射频技术，可穿墙，抗干扰性强；
2. 双向通讯；
3. 单独的物理层的ID标识（32位），保证安全性；
4. 每个无线电信号占用信道的时间是一毫秒；
5. 每个无线电信号都会在30毫秒内随机的重复2次；
6. 支持加密功能。

四、主要内容

（一）研究成果

1. 利用最古老的法拉第电磁感应原理，通过手指的按压，将机械能转化为电能。在2毫米的行程动作中，使磁通量反转，产生220微焦耳的电能量，并把这个能量进行储存和升压，供微处理器时进行开关信息的处理，通讯数据的打包和无线发射。数据包可被重复发射5次，使通讯安全可靠。

2. 通讯距离在开阔地带可达到200米以上，且无线无源技术避免了红外线会受障碍物的阻隔的缺陷；在建筑物中，可实现30至50米的自由跨越。

3. 安全、智能。强弱电分享设计，采用顶极安全技术，实现智能与安全融合一体。

4. 舒适、便捷。可通过场景控制，提供智能服务，通过远程控制，实现便捷、联动的控切，甚至切断危险源，实现消除安全除患的目的，通过自动感应控制，可能解决阶梯电源能耗的动态管理，远程的监控和调节，实现分时、分段配给的效果。

5. 节能、环保。无线技术，既有省耗材，又省工时，真正实现节能环保的目的。同时，无源的应用，既可免去换电池的麻烦和相应困扰，更减少电池的降解难度，避免对土壤中的金属铬等有毒物质的侵害，切实实现绿色环保。

6. 灵活的扩展性。由于产品在研发过程中，都是系统性的推出，而且每个复杂的部分都涵盖在简单的基础之上，比如高级舒适型包含了基本型，而且各个类型都是相互升级和可叠加的。可对于不同的建筑，当时可应用的类型，随着建筑物的要求提升，可以融入更高的需求。整个体系无需破坏重来，只需在原来的基础上，增加产品就行，同时整个体系是完全开放的。正是这种前瞻性的设计，为未来产品的不断升级奠定了基础，也真正实现了节能、高效的目的。

7. 稳定性高。区别常用频率，抗干扰能力强，电源供应稳定。

（二）产品的种类

产品线已形成系统的体系，产品彼此之间相互支持，自成一体的产品线。分别有：无线无源开关系列、各种传感器系列、各种智能控制器及网关、包括节能开关、系统软件。

系统集成及运用组合：

智能控制系统，通过对照明、电器、窗帘、环境、背景音乐和安防的一体化控制，实现不同空间、不同设备之间场景控制，营造舒适优雅的环境气氛，满足人们不同的居住、生活和工作需要。

（三）功能与应用

1. 智能家居

①灯光照明：实现灯光的智能控制，具体可实现一键场景控制；电话及网络远程控制；IPAD、IPhone、安卓等移动平台控制；光线、移动探测感应控制。

对LED灯、射灯、荧光灯等光源进行亮度、色温、色彩调节；实现0～100%线性平滑的调光；软启动/关闭功能；根据环境自动调节亮度。

②电器智能控制：包括家电设备（电视、饮水机、热水器等）；AV设备（投影、DVD、功放、音响等）；办公设备（打印机、传真机、饮水机等）；换气扇……实现电源通断控制，防止电器待机、节约能源，延长电器使用寿命；一键场景控制，电器与灯光、窗帘联动；环境感应，设备自动响应；远程控制。

③电动窗帘智能控制：通过开合帘、卷帘、百叶窗、遮阳棚等遮阳类设备；电动门、升降架、投影布、电动窗等电机类设备。实现一键场景控制，灯光电动联动；手拉启动、软启动、手拉自停功能；电话及网络远程控制；IPAD、IPhone、安卓等移动平台控制；光线、移动探测感应控制。

④家居安全：实现系列智能安防接动控制，包括：厨房燃气泄漏报警、自动关闭功能；窗户破碎报警、围墙非法攀爬报警；设备防拆报警、紧急求助；电话语音报警功能；声光报警。实现：手机或平板电脑远程实时监控；联动灯光报警；智能监控自动拍照；自动录像和存储。

⑤背景音乐系统：每个区域全部实现独立选音源、独立播放、独立调节音量等功能；主机内置海量音乐，可以随意拷贝与删减歌曲；每个房间都可以插SD卡，各房间可以独立播听各自喜爱的音乐；强大的寻呼对讲功能，房间与房间可一对一、一对多呼叫对讲；支持众多苹果设备，苹果IPOD/IPHONE接口，可控播放；全新IOS平台控制软件，可通过IPHONE手机或IPAD无线WIFI随心所欲控制所有房间音乐；实现灯光、电器、电动窗帘场景联动控制。

⑥环境系统：实现场景转换控制环境控制。主要通过专业的传感设备和控制模块，对住宅内的新风、地暖、中央空调等设备的智能控制，来实现对住宅空间内的温度、空气、湿度、二氧化碳等数据的监测和实施，为家庭创造一个舒适、健康、绿色的生活空间。

智能系统为家庭提供多种控制方式来实现居住环境的调节，比如：夏天通过手机远程启动空调，一回家就能感受清凉；通过气体传感器检查室内CO_2/CO浓度，联动新风系统或空调通风；通过温度感应器自动开启或关闭空调或地暖。

2.酒店智能管理

通过一个模块化系统，实现从前台接待到客户服务，客户根据自己的不同需求，可以选择所需要的功能系统包，实现系统订制，既可享受个性化的专业服务，也降低了成本。

同时，为酒店的节能降耗提供了实现的可能。通过对酒店大堂不同区域、不同使用功能的灯光进行智能化控制，营造有层次、变化的灯光环境；减少人力工作疏忽，节约能源和人力资源；降低人力工作强度，增强控制的灵活性和可靠性。同时，通过对不同时间光度的设置，更能实现节能的效果。

3.会所

在会所管理中心或监控中心电脑设置集中管理平台，对整个会所的灯光、空调、电器、电动窗帘集中控制和管理。

4.医院、养老院

我们所提供的无线开关，随意移动更加适合无法自由行动的伤者和老年人，特别是实现一键全关的功能。

5.公共设施

很多公共设施部分的浪费是一项难以解决的难题。特别是学校的长明灯，更是浪费的一大顽疾。而鸿基绿拓产品的智能设置，完全可以杜绝这类浪费现象。也降低了人工管理成本。

6.特殊文物保护单位

对于一些有着上百年历史的文物单位，根本无法再重新布线破坏，而鸿基绿拓的产品在无需破坏古物的情况下，就可以通过增加一些灯光或场景的布置，实现古今结合的效果。

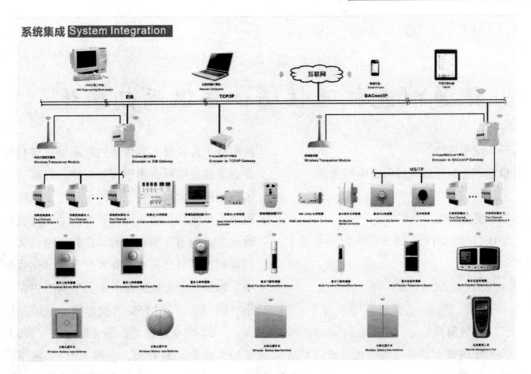

系统集成图

银通YT无机活性墙体保温隔热系统

一、成果名称

银通YT无机活性墙体保温隔热系统

二、完成单位

完成单位：南阳银通节能建材高新技术开发有限公司

完成人：王宝玉、康玲玲

三、成果简介

大力推进既有居住建筑节能改造，是国家实现低碳节能、降耗增效、惠及民生的重要举措，对于建设资源节约型、环境友好型社会具有重要意义。国家"十二五"节能减排规划明确提出，到2015年，累计完成北方采暖地区既有居住建筑供热计量和节能改造4亿平方米以上，夏热冬冷地区既有居住建筑节能改造5000万平方米，公共建筑节能改造6000万平方米，公共机构办公建筑节能改造6000万平方米，形成600万吨标准煤的节能能力。据统计，我国既有建筑总面积已达500亿平方米左右，但绿色建筑面积仅为0.758亿平方米，仅占既有建筑总面积的0.15%（2012年数据）。绝大部分的非绿色既有居住建筑存在资源消耗水平偏高、环境负面影响偏大、室内外环境仍需改善、使用功能有待提高等问题，对其进行绿色化改造显得迫切必要。

所谓既有建筑节能改造，就是对建筑外维护结构进行保温隔热系统改造。发展外墙保温技术及开发高效优质的保温绝热材料是保证节能改造所必须重视的问题。目前，我国建筑外墙常用的保温隔热材料主要包括有机和无机两种保温材料。聚苯乙烯泡沫塑料板、聚氨酯泡沫塑料、聚苯颗粒保温料浆等同属有机材料，具有表观密度小、导热系数小、起到了一定的保温效果，但同时也存在不少的问题：（1）受气候影响，膨胀系数大；（2）防火性能差，安全隐患大；（3）使用寿命短，易开裂、空鼓；（4）施工工期长、工序复杂，存在大量不稳定因素。因此，这类产品只是种过渡性的保温材料，根据国家节能减排政策要求和实施即将出台的75%建筑节能标准，节能建材需要进一步提高各方面的性能指标，响应国家节能政策，满足建筑节能需求。

银通YT无机活性墙体保温隔热系统是南阳银通节能建材高新技术开发有限公司自主研发的新型的、适合中国国情的绿色节能、安全防火、经济适用的建筑保温材料。本系统自1998年投入研发，21世纪初研发成功，继承和发扬了优良的传统工艺技术，创新优化应用了国内外先进技术。该系统解决了常规的墙体保温材料的开裂、龟裂的问题；提升了外墙保温材料的防火等级，真正达到A1级不燃；延长了外墙保温的使用寿命，使保温材料和墙体具有同样的使用期限；简化了施工工艺，缩短了施工工期，降低了综合成本；扩大了应用范围，适宜国内各区域的新建、改建项目的建筑节能保温。该产品具有以下特性优点：

1. 保温隔热节能效果好——房屋冬暖夏凉。银通A级不燃YT无机活性墙体保温隔热系统导热系数小、蓄热系数大，用于建筑保温隔热节能效果显著。

2. 安全、防火、使用寿命长——A级不燃 使用寿命与墙体一致。银通A级不燃YT无机活性墙体保温隔热系统属A级不燃墙体保温隔热建筑节能技术体系，使用中或使用后安全性能非常高，保温层与基层墙面粘结牢固，抗裂、抗水、抗空鼓、抗脱落、抗风压、抗冲击、耐候性能佳、使用寿命达到与基层墙体一致。

3. 环保舒适性能佳——具有一定的透气性。银通A级不燃YT无机活性墙体保温隔热系统精选无味、无污染的天然绿色环保优质无机材料。经自主创新创造的生产工艺和专有配套设备技术生产。产品使用后，墙体具有一定的透气性、蓄热性。人居其中，冬季不会产生闷气感，夏季不会产生烘烤感，房屋通过保温隔热达到"冬暖夏凉、绿色健康、舒适宜人"。

4. 性价比优越——综合成本节约10%～30%。银通A级不燃YT无机活性墙体保温隔热系统是以"高舒适度、低能耗、低成本、适用技术"为核心的建筑节能技术体系，体现了国际先进的科技开发理念。继承和发展并创新优化了本土化传统工艺和技术，不但增加了墙体材料的保温隔热节能性能，同时优化了保温材料的抗裂性、抗水性、粘结性以及替代水泥砂浆打底抹平功能，使用寿命达到与墙体一致的功能，是适合中国国情的绿色、安全、节能、适用的建筑节能技术系统。

5. 施工性能优势显著——工期减少一半以上。银通YTA级不燃无机活性墙体保温隔热产品是工厂化生产的单组分成品。标准袋装运置工地，只需加水搅拌3～5分钟均匀后，便可直接用于各种基层墙体。不需添加任何物品，不需加设网格布或钢丝网，不需做抗裂砂浆或抹面砂浆，更可替代传统打底抹平墙体用的水泥砂浆。工艺简单，普通泥工经技术指导后便可施工，施工快、施工费用低、施工工期可缩短一半以上。

6. 适用范围广泛。银通YTA级不燃无机活性墙体保温隔热系统广泛应用于我国的新建、改造、扩建的公共建筑和民用建筑的各种基层墙体的外墙外保温、外墙内保温、内外复合保温、分户墙保温以及屋面、地下室、车库、楼梯、走廊、消防通道等隔热保温节能工程，更适合于既有建筑节能改造工程、经济适用房以及新农村建设节能工程，满足国家建筑节能50%或65%的标准要求。

四、总结

"YT无机活性墙体保温隔热系统"进入市场十余年以来，先后荣获国家建设部"2006中国建设项目科技自主创新优势企业"，"2007中国建设科技自主创新（外墙外保温）优势企业"，"《建设事业'十一五'技术公告》建筑节能重点选用产品和推广应用技术"，"2007中国建设节能年度影响力企业"，"2008中国建筑节能减排十大品牌企业"，"2009全国建筑节能示范项目推荐品牌"，"2010全国建设行业科技成果推广项目"，2011CCTV央视网企业频道唯一授权合作伙伴，"2012联合国颁发中国建筑节能贡献奖"。并先后在国内三十多个省（市）自治区、直辖市推广应用。产品的环保性、防火性、耐候性、施工性以及优越性价比深受广大设计单位、建设单位、施工单位、销售商和客户的一致好评。能源资源是人类社会生存和发展的重要物质基础，我们必须以对国家和人民高度负责，对子孙后代高度负责的精神，把节约能源资源工作放在更加突出的战略位置，坚定不移地走生产发展、生活富裕、生态良好的文明发展道路。银通所研发生产的"YT无机活性墙体隔热保温系统"正是继承了本土传统工艺技术，并自主创新优化生产出了适合中国国情的绿色、安全、适用的建筑节能技术系统。

既有建筑外门窗的不拆窗框节能改造技术

一、成果名称

既有建筑外门窗的不拆窗框节能改造技术

二、完成单位

完成单位：上海众迅住宅配套服务有限公司

完成人：李艮杰、张春国、黄晓波、倪德良、冯加杰

三、成果简介

（一）技术特征

1. 除少数门窗因窗框已不能再用而需整窗拆除节能改造和原窗必须保留而进行加窗节能改造外，绝大多数门窗可以进行不拆窗框的节能改造（以下简称节改）。这就达到了改造极少扰民、较快施工、旧窗利用率较高和与整窗改造相比成本较低的目的。

2. 本技术门窗节改中，对不同形式的门窗采用不同的节改方法的相关技术，至今已形成门窗节改技术体系。其中部分门窗节改技术相对简单易行，如对塑钢窗的节改，只要原塑钢材质尚可，将单玻换上中空玻璃并更换压条即可；对老90等部分铝合金单玻窗，可通过拓宽玻璃沟槽，加上隔热套后，也容易将单玻换成中空玻璃。

然而对实腹钢窗和大多数铝合金单玻窗实施节改有较高的技术要求，对原窗框的保留和窗扇的选配，可根据用户的意见有多种方案可供选择。对保留的金属窗框大多要包覆塑料简易型材或异型材（简称包覆），也可套覆上断桥隔热材等高热阻窗框，而窗扇可以根据改造要求和材质调换成铝塑平开中空玻璃节能扇或推拉塑钢中空玻璃节能扇或断桥隔热等节能扇。

3. 鉴于既有建筑门窗的密封大多已失效的事实，门窗节能的另一个技术特征是必须用三元乙丙等优质密封材料替换所有原有密封件和密封胶。

4. 鉴于窗龄较长的门窗五金件也大多失效，影响门窗安全和操作功能。节改时一般需要一律换成加强型滑轮等新五金件。

（二）应用案例

本公司自2006年起开始探索既有建筑门窗节能改造。从数百平方米的到三万多平方米的社区改窗工程，从多层建筑到高层建筑，从实腹钢窗的单一改造方法到实腹钢窗和铝合金、塑钢单玻窗的多种方法改造，形成了门窗节改的系列技术，积累了较多的经验并申请了五项专利。至今在上海地区包括办公楼、学校、社区等已完成30多个门窗节改示范工程，其中市级有四个示范工程，实际改造门窗面积已超过10万平方米。

下面介绍几个实例：

1. 上海市浦东新区金杨二街坊门窗节改工程。

该街坊建于1995年，房屋为6~7层的多层建筑，共45幢，总建筑面积为10.53万平方米，门窗面积为2.1万平方米，涉及居民

1798户。本工程为上海市最大的改窗市级示范工程。改窗前实腹钢窗大多已变形,外立面锈迹斑斑,渗水、漏风严重,铝合金单玻窗大多因密封失效导致漏风、啸叫,经现场勘查,密封性已下降至0～2级。无论实腹钢窗、铝合金单玻窗还是塑钢单玻窗,其五金件多数受损,不能灵活启用操作。但经改造后金属窗传热系数可由6.4(W/m²K)下降到居住建筑50%节能设计标准指标以内,密封性均达4级以上。社区居民感觉到即使不开空调夏季比改造前凉爽,冬季比前暖和,同时噪音也比前小得多。

2.上海市徐汇区鑫花苑门窗节改工程。

上海市徐汇区上中路289弄3～4号楼建于20世纪80年代,楼层为24层。改造前原窗为老90型银白色铝合金单玻推拉窗。由于使用年限较长五金件多数失效,推拉不灵活,密封条因老化而变形、断裂或脱落、漏气渗水严重,靠马路的房子噪音太大,严重影响居民的日常生活,经采用本公司开发的PVC型材包覆窗框处理,并用塑钢中空玻璃(5+9A+5)推拉节能扇取代原窗扇的改造措施后,窗在视觉上和使用功能上取得了较理想的效果,传热系数由6.45(W/m²K)下降到2.6(W/m²K),隔音量为25分贝,密封性达到6级,大大改善了居民的居住环境,受到用户的好评。

图1 徐汇区鑫隆花园铝合金旧窗改造

3.上海市卢湾区永昌学校门窗节改工程。

该学校建于1978年建筑为五层,改造前为25型实腹钢窗。因使用年限长,窗子明显变形,加上原本无密封措施,漏风渗水严重,五金件大多受损有的关不上,有的打不开,外立面美观性严重下降。经采用U型槽材包覆窗框,并用断桥隔热铝合金节能窗取代原钢窗扇等节改措施后,转热系数由6.4(W/m²K)下降到2.5(W/m²K)(中空玻璃镀Low-E膜);降噪量达到32分贝,密封性达4级以上,并极大地改善了学校的环境舒适性

图2 卢湾区永昌学校旧钢窗改铝合金断桥隔热窗

Low-E隔热保温膜在建筑玻璃上的节能应用技术

一、成果名称

Low-E隔热保温膜在建筑玻璃上的节能应用技术

二、完成单位

完成单位：圣戈班舒热佳特殊镀膜有限公司

完成人：周国平、李可可

三、成果简介

在各种能源消耗中，建筑物采暖及空调耗能占有相当大的比重，而通过门窗散失的热量约占整个建筑采暖及空调耗能的50%。根据有关部门统计资料显示，在我国400多亿平方米的既有建筑中，普遍存在外窗保温隔热和气密性能差等问题，节能潜力巨大。如何采取有效、经济、便捷的方法解决既有建筑玻璃门窗隔热节能并提高其安全性能呢？建筑窗膜是一种新型的高科技多功能复合材料，也是国务院"十二五"节能环保产业发展规划中大力推广的产品。建筑窗膜是以聚酯薄膜（PET）作为基材，在聚酯膜中间用磁控溅射等方法，镀上各种不同的金属或金属氧化物涂层，经复合工艺制成的一种既透光又隔热的功能性玻璃贴膜，具有隔热、防晒、安全、易施工、经济实用等特点。它既可用于既有建筑门窗幕墙玻璃的节能改造，也可用于新建大楼普通玻璃的节能降耗处理。

目前市场上主流的窗膜产品都属于阳光控制膜的范畴，这一类产品安装在外窗或透明玻璃幕墙上后，可以使外窗的遮蔽系数大幅下降，而传热系数几乎不变。由于有效减少了太阳辐射引起的空调冷负荷，夏季空调系统节能效果明显。非常适合在夏热冬暖气候区内推广。但是到了夏热冬冷气候区、甚至寒冷气候区，由于窗膜安装后，太阳得热降低，冬季的采暖能耗就会增大。这使得全年的综合节能效果大打折扣。除非现有空调末端不能保证室内热环境要求或者太阳辐射导致室内人员不能正常办公，否则无法最大限度体现这类产品的价值。

随着生产技术的不断创新，各大窗膜厂家都争相推出了新一代的Low-E隔热保温窗膜。这一系列的产品不仅可以在夏天阻隔大量的太阳辐射热量，更可以在冬季将室内热量反射回到室内，从而实现很好的保温效果。窗膜安装前后的性能参数对比如下表，从表中可以看出，在遮阳系数大幅降低的同时，Low-E保温窗膜可以有效降低外窗的传热系数，其原因在于此类窗膜的辐射率非常低，仅为0.09，而普通玻璃为0.84，阳光控制膜为0.67~0.84。

产品名称	透光率(%)	太阳能总阻隔率(%)	遮阳系数	冬季U值(W/m²·K)	辐射率
6mm透明玻璃	89	18	0.94	5.79	0.84
6mm透明玻璃 Low-E隔热保温膜E70	67	53	0.55	3.41	0.09
6+12+6中空透明玻璃	79	30	0.81	2.67	0.84
6+12+6中空透明玻璃 舒热佳Low-E隔热保温膜E70	60	52	0.56	1.93	0.09

注：以上结果使用LBNL的Optics 6和Window 5.2模拟计算得出，使用标准包含ASTM, ASHRAE和AIMCAL。

至于具体使用效果，我们使用美国能源部主导开发的建筑全能耗分析软件EnergyPlus6.0，对北京一处办公楼进行了模拟计算，结果如下表。从表中可以看出，阳光控制膜的燃气费节约为负值，这是说明它在冬季使建筑的热负荷有所增加。而Low-E隔热保温膜则弥补了这一缺点。

	电量 KWh	每年节约		
		电费	燃气费	总计
舒热佳阳光控制膜L70	15710	¥ 14,139.13	¥ -5,075.71	¥ 9,063.42
舒热佳Low-E隔热保温膜E70	13821	¥ 12,439.10	¥ 3,991.27	¥ 16,430.37
更换Low-E玻璃	21671	¥ 19,504.31	¥ 13,284.36	¥ 32,788.67

注：模拟计算的条件如下：
建筑地址：北京
1992以后的小型办公楼，2层
单层透明玻璃
建筑面积929平方米，玻璃面积234平方米
空调24/7运行，空调效率EER=9.3(SEER=11.2)

除了优越的节能效果以外，Low-E隔热保温膜还可以有效改善室内热环境，使温度场分布更加趋于一致，从而提高室内人员的热舒适度。

安装前的舒适区域= 89%

安装后的舒适区域= 97%

注：图片为示意图，绿色区域内的温度为21℃～24℃

上图形象化的描述了Low-E隔热保温膜的保温效果，同时我们选用了NFRC的标准气候条件，模拟计算出距离窗户1米远处的体感温度。如下表所示，单层玻璃状况下，安装Low-E隔热保温膜可以将原来的17℃提升到21℃，即便是中空玻璃状况下，也可以将原来的19℃提升到21℃，效果十分明显。

		单层玻璃		中空玻璃		
		透明	舒热佳 Low-E隔热保温膜E70	透明	舒热佳 Low-E隔热保温膜E70	Low-E玻璃
辐射率		0.84	0.09	0.84	0.09	0.84
内片玻璃（℃）	冬季	-9	-13	7	0	11
	夏季	34	43	36	56	33
1米处体感温度（℃）	冬季	17	21	19	21	20
	夏季	25	24	26	25	25

注：夏季计算条件：室外32℃
　　　　　　　　　室内24℃
　　冬季计算条件：室外-18℃
　　　　　　　　　室内21℃

Low-E隔热保温膜在节能和提高热舒适度方面的功效显著，加上施工方便，不影响正常工作，特别适合既有建筑的节能改造工程，在经济发达地区已经推广使用。随着技术不断创新和成本下降，可以在广泛的区域内加以推广使用。

供热计量管理平台

一、成果名称

供热计量管理平台

二、完成单位

完成单位：北京硕人时代科技股份有限公司

完成人：戴斌文、史登峰、邓宇春、郭华、李琳、李艳杰、张旭

三、成果简介

供热计量管理平台是北京硕人时代科技股份有限公司推出面向住宅供热计量节能调控系统应用的监控系统平台。它将节能调控、运行管理、能耗监测、计量收费合为一体，以实现热网的安全可靠、经济高效的节能运行为最终目的。

其主要包括以下组成部分：

（一）地图首页及系统概况：该模块以在线地图和离线地图两种形式显示热力公司和供热厂所处的地理位置，可进行放大和缩小地图，并且可以进入热力公司和供热厂了解其详细的内容，查看从热源厂、换热站到各楼栋的热计量实施概况，包括改造面积、户数、安装调试数量统计、通讯成功数量及百分比统计等。

（二）热用户管理和热表管理：该模块对热计量海量数据进行实时在线监控，包括热用户管理和热表管理。热用户管理支持"楼栋样式"和"列表样式"，以直观的形式查看楼栋下所有用户的信息。同时可以查看某个用户的平均温度和历史温度，实现单个和批量温度控制、阀门控制等功能。该功能下还设置了一些快捷键，包括查询全部数据，查询通讯正常数据，查询通讯中断数据，查询温度小于某值的数据，查询温度大于某值的数据，查询阀门状态开启的数据，查询阀门状态关闭的数据，查询超过8小时无信息的数据，并以Excel的形式导出全部数据。在热表管理模块下，用户可以查看换热站下所有热表的最新信息，还可以查询热表历史数据和热表日耗热量等，还可以以Excel的形式导出历史数据。此外，用户可以查看某个楼栋下所有热用户的当前热费和历史热费，还可以导出Excel。

（三）供热质量分析：查看热源厂、换热站或楼栋的供热质量分析，该模块通过对整个分公司或整个换热站下用户的室内温度和设定温度进行统计，采用各种统计分析方法对温度进行供热质量分析，如查询某天的室内温度分布区间及设定温度分布区间，查询所有用户的平均室内温度及平均设定温度，室内温度或设定温度小于某值得用户信息，室内温度或设定温度小于某值得用户信息等。对于增加回水温度的项目，还可以结合回水温度、室内温度散点图分析异常用户。

（四）水力平衡分析：查询换热站或楼栋之间的水力平衡分析，包括水力平衡分析

柱状图和水力平衡分析情况表。水力平衡分析柱状图是统计进行热计量改造的各换热站之间或换热站下各楼栋的单位面积瞬时流量和失调度两个数值，并以柱状图的形式显示出来。水力平衡分析情况表是显示各换热站之间或换热站下各楼栋水力平衡分析情况，包括楼栋名称，供热面积，瞬时流量，回水温度，单位面积瞬时流量，失调度等，并在情况表中标识出单位面积瞬时流量最高值和最低值的换热站或楼栋。通过柱状图和水力平衡分析情况表，可以直观看到各热力站或楼栋的水利工况情况，方便工程人员进行水力平衡调节。

（五）耗热量对比分析：该模块主要对各换热站或各楼栋的耗热量进行横向对比分析，同时可以对单个换热站或楼栋的能耗按照时间维度那个分析。通过进行多个维度的对比分析和能耗的最高值、最低值及标准能耗值进行对比分析，从而清楚确定各换热站或各楼栋的能耗定位，及时发现差距和不足，以利于节能改造，同时根据对比分析结果，给出专业化的运行指导意见。

（六）故障管理：该模块对各热计量项目设备情况做完整的记录，并跟踪全部热计量设备状态，并通过智能故障分析模块，对有问题的设备进行智能提示并快速反馈到设备调试人员进行维修，快速高效地解决设备问题，在用户投诉之前就解决了用户问题，有效地增强用户体验。同时调试人员根据现场情况处理结果，填报故障跟踪数据，以便

系统自动跟踪故障处理情况，并方便的对调试人员进行维护业绩考核。对于所有的故障均可以设置报警，包括画面上的报警提示、语音报警和手机短信报警等。同时可设置报警优先级，还可以记录操作员操作信息，对各热计量设备的更换情况做详细记录，并可轻松浏览和打印报警数据库的内容，查看报警状态、查询报警日志。

（七）基础信息管理：包括集团信息管理、分公司信息管理、换热站信息管理、小区信息管理、楼栋信息管理、热用户信息管理、热计量厂商信息管理、热表信息管理等。

（八）系统用户管理：对用户角色或用户组和用户进行管理，以系统功能和参数对用户角色赋予不同的权限，权限种类分为可看、可控、锁定、组态等。

（九）计划值管理：用户可以查询热源厂或热力站计划耗热量信息，用户还可以设定维护修正值系数，根据历史运行记录对计划耗热量进行修正。

四、典型案例

本平台已经成功应用于多个热计量项目，2013年乌鲁木齐华源热力有限公司安装了该平台，乌鲁木齐华源热力有限公司在热计量改造的基础上增加了住户回水温度监测。自2013年10月15日平台正式投入运行，系统运行良好。下图为华源热力供热计量管理平台的几大典型功能界面。

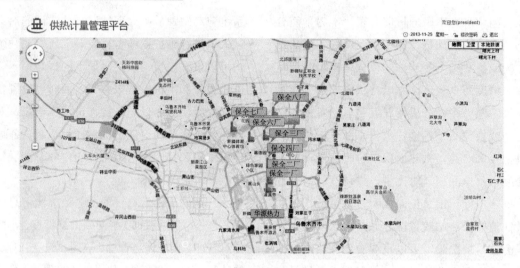

图1 地图首页

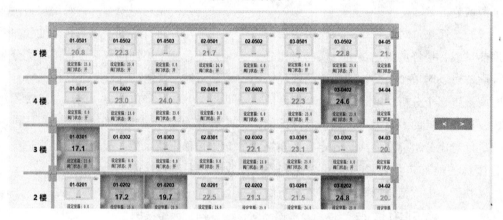

图2 热用户管理的"楼栋样式"

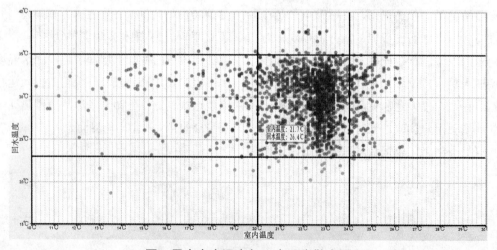

图3 用户室内温度与回水温度散点图

PASSIVE120型木塑铝多层复合框体高效节能窗

一、成果名称

PASSIVE120型木塑铝多层复合框体高效节能窗

二、完成单位

完成单位：哈尔滨森鹰窗业股份有限公司

完成人：边书平、王勇、孙春海、徐彩霞、罗有、李树海

三、成果简介

（一）技术特点

由PASSIVE120型木塑铝多层复合框体制作成的节能窗能够满足被动式房屋用窗的基本要求，它是由集成木材与多腔ABS塑料型材及单铝型材通过机械式连接复合而成的高效节能窗框体。集成木材作为窗框的主要受力构件，具有良好的隔热保温性能。多腔ABS塑料型材的主要作用：非主要受力构件，多腔的空气层起到保温隔热的功效。单铝型材与塑料型材复合后，可以起到装饰、防护、密封等作用。

被动式房屋对整窗的传热系数Ut值的基本要求是小于或等于0.8W/(m²•K)，根据JGJ/T151/2008《建筑门窗幕墙热工计算规程》整窗传热系数计算公式（见下列公式）可知，以1230宽×1480高单开扇窗为例，如果采用传热系数Ug值为0.7W/(m²•K)的中

$$U_t = \frac{U_g \cdot A_g + U_f \cdot A_f + \Psi_g \cdot l_g}{A_g + A_f}$$

空玻璃，那么窗框的Uf值一般要小于或等于0.76W/(m²•K)，PASSIVE120型木塑铝多层复合框体的传热系数Uf值达到了0.73W/(m²•K)，就能够满足被动式房屋的基本要求。热量的传递方式有三种，即热传导、热对流、热辐射。木塑铝多层复合框体对这三种传热方式都有一定的阻隔，见图1中。

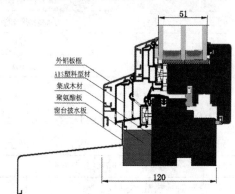

图1 森鹰PASSIVE120型高效节能窗剖面图

1. 木材是天然的保温材料，松木类的集成材导热系数λ值通常只有0.13/(m•K)，该复合型材的集成木材厚度为68毫米。根据德国IFT罗森海姆大学门窗研究中心的报告显示，采用68毫米、78毫米、92毫米云杉集成材制成的纯木窗框体Uf值分别为1.21W/(m²•K)、1.08W/(m²•K)、0.99W/(m²•K)，可见

单纯增加木材框体的厚度可以降低框体传热系数值,但是效率很低,所以该型材采用木塑复合技术以解决这个问题。

2.多腔ABS塑料型材的导热系数λ值为0.18/(m·K),多腔室的优化设计可以在最大程度上减少气体的对流,提高保温性能。因塑料型材本身属于非主受力构件,适当减少型材壁厚可以降低因热桥传导产生的能量损失。塑料型材和外铝以及木材的连接需要很好的工艺保证,这也是在工艺上有所突破的关键技术。框体四边嵌A级防火聚氨酯绝热材料,它的导热系数λ值为0.035/(m·K),在窗体上墙安装完毕后被外墙的保温板完全覆盖,最大程度地减少因边框及边框与洞口之间的部位产生的热能或冷能损失。

3.框扇搭接的密封采用了四道密封胶条的设计,形成3个密封腔室有利于减少气体的对流。整窗的气密性达到0.16m³/(m·h),在提高保温节能的同时,也能够满足被动式房屋空气循环率n50的检测要求。

该项技术凭借超级保温、超级防结露等特点被列为科技部2013年度火炬计划的产业化示范立项项目,并且"木塑铝多层复合框体高效节能窗关键技术研究"被列为住建部2013年科学技术项目计划—研究开发项目(建筑节能与能源综合利用)立项项目。

(二)主要技术指标及知识产权

1.主要技术指标(见表1)

产品主要技术指标　　　　　　表1

技术指标	国家标准等级	本产品测量值
保温性能	最高级第10级(k<1.1 W/(m²·K))	0.73W/(m²·K)
气密性	最高级第8级(q≤0.5m³/(m·h))	0.16m³/(m·h)
水密性	第6级(ΔP≥700pa)	705pa
降噪性能	第4级(35≤Rw+Ctr<40)	36分贝

2.产品知识产权情况

本产品共申请发明专利4项、实用新型5项,外观专利2项。发明专利明细见表2:

产品知识产权情况　　　　　　表2

序号	专利名称	专利类型	专利号	进展情况	专利范围
1	一种传热系数达到0.8以下的铝包木保温窗	发明专利	ZL2011103380494	授权	中国
2	一种铝塑木复合窗型材	发明专利	ZL2011103400888	授权	中国
3	一种铝塑木复合窗	发明专利	2011103401024	受理	中国
4	门窗用水密封胶条的焊接方法	发明专利	2011100532194	受理	中国

(三)应用案例

哈尔滨辰能溪树庭院被动式房屋项目,该项目是中国与德国能源署合作的被动式—低能耗建筑示范项目,被列入国家住房和城乡建设部2011年科学技术项目计划。在溪树庭院项目率先引进了国际领先的配套技术——外墙外维护优化系统、天棚低温辐射采暖制冷系统、地源热泵系统、全置换新风系统、同层排水系统等，打造"高舒适度低碳"筑居。这些优化系统的技术整合，让室内充满清新空气，室温四季保持在20℃～26℃，湿度在30%～60%之间，符合人体健康、舒适的标准范围。

该项目用窗面积为1784平方米，全部采用整窗传热系数小于0.8W/(m²·K)的森鹰PASSIVE120型木塑铝多层复合框体高效节能窗。该窗体采用了三玻两腔双Low-E充氩气的中空玻璃，具体配置为5mmPLT1.14low-E玻璃+18Argon+5mm+18Argon+5mmPLT1.14Low-E玻璃。其镀膜玻璃为圣戈班PLT1.14高透型单银Low-E玻璃，可见光透射率达到69%。中空玻璃的U_g值小于0.7W/(m²·K)，太阳得热系数g值为0.5，满足了被动式房屋对中空玻璃的要求（Ug-1.6·g<0）。18mm双暖边间隔条选用了瑞士SWISSSPACER-V系列的产品，中空玻璃总厚度达51mm，使得边部传热系数Ψ值降低至0.036W/(m·K)。经国家建筑材料测试中心及国家建筑工程质量监督检验中心实测检验整窗传热系数均达到0.8W/(m²·K)，符合标准。

该项目在窗体安装中采取了特殊的施工工艺，整个外窗是安装在结构墙体的外侧与保温板平齐。这样做的好处是最大程度上减小窗体与墙体之间连接处热桥的产生，见图2。

$$U_{t,installed} = \frac{U_t \cdot A_t + \sum l_e \cdot \psi_e}{A_w}$$

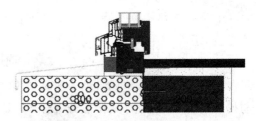

图2 辰能溪树庭院被动房项目安装节点图

U_t,installed：已安装窗户的U值[W/(m²·K)]

U_t：未安装窗户的U值

A_w：窗洞口的面积

A_t：整窗的面积（Ag+∑Af）[m²]

$\sum l_e \cdot \Psi_e$：安装长度的总和[m]与安装边部传热系数[W/(m·K)]的乘积。

被动式房屋对已安装窗户的传热系数Ut,installed值规定小于或等于0.85W/(m²·K)。那么该项目采用的外挂框体安装方式，它的边部安装传热系数Ψe达到了0.013W/(m·K)，安装后的整窗传热系数达到0.82W/(m²·K)，能够满足被动式房屋的基本要求。

被动式低能耗房屋的气密性需满足$n_{50} \leq 0.6$次的要求，所以为了提高窗体安装的气密性，在窗框和洞口的连接处室外侧及室内侧分别采用了两种不同的密封材料。由图2可以看出，室外侧采用了Winflex®防水透气的密封带系统，而室内侧采用了Winflex®防水不透气的密封带系统。

图3 辰能溪树庭院被动式房屋项目

在浙江省湖州市朗诗长兴研发基地布鲁克被动房项目中该产品也得到了应用。该项目建筑面积2500平方米，包含不同的户型组合，它采用欧洲先进的被动式建筑技术，与德国被动房研究所、德国能源署合作，是夏热冬冷地区设计、建造的第一栋被动式住宅，总用窗面积780平方米。另外，在2013年国际太阳能十项全能竞赛中，该产品得到了应用，总用窗面积150平方米，美国新泽西大学和哈尔滨工业大学组成的联合队及厦门大学队的两座别墅建筑作品均达到了零能耗的水平。技术延伸阅读请查看www.sayyas.com。

图4 朗诗布鲁克被动房项目

图5 美国新泽西和哈尔滨工业大学联合队零能耗房屋作品

热水吊顶辐射板采暖系统在高大空间及半敞开式建筑中的应用

一、成果名称
高大空间采暖解决方案——热水吊顶辐射板采暖系统

二、完成单位
完成单位：北京信志恒暖通设备有限公司
完成人：赵振国、苏顺侠

三、成果简介
（一）技术特点
1. 热辐射原理
热水吊顶辐射板采暖系统是以红外辐射方式为主的供暖末端设备。

红外辐射习惯上称为红外线或红外，也称为热辐射。任何物体的温度高于绝对零度，都会时刻不间断的辐射能量，同时也都会不间断地吸收其他物体辐射出来的能量，并把吸收的能量转化成热能再辐射出去。红外辐射和物质分子的热运动有着内在的密切联系。物质分子做热运动时的震动频率正好处于红外范围内，所以分子热运动主要就是红外辐射。反过来，当一定频率的红外辐射照射到物体上，且红外辐射频率与物质热运动频率一致时，红外辐射就会很快被物质共振吸收而转化为分子的热运动。

热辐射供暖过程就是通过对流、传导、辐射等方式接收能量，然后再将热能辐射出去，加热所处空间。SYNCORE品牌吊顶辐射板表面具有很强的红外辐射能力。

2. 产品特点
人们是否感觉舒适，也取决于周围环境的热传递方式。吊顶辐射板的热辐射方式，舒适而均匀，没有风机，没有对流，没有扬尘，是一种对人体极为舒适的热传递方式。

3. 适用范围
该系统适用于工厂、仓库、生产车间、体育馆、车库、商店、机库、维修车间等区域，3~30米的高大空间尤为适用。

4. SYNCORE品牌吊顶辐射板产品特点：
（1）比传统供热系统温度低2-3k同样感到舒适。
（2）墙壁和地板被加热后，可向室内二次散热。
（3）运营成本低。
（4）辐射板没有移动部件，几乎免维护费用。
（5）投资回收期短，辐射板采暖系统主要表现在初期投资在几年之内即可通过能源的节约而省回来。
（6）温度分布均匀，在辐射板下方不会感到温度峰值。
（7）空间增益，辐射板采暖系统安装在房顶，不占用地面和墙壁等，可以充分利用地面和墙壁。

(8) 舒适健康，辐射板采暖无吹风，不会引起灰尘飞扬，不引起可吸入颗粒物的飘散。

(9) 没有烦人的噪音，辐射板采暖系统的运行十分安静。

(10) 使用寿命长，SYNCORE品牌吊顶辐射板选用304不锈钢材质水道，产品可放心使用20年以上。

（二）应用案例

1. 在高大厂房中应用热水吊顶辐射板采暖系统的案例

新矿内蒙古能源有限责任公司辅助厂区位于内蒙古鄂尔多斯市鄂托克前旗上海庙镇，采暖计算干球温度-15℃。该厂房宽49.2米，长135.6米，面积6671.52平方米，檐高14.25米，顶高15.6米，吊顶辐射板安装高度为12.5米。该厂房2011年安装北京信志恒暖通设备有限公司生产的SYNCORE品牌吊顶辐射板。

(1) 实际测量数据的节能结论：

在该公司的辅助厂区选择了两个厂房，其建筑结构一致，长、宽、高尺寸相同，热力管网接入方式相同，选用了不同采暖产品。机加工车间的厂房是SYNCORE品牌热水吊顶辐射板，另一个掘进机车间大修车间的厂房是高大空间空气处理单元（属于空气加热器类产品）。2013年由建设单位、监理单位进行了温度测量。测量数据如下：

掘进机车间大修车间（使用高大空间空气处理单元）测温记录

日期2013年	1月9日	1月10日	1月11日	1月13日	1月14日	1月15日	1月15日	1月16日
时间	早7点	早7点	早7点	晚12点	午11点	早7点	晚12点	晚12点
供水温度	71	67	73	77	70	68	79	80
回水温度	37	38	39	44	39	31	44	45
室外温度	-16	-23	-15	-15	-15	-23	-16	-15
室内温度	12	9	17	17	15	12	17	16
供回水温差	34	29	34	33	31	37	35	35
室内外温差	28	32	32	32	30	35	33	31
供回水平均温差：33.5℃								
室内外平均温差：31.6℃								
供回水温每增加1℃，室内外温差变化值=31.6÷33.5=0.94								

机械加工车间（使用SYNCORE品牌热水吊顶辐射板）测温记录

日期2013年	1月6日	1月6日	1月7日	1月8日	1月8日	1月9日	1月9日	1月10日
时间	早8点	晚20点	早8点	早8点	晚20点	早8点	晚20点	早9点
供水温度	69.5	72.5	72	71	75	64	79	73.5
回水温度	46	48	45	45	50	41	54	48
室外温度	-18	-13	-16	-17	-14	-16	-20	-17
室内温度	11	14	14	14	14	16	14	16
供回水温差	23.5	24.5	27	26	25	23	25	25.5
室内外温差	29	27	30	31	28	32	34	33
供回水平均温差：24.9℃								
室内外平均温差：30.5℃								
供回水温每增加1℃，室内外温差变化值=30.5÷24.9=1.22								

两个厂房使用了同一换热站的热源。供热条件相同的情况下,供回水温差的大小直接决定了消耗热能的大小。

序号	采暖车间	供回水平均温差	室内外平均温差
1	掘进机车间大修车间	33.5℃	31.6℃
2	机械加工车间	24.9℃	30.5℃

高大空间空气处理单元的室内温度仅比热水辐射板的室内温度高出1.1℃;但供回水温差却高出8.6℃,

计算8.6℃÷24.9℃=34.5%;

即热水辐射板比高大空间空气处理单元节能34.5%。

(2)理论计算的节能结论:

依据《GB 50019-2003采暖通风与空气调节设计规范》

4.2热负荷

4.6.4选择暖风机或空气加热器时,其散热量应乘以1.2~1.3的安全系数。

3.1.2.2工业建筑,当室内散热量小于$23w/m^3$时,不宜大于0.3m/s。

4.4.15热水吊顶辐射板采暖的耗热量应按本规范4.2节的有关规定进行计算,并按本规范第4.5.6条的规定进行修正。

4.5.6燃气红外线辐射器全面采暖的耗热量应按本规范第4.2节的有关规定进行计算,可不计高度附加,并应对总耗热量乘以0.8~0.9的修正系数。

根据规范,很明显的看出来(高大空间空气处理单元属于空气加热器):

热水辐射板的总热负荷为计算值的0.8~0.9;而高大空间空气处理单元的总热负荷为计算值的1.2~1.3。

直接取上述取值范围的平均值:0.85和1.25。

计算热负荷,热水辐射板的热负荷与高大空间空气处理单元比较:0.85÷1.25=0.68;

直接可得出:热水辐射板和高大空间空气处理单元相比,节能:1-0.68=32%。

(3)实际测量与理论计算的节能结论比较:

经过实测数据分析和设计规范分析:热水辐射板比高大空间空气处理单元节能,节能比例分别是:34.5%和32%。

两者数据很接近,相互验证。

由此得出结论:热水辐射板比高大空间空气处理单元节能大于30%。

2.在半敞开式建筑中应用热水吊顶辐射板采暖系统的案例

针对陕北某煤矿副斜井井口房采暖所存在的问题以及采暖改造过程中需满足的施工条件,通过吊顶辐射板在半敞开式建筑中的应用,现场实际测试结果表明辐射采暖能保证所加热地面不结冰,为辐射采暖在半敞开式建筑采暖中的应用起到一定的借鉴参考作用。

(1)工程概况:

本工程位于陕北某煤矿,该煤矿副斜井井口房长61.8米,宽28.8米,高4.4米,吊顶高3.8米。其中1号、2号副斜井为车辆和人员进出矿井的通道,井口通道大门尺寸大小为4m×4m,该通道同时为井下补风。原设计中,补风量为3m³/h,暖风机承担其中的30%,送风温度为30℃;其余70%由大门补风,大门处补风风速为3.4~3.7m/s;补风混合温度为2℃。

在原始设计中，仅在洗车库和北外窗下布置了几组钢制弯管散热器，由于暖风机送风位置设置不合理（风口位置距离井口房大门为17m），无法加热井口房内空气。由于工程车从井下会产生带水现象，在冬季导致井口房大门至1号、2号副斜井通道地面结冰，投入运行的几个采暖季都依靠撒盐除去路面的冰，造成通道路面严重腐蚀；洗靴池和洗车库会出现冻结而无法使用；司机值班休息值班室温度过低，达不到设计要求，影响煤矿的安全生产和正常工作。

根据当地气象资料，每年11月至次年3月为冰冻期，极端气温为-28.5℃，冬季采暖室外设计温度为-15℃，值班室设计温度为18℃。元月初至5月初为季风期，多为西北风，多年平均风速2.5m/s，最大风速2.5m/s。冬季主导风向：NW，冬季室外平均风速：2.6 m/s。

(2) 设计思路：

由于进入室内冷风风速较大，辐射板对流散热大，为减少辐射板板面温降，在副斜井通道顶部吊装电辐射板，热水辐射板采用"大流量、小温差"设计形式。本设计中，根据室外冷风对井口房各部分的影响不同，将井口房划分为多个区域，各个区域按照表1中面积热指标进行设计

布置选用北京信志恒暖通设备有限公司的SYNCORE品牌热水吊顶辐射板（每米散热量297W/m）。热水辐射板817m。热水辐射系统负荷共计243.6kW，由外加常压电锅炉提供。系统设计供回水温度为85/75℃，温差为10℃流量Q=21.54m³/h。

(3) 改造结果：

改造工程结束后，经过2012年一个采暖季的运行，地面未出现过结冰现象，洗靴机和洗车库部分也运行良好，地面的水未出现过结冰现象。各部分实测数据如下表

位置	空气温度	地面温度	辐射板供水温度	辐射板回水温度	温差
过道	5.6℃~9.5℃	5.6~8.9℃	82.4℃	77.6℃	4.8℃
洗靴池	6.9℃~7.5℃	4.2℃~5.1℃	83.2℃	76.7℃	6.5℃
洗车库	8.8℃~10.1℃	6.6~7.2℃	82.8℃	76.4℃	6.4℃
值班室	18.6℃~19.0℃	—	83.7℃	78.1℃	5.6℃

注：室外温度-12.7℃，室外风速2.1m/s；炉房供回水温度84.7/76.2℃。

由上表可知，系统的辐射热量能保证1号、2号副斜井通道、洗靴池和洗车库不结冰和值班室温度达到设计值。

(4) 结论：

采用吊顶辐射板采暖系统对副斜井井口房的采暖系统进行改造，热水辐射采暖部分采用10℃温差的"大流量，小温差"形式，对风速较大的通道部分采用板面温度较高的电辐射采暖形式。实践证明，辐射采暖系统在敞口式建筑可以有效防止所加热的地面结冰且具有安装简便和耗能少以及可分区控温的优点，有很好的工程推广前景。

四、成果篇

内蒙古厂房项目

低层建筑外墙改造干挂通气式施工法

一、成果名称
低层建筑外墙改造干挂通气式施工法

二、完成单位
完成单位：日吉华装饰纤维水泥墙板（嘉兴）有限公司

完成人：申雪寒等

三、成果简介

（一）干挂通气式施工法的构造

干挂通气式施工法，是采用干挂外墙板材的方式，在外墙板材的背面和基层墙体之间形成一个能流通空气通道的施工方式。如图1所示。

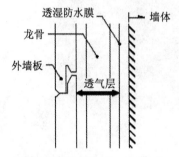

图1 干挂通气式施工法的构造

（二）干挂通气式施工法的特点

1. 使墙体内的湿气得以排出到室外，防止墙体内部结露以保持墙体干燥，提高墙体的耐久性和建筑的寿命。

2. 使墙体内的湿气得以排出到室外，防止保温材料内部结露，使其始终保持处于干燥状态以保证保温材料的保温性能不会降低，达到预期的节能效果。如图2所示。

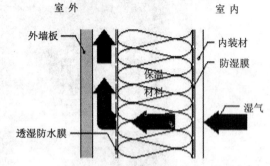

图2 墙体内湿气排出到室外

3. 通气层内部和墙外的气压相同，暴风雨时也能最大限度地阻止雨水进入。即使雨水偶尔进入也会通过通气层排出室外，防止进入保温层和墙体。有利于外墙装饰面材的干燥和冻害的防止。如图3所示。

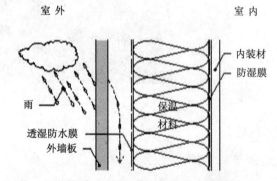

图3 防止雨水进入保温层和墙体

4. 炎热的夏季，外墙装饰面材会吸收大量的日照所产生的热量。热量的一部分会被外墙通气层内部发生的上升气流排出室外，而不会进入室内，从而使室内凉爽舒适，以节约空调的使用费用。如图4所示。

四、成果篇

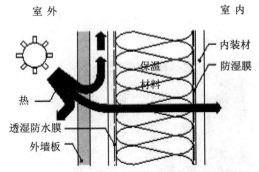

图4 日照热的一部分被上升气流排出到室外

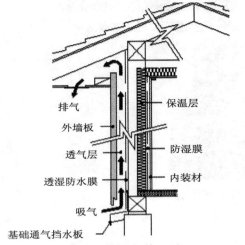

图5 屋檐通气施工法

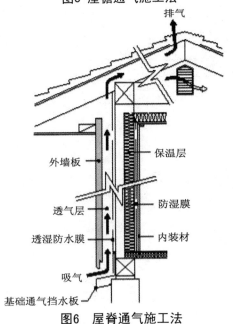

图6 屋脊通气施工法

（三）干挂通气式施工法的种类

1. 屋檐通气施工法

屋檐通气施工法的原理如图5所示。空气从墙体底部吸入沿通气层由屋檐处排出。

2. 屋脊通气施工法

屋脊通气施工法的原理如图6所示。空气从墙体底部吸入沿通气层由屋脊处排出。

（四）干挂通气式施工法的注意事项

1. 透气层的宽度要求

透气层的宽度（透气防水膜到外墙装饰面材背面的距离）的要求在12mm以上。

原则上，透气层的宽度在7mm以上空气就可以形成自下而上的对流，但是考虑到梅雨季节有可能墙体内的结露水，湿气排不干净，所以透气层的宽度要求在12mm以上。

2. 龙骨的宽度要求

考虑到透气防水膜及纤维保温材料的施工精度，自然下垂等原因可能引起透气层的宽度变窄，因此要求龙骨的宽度要确保在15mm以上。

3. 门窗洞口周围的龙骨布置要求

为了防止门窗洞口把透气层内的气流隔断，门窗洞口周围龙骨要求按图7布置。

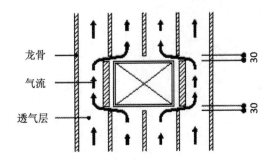

图7 门窗洞口周围龙骨的布置图

（五）干挂通气式施工法的改造案例

图8、图9、图10所示改造项目位于江苏省苏州市，3层的私人住宅，面积约380平方

米。2007年使用干挂通气式施工法完成外墙改造。

经过全面改造的外墙，6年以来，克服了别墅普遍存在的外墙开裂、脱落、渗水、易脏、热桥现象等顽症，达到了延长建筑寿命和节能的目的。

图8 干挂通气式施工法改造前

图9 干挂通气式施工法改造中

图10 干挂通气式施工法改造后

机械固定钢丝网架聚苯乙烯复合保温板外墙外保温技术

一、成果名称

机械固定钢丝网架聚苯乙烯复合保温板外墙外保温技术

二、完成单位

完成单位：山东龙新建材股份有限公司
完成人：吕秀玲、姜立松

三、成果简介

（一）产品结构

钢丝网架聚苯乙烯复合保温板（简称SB板）是以阻燃型聚苯乙烯板（EPS板）为保温基材，其内分布有双向斜插入的高强度镀锌钢丝，并单面覆以网目50mm×50mm的镀锌钢丝网片焊接而成，成为带有整体焊接钢丝骨架的保温板材，其中斜插钢丝插入EPS厚度的1/2而不透。该板是目前国际、国内即有建筑外墙外保温改造工程中应用最广泛的、性能最突出的产品之一。产品技术执行国家标准：GB26540—2011《外墙外保温系统用钢丝网架模塑聚苯乙烯板》。

SB板产品结构图

（二）产品特点

1.产品具有优秀的保温性能，采用不同厚度的SB板可满足不同地区建筑节能的要求。

2.整体强度高、抗震性能好，能满足高裂度地区及沿海地区抗风载、抗震要求。

3.防火性能好，其系统耐火极限大于1.2h。

4.安装方便，工程造价低。

5.可与各类既有建筑的外墙面结合，不用特殊处理既可施工，广泛适用于各类既有建筑的外保温改造工程。

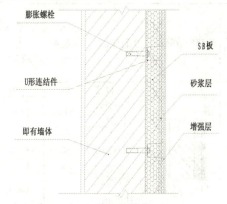

SB板外墙保温构造图

6.满足多种外装饰层施工要求，让涂刷涂料、喷涂真实漆、粘贴面砖等轻松实现。

（三）SB板安装施工

1.在建筑物每层的圈梁上根据SB板的厚度增设角钢作为SB板的支承，角钢用ϕ12—

ϕ16膨胀螺栓固定在墙面上,膨胀螺栓的间距为500mm,并在角钢上下各焊ϕ6钢筋,长200mm,间距500mm,以备和SB板的钢丝网绑扎。

2. SB板按设计裁板,并用M6膨胀螺栓(或其他专用螺栓)和机械锚固件将SB板固定于基层墙体,固定点距不大于600mm。

3. 用平网、角网、U型网、铁丝将板缝、外墙阴阳角及门窗口、阳台底边外等绑扎牢固。

4. SB板安装完毕后,进行质量检查、校平、补强,其安装允许偏差见下表:

序号	项目	允许偏差	检验方法
1	垂直度	5	用经纬仪或2m托线板检查
2	表面平整度	5	用2m靠尺形塞尺检查
3	固定点距	±50	尺量检查
4	EPS板缝	<3	尺量检查

5. SB板面抹灰:

(1)涂料做法:建议涂抹胶粉聚苯颗粒砂浆或玻化微珠砂浆做找平层,外侧加聚合物抹抗裂砂浆复合耐碱网格布,找平层超过20mm厚时,应分层施工,网格布按规范要求搭接。

(2)面砖做法:首层建议涂抹添加抗裂剂的水泥砂浆做找平层,且根据需要,分层施工,经养护达到强度后,再涂抹第二层砂浆,并做到平整、规范。

每层抹灰的间隔时间视气温而定,正常气温下间隔两天以上,气温较低时,应适当延长时间,每层水泥砂浆终凝后均应洒水养护。

(四)SB板外墙外做法及热工计算适用表

序号	外墙构造简图	工程做法	分层厚度δ mm	干密度 ρ_0 kg/m³	导热系数 λ W/(m·k)	修正系数 α	热阻 R (m²·k)/W	主体部位 热惰性指标D值	主体部位 传热阻R_0 (m²·k)/W	主体部位 传热系数K W/(m²·k)
1	外 内 5 4 3 2 1	1. 混合砂浆	20	1700	0.870	1.00	0.023	4.446 4.516 4.586	2.123 2.315 2.315	0.520 0.479 0.445
		2. 烧结多孔砖(P型)	240	1400	0.580	1.00	0.414			
		3. SB1保温板	80 90 100	18~22	18~22	1.50	1.301 1.463 1.626			
		4. 抗裂砂浆抹灰层	25	1800	0.93	1.30	0.021			
		5. 抹面胶浆	5	1800	0.93	1.30	0.005			
2	外 内 5 4 3 2 1	1. 混合砂浆	20	1700	0.870	1.00	0.023	4.448 4.518	2.242 2.242	0.459 0.427
		2. 烧结多孔砖(P型)	240	1400	0.580	1.00	0.414			
		3. SB1保温板	80 90	18~22	0.041	1.50	1.301 1.463			
		4. 胶粉聚苯颗粒找平层	25	300	0.070	1.30	0.275			
		5. 抹面胶浆	5	1800	0.93	1.00	0.005			

续表

序号	外墙构造简图	工程做法	分层厚度δ mm	干密度 ρ_0 kg/m³	导热系数 λ W/(m·k)	修正系数 a	热阻 R (m²·k)/W	主体部位 热惰性指标D值	主体部位 传热阻R_0 (m²·k)/W	主体部位 传热系数K W/(m²·k)
3		1.混合砂浆	20	1700	0.870	1.00	0.023	4.338 4.408 4.478 4.548	1.805 1.969 2.132 2.294	0.554 0.508 0.469 0.436
		2.非黏土烧结普通砖	240	1800	0.810	1.00	0.296			
		3.SB1保温板	80 90 100 110	18~22	0.041	1.50	1.301 1.463 1.626 1.789			
		4.抗裂砂浆抹灰层	25	1800	0.93	1.30	0.021			
		5.抹面浆浆	5	1800	0.93	1.00	0.005			
4		1.混合砂浆	20	1700	0.870	1.00	0.023	4.339 4.409 4.479	2.062 2.222 2.387	0.485 0.450 0.419
		2.非黏土烧结普通砖	240	1800	0.810	1.00	0.296			
		3.SB1保温板	80 90 100	18~22	0.041	1.50	1.301 1.463 1.626			
		4.胶粉聚苯颗粒找平层	25	300	0.070	1.30	0.275			
		5.抹面胶浆	5	1800	0.93	1.00	0.005			

SB板可广泛用于办公楼、住宅楼、商场、公寓等既有建筑节能改造工程，目前已应用于全国各地的建筑面积达到上千万平方米，能满足不同地区、不同阶段的建筑节能要求，既可缩短施工周期，又能降低工程造价，受到社会各界的一致好评，为我国的建筑节能作出了重大贡献。

绿色"3升房"建筑节能技术体系

一、成果名称

绿色"3升房"建筑节能技术体系

二、完成单位

完成单位：天津达璞瑞科技有限公司、德国巴斯夫集团

三、成果简介

（一）"3升房"概念

巴斯夫率先提出"3升房"概念，并将这种概念变成现实。"3升房"概念是一项收益巨大的建筑节能工程。通常在欧洲，一间房子，尤其冬天要使人既舒适又不浪费能源，每平方米每年要消耗能源20升左右，而用"三升房"概念，可以使能源降到每平方米每年3升左右，仍让人感觉很舒服。这种房屋使用先进的保温材料以降低能耗，最多可将能耗减少到现在水平的1/6到1/7，同时减少约80%二氧化碳排放。

巴斯夫公司对位于德国路德维希港的员工住宅进行了改造，来自世界各地的人们为其惊人的结果而惊讶：改造后，每年每平米居住面积采暖用油，从20升降到3升（相当于4.5千克标煤，）如按100平米住房测算，年采暖费用从改造前9000元（人民币）下降到了1300元，而且二氧化碳排放量减少了80%。这一结果举世瞩目—巴斯夫竖起来全球既有节能建筑改造的新标杆。巴斯夫"3升房"传到了世界各地，同时也传到了中国。天津达璞瑞科技有限公司与巴斯夫一起，为中国地区建造"3升房"。

（二）"3升房"节能秘诀

"3升房"取得魔术般的节能效果，这得益于巴斯夫不断创新的建筑节能技术体系和解决方案。在改造过程中采用了加强维护结构的保温性能、使用具有内墙"空调系统"作用的相变储能隔热砂浆技术、设置可回收热量的通风系统、燃料电池组作为小型动力站等措施。

一幢建筑，节不节能很大程度上取决于其维护结构的保温性能。为了达到"3升房"的目标，我们在屋面、外墙、地下室顶板等部位都采用了其在全世界首家推出的Neopor®保温板。Neopor®保温板是一种以聚苯乙烯为基材的新型隔热保温材料，该材料为银灰色，其中含有细微的红外线吸收体，可吸收与反射红外线，这样一来就避免了辐射造成的热流动。与传统的聚苯板相比，Neopor®保温板可减少20%的厚度，却能得到同样的保温隔热效果。由于Neopor®保温板更薄、更轻，原材料的用量可减少50%。每生产2平米10厘米厚的Neopor®保温板约10升左右的原油，而此板可使用50年且性能不变。比同类板材可节省1200升的采暖用油，大大节约了费用和资源。同时Neopor®保温板的防火性能是按照欧洲标准和中国标准制造，防火等级按照GB8624-2012检测结果为B1（B-S2, d0, t0），提高了防火的安全性。

另外，为了提高保温隔热效果，还加强了外维护窗的处理。外窗采用巴斯夫生产的充满惰性气体的三波塑框窗，窗框中填充聚氨酯内芯，提高了保温隔热性能。此外，在设计中还对防风和气密性做了巧妙的处理，解决了热桥问题。

（三）"3升房"节能看点

在"3升房"建成后，我们进行了长达3年的全面的数据测试。在现代化改建后进行了热像分析，3年的科学研究得出以下结论：

每平米每年的供热消耗不超出3升油的目标超出预期完成，平均原油供热消耗仅2.6升。

由于使用了Neopor®保温板，它提供的热保护效果使室内温度尤其是冬天也温暖宜人，室内温度平均保持在22摄氏度，湿度保持在40%～60%之间。

由于"3升房"在建筑节能改造方面的出色表现，使其成了全球建筑节能改造的标杆。成功是显而易见的，在全世界，"3升房"也堪称璀璨夺目的房产案例。

"3升房"的成功实践开始在世界传播，仅在亚洲，在上海虹口地区与原中国建设部、上海市有关部门合作了"3升房"示范项目，经过测试，节能达到71%。"3升房"的成功也吸引了北京、重庆、南京、沈阳等中国众多城市，加快了在建筑节能方面的合作。达璞瑞将携手巴斯夫进一步将这种被动节能技术推向中国。"3升房"技术延伸阅读请查看网页www.dprlord.com。

采暖热计量节能控制系统

一、成果名称
采暖热计量节能控制系统

二、完成单位
完成单位：北京海林节能设备股份有限公司

完成人：赵岩

三、成果简介
多年来采暖行业对于用户端一直都没有相应的节能措施，室内的温度不能调节，有很多情况不符合居住人群的要求，有的主要想要温度低一些，家里温度高，便开窗通风，有些用户家里边温度低，达不到想要的温度，类似的情况造成能源的严重浪费，同时还存在住户对供暖质量的不满意。多年来供热行业采用按面积收费，类似大锅饭的方式让大家的节能意识无从谈起。

该发明主要解决2个问题，1.室内温度可调节，可满足用户对温度的不同要求，同时为用户的行为节能提供技术前提；2.采用相对公平合理的计量方式，做到多用多缴费，少用少缴费，提升用户的节能意识。

近年来市场上新兴的各种形式的系统，或多或少的都存在一些稳定性适应性的问题，对整体应用后的维护使用造成很多的实际困难，例如：计量设备对于供热系统水质的适应能力差、整个系统的网络的健壮性差、穿墙能力不好；该发明主要针对这些弊端，从以下方面进行了技术优化。

采用阀门和计量控制器代替户用热计量表，解决了热量表对于水质的不适应问题，不会再出现经常故障、无法计量等问题，并且增加阀门之后还能实现室内温度的调节功能，可谓一举两得。

温度控制功能由2部分设备完成，室内的温控面板和计量控制器，中间的连接采用无线网络，无线连接的方式让施工变得非常简单，不必入户不会扰民，极大减小了改造工作的周期；温控器采用电池供电，并可以通过USB口重复充电使用，一次完全的充电可以使用一个采暖季。

（一）系统架构及设备组成
本系统主要由：1.系统平台软件；2.数据采集箱；3.3983C（计量控制器）；4.3983S（无线温控器）；5.常开电热阀；6.电源箱；7.超声波热量表等组成，各个设备各司其职并协调工作组成一个完善的计量节能管理系统。

（二）各设备的工作原理
1. 系统平台软件

基于网络版的程序，在任何有网络的地方均可登录查询、操作，系统软件界面友好、操作简单，既能独立运行，也可兼容和开放第三方数据opc接口，能够配置计量参数和适应多种收费方式，并根据需要生成不同的各种数据报表

2. 无线温控器

无线液晶温控器用于用户室温的调节和

检测,并记录用户的用热时间当量值,其安装于用户典型房间内,检测房间温度并和用户的设定温度相对比,当房间温度高于用户设定温度时,输出无线信号给无线计量控制器,关闭电动阀门;当房间温度低于设定温度时,打开电动阀门,达到舒适节能的目的。

3. 计量控制器、电热阀

电热阀安装于管井入户进水管,计量控制器安装于靠近电热阀的墙体上,固定牢固。计量控制器具有控制和通讯功能,用来接收无线温控器的信号,控制阀门的通断,同时记录存储阀门的通断时间并以无有线的方式传输给网络数据采集箱

4. 数据采集箱

网络数据采集箱用来采集计量控制器上传的数据信息,并下发控制命令。数据采集器和计量控制器通过RS485有线连接双向传输数据,收发数据快速,可靠,内置的GPRS,可以设定目标IP或目标域名,使数据可以在Internet上传输至软件平台。

5. 超声波热量表

超声波热量表,用于计量一栋或多栋建筑在某段时间的总用热量,并由能量数据采集箱采集数据后传输给监控计算机,并对用户的用热量进行分摊。

6. 电源箱

为计量控制器供电,低电压的供电方式保证了系统的供电安全,总线供电方式安装于管井内。

(三)系统示意图

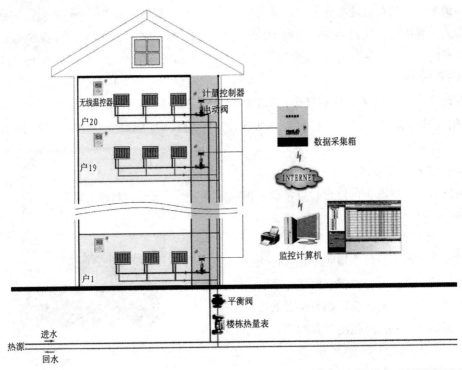

(四)系统主要产品特点

1. 系统平台软件

(1)可视化管理

在整个监控系统中,系统管理员通过计算机界面显示,可以直观地观察所有用户热能使用量、缴费信息、设定温度、室内温度

等系统设计中规定的相关数据；一旦发生异常情况，系统可通过警告信息提示；

（2）实时监控

系统可昼夜监控记录辖区内各用户使用的情况并实时记录数据，便于计费的及时性，同时方便客户查询审计；

（3）数据存储备份

系统中可以采用多个监控计算机进行数据存储，监控计算机之间可以互相备份，通过软件自身拥有的冗余可以明显提高系统容量，还提高了系统的稳定性和可靠性。后台数据库采用MSSQL，在系统软件与数据库之间，通过三层架构，中间层用Microsoft MTS以提高数据库访问的性能。

（4）故障告警

系统各设备具有自动故障报警，同时可以声、光、界面变化发出警报，并提示故障地址及相应参数状态；

（5）个性化的报表

系统软件具有灵活的报表打印，系统提供多种报表样式供用户使用，同时用户可根据需求自定义表格；

（6）多种付费方式

根据需求，设置为预付费、后付费、预付费及季付费等多种模式；

（7）缴费管理

预付费管理、拒付费切断，有可控预付费管理功能。费用不足时提前报警，提示用户及时缴费；亦可自动将逾期不交费的用户实施关断禁用控制。对拒绝付费的用户进行管制，可以通过切断水阀来实现。

（8）防窃、防恶意消耗

根据运行参数进行数据分析，以判断是否正常使用，并及时提醒管理人员。

（9）权限设定

可设定5级以上的人员使用权限，系统管理员可以具体地设定每个级别的操作员的每一项权限；

（10）开放式接口

可与其他智能化系统共享数据、协调工作、联动控制；

（11）图形化操作界面

用户图形化系统操作界面，操作简便易行；

（12）分时段计费

根据客户需求按不同时段收费，如上班、加班、周末、节假日等。

2. 数据采集箱（智能网关）

（1）数据采集上传功能

智能网关负责RS485/Mbus设备与上层主控平台（比如一台主控计算机）的数据对接。该产品可以方便的实现任意基于RS485/Mbus的通信协议同监控软件的连接。该网关具有背景命令主动轮询和控制命令优先下发功能。可以大规模地增容控制网络的被控接点。

（2）本地分摊

通过RS485总线把设备直接采集到网关，网关通过对采集到的热量表数据和住户通断时间、室温等参数来分摊每户使用的热量值，然后通过采集箱里面安装的液晶触摸屏显示每家每户的分摊热量值。

（3）数据存储及其他功能

该智能网关还具备一定的存储空间，保证能够脱机存储二个采暖季的小时运行数据；有本地触摸屏能够现场进行本地分摊并读取并显示记录。使用环境温度为0℃～60℃、固件支持在线升级；集成液晶显示屏，可显示各种状态数据及菜单，可进行本地管理；具备IP65防护等级。具备存储功能，存储楼栋信息，内容包括楼栋建筑面积、楼栋编码等参数；存储周期为1h，日期记录格式应为XX年XX月XX日，时间记录格式应为XX时（1～24）。计时误差不大于5s/24h，校时方式采用网络同步校时；存储楼栋热量表在每个周期间隔时刻的累积流量、累积热量、瞬时热量、瞬时流量、供水温度、回水温度和故障信息代码，其数据精度与热量表显示值相同。如一栋楼栋有若干热量表，能分别进行存储，并将热量表参数相加再存储；存储每个周期之内的每个住户的平均室温、设定温度、阀门开启率和分摊热量（热量单位为kwh），数据与住户末端存储数据相同。

（4）方便的接口及数据导出

热用户每个周期的分摊计算结果均在采集器现场形成历史记录存储，热力公司或热用户可以在现场通过数据存储卡或USB接口等，读取历史记录数据，保证了其热计量分摊计算结果的客观性，也从技术要求上消除了人为主观对热计量分摊结果干扰的可能性。本方法是采用最先进的总线式数据采集技术，采集数据的信息量完整，能够充分反映及记录住户的温度舒适情况，为按照热量收费提供了可靠的依据。

五、论文篇

在我国城镇化快速发展的同时,既有建筑绿色化改造也显得越来越重要,人们已经不再仅仅满足建筑安全性、舒适性等单一性的功能,更多地注重生活品质的不断提高。广大科研人员也积极参与既有建筑绿色化改造方面的研究,部分成果以发表论文的形式进行推广。本篇选出部分与既有建筑绿色化改造、绿色化评价以及政策法规相关的学术论文,供读者交流。

我国既有建筑绿色化改造的发展现状与研究展望

一、引言

我国的既有建筑面积已达500亿平方米左右，但绿色建筑面积仅有0.758亿平方米（含绿色建筑示范工程和绿色建筑标识项目），仅占现有建筑面积的0.15%（截至2012年12月），而绝大部分的非绿色"存量"建筑，都存在资源消耗水平偏高、环境负面影响偏大、工作生活环境亟需改善、使用功能有待提升等方面的问题。庞大的体量加之诸多的缺陷——这两个难题的叠加无疑像一座"大山"一样横在了建筑领域节能减排工作的推进道路之上。针对既有建筑存在的巨大症结，绿色化改造无疑是解决上述问题乃至整个国民经济中能源与环境问题日益尖锐化的利器。推进既有建筑绿色化改造，可以集约节约利用资源，提高建筑的安全性、舒适性和健康性，对转变城乡建设模式，破解能源资源瓶颈约束，培育节能环保、新能源等战略性新兴产业，具有十分重要的意义和作用。

二、既有建筑绿色化改造的定义及范围

（一）对定义的认识

"绿色建筑"是指在建筑的全寿命周期内，最大限度地节约资源（节能、节地、节水、节材）、保护环境和减少污染，为人们提供健康、适用和高效的使用空间，与自然和谐共生的建筑。"既有建筑"是相对新建建筑而言的，是指已建成使用的建筑。对"既有建筑绿色化改造"最直接的理解就是将已建成使用的"不绿色"的建筑通过改造达到"绿色"的要求。但是事实上，现在业界并未对其有明确的定义及统一的认识，障碍主要有两点：一是"改造的基础"，即什么样的既有建筑具备绿色改造的潜质，是不是所有的既有建筑都有必要改；二是"改造的效果"，即达到怎样的标准和程度，既有建筑就可以成为绿色建筑，是不是要与新建建筑执行同样的标准。

（二）对范围的界定

既有建筑绿色化改造范围的界定受诸多因素的影响，不仅仅涉及与新建建筑相似的"四节一环保"与运营管理等方面，而且还牵扯到既有建筑所特有的抗震加固、功能提升以及改造的费效比等问题，所以要圈定既有建筑绿色化改造的范围就需要从我国既有建筑改造的现状出发，抓住重点，以点带面，找准突破口，适时推进既有建筑绿色化改造。目前我国政府要求，在旧城区综合改造、城市市容整治、既有建筑抗震加固中，有条件的地区要同步开展节能改造。以上论述实际上指出了既有建筑绿色化改造的推进路线，即从工作的全面性和可行性两个角度出发，节能改造的效益较为明显、技术发展

较为成熟，社会关注度和民众接受程度也高，并且有完备的标准规范可循，易于作为既有建筑绿色化改造范围界定的切入点。

首先是既有建筑绿色化改造的潜在范围，这与我国建筑节能设计规范的执行情况是一脉相承的。经过测算，大概有351.5亿平方米的既有建筑进入到节能改造的大范围内，以节能改造为基础有针对性地增加改造内容而成为绿色建筑。测算依据见表1。当然对于严格满足节能设计规范的建筑因为追求更高性能目标而改造成绿色建筑，应当是要大力鼓励的，但是在此暂时不将其列入。

既有建筑绿色化改造的潜在范围测算 表1

气候区	面积测算
北方采暖地区居住建筑	1981~1997年的全部建筑，1998~2005年期间建成的非节能建筑
夏热冬冷地区居住建筑	建成于1981~2001年的不满足《夏热冬冷地区居住建筑节能设计标准》要求的建筑
夏热冬暖地区居住建筑	建成于1981~2005年的不满足《夏热冬暖地区居住建筑节能设计标准》要求的建筑
公共建筑	1981~2005年期间建成的不满足《公共建筑节能设计标准》要求的建筑

其次是既有建筑绿色化改造的直接范围，这与我国"十二五"节能减排政府工作的重点是相呼应的。上述所说的既有建筑绿色化改造的潜在范围量大面广，建筑能耗较高，绿色改造潜力较大，将作为今后很长一段时间内绿色化改造的持续性考虑的对象，而作为改造的直接范围，与《"十二五"节能减排综合性工作方案》的目标范围直接对接，工作基础较好，实施可行性较高，易于在节能改造当中通盘考虑绿色化改造，是未来几年推广既有建筑绿色化改造的实施主体。经过测算，进入这一范围的既有建筑大概有5.1亿平方米。测算依据见表2。

既有建筑绿色化改造的直接范围测算 表2

气候区	面积测算
北方采暖地区居住建筑	4亿平方米
夏热冬冷地区居住建筑	5000万平方米
公共建筑	6000万平方米

三、既有建筑绿色化改造相关法律政策

（一）相关法律

我国已经颁布实施的法律当中，《中华人民共和国土地管理法》、《中华人民共和国环境保护法》、《中华人民共和国节约能源法》、《中华人民共和国建筑法》、《中华人民共和国可再生能源法》和《中华人民共和国城乡规划法》等现行法律中均有涉及既有建筑改造的相关内容，为既有建筑绿色化改造的各层面问题提供了相应的法律保障。特别是《中华人民共和国节约能源法》，其中的第22条、第34条、第38条、第

40条、第48条、第61条、第65条等多条内容直接与既有建筑节能改造相关。

(二) 相关规章

相关政府条例大都属于针对上位法的具体落实办法。有关既有建筑改造的行政条例有《民用建筑节能条例》、《公共机构节能条例》、《建设工程质量管理条例》、《建设工程勘察设计管理条例》、《建设项目环境保护管理条例》等。相关的部门规章有《城市抗震防灾规划管理规定》、《城市节约用水管理规定》、《城市建筑垃圾管理规定》、《房屋建筑工程抗震设防管理规定》、《民用建筑节能管理规定》、《国家机关办公建筑和大型公共建筑节能专项资金管理暂行办法》、《节能技术改造财政奖励资金管理办法》、《北方采暖地区既有居住建筑供热计量及节能改造奖励资金管理暂行办法》以及《夏热冬冷地区既有居住建筑节能改造补助资金管理暂行办法》等。

(三) 相关政策

多年来，我国政府高度重视建筑节能工作，加之近几年对绿色建筑工作的持续关注，从中央到地方均出台了多项针对既有建筑改造以及绿色建筑的推进政策。一方面，在这些原有政策的执行当中，如果注意政策之间的整合以及发挥政策的引导放大效应，应该可以在完成既定目标的情况下，将既有建筑绿色化改造工作推向一个新的高度。另一方面，借鉴关于既有建筑节能改造以及绿色建筑相对成熟和完备的政策体系，制定适合既有建筑绿色化改造发展的政策体系，是推进既有建筑绿色化改造工作的先决条件。中央层面的相关政策见表3，地方层面的相关政策见表4。

中央层面的相关政策　　　　　　表3

实施对象	目标	是否有关绿色建筑	是否有关既有改造	有无激励	激励标准
北方采暖地区既有居住建筑	"十二五"期间完成总面积4亿平方米以上；到2020年末，基本完成北方采暖地区有改造价值的城镇居住建筑节能改造	否	是	有	严寒地区每平方米为55元，寒冷地区每平方米为45元
夏热冬冷地区既有居住建筑节能改造	"十二五"期间完成总面积5000万平方米以上	否	是	有	地区补助基准按东部、中部、西部地区划分：东部地区每平方米15元，中部地区每平方米20元，西部地区每平方米25元
国家机关办公建筑和大型公共建筑	"十二五"期间完成公共建筑和公共机构办公建筑节能改造1.2亿平方米	否	是	有	对建立能耗监测平台给予一次性定额补助
农村危房改造节能示范	"十二五"期间完成40万套	否	是	有	暂无

地方层面的相关政策　　　　　　表4

省市	目标	是否涉及绿色建筑	是否涉及既有改造	有无激励	激励标准
上海市	无	是	是	有	对八大类进行补贴，最高1000万元；节能改造按照窗面积每平方米分别补贴150、250元
长沙市	2012年年底前，完成可再生能源建筑应用面积476万平方米	是	是	有	太阳能光热按集热器面积补助400元/平方米，热泵分类型每平方米分别补助40、35元、30元，太阳能与地源热泵结合系统补助53元/平方米

四、绿色化改造相关标准规范

目前，我国还没有建立专门的既有建筑绿色化改造标准体系，但是绿色建筑及建筑节能等领域的标准体系正在不断加强与完善，这一系列的标准规范既为既有建筑绿色化改造的相关分解技术环节提供了较为完备的工具和参考，而且通过成熟标准规范系列的整合及借鉴，为创立既有建筑绿色化改造标准体系提供了捷径。

（一）评价标准

在绿色建筑评价标准方面，目前《绿色建筑评价标准》GB/T50378正在修订当中，整个标准体系也正在向建筑功能区别化方向发展，同时各地方也相应发布了或正在制定适合本地的地方评价标准。在这些标准当中大多含有针对改造建筑的评价条款，而且《绿色建筑评价标准》GB/T50378在基本规定当中明确指出是可以适用于扩建与改建的建筑。

在节能建筑评价标准方面，目前《节能建筑评价标准》GB/T50668已经颁布实施，而《建筑能效标识技术标准》JGJ/T288也于2013年3月正式实施。相关主要评价标准见表5。

主要评价标准　　　　　　表5

领域	标准名称	标准号
绿色建筑	绿色建筑评价标准	国标，GB/T50378
绿色建筑	绿色办公建筑评价标准	国标，报批
绿色建筑	绿色工业建筑评价标准	国标，报批
绿色建筑	绿色医院建筑评价标准	国标，在编
绿色建筑	绿色商店建筑评价标准	国标，在编
绿色建筑	既有建筑改造绿色评价标准	国标，在编
绿色建筑	绿色博览建筑评价标准	国标，在编
绿色建筑	绿色饭店建筑评价标准	国标，在编
绿色建筑	绿色校园评价标准	学会标准，审查会
绿色建筑	绿色生态城区评价标准	学会标准，在编
节能建筑	节能建筑评价标准	国标，GB/T50668
节能建筑	建筑能效标识技术标准	行标，JGJ/T288
综合性能	住宅性能评定技术标准	国标，GB/T50362

（二）设计标准

既有建筑绿色改造的整体方案一方面可以参照新建建筑的标准，另一方面各环节的改造方案也应依照相应领域的标准。相关主要设计标准见表6。

主要设计标准 表6

领域	标准名称	标准号
绿色建筑	民用建筑绿色设计标准	JGJ/T229
节能建筑	公共建筑节能改造技术规范	JGJ176
节能建筑	既有居住建筑节能改造技术规程	报批
建筑加固	砌体结构加固设计标准	GB50702
建筑加固	既有建筑地基基础加固技术规范	JGJ123
建筑加固	建筑抗震加固技术规程	JGJ116
建筑修缮	民用建筑修缮工程查勘与设计规程	JGJ117
建筑照明	建筑照明设计标准	GB50034
建筑采光	建筑采光设计标准	GB/T50033
建筑配电	供配电系统设计规范	GB50052
智能建筑	智能建筑设计标准	GB/T50314
建筑给水排水	建筑给水排水设计规范	GB50015
建筑给水排水	建筑中水设计规范	GB50336
可再生能源	地源热泵系统工程技术规范	GB50366
可再生能源	太阳能供热采暖工程技术规范	GB50495
可再生能源	民用建筑太阳能热水系统应用技术规范	GB50364
可再生能源	民用建筑太阳能光伏系统应用技术规范	JGJ203
可再生能源	民用建筑太阳能空调工程技术规范	GB50787
建筑门窗	塑料门窗安装及设计规范	JGJ103
建筑门窗	玻璃幕墙工程技术规范	JGJ102
建筑屋面	坡屋面工程技术规范	GB50693
无障碍设施	无障碍设计规范	GB50763

（三）检测标准

对于既有建筑来讲，改造之前方案的制定需要以科学的检测、鉴定及评估为依据，所以相关检测鉴定标准也应该纳入既有建筑绿色化改造的标准体系之内。相关主要检测鉴定标准见表7。

（四）施工及其他标准

既有建筑绿色化改造当中，同样面临施工过程的控制及验收问题。相关主要施工标准及其他方面标准见表8。

主要检测鉴定标准 表7

领域	标准名称	标准号
绿色建筑	绿色建筑检测标准	学会标准，在编
节能建筑	公共建筑节能检测标准	JGJ/T177
节能建筑	居住建筑节能检测标准	JGJ/T132
建筑加固	建筑抗震鉴定标准	GB50023
建筑加固	民用建筑可靠性鉴定标准	GB50292
建筑结构	建筑结构检测技术标准	GB/T50344
建筑结构	砌体工程现场检测技术标准	GB/T50314
建筑结构	混凝土结构现场检测技术标准	在编
建筑结构	钢结构现场检测技术标准	GB/T50621
建筑门窗	建筑门窗工程检测技术规程	JGJ/T205
建筑门窗	玻璃幕墙工程质量检验标准	JGJ/T139
建筑防水	建筑防水渗漏检测与评定标准	在编

主要施工及其他标准 表8

领域	标准名称	标准号
绿色建筑	绿色施工导则	建质[2007]223号
围护结构	外墙外保温技术规程	JGJ144
建筑修缮	民用房屋修缮工程施工规范	GJJ/T53
建筑加层	砖混结构房屋加层技术规程	CECS78
建筑屋面	屋面工程质量验收规范	GB50207
建筑装修	住宅装饰装修工程质量验收规范	GB50327
建筑外墙	外墙饰面砖工程施工与验收规程	JGJ126
建筑节能	建筑节能工程施工质量验收规范	GB50411

五、既有建筑绿色化改造相关课题研究

我国关于既有建筑绿色化改造的科学研究是一个循序渐进的过程。从开始关注新建建筑的绿色建筑技术研究，到既有建筑的综合改造技术研究及绿色建筑涉及的细化领域研究，再到"十二五"期间专门针对既有建筑绿色化改造设立科学研究项目，从全视角、系统化的层面来全面开展此领域研究的工作时机与基础已经成熟。

（一）"十五"期间

在此期间我国实施完成国家科技攻关计划重点项目"绿色建筑关键技术研究"。主要围绕我国发展绿色建筑必须解决的突出问题，瞄准国际前沿，结合我国实际和潜在需求，重点研究我国绿色建筑评价标准和规划设计指南，开发符合绿色建筑标准的若干项具有自主知识产权的关键技术和成套设备，实现建筑技术的跨越式发展。通过系统的技

术集成和工程示范，形成我国绿色建筑核心技术的研究开发基地和自主创新体系。

（二）"十一五"期间

在此期间我国实施完成了国家科技支撑计划重大项目"既有建筑综合改造关键技术研究与示范"。研究内容涵盖与既有建筑改造相关的标准规范、检测与鉴定技术、机械装备与建筑材料、结构加固、抗震改造、使用功能提升、软件系统开发、节能降耗以及能源系统优化等多个方面，共获得国家专利48项；研制国家标准13项，行业标准18项；技术成果应用超过55项。

同时，我国还实施完成了"可再生能源与建筑集成技术研究与示范"、"城市综合节水技术开发与示范"、"生活垃圾综合处理与资源化利用技术研究示范"、"建筑节能关键技术研究与示范"、"现代建筑设计与施工关键技术研究"、"城镇人居环境改善与保障关键技术研究"、"环境友好型建筑材料与产品研究开发"、"村镇小康住宅关键技术研究与示范"、"城镇绿地生态构建和管控关键技术研究与示范"、"建筑业信息化关键技术研究与应用"、"城市生态规划与生态修复的关键技术研究与示范"等国家科技支撑计划项目。

（三）"十二五"期间

目前我国已经启动了"既有建筑绿色化改造关键技术研究与工程示范"项目，可对上述项目研究成果进行甄别提炼和统筹集成，进一步研究可用于既有建筑绿色化改造的成套技术并进行工程示范，为大面积推进既有建筑的绿色化改造提供技术支撑。项目将从"既有建筑绿色化改造综合检测评定技术与推广机制研究"、"典型气候地区既有居住建筑绿色化改造技术研究与工程示范"、"城市社区绿色化综合改造技术研究与工程示范"、"大型商业建筑绿色化改造技术研究与工程示范"、"办公建筑绿色化改造技术研究与工程示范"、"医院建筑绿色化改造技术研究与工程示范"、"工业建筑绿色化改造技术研究与工程示范"七个方面对既有建筑的绿色化改造开展研究并进行工程示范。

六、既有建筑绿色化改造标识项目

（一）标识项目现状

从2008年绿色建筑标识评价活动启动，截至2012年12月，全国已经评价出742项绿色建筑评价标识项目，总建筑面积达到7581万平方米。与大量新建建筑获得绿色建筑标识形成鲜明对比的是，截至目前，仅有21个项目通过既有建筑改造而获得绿色建筑标识，总建筑面积为87.2万平方米，占所有标识项目总建筑面积的比例不到2%。项目信息见表9。虽然这些项目数量较少，但是完全可以对今后的既有建筑绿色化改造提供重要的借鉴案例。

（二）共性问题

从以上标识项目的信息来看，目前通过既有建筑改造而获得标识的项目存在以下几个共性问题：一是以公共建筑为主，二是以设计标识为多数，三是实施改造前基础较好。以上问题的显现其实从另一个侧面阐释了既有建筑绿色改造所面临的一些障碍：一方面是居住建筑的开发商大都开发与运营分离，缺乏后期改造的自发动力；另一方面是相对于新建建筑，绿色既有建筑的评价是否还是凭借对一纸设计方案的考察为主要方法

既有建筑绿色化改造标识项目信息   表9

序号	项目名称	星级	项目类型	标识类别	改造面积（万平方米）
1	苏州工业园区星海街9号厂房装修改造	★★	公共建筑	设计标识	1.16
2	杭州市综合办公楼节能改造工程	★★	公共建筑	运行标识	2.36
3	珠海宾馆改造项目1～5号楼	★★★	住宅建筑	设计标识	11.27
4	常州奔牛机场民航站区改扩建工程	★★	公共建筑	设计标识	6.30
5	北京首创郎家园改建项目（11#办公楼）	★★★	公共建筑	设计标识	0.25
6	南市发电厂主厂房和烟囱改建工程（城市未来馆）	★★★	公共建筑	运行标识	3.11
7	上海铜山街旧改南块项目1～8号楼	★★★	住宅建筑	设计标识	20.91
8	北京市东城区东四街道办事处节能改造项目	★★	公共建筑	设计标识	0.64
9	南宁"建科苑"危旧房改住房改造项目	★★	住宅建筑	设计标识	9.58
10	深圳市光明医院改扩建工程医技住院楼	★	公共建筑	设计标识	3.06
11	上海虹桥临空经济园区东方国信工业楼改扩建	★★	公共建筑	设计标识	7.30
12	大连南关岭工矿旧区改造地块B6、B8号楼	★★	住宅建筑	设计标识	0.92
13	解放军第四五四医院礼堂改造	★★	公共建筑	设计标识	0.32
14	武汉建设大厦综合改造工程	★★★	公共建筑	设计标识	2.53
15	上海申都大厦改造工程	★★★	公共建筑	设计标识	0.62
16	大连南关岭工矿旧区改造地块B2区1～3号楼	★★	公共建筑	设计标识	3.00
17	四川烟草工业有限责任公司绵阳分厂灾后重建技改项目（综合楼）	★★	公共建筑	设计标识	1.25
18	张江集电港办公中心	★★★	公共建筑	设计标识	2.37
19	招商地产南海意库	★★★	公共建筑	设计标识	9.58
20	鹏远住工办公楼	★★★	公共建筑	设计标识	0.21
21	华侨城体育中心	★★★	公共建筑	设计标识	0.51

和技术导向；还有一个重要的方面就是，现有评价标准体系是否真正适合既有建筑的评价，是否应该区别于新建建筑，而构建体现既有建筑绿色化改造的综合性、局限性与特殊性的特色评价指标体系。

七、研究展望

（一）政策建议

既有建筑绿色化改造相对于新建绿色建筑及节能改造，具有更深刻的复杂性和困难性，且相对于前两项任务的工作基础，上层建筑建设可谓差距较大。未来对于政策建议的研究，应该加强与政府及社会当前重点工作的结合，借力现有热点任务，利用与之相关的政策整合及再创新，循序渐进地开展切实可行的政策与机制建议研究。

（二）标准规范

既有建筑的绿色评价应该与新建建筑差异化。既有建筑的绿色评价应着力解决以下几个问题：绿色改造适用技术的经济可行性与技术先进性统一协调的问题；区别于新建建筑，体现既有建筑绿色改造的综合性、局限性与特殊性的评价指标体系的构建问题；既有建筑绿色改造效果的定量评价问题；适用于我国不同气候区、不同资源区的有针对性的改造评价体系。

（三）技术体系

我国既有建筑整体有着几个明显的特征：建成时间跨度大，地域空间跨度大，自然资源差距大，经济发展不均，功能划分类别多等。针对以上特点，对于既有建筑绿色化改造的技术体系研究来说，就应该遵循其客观规律，形成考虑多目标多因素相交叉为前提的适用技术体系。

（四）城市尺度

在我国目前绿色建筑的发展进程当中，出现了绿色生态城区与单体绿色建筑并驾齐驱的发展趋势，这实际上是绿色建筑向高端形态发展以及传统产业升级的必由之路。着眼于未来的发展需要，既有建筑绿色化改造的研究也应具有一定的前瞻性，在一系列研究的基础上探索如何在更大尺度上实现既有城市的绿色化。

（中国建筑科学研究院供稿，王俊执笔）

既有建筑绿色化改造策略与工程实践

一、概述

我国是人均资源严重不足的发展中国家，巨大的资源、能源需求已成为制约我国经济发展的一个重要因素。传统建筑业在施工、使用与拆除过程中消耗大量的资源与能源，并对环境造成严重影响。我国正努力实现从传统消耗型经济发展模式向生态型经济发展模式的转变，实施既有建筑绿色化改造将是可持续发展的必由之路。"十二五"是我国城市发展和城镇化战略转型的关键时期，对既有建筑实行绿色化改造将是提升城市功能、节约利用城市空间、建设小康社会、改善百姓民生、节能减排等各项任务的一个重要抓手。

绿色建筑是世界建筑发展的潮流和趋势，开展绿色建筑相关研究是我国中长期科技发展的战略部署。我国《"十二五"节能减排综合性工作方案》（国发[2011]26号）提出将实施节能减排重点工程。我国的既有建筑面积已达500亿平方米左右，但绿色建筑面积仅有0.758亿平方米（含绿色建筑示范工程和绿色建筑标识项目），仅占现有建筑面积的0.15%（截至2012年12月）；此外，每年新增约20亿平方米新建建筑中，绿色建筑的数量和面积也极其有限。在我国发展绿色建筑、推行既有建筑绿色化改造正面临难得的历史机遇。

基于此，应加快既有建筑绿色化改造关键技术研发和工程示范推广，显著降低既有建筑的能耗水平，提升其居住舒适度和安全性能。

二、绿色建筑及其评价体系

绿色建筑是指在建筑的全寿命周期内，最大限度地节约资源（节能、节地、节水、节材）、保护环境和减少污染，为人们提供健康、适用和高效的使用空间，与自然和谐共生的建筑。

世界上绿色建筑的评价体系有多种，代表性的有美国LEED、英国BREEAM、日本CASBEE、澳大利亚ABGRS、德国DGNB等。我国于2006年编制了国家标准《绿色建筑评价标准》（GB50378-2006），绿色建筑评价体系主要包括节地与室外环境、节能与能源利用、节水与水资源利用、节材与材料资源利用、室内环境质量、运营管理（住宅建筑）及全生命周期综合性能（公共建筑）等六方面指标，各项指标分为控制项、一般项和优选项三类。控制项为绿色建筑的必备条款，按满足一般项和优选项的程度，绿色建筑划分为三个等级：三星、二星和一星。由于近几年绿色建筑在我国发展迅速，正根据绿色建筑发展新形势和最新科研成果对《绿色建筑评价标准》进行修订，增加绿色施工章节，并鼓励提升与创新。

现阶段，没有具体针对既有建筑绿色化改造的相关标准，一般多套用新建绿色建筑的评价标准，不能很好地考虑既有建筑特点。基于此，正准备编制国家标准《既有建筑改造绿色评价标准》。通过相关技术标准的制定和推广实施，将有效提升我国既有建筑绿色化改造的实施水平和技术含量。

三、既有建筑改造现状

2012年发布的《关于加快推动我国绿色建筑发展的实施意见》明确了推动绿色建筑发展的主要目标与基本原则，并将通过建立财政激励机制、健全标准规范及评价标识体系、推进相关科技进步和产业发展等多种手段，推进绿色建筑发展。2013年发布的《绿色建筑行动方案》是建设美丽中国的重要保障，具体目标包括：城镇新建建筑严格落实强制性节能标准，"十二五"期间完成新建绿色建筑10亿平方米；到2015年末，20%的城镇新建建筑达到绿色建筑标准要求。在既有建筑节能改造方面，"十二五"期间完成北方采暖地区既有居住建筑供热计量和节能改造4亿平方米以上，夏热冬冷地区既有居住建筑节能改造5000万平方米，公共建筑和公共机构办公建筑节能改造1.2亿平方米，实施农村危房改造节能示范40万套；到2020年末，基本完成北方采暖地区有改造价值的城镇居住建筑节能改造。推进可再生能源建筑规模化应用；到2015年末，新增可再生能源建筑应用面积25亿平方米，示范地区建筑可再生能源消费量占建筑能耗总量的比例达到10%以上。《关于加快推动我国绿色建筑发展的实施意见》和《绿色建筑行动方案》均明确了既有建筑绿色化改造是绿色建筑的重要组成部分，应在具体实施中予以高度关注。

当前绝大多数既有建筑未按绿色建筑标准进行设计和建造，普遍存在资源消耗水平偏高、环境负面影响偏大、工作生活环境仍需改善、使用功能有待提升等问题，其绿色化改造任务艰巨，技术需求旺盛。目前我国实施既有建筑绿色化改造面临的主要问题包括：1）绿色建筑技术体系、绿色建造与改造工艺和技术、绿色建筑评价标准体系尚未形成，既有居住建筑改造缺乏绿色化技术指导；2）发达国家绿色建筑技术和评价体系严重不适合我国资源能源供应特点和建筑功能需求，简单套用会带来严重隐患；3）既有建筑普遍存在居住功能不完善、居住舒适度不高、结构安全储备不足、能耗大、资源利用率低等问题，急需通过绿色化改造改变现状；4）既有建筑由于建造历史原因，存在诸多约束条件，如建筑位置、功能分区、结构体系、配套设施等，对其绿色化改造需因地制宜；5）既有建筑的典型气候适应性较差，缺乏不同气候地区既有建筑绿色化改造技术体系以及相关的关键技术支撑。

现阶段，我国既有建筑改造多侧重于单项技术（如结构加固、节能改造、平改坡、成套改造、给水排水系统改造等）的实施，技术标准体系也呈明显的专业化划分倾向，缺少系统化的既有建筑绿色化改造解决方案，常导致实施效果不理想，且易造成由于各专业彼此割裂分期实施引起的技术经济性不佳。应根据我国城镇化与城市发展进程中大规模既有建筑绿色化改造的迫切需求，以城市既有建筑为研究对象，针对其在建筑形式与功能、结构安全性、居住舒适度、新能源利用与节能减排等方面存在的问题，进行绿色化改造关键技术研发，建立符合我国国情的既有建筑绿色化改造集成技术体系和系统化解决方案，并编写相关的综合性技术标准，更好地指导既有建筑的绿色化改造工程实践。

四、绿色化改造技术策略

在长期既有建筑单项研究基础上，上海市建筑科学研究院从2004年开始进行了历史风貌建筑保护和适应性利用、世博园区既有建筑可持续改造利用成套技术与示范、华东地区既有建筑综合改造技术集成示范工程等系列技术攻关，初步形成了既有建筑绿色化改造的技术体系，并确定了"因地制宜、成本低廉、追求实效、提升品质"的绿色化改造原则。

既有建筑绿色化改造的策略具体包括：

（一）既有建筑绿色化改造设计

对城市既有建筑的使用寿命、使用功能和居住舒适度等现状展开调查与分类研究，分析城市既有建筑的主要特征和类型，结合已有既有建筑改造利用案例进行现状和再生设计的功能剖析，并以绿色化为原则对既有建筑再生改造利用进行研究。通过城市既有建筑绿色化改造的经验总结，对绿色再生在概念、意义和内涵等方面加以廓清，论证改造利用的基本原则、应用方法和实用技术；在中国特定的城市与地域背景下，分析地域技术的哲学涵义，尊重历史与文化的时间脉络，构筑既有建筑及地段保护性改造利用的理论架构，形成具有针对性的改造设计方法，并提出情感增值的关键技术。

既有建筑空间改造是既有建筑生命完善和再生的过程，体现了新陈代谢的生长思想，符合绿色化改造的建筑观。通过对既有建筑与外部空间环境协调关系的研究，提出既有建筑空间环境再生设计的原则：以人为本；绿色高效；从整体出发确定用地功能和环境改造规划；尊重历史并合理利用场所资源；新旧环境和谐共鸣。通过对既有建筑与环境关系的反思，站在战略发展的高度明确了生态化与低碳化的发展思想，提出了综合评估社会及环境效益的发展原则，从"生态纪"发展的角度提出了资源循环的节能技术以及提倡利用传统方法的低碳关键技术。通过对既有建筑绿色化改造全过程的分析，建立了系统发展的可持续原则，提炼了营造与运营相整合的集成方法，提出了设计、施工、评估、管理四位一体的关键技术。

（二）基于目标使用期的结构评估鉴定和基于性能的结构改造加固

分析了现有结构可靠性评估方法的研究现状和存在问题，探讨了既有建筑的目标使用期确定方法和可靠性目标，研究了基于目标使用期的既有建筑结构可靠性评估和抗震鉴定的关键技术问题，包括不同目标使用期下荷载与作用调整模式、抗力衰减模型以及结构体系可靠度变化等，建立了以目标使用期系数和结构耐久年限系数作为主要调整系数的既有建筑结构承载能力极限状态表达式，并通过算例验证了基于目标使用期结构评估鉴定技术的有效性。提出了基于目标使用期的既有建筑评估鉴定技术，研发了考虑主次结构协同工作和损伤累积影响的既有建筑结构精细化分析评估技术，有效提高既有建筑评估鉴定的科学性，减少结构加固改造投入。

在对现有结构加固方法进行总结与分析的基础上，总结了基于性能的结构加固基本方法与分析技术，提出了基于性能的抗震加固技术实施流程。通过采用基于性能的结构加固方法，可根据不同现状确定既有建筑安全水准和抗震设防能力，满足不同的需求，同时解决传统加固中难以克服的技术障碍。对既有建筑结构消能减震加固中耗能元件的使用进行归纳总结，通过算例进行既有建筑增设耗能元件的弹塑性时程分析，提出了既有建筑基于性能抗震加固中耗能元件的选型原则和设计方法，并通过工程应用进行检验证明，抗震加固效果良好。

（三）既有建筑节能测评与改造

通过对节能建筑设计软件的原理分析、比对验证对各种节能设计软件在既有建筑节能改造设计方面的适用性进行研究，同时通过大量实际案例的模拟分析得出适合既有建筑节能改造的设计方法。并通过对大量既有建筑调研数据的分析，得到不同类型既有建筑的运营方式，为软件分析提供了合理的边界条件，为既有建筑节能改造提供了适合的设计工具和方法。

通过对建筑节能各类技术体系的研究，得到各种技术体系的适用性和评价指标，为建筑节能改造提供适宜的技术体系。根据既有建筑现状，有针对性地研究了围护结构、采暖空调系统、照明系统、动力系统等节能改造方法。围护结构改造主要针对既有建筑外墙、屋顶、门窗等外围护结构的保温隔热性能改善进行技术研究。采暖空调系统改造主要从冷热源节能改造、输配系统节能改造等方面进行技术分析。照明系统主要从照明设备改造、合理的照明控制和管理等方面进行研究，动力系统主要针对既有建筑电梯改造、给水排水优化改造等方面进行技术提升。

通过对常见既有建筑节能改造工程质量通病进行调研和研究分析，提出了既有建筑节能改造施工质量测评技术和验收方法。通过对围护结构节能改造主要质量与安全问题进行剖析，提出了提高围护体系节能改造质量的相应对策及措施，建立了围护结构节能改造的安全体系；同时结合现场调查、抽样送检、现场检测和综合评估等方法，研发了一套空调系统节能改造质量验收技术体系。

为了解既有建筑节能改造后的效果，搭建了专用测试平台，研发了一套针对城市既有建筑特点的节能改造效果定量综合测评技术体系，包括围护结构、空调系统、照明系统、其他设备系统、可再生能源、运行管理等。针对既有建筑节能改造案例进行了现场测评和节能改造效果分析，验证了研究成果的可行性和适用性，形成一套较为完整的全寿命周期"节能改造设计→施工→验收→后评估"的建筑节能现场测评和综合改造技术体系，研究成果已在既有建筑节能改造中得到大规模推广应用。

（四）既有建筑生态改造

针对既有建筑室内外环境、能源消耗、资源利用、运营管理等现状展开调研与评价技术研究。室内环境主要研究了既有建筑室内空气质量、热环境、光环境、声环境等一系列测评方法。室外环境通过CFD软件模拟的方法进行评价分析，同时研究了环境指标的测评方法。能源利用主要通过现场调研与测评，了解既有建筑能耗现状和可再生能源利用的可行性，并有针对性地研究了既有建筑合理利用太阳能、风能和地热能的适宜技术。资源利用主要根据既有建筑特点，研究了雨水、固体废弃物和建筑垃圾利用的可行性。运营管理主要通过测评得到各系统的运营参数。

通过理论研究、技术分析、模拟计算、流程设计等方法进行了既有建筑室内外环境改善技术的研究。室外环境改善技术主要研究了室外风环境改善技术、室外绿化技术措施、室外喷泉降温技术。室内环境改善技术主要研究了自然通风技术、主动采光技术、声环境优化技术、空气质量改善技术。其中自然通风技术主要针对高大空间建筑物的改造作了技术分析；主动采光技术主要针对既有厂房改造研究了现有技术的适宜性；声环境优化技术主要提出了改造流程，并对各种声环境改造技术进行了适用性范围分析；空气质量改善技术主要根据室内空气质量要求研究了改善空气质量的有效方法。

根据既有建筑现状，有针对性地研究了空调系统的改造方法和一些适用性的新型能源高效利用技术，并对可再生能源技术用于既有建筑改造进行了技术适用性的分析研究。适用性新型能源高效利用技术研究主要研究了基于溶液除湿的热湿独立处理空调系统、调湿材料、地板采暖、个性化送风、辐射吊顶式空调、相变材料等各种关键技术。可再生能源利用技术主要对太阳能应用技术、风能利用技术、地（水）源热泵空调技术在既有建筑改造中的适用性进行了分析。

在既有建筑智能化运营管理技术研究中，针对既有建筑改造后的功能需求研发了智能照明控制系统，实现了照明的高层次智能管理；研究了遮阳系统在各种遮阳模式下的控制；同时对照明系统与遮阳系统的协调控制技术进行了研究。针对既有建筑改造后需求，通过采用信息工程技术代替传统的控制过程，对改造建筑中的各种系统进行监控管理，对其能效全面进行优化，研发了能耗监测和能源管理平台的技术体系。

针对既有建筑绿色化改造利用案例进行了主动采光改造、自然通风改造、室内声环境改造的模拟分析，验证了改造技术的可行性和适用性。从城市既有建筑改造利用现状出发，进行了既有建筑绿色度现状调查与评价、室内外环境改善、可再生能源利用、改造后智能化运营管理等技术研究，形成了既有建筑生态改造关键技术。

（五）既有建筑改造绿色施工

研究分析了各环境影响因素在改造施工过程中给周边环境和人员带来的影响和危害，根据既有建筑改造施工特点，从拆除、加固改造和装饰安装三个阶段分析主要的影响因素，对目前施工水平下的使施工过程环境效应改善、资源能源节约的绿色施工主要技术手段进行研究。对绿色施工管理组织体系的策划方法进行研究，主要内容包括施工组织设计及其中的绿色施工专项方案设计。在对既有建筑物改造绿色施工技术研究基础上，分析既有建筑绿色施工技术评价指标体系、评价方法及评价标准。

针对绿色施工中的噪声污染控制、粉尘污染控制、光污染控制、水污染控制、固体废弃物处理及利用、施工用材料节约、能源节约等提出了具体的技术方法和措施，使施工过程有效地减小对环境的不利影响，节约资源和能源。提出了绿色施工管理体系，包括绿色施工管理的组织策划原则和方法、绿色施工方案策划、现场专项管理手段等。提出了既有建筑改造绿色施工评价的原则，建立了开放的评价指标体系、评价指标量化方法及模型。

（六）基于全寿命周期（LCA）既有建

筑绿色化改造技术经济分析及性能评价

针对既有建筑改造技术特点，探索从全寿命周期角度研究各项改造技术的技术经济分析方法和多项关键技术应用效益的比选方法。在分析既有建筑全寿命周期基础上，结合既有建筑特点，以费用—效益理论为基础并综合采用条件价值评估法（CVM）、人力资本法、比较博弈法及社会支付意愿法等，从社会效益、经济效益和环境效益研究适合既有建筑绿色化改造利用综合效益的评估指标体系及评估方法。从可持续利用角度出发，建立既有建筑绿色化改造利用的性能评价指标体系及评价方法。

针对关键改造技术提高初始投资成本而降低运营成本的特点，提出从全寿命周期视角来分析单项关键改造技术的经济性能，并针对多项关键改造技术功能异质化的特点，研究通过价值工程法来实现多项技术比选。通过既有建筑改造利用全寿命周期各项环境影响分析，研究以直接成本法及替代市场法量化外环境影响，以条件价值法量化内环境影响，并通过调研获取支付意愿。以采用普通技术方案为基准，提出采用增额费用—效益模型进行单方案评价和多方案比选。在绿色化改造利用原则指引下，从安全性能、耐久性能、环境性能、舒适性能、文脉传承价值和经济性能等六方面构建模糊综合评价模型，有效体现既有建筑绿色化改造利用的技术经济优势。

五、绿色化改造工程实践

在既有建筑绿色化改造关键技术研发和技术集成基础上，进行了多项工程的示范应用。本文列举几项典型工程应用。

1. 上海能效中心绿色化改造工程

上海能效中心绿色化改造采用的关键技术包括：①既有建筑绿色化改造设计；②基于性能结构加固技术；③3R修缮材料利用技术；④生态改造技术，包括：屋顶隔热技术、节能门窗技术，高效通风、空调系统节能技术，可再生能源利用技术、绿色照明和能源管理技术等；⑤绿色施工技术；⑥改造后评估技术等。

上海能效中心采用屋顶绿化进行屋顶隔热，可有效改善微气候和微环境；同时设有雨水回收系统，与园区雨水回收系统并网，储存于地下雨水池，供顶棚清洗、道路清洗和绿化灌溉使用，可节约大量市政清洁水源。上海能效中心底层展厅周边围护采用"双银Low-E"惰性气体单中空玻璃系统配以先进的断热铝合金框架，综合传热系数低于$1.8W/(m^2·K)$；南向外窗采用增加一层普通窗的办法，既增加了保温隔热性能，又增加了隔声效果。上海能效中心合理采用自然通风设计，利用百叶以及中庭两侧的通道，最大限度引入室外新风，提高室内空气品质、消除室内热负荷；中庭部分采用侧送风方式，运用数值模拟技术确定合理的送风高度，使更多空调能量被送到人员活动区，提高能量利用的效率，实现了节能目的。

上海能效中心中庭部分采用热回收热泵型新风机组，不仅回收了排风中的显热和潜热冷量来降低新风中的温湿度、减小空调负荷，还利用了夏季排风温度低，冬季温度高的特点，提高了热泵的效率。上海能效中心采用垂直轴风力发电机，具有1.2米/秒微风启动发电能力；同时采用光伏并网发电系统，通过选用高性能的单晶硅和非晶硅组件，采用科学合理的布置方式，使光伏系统的发电效率最大化。上海能效中心采用智能化外遮阳控制系统，最大程度利用日光能源、减少空调与照明能耗；采用智能控制节能光源照明系统，营造舒适的视觉感受。

改造后监测结果表明，上海能效中心光伏电池全年发电量为3.0万度，每年可减少二氧化碳排放26.446吨；采用绿色光源和自动调光控制系统全年节电约2.6万度；采用冷凝热回收热泵型新风机组全年节能量约为3万度；使用冷凝热回收热泵全年节能量约为7万度。

上海能效中心绿色化改造项目实施效果和改造后中庭见图1、图2所示。

图1 上海能效中心绿色化改造效果

图2 上海能效中心改造后中庭

2. 世博园区宝钢大舞台绿色化改造

宝钢大舞台原为钢铁厂车间，由设计建造于2000年的单层钢结构排架结构厂房和设计建造于1987年的单层钢筋混凝土排架结构组成。根据世博总体规划，拟改造为开敞景观式观演场所。

宝钢大舞台改造目标包括：①通过引入附近公园的绿色环境，改造和节约土地使用，改善屋顶覆盖下的空间使用质量。②通过厂房自身废弃材料再利用，突出工业文明特征，合理节省建材投资。③通过设置有层次的遮阳设施并引导建筑内部空气流动，尽可能减少空调使用的能耗，提高炎热天气下的体感舒适度。④通过建筑外表的立体植被绿化，充分利用多雨季节的自然降水，平衡水分蒸发，实现小环境降温。

宝钢大舞台绿色化改造利用的实施重点包括：主体结构加固改造、建筑立面和周边环境整治、开敞式空间舒适度改善、围护结构修缮、历史文化价值保护等。在改造过程中，遵照"功能提升、结构改善、文化保护、持续利用"的原则，充分尊重历史原真性，将城市"锈带"改造为黄浦江畔的城市"秀带"，促进城市产业结构调整和和谐发展。

宝钢大舞台绿色化改造利用采用的关键技术包括：①功能布局、建筑立面改造、观众流线布置、绿化景观改造和周边环境整治等既有建筑绿色化改造设计；②主体结构抽柱、损伤构件加固和整体结构抗震加固的基于性能结构加固技术；③包括再生混凝土利用和拆除钢构件循环利用的新型修缮方法和材料应用技术；④立体绿化、半开敞式空间送风、立体遮阳等生态改造技术；⑤节能降噪的绿色施工技术；⑥绿色化改造技术经济分析及改造后性能评价技术等。

宝钢大舞台绿色化改造项目实施前后对比见图3、图4所示。

图3 改造前周边环境

图4 改造后周边环境

3. 青岛筒子楼绿色化改造

青岛筒子楼均为多层砖混结构，多建造于20世纪五六十年代，基本无原始建筑设计资料，使用功能落后、居住舒适度差。为改善民生决定从2006开始进行青岛筒子楼的绿色化改造利用。本次改造共涉及筒子楼48栋，居民2651户，改造总面积共计111899平方米，总投资约7200万元。改造主要目标包括：提升住宅楼的使用功能、消除结构和消防隐患、改善居住舒适度、优化周边环境。

青岛筒子楼改造采用的关键技术包括：①功能布局、建筑立面改造和周边环境综合整治等既有建筑绿色化改造设计；②主体结构维修加固、部分新增结构加建、结构整体抗震加固等结构改造技术；③综合节能改造、设备更新等节能生态改造技术；④绿色化改造技术经济分析及改造后效果评价技术等。

青岛筒子楼改造实施过程中，有以下经验值得在推广应用中给予重视。具体包括：完善政策、搁置争议；规范程序、严格实施；合理分担资金、确保财政资金专款专用；充分尊重居民意愿、切实把好事做好；强调房屋结构安全评估和抗震鉴定的重要性；做好风貌保护区筒子楼整治改造的历史文化保护。通过青岛筒子楼改造项目的成功实施，在确保经济性的前提下，显著提升了居民的生活品质。

典型青岛筒子楼绿色化改造项目实施前后对比见图5、图6所示。

图5 青岛筒子楼改造前

图6 青岛筒子楼改造后

六、结语

本文从既有建筑改造现状出发,在绿色建筑理念基础上提出了"因地制宜、成本低廉、追求实效、提升品质"的既有建筑绿色化改造原则。在现有关键技术研发和工程实践基础上,提出了既有建筑绿色化改造技术策略,并列举了典型工程案例,为今后量大面广的既有建筑改造提供了借鉴。

(上海市建筑科学研究院(集团)有限公司供稿,李向民、许清风、韩继红执笔)

我国既有建筑绿色化改造特点和方法研究

一、引言

在"十二五"提倡节能降耗、转型发展的大背景下，大力发展绿色建筑是节约资源，推动社会可持续发展的重要举措。而对既有建筑的绿色化改造不仅可以改善居住、办公环境，还可以减少建筑领域的高能耗，是发展绿色建筑的重要组成部分。如何针对我国既有建筑绿色化改造的特点，提出符合国情的评价原则和改造方法是一个亟待研究的课题。本文在国内外各种绿色建筑评价标准比较研究基础上，分析了我国既有建筑的特点，系统地提出了既有建筑绿色改造评价体系和相应方法，并对同济大学大礼堂绿色化改造成功案例进行了重点介绍。

二、我国既有建筑绿色化改造的特点

（一）既有建筑需要检测、鉴定、加固

这是一个主要特点，既有建筑因修建时间过早，其结构可靠性明显降低。可靠性降低很可能给既有建筑结构带来问题，比如在地震、风、腐蚀作用下结构的挠度、裂缝和承载力等很可能不满足设计要求，需要对结构进行加固。

（二）场地的固定性

既有建筑的场地位置已经确定，不能再考虑建筑选址问题，这和新建建筑不同。改造后，既有建筑本身对环境的影响必须降低到一定程度，甚至要对环境起到维护和保护作用才行。既有建筑改造是在确定的场地上采取措施实现环境保护，而新建建筑则是选择对环境有利的建筑场地来保护环境。

（三）改造的经济性需要评估

在决定建筑是改造还是拆掉重建时，经济性评估往往是主要的依据。

（四）数量悬殊

我国既有建筑和新建建筑数量不在一个数量级上，数量众多的既有建筑实现绿色改造具有更重要的现实意义和推动作用。

（五）既有建筑绿色化改造与一般改造、新建绿色建筑之比较

为了区别于一般改造或者新建绿色建筑，表1对既有建筑绿色化改造的特点进行了比较和小结。

三、绿色改造目标和基本原则

在保证结构可靠性的前提下，通过节能、节材、节地、节水，环保等技术手段，提升或改善原有建筑的使用功能，提供较高品质工作和居住环境，实现建筑的可持续发展。在吸取国外既有建筑绿色改造的成功经验后，并结合我国既有建筑的实际状况，课题组初步提出我国既有建筑绿色化改造的基本原则为：

（一）关注既有建筑改造的全寿命周期

既有建筑绿色化改造的特点   表1

本体	比较对象	特点（或难点或优势）	补充说明
既有建筑绿色化改造	既有建筑一般改造	安全性、耐久性为前提条件	对于绿色化改造，此特点由一般改造中的主要目标变为前提条件
		节能性	绿色化改造对围护结构节能，给水排水、雨水系统节水等要求更全面
		环保性	绿色化改造对绿色材料使用，绿色景观增设，水资源循环等增加的要求
		舒适度	绿色化改造对声环境、光环境、热湿环境及空气品质改善等增加的要求
	新建绿色建筑	难点1：受限多	建筑朝向、栋距已定，日照、采光问题改善有难度；建筑物已存损伤、外墙附着物、内部装修等对改造有限制
		难点2：数量多	我国既有建筑量已逾480亿平方米，多数系高能耗，实施改造前需做大量前期评估，选出改造价值大的予以优先权
		难点3：经济性能要求高	部分改建资金须由产权单位（如居民等）自行承担，金额过高会影响其积极性与配合度
		难点4：对该建筑内使用者影响大	对使用中建筑改造时，必须顾及内部使用者的生命及财产安全；对不得不拆除的设施，改造后当予以重建
		优势：有一定的灵活性	可按待改造内容的"轻重缓急"分阶段局部地进行改造，不强求"一蹴而就"全面达标

关注既有建筑改造的全寿命周期，意味着不仅在规划设计阶段充分考虑并利用环境因素，而且确保施工过程中对环境的影响最低，运营管理阶段能为人们提供健康、舒适、低耗、无害的环境，使环境危害降到最低，并使拆除材料尽可能再循环利用。

（二）适应自然条件、保护自然环境

改造后的建筑风格与规模和周围环境保持协调，保持历史文化与景观的连续性，并尽量减少对自然环境的负面影响。

（三）提供适用与健康的环境

在既有建筑改造中，要优先考虑使用者的适度需求，努力创造优美和谐的环境。要保障使用的安全，降低环境污染，改善室内环境质量；满足人们生理和心理的需求，同时为人们提高工作效率创造条件。

（四）资源节约与综合利用，减轻环境负荷

最大限度地提高资源的利用效率，积极促进资源的综合循环利用，增强耐久性及适应性，延长建筑物的整体使用寿命；使用高性能材料，并尽可能利用可再生的、清洁的资源和能源。

（五）结构安全性保证是绿色化改造的前提

既有建筑受建造时的社会经济技术条件限制，又经过多年的使用，针对当今使用要求和功能提升，可能会出现原有构件或结构可能无法满足安全性要求的情况。因此，既有建筑改造必须针对其适应性就改造的结构进行检测、鉴定，在必要时还应进行结构的加固设计和施工。

（六）绿色设计策划意义重大

在既有建筑绿色化改造前进行认真的绿色设计策划能明确绿色设计的方向，预见设计、施工和运营过程中可能出现的问题，完善建筑设计的内容，将总体规划思想科学地贯彻到建筑的全生命周期，以达到绿色化改造的预期目标。

四、既有建筑绿色化改造评价体系

根据我国对于绿色建筑的定义—"四节一环保"来看，既有建筑绿色化改造的内容可大致分成如图1所示的几类。

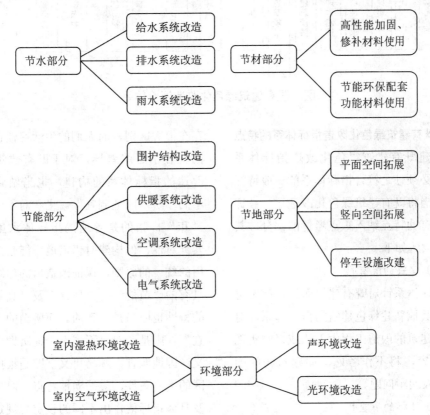

图1 既有建筑绿色化改造的内容

参照国内外相关评价标准并结合国情，课题组初步构建如图2所示的既有建筑绿色化改造评价体系。

应该指出，上述评价体系中，对于既有建筑绿色化改造的内容设定较为广泛。而就我国既有建筑改造的开展现状而言，要全面实现以上所涉及的全部内容难度过大；加之要赢得大众对既有建筑绿色化改造的认可与接受，也需要一定的时间基础。因此，在现阶段，对于既有建筑绿色化改造的评价，可以着重突出"节能"、"环境性能提升"和用材的"环保"等三方面。当然亦可根据待改造的建筑实际情况，选出亟待解决的问题以作优先改造，而不是刻意且过度地追求所谓的"全面性"，以致既有建筑的绿色化改造进程陷入泥沼，无法顺利开展。

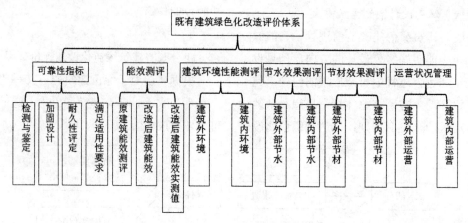

图2 既有建筑绿色化改造评价体系

五、既有建筑绿色化改造指标体系的特点

在构建既有建筑绿色化改造指标体系时,除了必须使之符合指标体系的一般特征外,还应当将既有建筑绿色化改造这一被评价对象固有的特点纳入重点考量的部分。其固有特点大致如下:

(一)建筑的既有性

本指标体系针对既有建筑而设,故不可一概参照其他新建绿色建筑的指标体系。对于在既有建筑的改造工程中无法或极难实现的指标内容,将不作考虑,如建筑物的朝向、选址及间距问题等。

(二)目标的多重性

既有建筑的绿色化改造,"既有"是一关键词,"绿色"一词亦是重点。我国对于绿色建筑的定义前文已分析过,有三个层面上的含义,简单说来即为节能、环保及高效适用。由此可知,对于既有建筑绿色化改造的评价目的,也可从这三个层面入手,以建筑物必有的安全耐久性为前提,综合考虑节能性、环保性及高效适用性。

(三)地区的适用性

我国幅员辽阔,各地气候、文化、经济存在很大区别,而人们的生活习惯也各有不同。鉴于这些差异,对于既有建筑绿色化改造的指标体系的构建,也当做到"和而不同"与"因地制宜"。"和而不同"中的"和",指的是各地的指标体系虽必须有其针对性,但构建时仍需遵循能起到引领作用的统一的原则,保证改造后的建筑所必须具有的"节能"、"环保"及"高效适用"的特性也应当是一致的。而所谓的"因地制宜",则是针对"不同"一词所做进一步释义。因地制宜,顾名思义,即是根据不同地区的不同条件,遵循当地特点,对指标内容及具体指标值作出不同的设定与规定。在技术指标上,可根据不同建筑气候分区,制定符合其气候特点的指标;在经济指标上,也当适量考虑该地区原本的经济发达程度,不可一概而论。

六、既有建筑绿色化改造的设计策划

对于既有建筑而言,绿色设计策划的目的即是指明其绿色化改造的方向,预见并提出在改造设计、施工、运营过程中可能出现的问题,将总体规划思想科学地贯彻到改造设计中,以期达成绿色化改造的目标。

由此可见,在既有建筑绿色化改造中,设计策划这一环节的重要性是不容小觑的。简而言之,其成果可直接决定下一阶段中具体方案设计策略的选择,对于绿色化改造方案的设计是不可或缺的。要实现既有建筑绿色化改造的设计,仅将某几种技术简单叠加起来是不够的,真正需要的是建筑全寿命周期内所有利益方的积极参与及各专业之间的综合考虑、整体协调。为实现以上内容,就要组建一"绿色团队",其组成人员可包括开发商、业主、建筑师、工程师、咨询顾问、承包商等。

在我国传统的建筑改造中,往往会采用一种"各扫自家门前雪"的模式。这样的一种模式所具有的独立性,看似简化了改造过程,但事实上却会给待改造建筑的综合改造带来很多的遗留问题。简单举一例来说,在对建筑物外墙进行节能改造时,其实可一并将其隔声性能的提升也纳入设计范围内,这样就可将对外墙的二次改造简化成一次,不仅节约了人力财力,更是避免了二次扰民,为既有建筑的绿色化改造争取到更坚实的民意基础。

由此可见,对于既有建筑的绿色化改造而言,"绿色团队"所代表的联合设计策划模式就成为了一种必需,即把以往传统的分阶段、划区块的工作模式转换到多学科融合的工作模式。而"绿色团队"中的各方人员亦在该设计模式下,作出积极的商讨、协调,以确定项目目标,并确保项目目标的完整实现。

绿色设计策划一般会包括前期调研、项目定位与目标分析、绿色设计方案与技术经济可行性分析。

针对既有建筑的绿色化改造,并结合上述四部分内容,可得到如图3所示的设计策划流程。

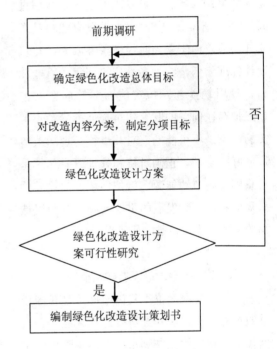

图3 既有建筑绿色化改造的设计策划流程

(同济大学供稿,周建民、于洪波、陈阳、朱军、朱笑黎执笔)

夏热冬暖地区既有建筑绿色化改造共性关键技术研究

一、引言

改革开放以来，我国城乡建筑业发展迅速。截至2012年底，城乡既有建筑存量超过500亿平方米，其中85%以上的既有建筑是高能耗建筑。由于受当时经济条件限制，建筑设计标准偏低，绝大多数建筑都存在着能耗高、使用功能差、抗灾能力弱等问题。但是，把存在问题的既有建筑全部拆除是不现实的，也是不可能的，对其进行合理的改造是最好的途径。正确对待和处理既有建筑是关系到实施节约能源、保护环境、建设节约型社会和可持续发展的重要问题，是为民造福的重要举措，也是时代所需。

二、夏热冬暖地区既有建筑概况

夏热冬暖地区位于我国南部，是我国最早的对外开放口岸和经济发达地区之一。根据我国建筑气候区域划定，夏热冬暖地区主要包括海南全境、广东大部、广西大部、福建南部、云南小部分以及香港、澳门与台湾。该地区为亚热带湿润季风气候，其特点为夏季漫长冬季短暂，温差较小；全年雨量充沛，湿度较大；纬度较低，太阳高度角大，辐射强烈。由于全年大部分时间高温高湿，该地区的建筑主要考虑防潮和防晒。

通过数据调查和文献调研，夏热冬暖地区既有建筑存量巨大，类型繁多，建造质量良莠不齐。该地区早期建成的历史风貌建筑和民居不在此研究之列，仅对新中国成立以来，重点对改革开放以后并具有代表性和相对集中的地区（如广州、深圳、厦门等）既有建筑展开研究。

文中按年代把夏热冬暖地区既有建筑划分为三个时期，即早期既有建筑、中期既有建筑和近期既有建筑。下面分别加以论述：

（一）早期既有建筑（新中国成立初期~1980年）

建国初期，由于经济和地缘政治因素，我国建筑基本照搬苏联模式，建筑基本为"火柴盒"式建筑，简约经济。当时的建筑方针是"适用、经济，在可能条件注意美观"。这一时期较为著名的建筑类型就是"筒子楼"。

这个时期的既有建筑绿色化改造代表性项目如广州红砖厂的改造。广州红砖厂沿用建于1956年中国最大的罐头厂广州罐头厂，将废弃生产车间改造成LOFT，既时尚又能给予无限灵感的创意空间，是城市文化和历史的发展烙印。

（二）中期既有建筑（1981~1995年）

改革开放以来，夏热冬暖地区的经济、技术发展迅速，以"珠三角"为代表的城市群，成为我国近30年来发展的历史见证。这一时期，大量不同性质的劳动密集型企业入

图1 建国初期"筒子楼"实景照片

驻该地区,建筑以厂房和住宅为主。厂房大部分为多层框架结构,其面宽较小但进深较大。住宅为多层框架或砖混结构,外观凹凸变化作采光通风之用。

深圳三洋厂区是当时日本的三洋株式会社驻华所在地,由六栋四层工业厂房组成。占地面积44125平方米,建筑面积95816平方米,每栋标准层面积约4000平方米。2007年对其1号、3号和5号楼进行绿色化改造。改造后的厂房定名为深圳南海意库,作为办公使用。文中选用该项目作为绿色化改造案例。

图2 三洋厂区实景照片(现为深圳南海意库)

图3 深圳某小区实景照片

（三）近期既有建筑（1995年~现在）

20世纪末，我国经济及社会经历了快速发展的一段时期，各类建筑如雨后春笋拔地而起，城市面貌焕然一新。但随之，各类问题也开始显现，环境不断恶化、能源日益紧缺、土地资源短缺。这一时期的建筑由于用地紧缺，大量高层建筑开始涌现。

三、绿色化改造

我国实施绿色建筑评价标识制度已4年有余。2008年，我国有10个项目获得绿色建筑评价标识；到2009年，有20个项目获得绿色建筑评价标识；到2012年12月，共有742个项目获得标识，总建筑面积达7581万平方米。虽然发展迅速，但与我国每年近20亿平方米的新建建筑相比，我国绿色建筑的规模还很小。2012年4月份财政部和住房城乡建设部联合发布的《关于加快推动我国绿色建筑发展的实施意见》中提出"到2015年，新增绿色建筑面积10亿平方米以上"，那么可以推算十二五期间将增加约9亿平方米的绿色建筑面积。除新建建筑努力达到绿色建筑标准外，既有建筑大有可为。

绿色化改造主要包括功能提升、结构补强、节能改造、环境友好和设施完善。

本文针对夏热冬暖地区绿色化改造的关键技术进行研究，旨在探讨共性技术与方法。

四、共性关键技术

《国家"十二五"绿色建筑科技发展专项规划》中指出：将绿色建筑共性关键技术体系、绿色建筑产业推进技术体系、绿色建筑技术标准规范和综合评价服务技术体系建设作为绿色建筑科技发展的三个技术支撑重点，积极推进相关技术的研发、标准规范的编制修订与工程应用示范。

绿色化改造共性关键技术研究是指面向我国绿色建筑发展需求，整合绿色建筑领域科研力量，建立产学研协调机制，加强绿色建筑全寿命期和多专业集成两个维度的重点关键技术研发，通过自主创新，形成具有自主知识产权的成套适宜技术体系，力争在绿色建筑核心技术和产品上取得突破性进展。

本文所述共性关键技术包括改造可行性评估、再生设计、外窗和屋面隔热性能提升、非传统水源收集利用、复合绿化、通风与净化和废弃材料再利用七个方面的关键技术。

（一）改造可行性评估

夏热冬暖地区既有建筑由于经济的快速发展，建造年代不同，设计标准不一，品质也良莠不齐。能否满足当代大众的需求，建筑改造前应进行多方面的可行性评估。可行性评估分为经济效益评估、技术保障评估和社会价值评估。

1.经济效益评估　经济效益评估主要是指既有建筑（群）经绿色化改造后的成本收益与重建成本收益的比较。成本增量是决定性的因素。

2.技术保障评估　技术保障评估主要是指既有建筑（群）在功能提升、结构补强、节能改造、环境友好和设施完善等方面存在的技术难度的比较。

3.社会价值评估　社会价值评估主要是指既有建筑（群）在建造的年代和当代存有品牌意义和社会影响力的判断比较。

改造可行性评估作为项目可行性报告的一部分，与其他内容综合一起，作为既有建筑是否可以或值得绿色化改造的判断依据，是下一步工作的基础。

（二）再生设计

建筑以人为载体，是有生命的空间。既有建筑由于种种原因不能满足当下使用的需要，意味着其生命的结束，绿色化改造唤起了建筑生命存在的价值。

设计是既有建筑开始改造的最初阶段，人们要在建筑上实现的目标都需要在设计中开始实施，此阶段决定着将来的改造效果。

绝大部分既有建筑因时代发展和技术进步，其使用功能和场地环境会因行为习惯和审美意识的变化而发生改变。例如以前的办公建筑大部分为单间布局，而现代办公建筑很多采用大空间布局，如果既有建筑为砖混结构，单纯改为大空间办公存有一定的技术难度。只有加建才能达到改造的效果。伴随着时代的发展，停车、适老化等配套设施的功能提升，都应在设计阶段加以考虑。

根据IEA ANNEX-30 的"模拟走向应用"研究，绿色建筑性能的优化途径很大一部分决定于规划设计阶段，40%以上的节能潜力来自于建筑方案初期的规划设计阶段。既有建筑节能改造由于涉及建筑的多个专业领域，建筑节能设计与各专业标准有着密切的关系。设计单位应根据建筑物详细调查结果，结合当地气候条件，制定经济合理、有利于节能和气候保护的综合节能改造方案，并进行节能改造专项设计。

建筑环境是伴随人们日益增长的经济水平而出现的物质和精神需求。在夏热冬暖地区更是和节能息息相关的改造要素。

由于建造年代的设计标准较低，绿色化改造应按现行标准进行结构、消防等设计，使改造后使用年限和使用安全满足相关要求。

（三）外窗和屋面隔热性能提升

近几年来，建筑外窗简约设计手法流行，相当部分建筑设计了大面积的外窗，这种手法与倡导节能背道而驰。夏热冬暖地区夏季太阳高度角大，太阳直射辐射强烈，屋顶隔热对降低屋顶层房间的空调能耗，改善室内热环境有显著作用。因此研究夏热冬暖地区既有建筑外窗和屋面隔热性能提升技术意义重大。

1. 外窗

夏热冬暖地区外窗遮阳系数对建筑能耗影响较大，针对此特点，在外窗选择时，首先要考虑玻璃材料的遮阳系数。不同玻璃材质的遮阳系数如表1所示，可以看出Low-E玻璃及Low-E中空玻璃的遮阳系数比较小，可有效减少太阳辐射得热。此外，在夏热冬暖地区，由于室内外温差较小，传导热所占比例较小，外窗得热主要来自于太阳辐射。传热系数值过低反而会使室内热量难以向室外传递，造成严重的温室效应。所以在选择玻璃材料时，要综合考虑这些因素。

不同玻璃材料的遮阳系数 表1

玻璃类型	透明玻璃	有色玻璃	Low-E玻璃	中空玻璃	热反射玻璃	吸热玻璃
遮阳系数	0.97～0.95	0.81～0.72	0.58～0.52	0.88～0.86	0.7～0.52	0.76～0.69

深圳南海意库3号厂房改造的玻璃目前主要以Low-E中空玻璃幕墙为主，局部为热镜玻璃和智能玻璃等。改造后的玻璃幕墙不仅具有很好的保温隔热、防止结雾和隔声效果，而且可以高效屏蔽紫外线，在极大程度上降低强紫外线直射带来的各种危害。另外，幕墙还对植物有保护作用，能有效遮挡致使植物枯萎的阳光成分，同时还允许促进

植物生长的可见光入室。

在建筑节能计算时是按照外窗的综合遮阳系数，即玻璃本身的遮阳与构件遮阳综合的遮阳效果来评价。建筑设计时，将外遮阳构件与建筑立面设计有效结合，可形成一定的视觉及光影效果，丰富建筑立面效果，而且可以有效减少夏季太阳辐射的影响，改善室内天然采光效果，防止眩光产生。外窗遮阳板可分为水平式、垂直式、综合式、挡板式。

图4 水平式外窗遮阳板

图5 垂直式外窗遮阳板

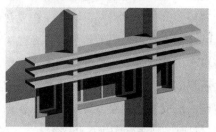

图6 综合式外窗遮阳板

图7 挡板式外窗遮阳板

深圳南海意库3号厂房改造时，建筑东面采用固定百叶遮阳为主，局部采用自控活动百叶，固定百叶可通过精确计算出百叶的截面尺寸和水平夹角，优化遮阳降低辐射。

图8 深圳南海意库3号厂房的水平遮阳实景照片

图9 深圳南海意库3号厂房的竖直遮阳实景照片

外窗窗框材质及气密性对降低建筑空调能耗也有一定影响。按照外窗型材的不同，建筑外窗可分为木窗、钢窗、铝合金窗、PVC塑料窗、玻璃钢窗、不锈钢窗、钢塑复合窗、木塑复合窗和铝塑复合窗等，其中断热铝合金窗使用最为普遍，市场占有率高达80%；PVC塑料窗占据低端市场，玻璃钢窗由于其价格较高，主要面向高端市场。外窗在安装时，要与结构墙体平齐安装，减少热桥的影响，且外窗四周与墙体应进行保温隔热处理。此外，外窗和阳台门具有良好的气密性，可减少夏季空调开启时室外热空气渗漏到室内，且该地区夏季多热带风暴和台风袭击，因此对外窗和阳台门的气密性要求较高。

2.屋顶

夏热冬暖地区由于纬度较低,夏季太阳高度角大,太阳辐射强烈,屋顶的隔热性能直接影响顶层房间的热环境,如果隔热性能差,屋顶内表面温度高,向室内人员传递辐射热,无法满足舒适性要求。针对此特点,可选用以下措施来改善该地区屋顶隔热性能。

(1)浅饰屋面。浅饰屋面是指利用浅色装饰材料的隔热原理现场铺装或工厂预制后现场安装的屋面系统。根据辐射传热的理论,太阳辐射热的当量温度反映了围护结构外表面吸收太阳辐射使室外热作用提高的程度。其计算公式为:$\bar{t_s} = \frac{I \cdot \rho_s}{\alpha_e}$,式中$\alpha_e$为外表面换热系数,取19.0W/(m²·K);$\rho_s$为外表面辐射吸收系数;$I$为太阳辐射照度(W/m²)。以广州地区的平屋顶为例,计算不同屋面辐射吸收系数对当量温度的影响,如表2所示,广州水平面辐射照度最大值I_{max}=962W/m²,平均值$\bar{I}$=304.9W/m²。可以看出,屋面材料的太阳辐射吸收系数的大小对当量温度影响很大,随着辐射吸收系数的降低,当量温度下降显著,即降低了室外热作用,而且当量温度的幅值A_{ts}也降低,即太阳辐射得热量相对稳定,有利于室内的热稳定性。

不同屋面辐射吸收系数的当量温度(广州) 表2

当量温度(℃)	屋顶表面太阳辐射吸收系数 ρ_s				
	0.8	0.7	0.6	0.5	0.4
$\bar{t_s}$	12.8	11.2	9.6	8.0	6.4
$t_{s,max}$	40.5	35.4	30.4	25.3	20.3
A_{ts}	27.7	24.2	20.8	17.3	13.9

浅饰屋面施工简单、造价相对较低,对使用者日常生活影响较小,可用于既有建筑改造。但是,在高低错落的建筑群的低位建筑屋面上采取这种措施,将增大对高位建筑的太阳辐射反射热,恶化其室内热环境,所以在此类情况下,应当慎重选择。

(2)格栅屋面。格栅屋面是指采用格栅和爬藤植物遮阳,使屋面可作为活动空间所采用的一项有效隔热屋面。屋面遮阳可以有效遮挡夏季太阳辐射,而在冬季太阳高度较低时太阳辐射可通过格栅间隙照到屋面,可兼顾夏季防热和冬季得热。屋面采用植物遮阳棚时,宜选用冬季落叶爬藤植物。研究表明,屋面进行绿化能够增加屋面结构的热惰性、降低传热系数,不仅对屋顶防热有显著作用,对降低屋顶房间的热辐射,维持房间的热稳定性有一定作用。

(四)非传统水源收集利用

夏热冬暖地区降雨量大,但大部分城市属于缺水城市,如深圳虽然年均降水量为1933.3毫米,但依然属于严重缺水的地区,大部分降水除了极少部分渗入地下外都白白流失,因此对非传统水源如雨水、中水等的高效利用可有效缓解对传统水源的过度需求。此外,强化雨水入渗可改善水环境及整个生态环境系统,在强降雨时期还可减少城市排洪系统的负荷。因此研究适用于夏热冬暖地区的非传统水源收集利用技术意义重大。

雨水收集系统主要收集屋面、道路广场、绿地等的雨水,主要包括雨水收集—储存—利用的三个环节。在雨水利用设计时,要综合考虑其与建筑、景观、环境的结合,充分发挥透水地面、绿地及水生植物等在净化水质方面的天然作用,减少人工化学净化处理工艺。此外,不仅要鼓励小规模雨水利用系统的发展,如住宅小区、公园等,而且应该从城市规划角度进行雨水利用的设计,

图10 某学校屋顶遮阳构件

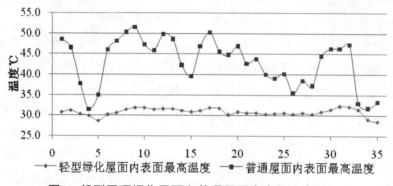

图11 轻型屋顶绿化屋面和普通屋面内表面温度对比

将雨水利用设计与整个城市的水系统规划有机结合起来,充分发挥其节水作用。

深圳南海意库改造项目中,屋面雨水经虹吸系统收集后分三路排至室外渗透井,渗透井设有水平渗透管沟,雨水经渗透管沟回渗地下,补充地下水;回渗不及的多余雨水排至收集池,经过滤、消毒后存储进地下室中水箱,经变频给水装置加压后送至冲厕用水、冷却塔补水、地貌及道路冲洗等。其中雨水收集池体积为100立方米,雨水收集池溢流水排至市政雨水管。其屋面雨水收集系统如图12所示,此系统每年理论上可收集雨水8000立方米,按35%~38%的收集率计算,每年可以利用雨水2750~2900立方米。

中水利用系统是指将生活、生产过程中使用过的水,经过再生处理后,回用于绿化浇洒、道路车库冲洗、冲厕、消防等不与人体直接接触的杂用水。中水水源选择一般优先选择优质杂排水,如冷却水、淋浴水、盥洗排水、洗衣排水;其次为杂排水,如优质杂排水+厨房排水;其他排水,如厕所排水由于其处理难度较大,一般称为废水,不建议采用。优质杂排水其排水量大,有机物浓度低,处理工艺简单,投资运行成本低,是首先的水源。

图12 深圳南海意库屋面雨水收集系统图

现阶段，城市中水系统发展不够完善，建筑中水系统和区域中水系统，由于其规模较小，可就地回收利用，管线小，投资小，可作为建筑物或小区的配套设施建设，且技术发展较为成熟，既有建筑绿色化改造可优先选用。

图13 深圳南海意库人工湿地实景照片

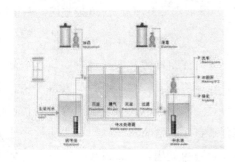

图14 深圳南海意库中水回用系统图

深圳南海意库改造项目为自建中水系统。各层冲厕排水经收集后排至化粪池，一层厨房排水收集经隔油池处理后排至1号人工湿地，处理后经过滤，消毒后出水进入地下室中水箱，经变频给水装置加压供给1～3层冲厕用水等。目前南方地区人工湿地处理的中水，尚未在冲厕用水得到实际运用，本项目的中水运用将开中水冲厕的先例。各层冲凉沐浴排水，盥洗排水等优质杂排水经单独收集后排至2号人工湿地处理，处理后出水用作水景补水、绿化。本系统每日处理水约25立方米，每年可节约用水5000～6000立方米。

（五）复合绿化

夏热冬暖地区由于日照时间长，年平均气温高，非常适合植物生长，植物遮蔽技术不仅可以起到有效的遮阳作用，还可以起到美化环境、净化空气的效果，对降低城市热岛效应有一定作用。此外，由于"珠三角"地区城市土地资源短缺，城市土地绿化成本相对较高，立体植被可充分利用城市空间，增加城市绿化面积，改善城市生态环境。夏热冬暖地区大量建造于20世纪80~90年代的既有建筑均为多层建筑，其建筑高度较低，采用立体植被进行外墙的防热和遮阳具有较强的可行性，因此开展夏热冬暖地区既有建筑复合绿化技术研究意义重大。

深圳南海意库1号厂房的种植墙面是一个非常有创意的设计，在本建筑的造型及立面处理中，体现设计及艺术气质的同时，尽量保持了原有的建筑结构。本建筑的种植墙面设置在原有建筑加设的钢结构上。此墙面一方面起到了遮阳作用，另外还起一定的美化环境，增加绿化效果。

（六）通风与净化

夏热冬暖地区由于整体气温偏高，空气湿度偏大，室内容易孳生很多霉变和病菌，如感冒病毒、大肠杆菌等，解决这个问题的一个主要措施就是要保持空气畅通。但是，由于建筑节能及夏季防雨的要求，该地区门窗气密性要求较高，其缝隙的换气量非常小，只能依靠开窗通风来保证室内空气质量。现在城市发展带来了噪声问题以及严重的空气污染，在很多情况下，不适宜采用开窗通风。因此，出于对室内环境改善的紧迫需求，研究有助于室内健康的主动式通风和净化设备意义重大。

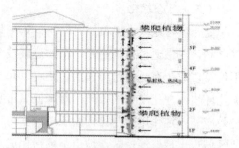

图15 深圳南海意库3号厂房竖直绿化示意图

图16 深圳南海意库1号厂房种植墙面实景照片

住宅新风系统是一套将室外新鲜空气引进住宅内，同时将室内产生的污浊空气及有害气体及时排到室外的一种新风系统，其作用是改善室内空气质量，营造良好的居家室内环境。目前常有三种类型，分别为单向流住宅新风系统、单向流多管自平衡住宅新风系统及双向流热回收住宅新风系统。

此外，在空调系统设计选择时，采用新型节能空调系统，也可以保证室内空气质量，减少由于通风换气带来的空调负荷增加量。

南海意库改造时采用温-湿度独立控制空调系统，显热负荷的"排热"采用高温热泵型制冷系统。其主要功能包括两个方面，其一：产生18℃的"高温"冷水为干式风机盘管提供冷源，由于"高温"冷水的温度高于室内空气的露点温度，消除了传统风机盘管表冷器结露现象，根本改善了室内空气品质，设备的卡诺制冷机效率可以达到8，而传统方式下设备的效率最大也不超过5；其二：在需要进行除湿的季节中生产提供70℃的高温热水，为溶液除湿系统的浓缩再生提供蒸发热源。此外，在不需要对空气除湿的季节，热泵的冷凝水温度可以降低到40℃，以提高运行效率。

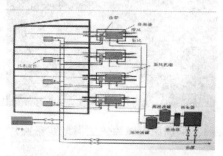

图17 深圳南海意库温-湿度独立控制系统图

（七）废弃材料再利用

既有建筑绿色化改造过程中，将产生大量建筑废弃物，主要有砖瓦、混凝土块、废木料、金属、玻璃等。这些废弃物中，包括难降解甚至有毒有害物质，如果将这些建筑垃圾合理再利用，不仅可以减少城市垃圾处理的负荷，而且对保护环境有积极作用。

建筑废弃材料经过分拣、剔除或粉碎后，大部分可以作为再生资源重新利用，如废钢筋、废铁丝等金属经分拣、集中、重新回炉后可加工成各种规格的钢材；砖、砂、混凝土等经破碎后，可以用于路基垫层、制作再生骨料混凝土制品等建材产品；木材视材料性质亦可直接回收再利用；塑料、玻璃等杂物量较少且无回收价值送到掩埋场。建筑废弃材料再利用可实现建筑垃圾的资源化、减量化、无害化，解决建筑垃圾的处治和环境问题。

在进行既有建筑绿色化改造施工过程中,首先要严格遵守建筑垃圾减量化的原则,这是从源头上减少建筑垃圾的有效方法。目前我国建筑废弃材料的组成和再生技术工业化技术水平相对较低,整个建筑废弃材料回收、处理、加工、应用产业链发展还不够完善,所以必须着重控制回收建筑废弃材料的质量,这样才能有效保障建筑废弃材料再利用率和再生产品质。

再生骨料混凝土多孔砖

再生骨料混凝土透水砖

再生骨料混凝土路缘石

再生骨料混凝土植草砖

图18 再生骨料混凝土制品

五、增量成本

增量成本是衡量既有建筑绿色化改造成功与否的重要依据和标准,为以后类似既有建筑绿色化改造提供数据参考。下面以深圳南海意库为例分析增量成本的组成因素:

由表3得知项目改造成本总增量为981万元,分摊到21000平方米总建筑面积中即得出单位面积增量成本为467元/平方米。

六、问题与启示

经过对夏热冬暖地区既有建筑普调和绿色化改造技术研究,在如下方面应引起我们思考:

1. 改造中,技术可行性、适宜性、经济性和技术的优化集成尤为重要;

2. 改造中应注重绿色建筑"3R"原则,即采用可循环材料、可再利用材料和本土材料;

3. 对改造质量的控制,主要是施工质量以及施工过程的环境保护问题;

4. 改造要充分考虑周边环境和城市景观,使建筑与环境相得益彰;

5. 充分利用原有建筑结构,在节约投资的基础上减少建筑垃圾的产生;

6. 注重建筑技术的优化集成,采用新技术的时候尽量采用成熟的技术,避免采用在试验阶段的新技术。

七、结语

中国向世界郑重承诺到2020年单位GDP碳排放比2005年降40%~45%。我国节能减排压力和难度相当大,任务十分艰巨。2013年1月1日由发改委和住建部联合颁发的《绿色建筑行动方案》中表述今后将大力推进既有建筑节能改造,促进资源节约型、环境友好型社会建设。

目前国内的既有建筑改造工作还处在探索阶段,体系建设相对滞后,并存有评价标准不统一、监管体系不够完善和投融资等相关问题,因此,既有建筑改造任重道远。但我们看到,政府高度重视,科研机构和企业积极参与,既有建筑绿色化改造将会很快迎来成熟发展的时代。

深圳南海意库3号楼增量成本列表　　　　　表3

序号	设备名称	技术特点	费用（万元）	增量成本（万元）
1	溶液除湿新风机组	全新风输送方式；全热回收；对新风进行除湿、除尘、消杀病毒,共采用10台,单台新风处理量为5000立方米/小时	166	136
	传统新风柜	提供10%~20%新风,有部分显热回收,室内空气质量差	30	
2	高温冷水机组（270冷吨）	低噪声、无振动、耗电省、效率高,η＞9,出水/回水温度为18℃/21℃	95	14
	传统冷水机组（270冷吨）	噪声大、振动大,η=5,出水/回水温度为7℃/12℃,能耗高	81	
3	干式风机盘管	小温差送风舒适度高,无潮湿表面,不滋生霉菌,卫生条件好,冷量相同条件下,单价高20%	80	15
	传统风机盘管	大温差送风舒适性差,需设冷凝水盘及排水管,易生长霉菌,安装位置受排水坡度限制	65	
4	冷辐射毛细管	制冷柔和舒适,无噪声,制冷量65瓦/平方米,单价400元/平方米	93	78
	传统风机盘管	同上	15	
5	太阳能光电系统	可再生能源,投资大,并网受限制,年发电5万度,总投资225万元,其中国家补助100万元	125	125
6	太阳能光热板-地源热泵系统	晴天用光热;雨天用地源热泵生产热水,基本无运行费用	41	36
	传统燃气热水器	按每天提供5000升55℃生活热水考虑,设备费用为5万元,每天燃气费用200元	5	
7	人工湿地污水处理与回用系统	收集生活污水和废水,回用于绿化、室外清洁、景观及冲厕,日处理量35吨	26	26
	生活污水直接排放	日污水排放收费标准1.35元/吨,每日约47元	0	
8	建筑外遮阳系统	对太阳辐射具有良好的遮蔽效果,西面为活动遮阳	120	120
9	中空Low-E玻璃	对光谱中的红外成分具有很高的反射阻挡,允许可见光进入	108	90
	普通白玻璃	进入室内的阳光辐射热量多,要靠空调制冷平衡,能量浪费大	18	
10	太阳能拔风烟囱	利用热空气上浮原理,形成热压通风机制,在过度季可不开空调用其自然通风	35	35
11	加气混凝土外填充墙	目前综合性能较好的自保温隔热材料,缺点不多,优点不少	45	6
	普通灰砂砖	用细河砂掺少量石膏压制并蒸养而成,隔热条件不满足,须将外墙加厚到300毫米	39	

续表

序号	设备名称	技术特点	费用（万元）	增量成本（万元）
12	无机房节能电梯三台其中二台为观光型	节省建筑面积；无机械变速传动机构，节能效果显著	115	15
	传统观光电梯二台加一台普通有机房电梯	屋顶设有机房二处，面积约35平方米，地价加土建费用共10万元	100	
13	T5节能灯具	高效节能；在电功率相同的条件下，照度可以大幅提高数倍	30	10
	普通日光灯	在照度相同条件下电功率增大3倍，每天多用电约3000度	20	
14	智能化BA控制系统	系统由几个部分组成：用于温湿度独立控制空调系统的传感器近400个，构成了一个智能化运行监控系统（变流量、变风量）	275	275
	传统空调系统	没有上述系统	0	
15	合计			981

（中国建筑科学研究院供稿，张辉、王立璞、杜巍巍执笔）

华东地区既有办公建筑绿色化改造技术选择与实践

一、引言

我国既有建筑存量巨大,其中既有办公建筑占了公共建筑中很大一部分,建设时间自民国以来各个年代都有。随着使用时间的推移,大量的既有建筑结构、部件、设备逐渐老化,安全性下降、能耗大、室内热舒适性差、空气质量差、声环境差、光环境差等各种问题日益凸显,功能也难以满足现代办公的要求,甚至影响正常使用。为此,今后大量的既有建筑尤其是办公建筑面临着改造及功能提升。

近年来绿色建筑在新建建筑中已大量开展,绿色建筑的可持续发展理念渐入人心,相关的技术手段也较为成熟。但对于面广量大的既有建筑,绿色化改造技术和设计方法研究才开始起步,也缺乏相应的评价标准,相关的工程案例也不多。既有建筑的改造也应引入绿色建筑和可持续发展的理念,采取适宜的绿色技术进行绿色化改造,以实现可持续发展。

本文针对华东地区部分既有办公建筑存在的热舒适性差、能耗大、室内空气、声、光环境差等现状,提出多种既有建筑绿色改造技术,并探讨各种绿色化改造技术的适宜性,提出适合华东地区既有办公建筑绿色化改造的各种技术措施。

二、既有办公建筑使用现状

既有办公建筑很大部分位于主城区,用地紧张,绿化用地面积较小,甚至没有。年代久一点的建筑没有地下空间;部分建筑朝向不佳、位置不好,周边遮挡较多,得不到充足的日照;部分建筑位于风口,室外经常遭受强风的袭击;部分建筑大面积采用玻璃幕墙,对周边的居民造成严重的光污染。既有建筑的室外环境的改善是今后的改造中必须考虑的一个重要方面。

2005年前设计的既有办公建筑大部分是不节能建筑。调查研究表明,既有办公建筑大量存在围护结构热工性能差、热舒适度和空气质量较差、采暖空调能耗较高的现象。以江苏为例,既有办公建筑能耗水平在50~150kWh/(m^2·a),是居住建筑的3~5倍;其中采用中央空调的办公建筑能耗一般在120kWh/(m^2·a)以上。既有办公建筑特别是政府办公建筑和大型公共建筑的节能运行与改造试点目前已在多个城市开展。

既有办公建筑中很大一部分是临街建筑,面临各种噪声的困扰,交通噪声居首,污染严重,常常达到70dB以上,影响室内正常的办公工作。华东地区既有办公建筑外窗大部分仍为单层玻璃窗,隔声效果差。办公工作需要比较安静的环境,声环境的改善是今后的改造中不容忽视的一个方面。

光是办公建筑极其重要的要素。建筑的采光包括自然采光和人工照明。而自然光较人工光源相比具有照度均匀、持久性好、无污染等优点，能给人更理想、舒适、健康的室内环境。但目前大部分办公建筑室内很多区域照度低于70lx，在使用空调的时候，为了减少太阳辐射，采用内窗帘，挡住太阳光的直射与漫射，照度更加降低，不得不采用人工照明，光环境不理想且耗能。改造时应根据建筑实际情况对透明围护结构及照明系统进行改造，充分利用自然光，营造良好的室内光环境。

由于各种原因，既有办公建筑在生命周期内经常要进行装修，每次装修都会产生大量的垃圾，对环境造成较大的负担，并严重干扰建筑内或周边的工作、生活人员；装修后的室内环境也往往不容乐观，不同程度影响人的健康。改造时结构形式和材料的选择应充分考虑减少对环境的影响。

综上所述，目前既有办公建筑不同程度存在热舒适性差、能耗大、声环境差、光环境差、空气质量差等各种问题。为此，今后大量的既有建筑办公建筑面临着改造及功能提升，上述问题是今后的改造中需要关注的重要问题。

三、华东地区既有办公建筑绿色化改造技术选择

（一）既有建筑绿色化改造应遵循的原则

绿色建筑是指在其全寿命周期内，最大限度地节约资源（节能、节地、节水、节材）、保护环境和减少污染，为人们提供健康、适用和高效的使用空间，与自然和谐共生的建筑。发展绿色建筑应遵循因地制宜、全寿命周期分析评价、权衡优化和总量控制、全过程控制四个原则。这四个原则对于既有建筑绿色化改造也适宜。既有建筑与新建建筑情况不同，往往先天条件远不如新建建筑，每个建筑情况也可能相差较大，其绿色改造受到建筑本身条件的约束很强，剩余使用寿命也短于新建建筑。因此对既有建筑，因地制宜和全寿命周期分析评价的原则应更加突出。立足上述原则，应从技术适宜性、改造增量成本、运行经济效益（回收期）、环境社会效益等关键要素着手对绿色改造技术进行选择。

（二）华东地区地理、气候与生活习性特点

华东地区习惯上包括江苏、浙江、安徽、福建、江西、山东、上海等省市，地形以丘陵、盆地、平原为主，属亚热带湿润性季风气候和温带季风气候。人口密度大，经济较发达，但土地、资源与能源相对紧缺。气候分区上大部分属夏热冬冷地区，仅山东省全省、江苏苏北2个城市、安徽皖北部分城市属寒冷地区，福建南部部分城市属夏热冬暖地区。其夏热冬冷地区的气候、建筑及城市居民的生活习性具有一些特点：

1. 夏季气候炎热，时间长达3～4个月；冬季气较冷，空气潮湿，时间长达2～3个月；春、秋季过渡季节气候凉爽怡人。

2. 夏季有一个月左右的黄梅天，并时有暴雨。

3. 全年降雨量较大，但多数地区仍属缺水地区。

4. 气候较适宜于植物生长，亚热带和温带植物丰富。

5. 城市用地较紧张，市区建筑密集。

6. 交通拥挤，建筑室外交通噪声大，汽车尾气浓度高。

7. 办公建筑多采用空调系统制冷采暖，

冬季没有集中供暖。

8.江南一带居民习惯采用开窗的形式通风换气。

(三) 既有办公建筑绿色化改造技术及技术的适宜性探讨

既有办公建筑绿色改造应根据地区的气候、建筑特点及建筑本身的实际情况通过合理的设计、选择适宜的绿色技术来达到"四节一环保"、减少对环境的影响、实现可持续运行的目标。绿色技术是指能减少环境污染、节能减耗的技术、工艺或产品的总称。对既有建筑而言，绿色技术包括室外环境改善技术、节能技术、节水技术、节材技术和室内环境改善技术，这些技术又包含许多具体的技术、措施。下面表1~表5列出了既有办公建筑改造可以选择的技术，并分析讨论了其适宜条件，仅供参考。应该说明的是，既有办公建筑由于种类不一，建造年代不同，结构形式多样，用能设备各自不同，改造的重点也不一样，必须按照绿色化改造原则，根据所处气候特征及建筑的具体特点，进行经济技术定性、定量分析研究，多方案对比，选择适宜的技术、技术措施，制定适用的改造设计方案。

1.室外环境改善技术

既有办公建筑的地理位置、地形、建筑物布局、朝向、间距、建筑形态及相邻的建筑形态等均已固定，一般难以改变，室外环境改善技术的选择也受很多局限，技术的适宜性分析尤为重要。

室外环境改善技术 表1

分类技术	具体技术措施	适宜对象、条件
场地空间合理利用、优化布置	增加立体车库等	有设置的场地，不影响观瞻的情况下
	地面非机动车库设置或改造	不影响观瞻的情况下
室外风环境改善	北侧设防风林木	北侧有种植高大乔木的场地
	防风墙板等构筑物	有设置的场地，结合景观布置
室外热环境改善	增加绿地植被，减少硬地面	有足够的设置场地，结合景观
	设置景观水体	有足够的设置场地，结合景观
	地面设透水铺装材料	人行道、非机动车道
室外声环境改善	设置绿化隔声带	邻道路方向有足够间距，结合景观
	设置声屏障	邻道路方向间距小，不影响观瞻情况下，但遮挡高度有限
室外光环境改善	减少玻璃幕墙面积	大面积玻璃幕墙，部分非透明幕墙替代
	采用低发射率的玻璃	大面积玻璃幕墙改造的建筑
场地景观与绿化	乔木、灌木结合的复层绿化	有足够的设置场地，结合场地景观布置
	屋顶绿化	有足够的屋顶面积
	(墙面) 垂直绿化	多层建筑，结合场地绿化布置
合理开发地下空间	增加地下室	没有地下室，基础较深（如桩基础），但造价较高
	地下室增层改造	层高足够大的地下室

2. 节能改造技术

既有办公建筑的节能改造技术措施很多，应根据建筑所处气候特征、建筑围护结构和用能设备的工作现状和使用特点，经合理分析后加以选择，有条件时应尽可能利用可再生能源。

节能改造技术 表2

分类技术	具体技术措施		适宜对象、部位
围护结构节能改造	墙体增设保温系统	增加外保温系统	未设保温层的墙体，结合外装修或外墙出新
		增加内保温系统	未设保温层的墙体，结合室内装修
	屋面增设保温隔热、遮阳系统	增加保温层	未设保温隔热层的屋面，结合防水修缮
		增设通风层	未设保温隔热层的平屋面，结合平改坡
		轻型屋面绿化	结合景观绿化布置
		屋顶遮阳	透明玻璃屋顶（天窗），外遮阳装置造价较高
	外门窗节能改造	更换为节能窗	单玻钢、铝、塑窗等替换成节能窗，结合外装修
		原窗改造	单玻钢、铝、塑窗改造成双玻窗，型材厚度足够
	增加遮阳设施	固定遮阳	玻璃幕墙等，结合幕墙改造，造价较高
		活动遮阳	普通外窗，结合外窗改造、外装修等
		玻璃贴膜	白玻外窗，应不影响自然采光
暖通空调节能改造	空调机组替换		原空调机组老旧或效果差，但一次性投资大
	输送系统改造	变水量控制	中央空调水冷系统，水泵变频控制
		变风量控制	全空气系统，初投资较大
	蓄冷蓄热		大型中央空调办公建筑，利用夜间峰谷电能
	排风热回收利用		新风量较大的大型中央空调办公建筑
	末端改造	更换为辐射末端	水循环冷却中央空调建筑
		地板送风	会议室等大空间场所
用能监测、控制	分项计量、分层计量		用能收费各种独立的多单位（部门）办公建筑
	能效智能监控		结合楼宇智能控制和设备自控系统
可再生能源利用	太阳能热水应用		有热水需求，有足够集热面积（屋面）
	太阳能光伏发电系统		太阳辐射丰富地区，有足够屋面面积；路灯、庭院景观灯用电等
	地源热泵		容积率较小、有足够的地埋管布置场地
	水源热泵		临水建筑，有足够的可利用水量
照明节能改造	更换为节能灯具		采用低效灯具的场所
	照明智能控制		楼梯、走廊等公共场所

3. 节水改造技术

华东地区多数地区仍属缺水地区，但大部分地区全年降雨量较大，既有办公建筑改造建议尽可能采用雨水回用技术。

节水改造技术　　　　　　　　　　　　　　　　　　　　　　　表3

分类技术	具体技术措施	适宜对象、条件
管网和器具节水	高性能阀门替换	适合各种既有办公建筑
	节水卫生器具替换	适合各种既有办公建筑
雨水回收利用	改造雨水径流路线	有足够的雨水集蓄场地
	增加（增大）雨水集蓄空间	有设置的场地，结合景观水体布置
用水分项计量	按用途设置水表	适合各种既有办公建筑
	按不同单位用水设置水表	用水收费各种独立的多单位（部门）办公建筑
高效绿化灌溉	绿化喷灌、微灌	有较大的绿化场地
	湿度传感器或气候变化调节控制器	有较大的绿化场地

4. 节材技术

节材技术主要表现在既有建筑结构加固、增层改造工程或扩建工程及装修工程中。

节材技术　　　　　　　　　　　　　　　　　　　　　　　　表4

分类技术	具体技术措施	适宜对象、条件
高性能材料应用	采用高性能混凝土	结构加固或增层改造工程
	采用高强度钢材	结构加固或增层改造工程
可再利用材料应用	采用旧建筑拆下的砖、板、木、钢材等	结构加固、增层改造、装修
可再循环材料应用	尽量采用钢、木、铝材等材料	结构加固、增层改造、装修
土建装修一体化	土建装修一体化设计施工	增层改造工程
环境友好结构体系应用	采用钢结构、木结构体系	结构体系改变或增层改造工程
隔断墙体	轻质隔墙灵活隔断	有隔断需求的建筑，结合隔声构造

5. 室内环境改善技术

既有办公建筑的室内环境的改善应尽可能采取被动技术措施，依赖围护结构的改造，减少对设备系统的依赖，在改善工作环境的同时减少建筑能耗。

室内环境改善技术　　　　　　　　　　　　　　　　　　　　表5

分类技术	具体技术措施	适宜对象、条件
室内空间高效再组织利用、多重利用	增加观光电梯等垂直交通设施	主要公共活动空间，有设置的空间
	增加无障碍设施	建筑入口及主要活动空间
	增加各种指示标志	建筑入口及主要公共活动空间
	增加屋面休闲设施	有足够的屋面面积，结合屋面绿化布置
室内热环境改善	设置温度、湿度、风速调控装置	结合暖通空调系统设置
	采用隔热涂料等饰面材料	结合围护结构保温隔热系统设置
	设置背通风墙	结合围护结构保温隔热系统、外装修设置
	采用遮阳、通风、减噪的外遮阳设施	结合围护结构保温隔热系统设置

续表

分类技术	具体技术措施	适宜对象、条件
室内风环境改善	合理增加外窗、幕墙开启面积	开启面积小的外窗、幕墙建筑
	增设拔风井、通风口	有设置的空间，不影响主要功能的情况下
	采用各种通风器	不影响观瞻的情况下
室内声环境改善	采用隔声门、窗	毗邻城市交通干道的建筑、朝向
	安装隔声、消声、隔振、减振装置	空调通风机房、水泵房、发电机房、电梯房等
	采用隔声、吸声饰面材料	会议室等大空间场所墙面、顶棚
	浮筑楼板、弹性面层、阻尼板等	楼板经常有撞击的房间（如教室、专业实验室等）
室内光环境改善	增加采光天窗、采光井等采光口	有设置的空间、地下室
	设置反光格板、散光板、棱镜组等	建筑高窗
	采用遮阳百叶窗	不影响主要功能的情况下
	增加导光管、光导纤维等	顶层、地下室等空间
室内空气质量监控与改善	采用符合环保要求的装饰装修材料	所有空间
	设置CO_2监测装置	会议室等大空间场所，结合新风系统布置
	设置PM2.5等监测装置等	会议室等大空间场所，结合新风系统布置

四、既有办公建筑绿色改造实践

（一）工程案例1

江苏省建筑科学研究院科研楼，建于1976年，已使用了30多年。建筑共六层，建筑面积5400平方米，框架结构，南向临街。该科研楼结构、部件、设备已有老化，期间进行过多次装修、局部改造，但仍然存在许多问题：1.墙体、屋面、门窗保温隔热性能差，南面窗大，太阳辐射强烈，室内热舒适性差；2.建筑临街，噪声污染严重；3.噪声干扰导致长时间关窗，室内空气质量较差；4.南面为减少太阳辐射常常用内窗帘，照明主要采用人工光源，光环境不理想且耗能；5.全楼只一个总表计量总耗电量，无分项计量；6.外立面采用涂料饰面，易受污染，经常需要翻新；7.空调室外机零乱分布，影响美观。

根据规划和业主的要求，该建筑将继续使用20～30年。针对该科研楼存在的问题，绿色改造以节能改造为主，选择了表6所示的技术措施。

江苏省建科院科研楼绿色改造技术、具体措施及实施部位 表6

类别	分类技术	具体措施	部位
节能改造	围护结构保温隔热	外墙采用HR保温装饰一体化板	各向外墙
		屋面增加40mm厚喷涂硬泡聚氨酯保温层	屋顶
		外窗由单玻窗改造成塑料中空玻璃窗	各向外窗
		增加铝合金活动外遮阳百叶帘	南向、东西向
	能耗分项计量	5个单位部门各设置一个电表，分项计量，并传输至数据中心	各部门
	绿色照明	部分T8荧光灯更换为T5荧光灯	部分灯具
		增设照明智能控制系统	走廊、楼梯间

续表

类别	分类技术	具体措施	部位
室外环境改善	光环境改善	亮化灯采用LED灯，防止光污染	临街外墙亮化灯
	声环境改善	临街南向乔木绿化等阻挡减小环境噪声	南向
	场地绿化	合理采取轻型屋顶绿化草坪	屋顶局部
节水改造	管网和器具节水	采用高效低耗的节水洁具、设备	卫生间
节材改造	可再循环材料应用	采用钢材等	空调室外机支架
	环境友好结构体系应用	采用钢结构体系	电梯间、空调室外机支架
室内环境改善	室内空间高效再组织	增加观光电梯	南向
	低耗通风	充分利用自然通风	南北向
	隔声	增加围护结构的隔声性能	南向
	自然采光与照明优化	充分利用自然采光	南北向
	外遮阳	采用遮阳、通风、减噪的外遮阳百叶	南向

该建筑绿色改造2010年完成，改造后达到以下效果：

（1）改造后的外墙平均传热系数降至0.83W/(m^2·K)，屋面传热系数降至0.5W/(m^2·K)，满足节能设计标准对外墙、屋面传热系数的要求。

（2）改造后的外窗传热系数降至3.0，活动外遮阳使外窗遮阳系数由0.8降到0.2以下，夏季连续三天晴好日测试表明，遮阳房间与未遮阳房间室内空气温度相比，平均降低2.2℃，最高降低4℃。

（3）采用分项计量装置把5个部门用电系统分开，分别进行计量，并实施能耗监控和节能管理。

（4）综合能耗计算表明，改造后建筑单位面积年节约用电22kWh～25kWh，节能效果显著。同时，建筑物室内热舒适度大大提高，建筑外立面焕然一新（见图1）。

（5）测试表明，外窗采用百叶式活动外遮阳等措施，可有效利用自然采光，室内照度大部分时间均在100lx以上，并减小了眩光，获得更好的光环境。

（6）测试表明，外窗经改造后，隔声性能增加约10dB，有效地减小噪声的污染，改善室内声环境。

改造前外观　　　　　　　　改造后外观

图1 江苏省建科院科研楼改造前后外观

（二）工程案例2

江苏省人大既有办公建筑占地面积约4万平方米，总建筑面积约23000平方米，主要包括人大会议厅、民国老楼、综合楼三栋建筑（见图2）。其中人大会议厅地上5层，地下1层，建筑面积约11000平方米，建于2000年后，主要用于开会使用；民国老楼地上4层，地下1层，建筑面积约6900平方米，建于20世纪30年代，为历史保护建筑，目前主要用于办公；综合楼地上4层，建筑面积约5200平方米，建于20世纪80年代，一部分为士兵宿舍，一部分为办公。

改造前人大会议厅年代较新，墙体采用了保温性能较好的新型墙材，门窗采用铝合金中空玻璃窗，部分窗采用了Low-E玻璃，屋面也采取了保温隔热措施；民国老楼和综合楼墙体、屋面保温隔热性能差，门窗为铝合金单层玻璃窗，没有遮阳设施。综合楼西南面临街，噪声较大。建筑大部分采用中央空调，无分项计量设施。民国老楼和综合楼结构、部件、设备已有老化，期间进行过多次装修、局部改造，但仍然存在许多问题。

人大综合楼

人大会议厅

民国老楼

图2 江苏省人大既有办公楼

绿色化改造针对这三栋建筑，拟按照绿色二星标准实施绿色人大计划。针对该项目存在的问题，绿色改造以节能改造为主，以健康、舒适、高效的办公环境为目标，按照绿色建筑标准对办公建筑的空调、照明、隔声等系统改造，在满足建筑节能的要求同时，注重历史建筑的安全和保护。主要选择表7所示的技术措施。

江苏省人大既有办公建筑绿色化改造目前主要已完成了以下部分项目：

江苏省人大既有建筑绿色化改造技术、具体措施及实施部位   表7

类别	分类技术	具体措施	部位
节能改造	围护结构保温隔热	外墙增加内保温,采用玻璃棉等不燃材料	民国老楼、综合楼
		屋面增加屋顶绿化	人大会议厅、民国老楼
		外窗由单玻窗改造成中空玻璃窗	民国老楼、综合楼
		增加铝合金活动外遮阳百叶帘	综合楼西南向
	暖通空调系统	部分区域采用水泵变频控制	综合楼空调系统
		设置室内温度梯度控制	人大会议厅、民国老楼
	能耗分项计量	5个单位部门各设置一个电表,分项计量,并传输至数据中心	各部门
	绿色照明	部分T8荧光灯更换为T5荧光灯	所有建筑部分灯具
		增设照明智能控制系统	所有建筑走廊、楼梯间
	可再生能源应用	增加太阳能热水系统,综合楼厨房、淋浴供应太阳能热水	综合楼
		路灯、庭院景观灯用电采用太阳能光伏发电	庭院
室外环境改善	光环境改善	亮化灯采用LED灯,防止光污染	临街外墙亮化灯
	声环境改善	临街南向乔木绿化等阻挡减小环境噪声	综合楼西南向
	场地绿化	合理采取轻型屋顶绿化草坪	人大会议厅等屋顶
	透水地面	增加透水地砖、草坪砖等	庭院
节水改造	管网和器具节水	采用高性能阀门及节水洁具、设备	卫生间、食堂、澡堂等
	雨水回收利用	雨水回收利用	庭院
	高效绿化灌溉	场地绿化采用喷灌方式	庭院
	按用途设置水表	增加进楼总水表及道路浇洒、食堂水表等二级水表	所有建筑
节材改造	可再循环材料应用	采用钢材等	屋顶太阳能系统支架、景观设施支架
	环境友好结构体系应用	采用钢结构体系	
室内环境改善	低耗通风	充分利用自然通风	南北向
	隔声	采用中空窗,增加围护结构的隔声性能	综合楼西南向
	自然采光与照明优化	充分利用自然采光	各向
	外遮阳	采用遮阳、通风、减噪的外遮阳百叶	综合楼西南向

1. 综合楼外墙增加了以玻璃棉保温板为保温材料的内保温系统,外窗由单玻窗置换成铝合金中空玻璃窗,屋面也增加了XPS保温层。改造后的外墙、屋面、外窗热工性能均达到公共建筑节能标准要求。西南向外窗增加了铝合金外遮阳百叶帘;屋顶增加了太阳能热水系统;空调系统进行了变频改造;建筑安装了分项计量装置,实现了远程监测。

2. 人大会议厅原部分单玻窗置换成铝合

金中空玻璃窗；屋面增加了轻型绿化；采光天窗安装了遮阳设施；空调系统进行了清洗、重新调校；安装了分项计量装置，实现了远程监测。

3.民国老楼安装了分项计量装置，实现了远程监测。

已完成大部分改造的综合楼使用情况表明，改造后建筑室内热舒适度大大提高，声环境、光环境有所改善，能耗有显著的降低。

江苏省人大既有办公建筑绿色化改造是绿色人大计划的重要组成部分，通过绿色化改造，将实现节能降耗、改善环境、倡导绿色办公理念、垂范社会的目的。

五、结语

针对大量既有办公建筑存在的热舒适性差、能耗大等问题，本文列举了可供选择的多种绿色化改造技术及具体技术措施，探讨了各种绿色化改造技术的适宜条件，并对部分案例进行了介绍和分析。既有办公建筑的绿色改造应根据所处地区气候特征及建筑特点，综合考虑绿色改造效果、经济效益、美观等因素，选择适宜的绿色改造技术，制定合理的改造设计方案，尽量减少改造工作量和改造工作对建筑使用的影响。

（江苏省建筑科学研究院有限公司供稿，刘永刚、吴志敏、黄凯、杨玥执笔）

典型既有建筑绿色评价体系指标权重研究

一、前言

建筑全生命周期对环境的影响显著，消耗了32%的全世界资源，包括12%的水和40%的能源，与此同时产生了40%的垃圾和40%的空气污染，80%的能源消耗在建筑建成投入使用期间。随着既有建筑存量的增加，其环境问题越来越引起人们的重视，欧洲制定的多年路线和长期战略把既有建筑改造成节能建筑作为主要工作之一。2012年，美国Johnson Controls在全世界范围内的调查结果显示受访者对绿色建筑的兴趣持续增长，具体为44%（2011年是35%）的人愿意就既有建筑参加绿色建筑认证，43%（2011年是39%）的人愿意就新建建筑参评绿色建筑，既有建筑参评绿色建筑和新建建筑基本持平。目前，我国既有建筑面积已达500亿平方米左右，绝大部分为非绿色既有建筑，存在资源消耗水平偏高、环境负面影响偏大、工作生活环境亟待改善、使用功能有待提升等方面的不足。

本文将介绍BREEAM Offices 2008、Green Star – Office Existing Building（以下简称Green Star-Office EB）和LEED 2009 for Existing Buildings: Operations & Maintenance（以下简称LEED-EB），分析它们指标设定和权重，找出各标准对既有建筑改造和管理运营的重点，以供我国既有办公建筑绿色运行、改造和评价借鉴和参考。

二、标准介绍

（一）BREEAM Offices 2008

该标准由BRE Global研发，发布于2010年5月1日，是BREEAM标准体系的一个分支，主要适用于英国国内办公建筑的新建、改造、扩建和运行管理环境性能的绿色评价，帮助业主、使用者节省运行成本，降低建筑对环境的负面影响，提高办公建筑的可持续性。BREEAM为办公建筑的可持续建造、改造和维护提供了指导方法、软件工具和评价体系，本文就该标准适用于既有办公建筑改造和管理部分设置的指标和权重展开分析和讨论。

（二）Green Star-Office EB

Green Star由澳大利亚绿建委开发，主要评价既有办公建筑运行的环境性能。其主旨是对比既有建筑和新建建筑的环境性能，通过间接和直接指导减少既有办公建筑对环境的负面影响，提升既有建筑的环境性能。在澳大利亚，通过Green Star-Office EB环境认证，可以提升建筑的市场价值。

（三）LEED-EB

LEED-EB由美国绿建委研发，于2008年11月发布实施，主要用于评价既有公共建筑运行的可持续性，包括既有办公建筑、公益性建筑（图书馆、学校、音乐厅、教堂等）、服务机构、酒店、商店等，是一个综合性评价标准。在建筑运行、管理、系统升级、功能变换或更换设备时，该标准鼓励业主和管理者采用可持续策略,减少既有建筑全生命周期的环境影响。

三、评价指标和权重

从表1中可以看出,BREEAM Offices 2008、Green Star-Office EB和LEED-EB的评价指标设置不尽相同。BREEAM和Green Star-Office EB设有八个评价指标,但指标内容不全相同,LEED-EB只有五个评价指标,但三个标准都基本涵盖了"四节一环保+运营管理"六个方面。为了抓住主要矛盾,本文把各标准的部分指标放在一起进行分析对比,具体为室内环境质量、能源、材料与资源、水资源利用和综合管理五个方面。

BREEAM、Green Star和LEED的评价指标设置　　　　表1

	室内环境质量	能源	水资源利用	材料与资源	综合管理				创新项
BREEAM Offices 2008	健康和舒适	能耗	用水	材料	管理	交通	污染	垃圾	创新
Green Star -Office EB	室内环境质量	能耗	水资源利用	用材	管理	运输	土地利用和生态	垃圾排放	创新
LEED-EB	室内环境质量	能源与大气	节水	材料与资源	可持续场地				创新

图1给出了各标准每个指标的权重值,BREEAM Offices 2008和Green Star-Office EB采用一级权重,LEED-EB没有明确的权重过程只是将得分点按一定的比例分配到五个指标中,反映各指标对环境影响的主次关系。

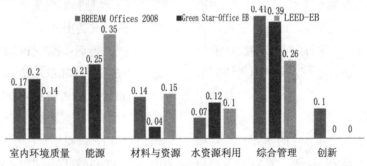

图1 BREEAM、Green Star和LEED的评价指标的权重值

(一)室内环境质量

办公建筑的基本目的是为用户健康、高效、舒适的室内环境,所以三个标准中室内环境的权重值都很大,分别是0.17、0.20、0.14。三个标准的室内环境质量都涉及光环境、室内空气品质、热舒适和声学性能四个方面,我国现行绿建标准对各方面也都有要求,但各标准的评价方法、评分设置、关注点不尽相同。

1.光环境:Green Star-Office EB 和 BREEAM Offices 2008较类似,都鼓励自然采光、控制眩光、使用高频灯具以及降低眩光对室内人员的影响,各二级指标分布较均匀,并尽可能量化评价;LEED-EB更侧重于室内人员对光源的主动控制,对灯具、照度没有量化要求,同时也鼓励自然采光和获取开阔的视野;我国绿色建筑标准则包括视野。

2. 室内空气品质:BREEAM Offices 2008包括室内空气质量检测、可挥发性有机物总量和微生物污染,Green Star-Office EB则从通风率、换气效果、二氧化碳监测和控制、污染物水平、有机挥发物浓度方面控制,LEED-EB要求控制最小室内空气质量、室内化学物质和污染源控制、低挥发性材料,控制污染源。

3. 声学性能:Green Star-Office EB和BREEAM Offices 2008都对室内噪声水平有量化指标要求,而LEED只在室内热舒适调查中包含,加州大学贝克利建筑环境研究中心的调查表明,LEED认证建筑的声学性能偏差。

4. 热舒适:Green Star-Office EB包括热舒适和舒适分区,BREEAM Offices 2008强调对区域舒适度的个人控制,LEED-EB也涉及对舒适度的个人控制,此外,包括热舒适的设计和核查。三个标准都依赖软件的模拟,而LEED-EB还强调采用问卷形式调查用户的实际感受。

(二)能源

建筑节能是全世界关注的热点,也是绿色建筑的核心内容之一。三个标准能源指标的权重分别为0.21、0.25和0.35。总体而言,三个标准分别从碳排放、能源计量和管理、节能器具和清洁能源入手,控制建筑能耗,降低建筑对环境的负面影响。

1. 碳排放:BREEAM Offices 2008的碳排放设15分,EPC认证的CO_2指标为100时得1分,为0时得15分,CO_2排放量越少其得分越高;Green Star-Office EB能耗效率值提升最大值为30分,结合计算机对建筑进行能耗模拟,采用ABGR能耗认证工具进行评价,这样能够鼓励用户采取有效措施节约用能,降低温室气体排放;LEED-EB则优化能源效率性能,最大分值为18分,根据EPA能耗性能评价得71分,可得LEED-EB能耗1分,当EPA能耗性能评价得95分时,就可获得18分,并要求出具降低温室气体排放报告。

2. 能源计量和管理:能源计量为评价建筑用能提供基础数据,BREEAM Offices 2008对高负荷和出租区域进行能源计量,Green Star-Office EB包括停车场通风、减少峰值能耗及分别对建筑的用电和出租区域进行能源计量,LEED-EB没有单独设立能源计量,重点放在既有建筑调试和楼宇设备、系统的性能测试。

3. 节能器具:BREEAM重点关注控制建筑外部照明和电梯能耗,Green Star-Office EB对照明器具和照度提出要求,LEED-EB没有对节能器具提出具体要求。

4. 清洁能源:BREEAM Offices 2008鼓励使用清洁能源和低碳或零碳技术,Green Star-Office EB没有单独设立对清洁能源的要求,LEED-EB要求评价现场和场外可再生能源的利用。值得注意的是,与Green Star-Office EB和BREEAM Offices 2008不同,LEED-EB不仅评价建筑排放温室气体对大气的影响,还评价制冷剂对大气的影响。

(三)材料与资源

三个标准该指标的权重分别为0.14、0.04和0.15,BREEAM Offices 2008和LEED-EB权重相当,而Green Star-Office EB则仅有0.04。针对既有建筑的特点,BREEAM Offices 2008评价材料与资源主要体现在列出材料清单表、材料与资源的循环利用和材料的性能，包括保温和牢固性。Green Star-Office EB则从垃圾回收利用、选用可循环利用得材料、控制材料用量、建材可拆卸组装和装修一体化评价建筑用材对环境的影响。LEED-EB要求选购可再利用材料，有针对性回收废弃物。

（四）水资源利用

三个标准对用水的权重设置分别为0.07、0.12和0.1，对用水的评价主要是用水计量、选用节水器具和利用非传统水源三个方面。BREEAM Offices 2008要求用水计量、检查管道泄漏和随手关闭用水器具，偏重于管理方面。Green Star-Office EB在用水计量的基础上，对饮用水用水效率、景观、热水、消防用水提出量化要求。LEED-EB要求计算用水效率，控制景观用水量，使用节水器具及冷却塔使用非传统水源，并做好冷却塔用水的化学处理。

（五）综合管理

综合管理包括建筑运行管理、场地和废弃物管理、交通运输，不同标准对此要求和分类也不一样，权重分别为0.41、0.39和0.26。

1.运行管理：BREEAM Offices 2008和Green Star-Office EB均设有运行管理指标，都要求制定建筑使用手册、试运行、对建筑参与人员的资质要求及场地管理，只是BREEAM Offices 2008对建筑安全提出较高要求，而Green Star-Office EB则比较重视场地环境和现场垃圾管理。LEED-EB则没有单独设立运行管理。

2.场地和废弃物管理：BREEAM Offices 2008包括对垃圾分类收集、可循环利用、制冷剂的选择和防止泄漏、控制氮氧化物排放及降低水、声和光的污染，Green Star-Office EB考虑了土地的再利用、对生态系统的影响、制冷剂的利用和管理、雨水回收和污水处理、降低光污染及军团菌的防治，LEED-EB则要求保护和恢复生态系统、降低热岛效应和光污染、应对暴雨水流量、制定综合病虫害管理、土地侵蚀控制和景观管理计划。

3.交通运输：BREEAM Offices 2008主要从交通出行方面考虑，要求健全基础设施、鼓励乘坐公共汽车和骑自行车、限制停车位数量，Green Star-Office EB对交通和货运都有要求，建筑需要提供汽车和自行车停车场、组织高效节能运输、鼓励公共交通运输，LEED-EB要求建筑周围有可选公共汽车交通。

四、结论

（一）能耗认证体系，三个标准对建筑能耗的认证都依据系统评价方法，BREEAM Offices 2008根据EPC的CO_2指标认证体系，Green Star-Office EB使用ABGR能耗认证方法对建筑的计算机能耗模拟后，而LEED-EB根据EPA能耗性能评价，对能耗指标量化。目前，我国还没建立起系统的建筑能耗认证体系。

（二）室内环境控制，对室内环境的个人控制非常重要。三个标准都考虑到个体的差异性，这样既可以满足各自对室内环境的需求，又能最大限度地节能，避免不必要的能源浪费。

（三）材料可循环利用，在节材方面Green Star-Office EB的权重仅为0.04，其他两个标准则分别为0.14和0.15，折射出不同国家对既有建筑材料循环利用的不同观点。从既有建筑特点可以得出，主体结构不能更改，但装饰性材料和服务性设施需要不断更新，需要对这些拆卸物进行分类，进而循环利用。

（四）水资源利用，三个标准对建筑用水的观点比较统一，权重为0.1左右，主要集中在用水计量、选用节水器具和利用非传统水源。既有建筑会出现水管道老化造成的泄漏问题，需要定期检查，更换节水器具，增加非传统水源利用，控制建筑的饮用水消耗。

（五）综合管理，BREEAM Offices 2008偏向于建筑改造过程的管理，对场地影响、施工现场垃圾、污染等都提出严格要求。Green Star-Office EB偏重于建筑运行的管理，二级评价指标包括土地的再利用、对生态系统的影响、制冷剂的利用和管理等。LEED-EB则提出保护和恢复生态系统、降低热岛效应等定性的指标。不过，三个标准对充分利用公共交通的观点较为一致。

（重庆大学、中国建筑科学研究院供稿，朱荣鑫、王清勤、李楠执笔）

与创意产业结合的上海旧工业建筑改造再利用研究

一、引言

上海是我国近代工业最重要的基地,产业建筑的类型丰富,具有深厚的文化底蕴。近年来,上海在加大城市遗产的保护力度的同时,已经对100余处工厂、仓库等近代产业建筑进行保护与合理再利用。老厂房、旧仓库等蕴含大量历史文化信息,内部空间又适宜改建利用,为创意产业发展提供了外部条件。

二、上海旧工业建筑与创意产业结合现状

上海市自2005年4月起授牌第一批18家创意产业集聚区,2005~2006年间上海市共授牌四批75个创意产业聚集区项目。但是由于政府主导下的行动发展过快,部分创意产业集聚区的发展偏离当初的设想,其后几年政府授牌举动放缓。至2011年底,上海市正式授牌的市级创意产业聚集区已达到89个。此外,还有一些创意产业园项目未得到上海市经济信息化委认定授牌或在区里授牌。算上这些园区,目前上海市现有的创意产业园已超过100个。上海创意产业集聚区的建立和发展,正是伴随上海产业结构转型,盘活存量老厂房、老仓库土地资源的需求,因此在上海现有的创意产业园区中,由工业厂房或仓库改造的项目占绝大多数。

上海工业建筑改造创意产业聚集区典型案例　　表1

园区名称	原有名称	地址
1933老场坊	工部局宰牲场	虹口区沙泾路10号/29号
8号桥	上海汽车制动器公司	卢湾区建国中路8号
田子坊	上海人民针厂等多个弄堂工厂	卢湾区泰康路210弄
M50	上海春明粗纺厂	普陀区莫干山路 50 号
红坊(新十钢)	上钢十厂冷轧带钢厂	长宁区淮海西路570号
2577创意大院	江南弹药厂	徐汇区龙华路2577号
尚街	三枪内衣成衣车间	徐汇区建国西路283号

经统计整理,在上海市正式授牌89个市级创意产业聚集区中,由工业厂房或仓库改造而来的项目为72个,占比达到80%;一大批品牌创意园区,如8号桥、田子坊、M50、尚街、红坊、2577创意大院、1933老场坊,其前身均是不同时期的厂房或仓库,如表1所示。从区位上看,72个工业建筑改造而成的创意园区绝大部分位于中心城区,仅个别项目位于闵行、宝山等郊区。其中长宁、徐汇和虹口三个区项目最多,项目数量都在

10个以上,这三个区所辖区域面积较大,工业厂房存量较多,可供开发的老厂房面积较大。虽然上海市郊区可供开发的厂房面积也很多,但由于地理位置的缺陷,开发速度和质量相对迟缓。另外,许多工业建筑改造而成的创意产业园聚集于苏州河和黄浦江沿岸,呈现沿河流发展的态势,其原因主要是由于旧上海工业企业和仓库主要分布在黄浦江和苏州河沿岸。工业外迁之后,为创意产业集聚区的发展提供了空间载体。

三、上海旧工业建筑与创意产业结合的条件及分类方式

(一)结合条件

1.创意产业对旧工业区更新改造的要求

创意产业聚集区是在市场自然规律影响和经济发展到一定水平的情况下形成的,是以提高产业能限为目的的一种发展趋势。创意产业的集聚效应催生了创意产业聚集区,创意产业聚集区的产生需要相应的建筑载体,创意产业的核心要素是创新,这种创新来源于人的创造力,所以其工作场所要能够激发创意人员的灵感火花,并能够促进他们之间的交流与合作。而废弃的旧工业建筑恰恰为创意产业提供了两个不可或缺的条件:不可复制的人文遗存和丰富多变的宽敞空间。

2.政府政策指引

2005年4月,上海举办了"首批上海创意产业集聚区授牌仪式暨项目推介会",为包括"田子坊"、"8号桥"、"时尚产业园"、"M50"等在内的18家集聚区进行授牌,从此,创意产业集聚区这一个新的概念得到了普遍推广。2006年底,上海市经委和上海市社会和劳动保障局共同发布了涵盖41个创意类新职业的《创意产业领域新职业指南》,期望创意产业成为未来推动上海产业升级和城市功能转型的"头脑加速器"。《上海市文化创意产业发展"十二五"规划》(修订版)提出"以普陀、长宁、静安、闸北和虹口等区苏州河两岸开发和旧区改造为契机,充分利用苏州河沿岸的老厂房、老仓库等工业遗存,以及其他历史建筑资源,加快建设一批以设计、媒体、艺术、广告、动漫游戏等为主体特色的文化创意产业"。

上海创意产业园结合方式分类 表2

结合方式分类		案例
按形成机制	自上而下的政府引导推动型	8号桥
	自上而下与自下而上的相互推动型	田子坊
按结合方式	一对一	建桥69
	多对一	1933老场坊
	多对多	8号桥、田子坊等
按使用功能	创作型	上海滨江创意产业园、M50创意园
	体验型	1933老场坊
	消费型	8号桥
	综合型	田子坊
按园区业态	单一业态型	徐家汇惠谷旧工业区、田子坊
	复合型业态	上海滨江创意产业园

（二）结合方式分类

据国内外与创意产业园区相结合的旧工业建筑改造的实例、相关研究以及对上海现有的创意产业园区的调查，将旧工业建筑与创意产业园区结合情况可按照形成机制、结合方式、使用功能和业态四种方式进行分类，如表2所示。

四、与创意产业结合的上海旧工业建筑再利用设计策略

（一）价值评估

根据旧工业建筑所蕴含的价值进行综合评价，这些价值包括：历史价值、科学价值、文化价值、情感价值、使用价值。从影响旧工业建筑再利用的价值评估方面来看，重点体现在再利用的使用价值上。决定旧工业建筑再利用使用价值的影响因素主要有：旧工业建筑的地理位置、所处的区位条件、建筑完损状况、可利用的面积、设备水平及改造难度。这些体现旧工业建筑使用价值的因素的综合评价，决定了旧工业建筑的命运：修缮、改建或拆除。

（二）规划对策

1. 控制性规划阶段

旧工业建筑一般为工业化时期国家或地区重点大型工矿企业，由于本身规模庞大，加之不同历史时期的增建扩建，使之形成建筑群落。由于原来中国大中型城市中，对于文化建设没有统一规划，没有保障机制，使得创意产业园要么成为社会的异己力量，要么简单地融入商业社会中来。因此在对旧工业建筑的改造项目中，应该用控制性规划的方法对现有的建筑群落进行新的功能分区、空间结构调整、产业结构优化。

2. 城市设计阶段

（1）以人文本

创造准确的形态与风格定位，通过完善的产业链配套设施建设来吸引创意阶层入驻，首期开发好园区环境，为目标创意阶层设计特色空间。解决工业厂房的单一空间模式与创意产业空间多样性的矛盾，为客户创造合适空间。

（2）功能布局

创意产业集聚区的建设应当与时尚消费园区有区别。产业园区并不是文化市场，应当防止将旧厂房简单分割后变成文物卖场或者低层次服装市场的做法。应当与周边居住社区相融合，在创意产业集聚区周边形成泛SOHO区域，补充园区自身短期内实现不了的SOHO功能。

（3）多方案比较

鼓励保护性开发，传承城市文化。规划过程中应当多方案比较，合理选择符合产业发展的物质空间形态。

（三）建筑设计

1. 立面设计

（1）整旧如旧

这种方式以维持建筑原有历史风貌为设计原则。这类建筑在再利用的过程中，其外部形象的处理一般采用比较谨慎的手法。该类产业建筑多为有历史保留价值或城市标志性建筑，以外立面的保留来获得文脉的延续和人们的历史认同。如图1、图2由上海十七棉纺织总厂改建的上海国际时尚中心1号、2号楼。

（2）新旧对比

改造以修整和完善为目的，不足和添加部分往往采用新材料和新的结构形式，如大面积的玻璃幕墙、网架结构屋顶、铝合金材

图1 上海国际时尚中心1号楼　　图2 上海国际时尚中心2号楼

图3 上海春明创意产业园

料的外墙和门窗等,以明显区别于原来的形式,与原建筑的厚重沉稳造成强烈的对比。如图3上海春明创意产业园。

（3）整旧如新

对于那些极具经济价值（空间潜力）但历史文化价值较少的旧工业建筑,由于其本身外立面不具有保存价值,而内部空间结构优势明显,因此在改造过程中往往会根据其内部的功能改变而改变其外立面的样式。如图4上海现代产业大厦。

图4 上海现代产业大厦

图5 上海国际时尚中心4号楼改造前　图6 上海国际时尚中心4号楼改造后

2.结构设计

建筑结构设计要点:

修复或加固结构,做表面处理;

根据设计者要求,增加结构支撑。

改动尽量少,利用原有结构。

在不对整座建筑结构进行改动的前提下,允许为美观或其他需要添加装饰结构,但要避免资源浪费。

3.内部空间设计

(1)内部加层

利用工业厂房的巨大层高,可在其内部加建夹层来达到充分利用空间。形成视觉趣味中心的目的。这种方法分别在水平和垂直方向上变更了原建筑的内部空间形态,形成了丰富的空间组合。

图7 上海滨江创意产业园

图8 上海8号桥

(2)灵活隔断

在改造过程中,为了强调空间的灵活性与通透性,常常采用设置灵活隔断的做法来划分各功能区域。这种灵活隔断可以是墙体、屏风甚至家具。当然,这种划分不是绝对的划分,隔墙通常是不到顶的,屏风是能够随意移动的,家具也是可以变化的,这些都使空间的连续性得到了保证。此外,充当灵活隔断的其他附加物,如玻璃、帘等也常常被加以运用。

图9 上海滨江创意产业园登琨艳工作室

图10 上海8号桥

(3)屋中屋

屋中屋是另外一种常用的划分空间的方法,它体现着"插入"和"嵌着"的空间组织手法,即在母体空间内部明确区分出一系列子空间,这种手法在现代建筑中被广泛应用。在这样大而开敞的厂房内,划分出一些小屋形的空间，以容纳其他功能的存在。

图11 上海城市雕塑艺术中心

（4）增设中庭

工业厂房往往采用连续大跨度的结构体系在有限的地块中增加使用面积，造成进深大、光线相对不足的缺点。在其内部加入中庭空间，将顶部改造成能够有效引入自然光线的玻璃天窗，不仅可以活跃室内空间，也可以使自然采光条件得到改善。

五、结论

一方面，创意产业的发展需要空间载体，作为需要进行升级改造的旧工业建筑为其提供了大量的自由空间；旧工业建筑改造成创意产业园区能使其得到最大程度的升级和对资源的最大化利用。

另一方面，上海创意产业园在建成后的经营管理中也出现一些问题，如租金层层加码、园区过于商业化、同质化竞争等，因此在新一轮的旧工业建筑改造中，政府的角色定位应更多地转向"创意引导者"，政府应该预先规划，确定创意集聚区的产业定位、主题内容等框架，支持多形式、多渠道因地制宜地开发利用旧工业建筑。

（上海现代建筑设计集团有限公司供稿，任国辉、李海峰执笔）

绿色城市社区物理环境评价体系研究

一、前言

绿色城市社区作为连接绿色建筑和生态城市的中观尺度地表单元，在改善人居环境、降低建筑能耗、促进城市可持续发展等方面具有重要的意义。目前，各国对于生态城市和绿色建筑评价体系的研究和探讨已取得了丰富的成果，而中观尺度的绿色城市社区评价体系研究，还未形成一套完整且具权威性的评价体系。

目前，有学者对国内外绿色城市社区评价体系进行了初步的对比分析研究，主要着重于其制定背景、形成与发展历程、评价主体、指标框架的构建、指标的选取及指标权重的确定方法等。然而，前人的研究还缺乏对国内外相关评价体系的完整梳理和对比。

社区物理环境是绿色社区的重要组成部分，物理环境不仅关系到人员的安全与舒适，还会对其生理、心理健康产生重要的影响。在绿色社区评价体系中，物理环境是其重要的组成部分，目前对绿色社区物理环境评价的研究不够深入，有必要对其进行完整的梳理比较，为我国相关评价标准的建立提供重要参考依据及方向。

二、国内外绿色城市社区综合评价体系

（一）国外绿色城市社区综合评价体系

国外绿色城市社区综合评价体系主要包括美国的LEED for Neighborhood Development，英国的BREEAM Communities以及日本的CASBEE for Urban Development。

1. LEED for Neighborhood Development

LEED for Neighborhood Development（LEED-ND）评估体系的提出基于对美国城市郊区化问题的反思。在"精明增长"、"新城市主义"和"绿色建筑"三大原则下，美国绿色建筑委员会（Green Building Council）、美国新城市主义协会（Congress for the New Urbanism）以及保护自然资源委员会（Natural Resources Defense Council）推出LEED-ND区域评估体系。LEED-ND适用于新建或者既有的社区，所指的社区既可以是多个社区，也可以是一个社区甚至社区的一部分，LEED-ND没有对于认证项目占地面积的具体要求，但是核心委员会通过调查研究提供了一个合理的界限供参考：即至少包含两栋可居住的建筑，最大用地面积1.3平方公里。

2. BREEAM Communities

BREEAM Communities（BREEAM-C）即BREEAM社区分册是建立在BREEAM体系认证方法和结构基础上的独立的第三方认证体系，它秉承了环境、社会、经济可持续发展和平衡的原则，同时考虑满足降低环境影响的规划需求。它的得分点分为8类，包括：气候和能源、资源、场地塑造、交通和行为、社区、生态和生物多样性、商业和经济以及建筑。经BREEAM Communities认证的区域内的建筑可以是民用建筑或者公共建筑，新建改建均

可，对认证对象并无明确的推荐值和要求。

3. CASBEE for Urban Development

CASBEE城市发展分册（CASBEE-UD）侧重对建筑群的环境评价，其评价的具体内容也与单体建筑评价有所差别，环境评价分为三部分，分别为：自然环境评价、区域内服务功能、对社区的贡献。负荷评价也分为三部分，包括：环境对于微气候、外观和景观的影响、基础设施和环境管理。其评价过程沿用CASBEE之前的方法，以BEE为主要指标。CASBEE-UD对认证对象并无明确的推荐值和要求，但评价过程按照容积率进行中心区和普通区的分类，并在条款权重上进行区分。

表1总结了三种生态社区评价体系中的一级指标框架，LEED-ND设置的一级指标为4个，而BREEAM-C设置了8个一级指标。CASBEE-UD一级指标的设置方式则完全不同，采用二维的设置方式，其中，社区发展中的环境质量下面有3个一级指标；社区发展中的负荷减小下面同样有3个一级指标。表2总结了三种生态社区评价体系的权重及结果表达形式。可以看出，三种评价体系采用不同的权重方法。LEED-ND采用无权重或线性权重，仅通过所赋分值的多少来表现不同评价指标的相对重要性；BREEAM-C采用2级到3级权重的加权线性求和的方法；而CASBEE-UD设置了多达3到4级权重。

三种国外社区评价体系中的一级指标框架　　　　表1

评价体系	LEED-ND	BREEAM-C	CASBEE-UD
一级指标	1. 精明选址与联系	1. 气候和能源	Q：社区发展中的环境质量
	2. 社区模式与设计	2. 资源	Q1自然环境
	3. 绿色建造与技术	3. 场地塑造	Q2指定区域内的服务功能
	4. 创新与设计方法	4. 交通和行为	Q3对当地社区的贡献
		5. 社区、生态和生物多样性	L：社区发展中的负荷减小
		6. 商业和经济	L1环境对微气候、外观以及景观的影响
		7. 建筑	L2社会基础设施
		8. 创新得分	L3当地环境的管理
			BEE: Q/L

三种国外社区评价体系结果表达形式　　　　表2

评价体系	数学模型		结果表达方式
LEED-ND	无权重，线性求和	$x = \sum_{i=1}^{n} x_i$	"星级评定"类
BREEAM-C	加权线性求和	$x = \sum_{i=1}^{n} w_i x_i$	"星级评定"类
CASBEE-UD	加乘混合	$x = \dfrac{\sum_{k=1}^{l} w_k y_k}{\sum_{i=1}^{n} w_i x_i}$	"二维图"类

（二）国内绿色城市社区综合评价体系

从20世纪90年代开始，绿色建筑概念开始引入中国，从2001年出版的《中国生态住宅评估手册》，2003年出版的《绿色奥运建筑评估体系》，到2006年出版的《绿色建筑评价标准》，中国单体建筑的绿色评价体系日臻完善，然而，针对绿色城市社区的评价体系的研究刚刚起步，目前主要有下面两本评估手册。

1.《中国生态住区技术评估手册》

《中国生态住区技术评估手册》从第4版开始名称中的住宅变为住区，体现了对住区环境评价的逐渐重视和由单体住宅向社区级别的评价范围和内容的延展。评价体系由5个评价子项组成，分别为选址与住区环境、能源与环境、室内环境质量、住区水环境、材料与资源，评分标准体系由必备条件审核、规划设计阶段评分标准和验收与运行管理阶段评分表三部分组成，每个评价子项得分值均为100分，每个阶段总分为500分，两个阶段总分合计为1000分，目前为止尚没有对评价得分结果进行分级。

2.《环境标志产品技术要求 生态住宅（住区）》

2007年11月由国家环境保护总局颁布实施的《环境标志产品技术要求 生态住宅（住区）》是参照《中国生态住宅技术评估手册（2003版）》、《绿色奥运建筑评价体系》和LEED-NC 2.1版编制的，评价体系由5个评价子项组成，分别为场地环境规划、节能与能源利用、室内环境质量、住区水环境、材料与资源。评分标准体系由必备条件审核、规划设计阶段评分标准和验收与运行管理阶段评分表三部分组成，指标体系采用3级权重体系，必备要求为39个，可得分项目为161个，同时增加了创新评分，创新措施满分占总得分的10%。结果表达方式为通过与否。

三、绿色城市社区物理环境评价指标

社区物理环境的评价是绿色城市社区评价的重要组成部分，物理环境不仅关系到人员的安全与舒适，还会对其生理、心理健康产生重要的影响。在国内外绿色城市社区综合评价体系中，社区物理环境都是需要重点考虑的因素。社区物理环境主要包括热环境、风环境、光环境、声环境以及空气污染等。

国外社区评价体系物理环境相关的次级指标　　　　表3

	LEED-ND	BREEAM-C	CASBEE-UD
热环境	降低热岛（1分）	热岛（1-3分）	考虑及保护夏季行人区域的微气候
风环境			改善风环境
光环境	降低光污染（1分）		保证日照
声环境			确保良好的声学以及振动环境
空气污染	预防建筑过程中污染（前提条件）		确保良好的空气质量

表3总结了国外三种绿色社区评价体系中物理环境相关的次级指标。从中可以看出，CASBEE-UD对于社区物理环境方面的考虑最为充分，涵盖了热环境、风环境、光环境、声环境以及空气污染。LEED-ND以及BREEAM-C主要关注降低热岛强度的措施。表

4.总结了国内《环境标志产品技术要求 生态住宅（住区）》以及《绿色建筑评价标准》中城市社区物理环境相关的次级指标。从中可以看出，两个标准对社区物理环境的考虑均较为充分，包含了热环境、风环境、光环境、声环境以及空气污染。《环境标志产品技术要求 生态住宅（住区）》将评价体系划分为规划设计阶段以及验收阶段，而《绿色建筑评价标准》虽然主要针对的是单体建筑或建筑群，然而，其在节地与室外环境中对场地的物理环境作出了相关要求，标准对居住建筑以及公共建筑分别评价。

国内社区评价体系物理环境相关的次级指标　　　　表4

	《环境标志产品技术要求 生态住宅（住区）》		《绿色建筑评价标准》	
	规划设计阶段	验收阶段	居住建筑	公共建筑
热环境	室外日平均热岛强度≤2℃ 可满足行人热舒适要求 设计中有改善室外热舒适的措施	实测日平均热岛强度≤2℃ 实测湿黑球温度WBGT≤32℃	室外日平均热岛强度不高于1.5℃	
风环境	通过量化分析，优化住区风环境设计，预防风害的发生，利于室外行走 建筑布局合理，无污染死角，且有利于建筑夏季和过渡季自然通风	典型气象条件下，住区内行人区无风害或过高风速的情况 住区内无污染死角，单体建筑自然通风良好	住区风环境有利于冬季室外行走及过渡季、夏季的自然通风	建筑物周围人行区风速低于5m/s，不影响室外活动的舒适性和建筑通风
光环境	保证必要的日照要求 室外照明规划满足要求，且不造成光污染	满足住宅的日照小时数基本要求 满足室外照明基本要求，无光污染	满足现行国家标准《城市居住区规划设计规范》中有关住宅建筑日照标准的要求	不对周边建筑物带来光污染，不影响周围居住建筑的日照要求
声环境	采取隔离或降噪措施，以及合理的建筑布局方式，改善室外声环境 通过采用合理的建筑平面布局、适当的建筑构件等措施，改善室内声环境	实测室外环境噪声满足《城市区域环境噪声标准》要求	满足现行国家标准《城市区域环境噪声标准》的规定	满足现行国家标准《城市区域环境噪声标准》的规定
空气污染	具有良好的场地环境空气质量状况，控制住区污染排放与扩散	场地环境空气质量状况良好，住区内无污染排放与扩散	控制由于施工引起的大气污染、土壤污染、噪声污染、水污染、光污染以及对场地周边区域的影响	控制由于施工引起各种污染以及场地对周边区域的影响

四、绿色社区物理环境评价指标比较分析

通过对比国内外绿色城市社区评价体系，发现所有这些评价体系都考虑了社区物理环境方面的因素，国内绿色城市社区物理环境评价体系中的相关指标与国外体系相比更加全面。降低热岛效应是所有体系中重点考虑的因素，也是对社区物理环境影响最重要的影响因素。

国外体系与国内体系关于城市社区物理环境的指标值及得分点的设定有很大的区别。由于可持续城市社区的评价比可持续单体建筑的评价更加复杂，社区物理环境各个因素更是具有耦合关联的特点，国外的评价体系更加注重措施得分，鼓励使用各种改善物理环境的技术；国内评价体系则采用指标值与措施得分相结合的方式。

目前，国内外的绿色社区评价体系均侧重于对规划及新建社区，更加强调对社区规划建造的指导作用，而针对既有社区改造的部分则略显不足。同时，为了便于操作，所有的评价体系并没有针对不同地区采用适合当地的可调整的权重系统以及可修改框架的评价体系。

五、结论及建议

我国的绿色建筑评估体系经过多年的努力，目前已有了长足的发展。而在绿色社区方面，评估体系的研究还处于起步阶段，在充分研究国内外同类标准体系的基础上，应该尽快发展适合我国国情的绿色城市社区评估体系，并逐步完善指标的体系建设和操作细则。

社区物理环境是绿色城市社区评估中重要的组成部分，建立适合我国不同地域特点的社区物理环境评价体系，需要注意以下几个重要因素：具有"本土化"特色、可调整的框架及权重、充分考虑新建及既有社区改造的区别、合理运用定量及定性指标以及指标值与改善措施相结合的得分点。

（无锡太湖新城低碳生态工程技术中心、深圳市建筑科学研究院有限公司供稿，
杨晓凡、贺启滨执笔）

家用热泵空调器除霜系统改造实验研究

一、引言

随着经济的发展和科技的进步，空调已成为常见的家用电器，进入了千家万户，并逐渐成为人们生产、生活中不可或缺的一部分，特别是对于长江流域地区，冬季气温能够达到5℃以下，一般却没有采用集中供暖的住宅，热泵空调器就成为冬季采暖的首选设备。

近十年来，我国的民用建筑空调器产量迅猛增长。1995年空调器的产量为519.88万台，2000年的产量为1826.7万台，到2004年产量已达6645.22万台，10年内空调器的平均增长率高达32.56%。而2004年我国的空调器的销售量为2000万套，高居世界第一。由此可见，空气源热泵作为一种节能的供冷、供暖设备在国内得到了广泛应用。但是，在冬季气候条件下，室外机存在结霜的危险。霜层的产生和增长增加了室外机翅片热阻，减小了室外机空气流通面积，导致蒸发温度下降和供热性能系数降低。空气源热泵冬季运行时的结霜问题严重影响了其在建筑供暖中的应用，因此有必要对其除霜系统进行改造，以解决制约空气源热泵应用的除霜问题，从而推动空气源热泵在建筑供暖中的应用。

常用的除霜方式主要是逆循环除霜和热气旁通除霜两种，针对热泵除霜，国内外进行了很多研究。Huang等对空气源热泵逆循环除霜和热气旁通除霜的动态特性进行了研究。结果显示热气旁通的除霜时间明显长于逆循环除霜。Chen等研究了室外空气参数对空气源热泵除霜特性的影响，认为除霜时间主要取决于室外机壁面温度和除霜期间的冷凝压力。Wang等提出了带有制冷剂补偿器的热泵除霜系统，结果显示除霜期间，压缩机的吸排气压力和耗功均高于带有气液分离器的常规系统。在逆循环除霜过程中，提前开启风机可以有效降低压缩机的过压保护。Watters在两个三排的热泵室外机组上研究了翅片间距对减缓霜层的增长以及改善热泵结除霜的影响。研究表明，对室外机表面进行憎水性处理可以有效提高除霜效率，缩短除霜时间。在热气旁通除霜方式下，所需的除霜时间较逆循环除霜要长，但是除霜过程中具有较低的噪声、较小的室内温度波动和没有吹冷风的感觉，因此可以很好地弥补逆循环除霜的缺点。Byun通过实验发现在210分钟的热泵制热和除霜时间内，当制冷剂旁通量为20%时，系统的COP和供热能量可以分别提高8.5%和5.7%。Hewitt对具有圆形室外蒸发器的空气源热泵采用热气旁通除霜的特性进行了研究，提出了最佳的除霜起始时间、除霜运行时间和除霜间隔。文献对节流机构对除霜的影响进行了实验研究，比较了不同节流机构对除霜效率，尤其对除霜速度的影响。此外，Jain分别设计了空气源热泵液体除湿系统，在防止结霜方面取得了良好的效果。文献提出了采用制冷剂显热进行热气旁通除霜的除霜方式，并对控制方法进行了实验研究。

尽管许多学者多空气源热泵的除霜进行了很多研究，但是除霜能量来源不足的根本问题仍没有解决，从而导致了除霜过程中压缩机吸排气压力降低，向室内吹冷风，延长了除霜时间，恶化了室内空气舒适性等许多问题。为了解决空气源热泵除霜能量来源不足的问题，文献提出了相变蓄能除霜的新技术。在原有的空气源热泵的基础上增加了一个相变蓄热器，在正常供热满足要求时，蓄存多余的热量，在除霜过程中作为热泵的低位热源。本文将对不同的蓄热模式下的系统特性进行研究，从而选取最合理的蓄热方式，并对实验结果进行分析和比较。

二、实验原理及实验设计

（一）空气源热泵相变蓄能除霜系统蓄能原理及运行模式

相对于传统的空气源热泵系统，本系统增加了一个相变蓄热器，系统原理如图1所示。通过改变阀门F1~F5的启闭，可以实现相变蓄热器与室内机的不同运行模式：相变蓄热器与室内机串联蓄热模式（串联蓄热）、相变蓄热器与室内机并连蓄热模式（并联蓄热）、相变蓄热器单独蓄热模式（单独蓄热），其制冷剂流程分别为：

1. 串联蓄热模式：开启阀门F2、F3和F5，关闭阀门F1和F4。高温制冷剂先流经相变蓄热器再流经室内机。在相变蓄热器内，高温制冷剂的气-液相变热转换为蓄热材料的固-液相变热，从而完成了相变材料的相变蓄热过程。

2. 并联蓄热模式：开启阀门F1、F2、F4和F5，关闭阀门F3。高温制冷剂一部分流经相变蓄热器，同时另一部分流经室内机。在实现室内供热的同时，完成了相变材料的蓄热过程。

3. 单独蓄热模式：开启阀门F2和F4，关闭阀门F1、F3和F5。高温制冷剂只流经相变蓄热器。在相变蓄热器内，高温制冷剂的气-液相变热转换为蓄热材料的固-液相变热，完成相变材料的相变蓄热过程。

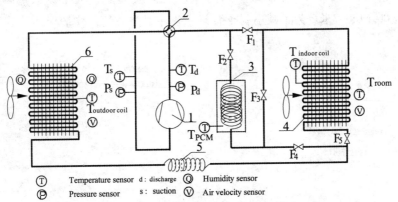

图1 空气源热泵蓄能除霜系统原理图及测点布置

1.压缩机；2.四通换向阀；3.相变蓄热器；4.热泵室内机；5.毛细管；6.热泵室外机；F1~F4、阀门

（二）相变蓄热材料选取

从目前的国内外文献来看，虽然相变材料的种类和分类方法很多，但是作为一种理想的相变材料，需要具备以下条件：

1. 合适的相变温度，较大的相变潜热，以及较高的导热系数；
2. 在相变过程中不发生溶析现象，以免导致相变介质化学成分的变化；不发生过冷和相分层现象，具有良好的稳定性和可靠性；
3. 与容器材料相容，相变材料不能够腐蚀容器；
4. 无毒，不易燃，具有较快结晶速度和晶体生长速度；
5. 低蒸汽压，体积膨胀率较小，密度较大，原料易购，价格便宜。

由于真正能够满足以上所有条件的相变蓄热材料很难找到，因此在实际选择相变材料时应考虑主要矛盾。针对空气源热泵除霜，本文选取结晶水合盐类相变材料 $CaCl_2·6H_2O$ 作为蓄热材料，外加质量分数2%的 $SrCl_2·6H_2O$ 和质量分数2%的 $Ba(OH)_2$，用来消除 $CaCl_2·6H_2O$ 在相变过程中的过冷和分层现象。$CaCl_2·6H_2O$ 的主要物性参数如表1所示。

相变材料热物理特性参数 表1

PCM名称	熔点（℃）	熔解热（KJ/Kg）	导热系数（W/m.k）	密度（kg/m³）		导热系数(kJ/kg·K)	
				固体	液体	固体	液体
$CaCl_2·6H_2O$	29	176	0.814	1.80	1.56	1.46	2.13

（三）相变蓄热器结构参数及设计

相变蓄热器是本系统中一个重要的部件。图2所示为相变蓄热器的结果示意图。将两个不同直径的螺旋盘管置于不同半径的两套筒之间，螺旋盘管和套筒之间充注相变材料，铜管管径为Φ10×0.6毫米，内盘管长5.7米，外盘管长6.7米。为了减小制冷剂在相变蓄热器内流动阻力，两螺旋盘管并联，蓄热时高温高压的制冷剂从盘管的底部进入相变蓄热器。

三、实验数据及分析

本实验是在人工模拟室内外气候环境条件下完成的。实验过程中，通过控制模

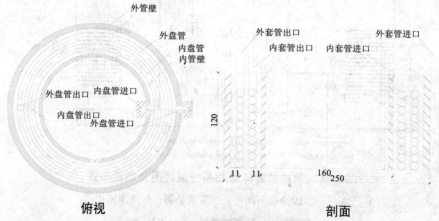

图2 相变蓄热器结构示意图（单位：mm）

拟人工小室的供热量、供冷量以及加湿量，从而保证室外侧换热器所处环境温度为-1.0±0.1℃，相对湿度为80%±2%，室内侧换热器所处环境温度为20.6±0.5℃，进行多组重复实验。

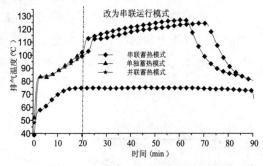

图3 不同蓄热模式下压缩机排气温度变化

图3和图4为压缩机吸排气温度的变化。由图中可以看出，在实验初始阶段，由于压缩机启机，吸气温度逐渐降低，排气温度逐渐上升。15分钟之后，串联蓄热模式的压缩机吸气温度稳定在-6.9℃；同时，排气温度稳定在75.0℃。在前20分钟内，并联蓄热模式下，压缩机的吸排气温度分别由12.0℃和83.5℃逐渐上升到14.5℃和97.6℃。排气温度最高达到122.5℃。在单独蓄热模式下的压缩机吸排气温度的变化与并联蓄热模式相似。并联蓄热模式下压缩机的吸排气温度均维持在较高水平，主要是由于调节阀门和较长的管路，导致了相变蓄热器的管道阻力大于室内机，因此部分制冷剂被蓄存在相变蓄热器内，导致回流到压缩机的制冷剂量减少。由于回到压缩机的制冷剂量不足，所以压缩机吸排气温度不断上升。单独蓄热模式时部分制冷剂蓄存在了室内机部分，因此吸排气温度的变化与并联蓄热模式相似。20分钟后，相变蓄热器内的相变材料完成了相变蓄热过程，单独蓄热模式和并联蓄热模式

（一）不同蓄热模式下压缩机吸排气温度变化分析

在时长为90分钟的实验过程中，前20分钟为相变蓄热器蓄热过程，之后通过阀门的开闭实现相变蓄热器与室内机的串联运行。

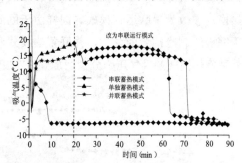

图4 不同蓄热模式下压缩机吸气温度变化

被调整为串联运行模式。如果不进行调整，流经相变蓄热器的制冷剂则不能被冷凝而直接回到毛细管，从而形成气塞，影响系统的正常运行。对于并联蓄热模式，吸气温度由18.6℃降低到14.4℃。这主要是因为，相变蓄热器与室内机改为串联运行后，有更多的制冷剂回到压缩机，从而保证了系统的正常运行。65分钟之后，压缩机的吸排气压力和温度重新恢复到正常串联运行状态。单独蓄热模式改为串联运行模式后的变化与并联蓄热模式改为串联模式的变化相似。

（二）不同蓄热模式下压缩机吸排气压力变化分析

图5和图6为压缩机吸排气压力的变化。由图中可以看出，在实验初始阶段，由于压缩机启机，吸气压力逐渐降低，排气压力逐渐上升。15分钟之后，串联蓄热模式的压缩机吸气压力稳定在0.38MPa，同时，排气压力稳定在1.65MPa。在前20分钟内，并联蓄热模式下，压缩机的吸排气压力却维持在0.12MPa和1.16MPa左右，明显低于串联蓄热

模式下的吸排气压力。单独蓄热模式下的压缩机吸排气压力的变化与并联蓄热模式相似。这主要是由于并联蓄热模式下,回流到压缩机的制冷剂量不足,从而造成吸排气压力较低。20分钟后,单独蓄热模式和并联蓄热模式被改为串联运行模式。同样由于回到压缩机的制冷剂量的增加,并联蓄热模式和单独蓄热模式的吸气压力分别增加到0.23MPa和1.25MPa。65分钟之后,压缩机的吸排气压力重新恢复到正常串联运行状态。单独蓄热模式改为串联运行模式后的变化趋势与并联蓄热模式改为串联模式的变化相似。

对压缩机吸排气压力和温度的分析可知,三种蓄热模式中,串联蓄热模式下压缩机的吸排气压力和温度变化最为稳定,并且管路连接方式和调节措施都相对简单。

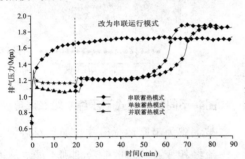

图5 不同蓄热模式下压缩机排气压力变化

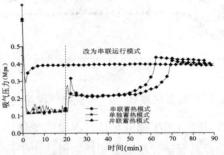

图6 不同蓄热模式下压缩机吸气压力变化

(三)三种蓄热方式下相变材料温度变化分析

图7为串联蓄热、单独蓄热、并联蓄热以及蓄热完成后改为串联运行模式后相变蓄热器内相变材料温度随时间的变化。当初始选择串联蓄热模式时,相变蓄热器在20分钟内基本上完成蓄热,蓄热速度较快。在蓄热初始5分钟内,相变材料温度变化比较迅速。5~10分钟由于发生相变,蓄热材料的温度变化比较缓慢,之后温度迅速升高。当系统初始采用单独蓄热模式和并联蓄热模式时,两者在运行的20分钟内相变材料温度变化非常缓慢,甚至在并联蓄热时相变材料温度还有所降低,充分说明单独蓄热和并联蓄热模式在本实验条件下不能有效实施。当将其改为串联蓄热模式后,相变材料温度逐渐上升。

(四)三种蓄热模式下室内机进出风温差分析

图8为三种蓄热模式下室内机进出风温差变化。在20分钟的蓄热过程中,单独蓄

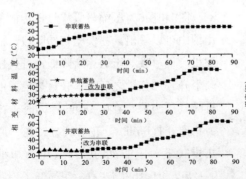

图7 三种蓄热模式下相变材料温度变化

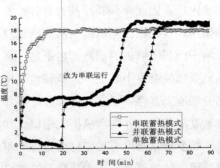

图8 三种蓄热模式下室内机进出风温差变化

热模式下,由于压缩机的高温排气全部流经相变蓄热器,不向室内供热。因此室内机的进出风温差维持在较低水平,最低达到0.1℃。改为串联运行后,进出风温差迅速上升到6.5℃。到65分钟时,达到17.8℃。在并联蓄热模式下,室内机进出风温差维持在7.0℃左右。这是由于只有少部分压缩机排除的高温制冷剂流经室内机,大部分制冷剂流经相变蓄热器。到50分钟时达到17.5℃。在串联蓄热模式下,室内机进出风温差在前20分钟内一直不断升高,带蓄热结束时,达到18.0℃。由图中可以看出,在串联蓄热模式下,对室内供热最为有利。

(五)三种模式下压缩机耗功分析

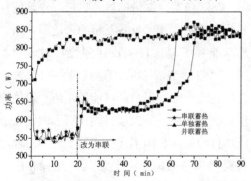

图9 三种蓄热模式下压缩机耗功变化

图9为串联蓄热、单独蓄热、并联蓄热以及蓄热完成后改为串联运行模式后压缩机耗功变化。其功率的变化趋势与压缩机的吸排气压力相同。初始选择串联模式时,空气源热泵以功率825W稳定运行。而当初始热泵采用单独蓄热模式和并联蓄热模式时,发现两者在运行的20分钟内功率仅为550W,远低于串联蓄热,且波动剧烈,反映压缩机运行不稳定。将单独蓄热模式和并联蓄热模式改为串联蓄热模式后,两者的功率上升了80W,40分钟和50分钟后,热泵功率急剧上升之后稳定运行。

四、结论

本文针对家用热泵空调器除霜过程中存在诸多问题,提出了基于相变蓄能的除霜新方法,阐述了三种不同的相变蓄热模式,为研究三种蓄热模式效果以及对系统的影响搭建了实验台,进行了三种蓄热模式的对比实验,分析了实验数据,得到如下结论:

1.在三种不同的蓄热模式下,串联蓄热模式时,压缩机的吸排气温度分别稳定在-6.9℃和75.0℃,处于正常的温度范围;而并联蓄热模式和单独蓄热模式的吸排气温度均维持在较高水平,最高可以到122.5℃,对于热泵系统具有一定的危害。当蓄热完成改为串联运行模式后,经过45分钟才能降到正常温度。

2.在三种不同的蓄热模式下,串联蓄热模式时,压缩机的吸排气压力分别稳定在0.38 MPa和1.65MPa,处于正常的压力范围;而并联蓄热模式下,压缩机的吸排气压力却低至0.12MPa和1.16MPa左右,当蓄热完成改为串联运行模式后,压缩机吸排气有所上升,经过45分钟达到正常压力。

3.三种蓄热模式中,串联蓄热时,在20分钟的蓄热过程中可以很好的完成相变蓄热。且对室内供热影响最小,蓄热过程结束时,室内机出风温差达到18.0℃。压缩机耗功维持在正常水平825W左右。此外,串联蓄热模式系统结构和调节方式简单,因此具有较强的可行性。

(哈尔滨工业大学供稿,姜益强、姚杨、董建锴、高强执笔)

全过程建筑合同能源管理

一、建筑合同能源管理

"合同能源管理（energy management contract，简称EMC）"，国外也称为"energy saving performance contract（ESPC）"。合同能源管理（EMC）是以节省下来的能耗费用支付节能改造成本和运行管理成本的投资方式。这种投资方式让用户用未来的节能收益降低目前的运行成本、改造建筑设施、为设备和系统升级。用户与专业的节能服务公司之间签订节能服务合同，由节能服务公司提供技术、管理和融资服务。通过合同能源管理，业主、用户和企业可以切实降低建筑能耗，降低成本，使房产增值，并且得到专家级的建筑能源管理服务，同时规避风险。

节能服务公司（ESCO，energy services company），又称能源管理公司，是一种基于合同能源管理机制运作的、以赢利为目的的专业化公司。ESCO与愿意接受能源管理服务和进行节能改造的客户签订节能效益合同ESPC，向客户提供能源和节能服务，通过与客户分享项目实施后产生的节能效益，或承诺节能项目的节能效益，或承包整体能源费用的方式为客户提供节能服务，获得利润，滚动发展。

ESCO向客户提供的服务包括：建筑能耗分析和能源审计、设备系统的调适和诊断、建筑能源工程项目从设计到验收的全程监理、"量体裁衣"式的建筑设备和系统改造、建筑能源管理、区域能源供应、设施管理和物业管理、节能项目的投资和融资、节能项目的设计和施工（交钥匙工程）总包、材料和设备采购、人员培训、运行和维护（O&M）、节能量检测与验证（M&V）。

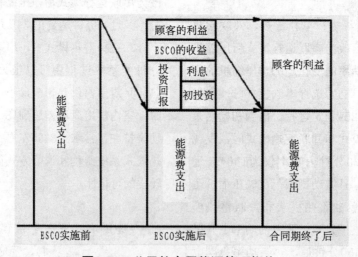

图1 ESCO公司的合同能源管理收益

二、中国建筑合同能源管理的发展

经过近10年的发展，我国建筑合同能源管理已初具规模，呈现出如下几个特点：

（一）建筑合同能源管理占全部节能服务项目数量比重较大

据对100多家能源服务公司的调查，建筑节能服务项目占其全部项目数的21%，建筑节能服务投资占到全部项目投资的58%。如图2所示。

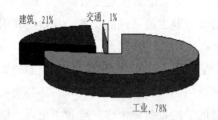

（a）项目数量分布　　　　（b）节能投资分布

图2 建筑节能服务项目数量分布和投资分布图

（二）需要建筑节能的建筑类型较多样

当前，我国建筑节能项目主要集中在商业楼宇、学校医院、政府办公机构、科研院所等大型公共建筑，其中商业楼宇的建筑节能服务项目无论是在投资额和项目数量上均占很大比重，其次为学校医院和政府办公建筑。服务内容包括供热系统改造、锅炉节能改造、楼宇照明系统节能、中央空调系统改造等，其中中央空调改造项目数量较多，其余类型的建筑服务项目分布较为平均。

（三）建筑节能项目投资少、节能收益明显，投资回收期短

相比工业节能项目，建筑节能服务项目的单体投资较少，平均每个建筑节能服务项目的投资额为工业节能项目投资额的20%。收益明显，投资回收期短。建筑节能服务项目的69%是在2年内收回投资，3年以上收回投资的只占到了7%。如图3所示。

相比于工业与交通节能，节能服务机制

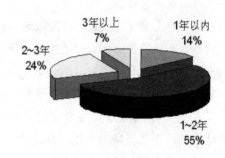

图3 建筑节能服务市场分布

尤其适合建筑节能。原因主要为：一是建筑节能工程实施起来具有更大的复杂性，是一个系统工程。二是建筑物业主及物业管理部门由于其自身技术、管理、融资等能力的局限性，无法依靠自身力量进行节能改造，亟需具备研究、工程、管理和服务能力的专业节能服务公司。

三、建筑合同能源管理的运作模式

目前，我国建筑节能领域的合同能源管

理大致有以下六种运作模式:

(一)业主或政府委托的节能改造工程项目。一般采取总包和"交钥匙"的方式,即ESCO公司提供节能方案和节能技术,承担从设计到设备采购到系统集成到施工安装直至验收的全程技术服务。业主按普通工程施工的方式,支付工程前的预付款、工程中的进度款和工程后的竣工款。没有融资问题,也不承诺节能量。这种模式多用于旧房改造(如将旧工业厂房改造成创意产业园区)和既有建筑更新(如旧设备更新、系统加自控、用冰蓄冷或微型热电联产给建筑扩容等)。运用该模式运作的ESCO公司的效益是最低的,因为合同规定不能分享项目节能的巨大效益。当然,因为不用担保节能量,ESCO公司的风险也最小。

(二)节能量保证模式。节能改造工程的全部投入和风险由ESCO公司承担,在项目合同期内,ESCO公司向业主承诺一定的节能量,或向客户担保降低一定数额的能源费开支,将节省下来的能源费用来支付工程成本;达不到承诺节能量的部分,由ESCO公司负担;超出承诺节能量的部分,双方分享。在合同期内,节能改造所添置的设备或资产的产权归ESCO,并由ESCO负责管理(也可以由客户自己的设施管理人员管理,ESCO负责指导)。ESCO公司收回全部节能项目投资后,项目合同结束,ESCO将节能改造中所购买的设备产权移交给业主,以后所产生的节能收益全归企业享受。由于这种模式对ESCO存在着较大的风险,所以一般都采用可靠性高、比较成熟、投资回收期短、节能效果容易量化的技术。投资回收期控制在3~5年以内。

(三)节能效益分享模式。节能改造工程的全部投入和风险由ESCO公司承担,项目实施完毕,经双方共同确认节能率,双方按比例分享节能效益。项目合同结束后,ESCO将节能改造中所购买的设备产权移交给业主,以后所产生的节能收益全归业主。

(四)能源费用托管模式。ESCO公司负责改造业主的高耗能设备,并管理其用能设备。在项目合同期内,ESCO公司按双方约定的能源费用和管理费用承包业主的能源消耗和维护。项目合同结束后,ESCO公司将经改造的节能设备无偿移交给业主使用,以后所产生的节能收益全归业主。

(五)设备租赁模式。业主采用租赁方式购买设备,即付款的名义是"租赁费"。在租赁期内,设备的所有权属于ESCO。当合同期满,ESCO收回项目改造的投资及利息后,设备归业主所有。产权交还业主后,ESCO仍可以继续承担设备的维护和运行。一般而言,这种ESCO公司是由设备制造商投资的、作为制造商延伸服务的一种市场营销策略。政府机构和事业单位比较欢迎这种设备租赁方式,因为在这类单位中,设备折旧期比较长。

(六)能源管理服务模式。通过使用ESCO公司提供的专业服务,实现企业能源管理的外包,将有助于企业聚焦到核心业务和核心竞争能力的提升方面。能源管理的服务模式有两种形态:能源费用承包方式和用能设备分类收费方式。前者由ESCO公司承包双方在合同中约定数额的能源费,在保证合同规定的室内环境品质的前提下,如果能源费有节约,则作为ESCO公司的营收;如果因非不可抗力造成的能源费超支,则由ESCO公司承担损失。后者按ESCO所管理的设备系统能耗的分户计量以及双方在合同中商定的能源价格收费。在能源价格中含有ESCO公司管理费。也可以按建筑面积另收取固定的管理费。这种模式是典型的服务外包。

（七）全过程能源管理服务。近年来，在政府主导的大型区域开发项目中，由于区域能源系统的先进性和复杂性（例如，大型区域供冷供热系统、热电冷联供系统、蓄冷调峰系统、大规模可再生能源系统等），政府可寻找专业化的第三方承担项目融资、项目管理、系统设计、设备采购、工程施工等全过程任务，并作为这部分资产的所有权人在项目竣工和区域开发建成之后负责运行管理。承包项目的ESCO公司通过冷、热和一部分电力的销售回收投资、赚取利润，使合同能源管理从短期分享转变成长期收益。

全过程能源管理服务实际上是基础设施建设中常用的BOT方式。BOT是英文Build-Operate-Transfer的缩写，通常直译为"建设—经营—转让"，也可意译为"基础设施特许权"。BOT模式是在政府和ESCO之间达成协议，由政府向ESCO颁布特许，允许其在一定时期内筹集资金建设区域能源系统，管理和经营该设施及其相应的产品和服务。政府对其提供的公共产品或服务的数量和价格可以有所限制，但保证ESCO有获取利润的机会。整个过程中的风险由政府和ESCO分担。特许期限结束时，ESCO按约定将能源系统移交给政府部门，转由政府指定部门经营和管理。

BOT还可分为几种"变形"：

BOOT（build-own-operate-transfer）模式，即建设-拥有-运营-移交。这种方式明确了ESCO公司在特许期内既有经营权又有所有权。一般情况下BOT即是BOOT。

BOO（build-own-operate）模式，即建设-拥有-运营。这种方式是ESCO公司按照政府授予的特许权，建设并经营某项基础设施，但所有权归ESCO公司，并不将此基础设施移交给政府或公共部门。

BLT（build-lease-transfer）模式，即建设-租赁-移交。即政府授予特许权权，在项目运营期内，ESCO公司拥有并经营该项目，政府有义务成为项目的租赁人。在租赁期结束后，所有资产再转移给政府公共部门。

BT（build-transfer）模式，即建设-移交。即由ESCO公司融资、建设，项目建成后立即移交给公共部门，政府按项目的收购价格分期付款，其款项可来自于项目的经营收入。

BTO（build-transfer-operate）模式，即建设-移交-运营。与BT方式不同的是，政府在获得项目所有权后，委托ESCO公司运营和管理该项目。

IOT（investment-operate-transfer）：投资-运营-移交。即由ESCO公司融资并收购现有的能源系统，然后再根据特许权协议运营，最后重新移交给公共部门。

在全过程能源管理服务中，ESCO公司（即项目的业主）是BOT项目的执行主体，它处于中心位置，所有关系到BOT项目的筹资、分包、建设、验收、经营管理以及还债和偿付利息都由ESCO公司负责。大型项目通常专门设立项目公司作为业主，同设计、施工、制造厂商以及客户打交道，而政府是BOT项目的控制主体。政府决定着是否设立此项目、是否采用BOT方式。在谈判确定BOT

项目协议合同时,政府也占据着主导地位。在ESCO公司向银行或基金贷款时,政府要提供担保。政府还有权在项目实施过程中对各个环节进行监督,并具有对ESCO所提供的服务产品的定价权。在项目特许期结束后,政府具有无偿收回该项目将其国有化的权利。

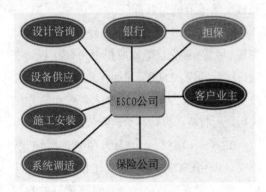

图4 合同能源管理公司业务关系

四、建筑节能能源服务公司的分类及经营流程

（一）能源服务公司的分类

能源服务公司可以分为三种类型：独立的能源服务公司、附属于节能设备制造商的能源服务公司、附属于公用事业公司的能源服务公司。

1. 独立的能源服务公司

美国最早出现的ESCO都是独立的,ESCO的服务范围比较广泛,有学校、医院、商业建筑、公共服务设施、政府机关、居民和工厂企业。这些公司的业务随市场需求的变化而调整,也常常有自己独特的专业优势。

2. 附属于节能设备制造商的能源服务公司

一些节能设备制造商注意到,通过ESCO的服务可以推销他们所生产的设备,因此,这些ESCO以自己所生产的设备,组合各种成熟技术,打开节能服务市场。

3. 附属于公用事业公司的能源服务公司

附属于公用事业公司（电力公司/天然气公司/自来水公司）的节能服务公司。因为ESCO及其客户所获得的节电收益实际上就是电力公司的收益的减少,节电会减少电力公司的电力销售量,因此许多电力公司开办了附属的ESCO。附属于电力公司的ESCO不仅能弥补因节电而引起的电力公司的销售损失,而且可以通过ESCO的服务,提高供电质量,改善电力公司在电力供应市场中的竞争地位,因为在所有发达国家,都实行了电力生产和供应体系的改革,电力公司并不具备垄断地位,市场竞争十分激烈。

（二）能源服务公司的经营流程

国外建筑节能服务的实施机构一般为能源服务公司。ESCO一般通过以下步骤向客户提供综合性的节能服务：

1. 能效审计

ESCO针对客户的具体情况,评价各种节能措施,测定业主当前用能量,提出节能潜力之所在,并对各种可供选择的节能措施的节能量进行预测。

2. 节能改造方案设计

根据能效审计的结果,ESCO为客户的能源系统提出如何利用成熟的技术来提高能源利用效率、降低能源成本的整体方案和建议。

3. 能源管理合同的谈判与签署

在能效审计和改造方案设计的基础上,ESCO与客户进行节能服务合同的谈判。在某些情况下,如果客户不同意签订能源管理合同,则ESCO将向客户收取能效审计和项目设计费用。

4. 材料和设备采购

ESCO根据项目设计负责原材料和设备的采购，其费用由ESCO支付。

5. 施工

6. 运行、保养和维护

在完成设备安装和调试后即进入试运行阶段。

7. 节能及效益保证

ESCO与客户共同监测和确认节能项目在合同期内的节能效果，以确认在合同中由ESCO方面提供项目的节能量保证。

8. ESCO与客户分享节能效益

服务流程图见图5。

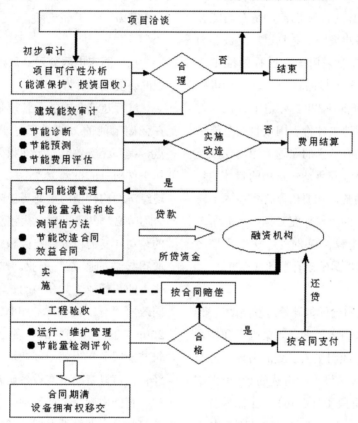

图5 建筑节能服务公司经营流程设计图

五、建筑合同能源管理的融资

合同能源管理项目的资金来源有以下几种：ESCO的自有资本、银行商业贷款、风险资本、政府贴息的节能专项贷款、设备供应商允许的分期支付、电力公司的能源需求侧管理（DSM）基金、国际资本（如世界银行、亚洲发展银行等跨国银行）等。融资方式主要有债务融资（debt financing）和股权融资（equity financing）。一般来说，如果预期收益较高，能够承担较高的融资成本，而且经营风险较大，企业倾向于选择股权融资方式；而对于传统企业，经营风险比较小，预期收益也较小的，一般选择融资成本较小的债务融资方式进行融资。

六、建筑合同能源管理节能量的认证

对节能效果和节能量进行公正的检测和验证是CEM项目成功的关键。国际上普遍接受的《国际性能测试与验证协议》（IPMVP, International Performance Measurement and Verification）就是节能效果后评估的权威的规范。这一协议由国际效用评估组织（EVO, Efficiency Valuation Organization）开发，中国是该协议的签字国之一。IPMVP作为国际规范，是合同能源管理最基本的游戏规则，并且已广泛被各国使用，我国也应该采用国际通行的准则即IPMVP方法进行节能量的认证，这一点毋庸置疑。但是如何将IPMVP更好地中国化，使其更加标准客观地来评价中国项目的节能量将是一个全新而有意义的课题。因为在涉及个案时，尤其是涉及复杂建筑物的整体能耗测量和基准值调整，需要依靠许多技术手段作为支撑，具体的可操作配套标准还非常缺乏。许多合同能源管理公司还缺乏建模经验，使得实际节能量缺乏客观评估标准。

七、制约建筑合同能源管理发展的因素

主要体现在资金因素、政策因素和技术因素三个方面。我国绝大多数的节能服务公司都是凭借技术优势入股组建的（其中大部分都是中小型有限责任公司），往往都有良好的节能技术和一定的节能改造经验，却在融资方面却遇到了障碍，许多好的节能技术和产品由于融资不到位、推广乏力而迟迟找不到市场，节能服务公司也就陷入了十分被动的局面。在政策支持方面，存在以下不足：(1)税费偏高；(2)缺乏法律的保障，无法为合同能源管理的开展提供有效的激励和管理；(3)缺乏专项金融资金以及财政支出的支持。技术因素方面，虽然企业认为节能服务公司可以为企业提供"零投资"的技术和服务，但是在节能效果的度量以及节能效益的分享上双方很难达成共识。这主要是因为目前还没有一套能够进行科学、客观度量节能量的度量方法和模型，而且由于市场准入方面的问题，很多新兴成立的节能服务公司并不真正具备实施节能服务项目方面的技术和实力。

八、国家电网公司开展建筑合同能源管理的必要性与优势

进行建筑合同能源管理是国家电网公司在低碳节能的大背景下寻求新的利润增长点、提升经济效益、带动相关产业发展和增加工作岗位的机遇。"十二五"将是我国实现经济结构转型的重要历史阶段，国家电网公司势必将从一家以电力销售增长取得赢利的公司转变为以提供能源和电力综合服务而取得效益的服务型企业。国家电网公司，作为能源行业"共和国的长子"，理应为我国政府"至2020年单位GDP二氧化碳排放比2005年下降40%到45%"的承诺作贡献。建筑节能服务作为朝阳产业，运作得当，合理经营，可以带动节能设备研发制造、能源管理、智能电网、节能培训、节能公司金融服务等相关产业链的发展，增加工作岗位，提升公司品牌价值，具有显著的经济效益和社会效益。

国家电网公司也有着开展建筑合同能源管理服务的得天独厚的优势。公司作为特大型能源企业，有着深厚的用能节能技术积累和经验丰富的专家团队，同时依托庞大的营销网络资源和雄厚的资金实力和融资能力，可以完成一般节能服务公司无力完成的特大型节能项目。作为电力能源的垄断供应商，

可以充分整合各级供电单位、直属机构和科研单位的资源，密切联系，通力合作，优势互补。同时也可以依托国网公司强大的电力数据系统，形成完善的数据能效信息中心，这将是国网公司有别于其他节能服务公司的重要抓手，也是其他服务公司难以望其项背的竞争优势。

另外，现在各地大规模城市开发，区域能源系统的建设运营日益成为各方竞相争夺的利润热点。国家发改委几次文件明确表示，支持分布式能源热电冷联供项目的发展，但在我国影响分布式能源热电冷联产系统配置（以热定电还是以电定热）和发展的诸多瓶颈中，最突出的是分布式发电多余电力上网的问题。理论上说，热电联产系统在发电的同时所产生的热量可以用来供热。但是，在一个园区范围或在单栋楼宇中几乎不可能同步地将这些电能和热能完全利用。因为用户的热量/冷量与用电量需求随季节、气候、昼夜、建筑功能等诸多因素变化，而热电联产设备一经选定，其正常运行时的热电比是有一定范围的，所以总是会有富余的电能或热能。富余的热能可以采取蓄热装置进行贮存，加以调节。而对于富余的电力，现有的大规模蓄电技术（如钠硫电池）还不能实现商业化运行。在热需求远大于电力需求的期间，由于电力无法贮存，要么压低发电效率（燃气轮机），要么不得不停机。为了解决多余电力的问题，最简单、最直接的方法就是允许其上网。但如果是经营性园区或分布式能源系统系由第三方运行，则有问题，因为我国电力法是不允许除国家电网公司之外的企业售电的。所以，直接由国家电网公司进行如热电冷三联供等区域能源系统的投资、规划、建设和运行等一条龙能源服务将是不错的选择。

九、政府应出台的鼓励电网公司进行合同能源管理的相关政策建议

（一）加强对合同能源管理的政策支持与经济激励

政府机构作为合同能源管理中的主导力量，应该对节能服务公司、电力用户、电力公司采取更加积极的政策支持和经济激励机制，以保障合同能源管理在我国能够顺利开展。

（二）推广节能技术，政府政策激励

政府应重点扶持节能节电新技术，大力推广高效电动机、绿色照明、蓄冷空调、蓄热电锅炉、工厂电热技术等有利于节能、环保的新技术新产品。

（三）制定合理的电价体系

激励电力用户改变其用电方式，可以在原有电价政策的基础上，拉大峰谷分时电价的价差和实施范围，广泛推行季节性电价、可中断负荷电价、高可靠性电价、发电侧与销售侧联动等电价政策，使得价格杠杆能够更好地作用于电力用户用电方式的改变，为错峰填谷、节能降耗服务。

（四）政府为电网公司参与实施合同能源管理提供政策支持和激励机制

电网公司是合同能源管理的重要参与方，现行体制将电网公司的赢利与能源供给量挂钩，促使电网公司努力增加能源供给量。由于改善用能效率将减少用户对能源的使用量，因此作为合同能源管理重要参与方的电网公司通常对持续开展这一工作不积极。为了使合同能源管理顺利开展，必须

要通过政策支持和激励机制使电网公司积极参与。为鼓励我国电网公司实施合同能源管理，以缓解和最终解决能源不足、用能效率不高等问题，并最终达到节能降耗的目的，应采取分两步走的战略，划分近期和长期目标。近期内，可以从电价中提取一定的资金用作合同能源管理政策及相应机制的落实，并建立合同能源管理基金，以此基金激励电网公司开展高能效项目的研究和实施。这个做法在现行管理体制、财务体制及政策法规框架下就可以实现，简单易行。长期目标内，可以采取让能源公司和用户共同分享节能效益的方式，激励电网公司对合同能源管理的实施。如电网公司可以通过专门下设的节能服务机构，与电力用户进行合同能源管理项目的合作，从而和用户共同分享由于采用合同能源管理项目而获得的成本节约的部分，此举也降低了电力用户开展合同能源管理项目所需要的初期投资和承受的风险，从而大大激励了电力用户的节电积极性。对于电网公司由于实施合同能源管理而导致的赢利减少，政府还可以予以相应的补偿。这样，电网公司的收益不受由于实施合同能源管理而带来的售电量减少的影响，其实施合同能源管理的积极性就会大大提高。

（同济大学供稿，龙惟定、梁浩执笔）

大型公共建筑典型中庭空间声场研究

一、引言

1967年,约翰·波特曼在做旧金山凯悦酒店设计时,将建筑内部空间设计成一个上下贯通并在顶部设有顶棚的室内庭院,同时将这种空间正式命名为"中庭"。此后,室内中庭也伴随着建筑的迅速发展而大量出现并备受建筑师们的欢迎,作为一种建筑空间形式在现代建筑设计中被普及,成为大型公共建筑发展的一个主流。尤其在公共建筑中较为常见,例如在大型的商场、办公楼、医院、图书馆等类型的建筑内大多都会看见中庭空间形式。随着城市居民生活压力的加重,人们更加渴望接触大自然,因此包括声环境在内的中庭物理环境受到广泛重视。目前,有关建筑室内声环境的设计主要集中在厅堂的音质设计方面,为剧场影院类、体育馆类建筑追求最佳的视听环境的较多。与影剧院或音乐厅类建筑相比,虽然公共建筑的中庭空间对室内音质条件的要求相对较低,但是作为重要的建筑共享空间,创造良好的室内中庭声环境同样是必不可少的。

目前关于研究建筑中庭的文章基本上都集中在热环境方面,有关公共建筑中庭空间声环境的实例分析也不多。在一些研究公共建筑的建筑设计论文中,有涉及中庭声环境的词语,但未见有对中庭声环境深入研究的内容。可见,有关中庭声环境方面的研究目前还处于探索和研究的初期阶段,可查阅的成果资料体现在如下几个方面:王薇薇、李之吉和奚元嶂等分析了中庭内部噪声的来源,着重从吸声材料和隔声材料入手提出改善声环境的具体措施。张三明和陈钰提出目前室内中庭空间存在的声缺陷包括语言清晰度低、噪声干扰和声聚焦等,分析中庭空间声环境设计的目标,提出对应的设计策略和改善途径,最后结合实际工程项目提出改善中庭声环境的具体措施。石红荣和周兆驹通过对多种类型建筑室内中庭空间声环境和相关影响因素的主观调查问卷和客观测量,发现大部分的建筑中庭空间存在声缺陷,且人们对中庭声环境的满意程度较低,并分析了调查结果产生的原因。最后根据调查的数据归纳总结影响人们对中庭空间声环境的主观感受的因素,并给出了各类建筑室内中庭空间背景噪声和混响时间的建议值。康健和陈冰对谢菲尔德一家商业综合体内的三个中庭的声环境特性做了研究,比较分析了包括声压级和混响时间在内的客观因素与主观舒适度评价的关系,影响因素包括受访者当时活动的位置、活动因素、来商场的目的和自家住宅的声环境等,并通过测试得出该商场室内中庭的混响时间较长,尤其是中频范围。梅洪元和康健对哈尔滨工业大学建筑设计研究院中庭空间的声压级和混响时间进行了测量分析,揭示了大型中庭空间声场的基本特征。研究发现,随着与声源距离的增大,声压级数值呈降低趋势，而混响时间则呈增长趋势，且变化曲线为非线性的，实测数据验证了该中庭空间呈现出典型的非扩散声场特性。

总之，目前有关中庭空间声环境的研究大多是从噪声来源、吸声材料和建筑功能方面入手的，缺乏从形态因素等方面更加细致的研究。不同平面形式、尺度、层高和材料形式的中庭空间其声场特性同样存在着差异，本文将采用计算机仿真的方法模拟不同形态的中庭空间声场，并总结其变化规律（包括混响时间RT30与声压级SPL），为中庭空间的声学研究提供参考。

二、模拟软件及参数设定

本文选取Odeon 9.22作为主要的模拟工具对不同形态的中庭模型进行模拟计算，该软件的算法以几何声学为基础，声线跟踪法和虚声源法是其采用的两种主要模拟方法。

声线跟踪法的优点是计算速度快，其基本原理是：声源发出散射声线并在空间界面间形成多次反射，可以将声线看作是从给定点发出的直径极小的球面波的一小部分，根据空间界面条件跟踪计算声能的行动轨迹和传播方向。

虚声源法是将平面看作是反射平镜，并对界面镜像得到虚声源，可以理解为将反射声模拟成从虚声源直接发射出的声线，继续重复成像过程就会得到各阶虚声源，各阶虚声源反射声序列的组合即脉冲响应。

Odeon软件采用了以上方法的组合，同时吸收了它们各自的优势，在软件运算过程中，采用不同的模拟方法计算不同的阶段，将模拟分成直达声和早期反射声以及后期反射声两部分来计算，使得模拟结果更接近实测结果甚至精确度更高，同时兼顾高速的计算效率。

后文3.1中的长方形中庭模型是以哈尔滨工业大学建筑设计研究院办公楼为基础模型制作的，其他模型也均在此基础上改变形态要素。在收集了该建筑的主要房间尺寸、主要界面的材质和吸声系数以及声源点和接收点的布置方式等数据信息后，使用SketchUP 8.0建模，导入Odeon软件进行该空间的声环境模拟。中庭模型内的声源均为单一声源，声源选取Odeon软件声源库中自带的 Omni.SO8型360°无指向点声源；总声功率级数值为99dB，且声源均设在各模型中庭空间的中心位置，距首层地面高度为1.2m。接收点均匀分布，距离所在层地面高度均为1.2m。

三、中庭空间声场模拟和结果分析

本章节选取不同平面形式、建筑层数、界面材料和其他形态要素的中庭模型作为研究对象，对声压级及混响时间的模拟结果进行分析归纳，得出各种形态中庭空间的声压级和混响时间的分布特征，找出形态因素对中庭声环境的影响关系。

（一）平面形式的影响

本组选取长方形、方形、圆形三种平面形式的空间模型，如图1所示，三种模型的中庭空间及侧廊区域的总体积之和分别为27346立方米、27444立方米、27218立方米，体积近乎相等，且每个模型除一层有门厅外，每层均为六个侧廊，侧廊的数量及面积也相同，各层层高完全相同。

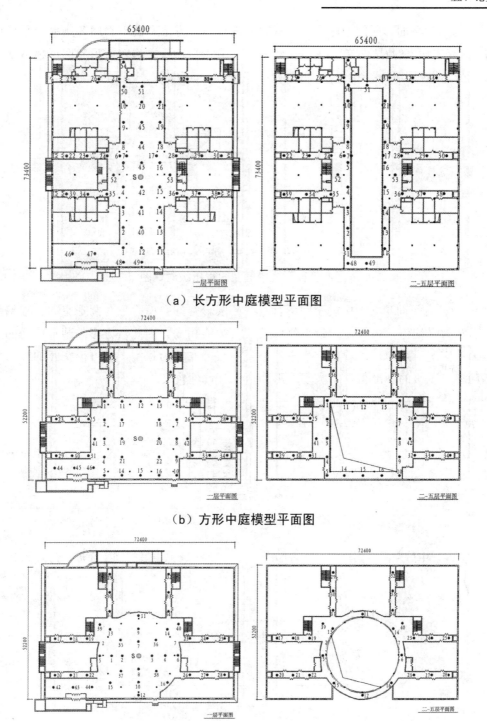

(a) 长方形中庭模型平面图

(b) 方形中庭模型平面图

(c) 圆形中庭模型平面图

图1 不同形式的中庭模型平面及接收点分布图

图2为三种平面形式的中庭空间所有测点的声压级平均值的对比情况，通过比较发现三种形式的声压级随频率的变化趋势大致相同，方形和圆形空间各频率的平均值数值相当，长方形较方形和圆形模型平均低1~1.5dB。

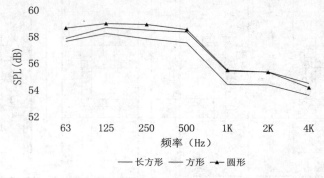

图2 三种形式中庭空间声压级对比图

图3为三种平面形式的中庭空间所有测点声压级的平均值、最大值、最小值以及标准偏差情况。从中可以看出，长方形空间各频率声压级的标准偏差略大于方形和圆形空间；而方形与圆形空间标准偏差的数值相当。因此，方形与圆形空间的声压级分布较为稳定，长方形空间的噪声分布波动性较大。

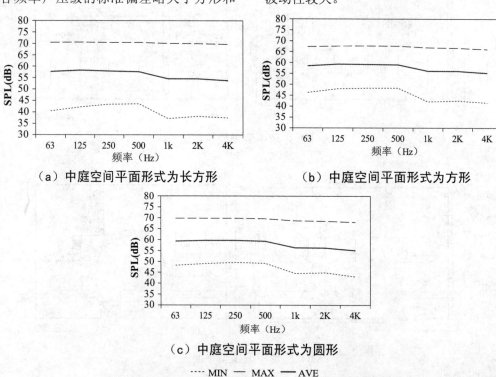

图3 三种形式中庭空间声压级的平均值及标准偏差

图4为三种平面形式的中庭空间所有测点的混响时间平均值的对比情况,三种形式的混响时间在63Hz～250Hz的低频范围和4kHz时数值相当,但在500Hz～2kHz范围内,方形中庭的混响时间均为最大值,圆形次之,长方形中庭的混响时间最短,方形与长方形在此频率范围内的最大差值约为0.3s。

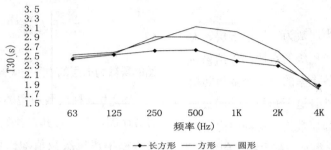

图4 三种形式中庭空间混响时间对比图

图5为三种平面形式的中庭空间所有测点混响时间的平均值、最大值、最小值以及标准偏差情况。由图可知,长方形中庭空间的混响时间最大值约为4.5s、最小值为1.2s,方形中庭的最大值达到了6.2s、最小值为1.3s,圆形中庭的最大值为5.5s、最小值为1.5s。另外,长方形空间各频率声压级的标准偏差略大于方形和圆形空间;而方形与圆形空间标准偏差的数值相当。因此,长方形各频率的混响时间分布较为稳定,方形空间的混响时间波动性最大。

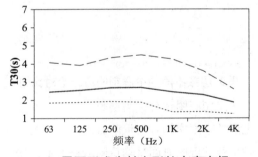

（a）平面形式为长方形的中庭空间

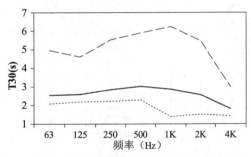

（b）平面形式为方形的中庭空间

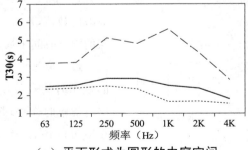

（c）平面形式为圆形的中庭空间

图5 三种形式中庭空间混响时间的平均值及标准偏差

（二）建筑层数的影响

本组以3.1中的长方形模型为基础模型，选取相同平面形式，层数分别为三层、五层和七层三种常见层数的中庭模型作为研究对象。

图6～图8分别为层数为三层、五层、七层的中庭空间各层声压级的对比图，结果显示三种层数的模型各频率的声压级数值随层数的增高而降低，并且这个趋势随着层数变高越来越微弱，例如层数为七层的中庭空间在五层至七层时变化很小，基本趋于稳定。

同时，三种模型首层时各频率声压级的平均值相近，模型层数为三层时顶层接收点的声压级平均值数值最大，其次为模型层数为五层，其数值较三层时大约降低5dB，而模型层数为七层时最低，其数值较三层时越大约降低8dB。

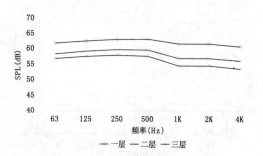

图6 层数为三层的中庭空间各层声压级对比图

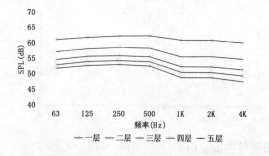

图7 层数为五层的中庭空间各层声压级对比图

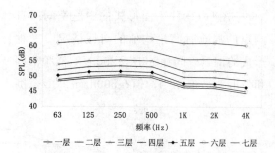

图8 层数为七层的中庭空间各层声压级对比图

图9为三种层数模型的中庭空间声压级的对比图，对比可知，模型层数为三层的中庭各频率声压级数值均比层数为五层的高3～4dB，而层数为五层的数值又比七层的平均高2～3dB，因此可以得出比较明显的趋势是：各频率的声压级随模型层数的增加呈减小的趋势。

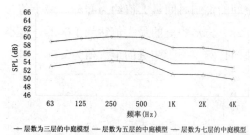

图9 层数不同的中庭空间声压级对比图

图10～图12分别为层数为三层、五层、七层的中庭空间各层混响时间的对比图，三种层数的混响时间平均值随频率的变化规律相似，均在250Hz和500Hz时数值最大，在4kHz时数值最小，建筑层数为三层的模型各层的混响时间平均值数值相当，最大值约为2s，最小值为1.3s，但当层数增多时，各层的混响时间数值明显增大。建筑层数为五层时混响时间平均值的最大值为2.45s、最小值为1.45s，建筑层数为七层时最大值为3s、最小值为1.9s，建筑层数为三层和五层的混响时间平均值最小值均为第一层，最高层的数值也较小，最大值均停留在中间层。

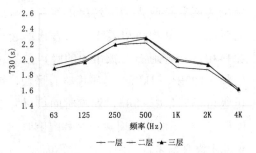

图10 层数为三层的中庭空间各层混响时间对比图

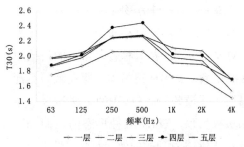

图11 层数为五层的中庭空间各层混响时间对比图

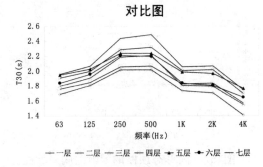

图12 层数为七层的中庭空间各层混响时间对比图

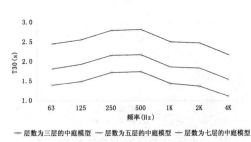

图13 层数不同的中庭空间混响时间对比图

由图13可以看出,层数为七层的混响时间数值最大;五层次之,各频率数值比七层平均小0.6s;三层最小,数值比七层平均小1.0s。因此可知,模型层数越多,混响时间也越长。

常见的顶棚做法及编号　　　　　　　　　　　　　　表1

顶棚做法	编号
普通石膏板吊顶,配合U形轻钢龙骨使用	MC1
穿孔纸面石膏板吊顶,板厚27mm、孔径4.5mm、穿孔率16%	MC2
普通装饰涂料	MC3
U型金属挂板	MC4
穿孔铝塑板吊顶,板厚 1mm、孔径 9mm、穿孔率 P=20%、填30kg/m³超细玻璃棉	MC5

顶棚编号及吸声系数　　　　　　　　　　　　　　表2

顶棚编号	倍频程中心频率吸声系数					
	125Hz	250Hz	500Hz	1kHz	2kHz	4kHz
MC1	0.20	0.15	0.10	0.08	0.04	0.02
MC2	0.45	0.55	0.60	0.90	0.86	0.75
MC3	0.02	0.02	0.02	0.02	0.02	0.02
MC4	0.70	0.50	0.40	0.50	0.60	0.60
MC5	0.13	0.63	0.60	0.66	0.69	0.67

（三）界面材料的影响

本小节选取不同材料和形式的顶棚作为研究对象，分别选择五种较为常用的材质和做法的顶棚：金属格栅吊顶、穿孔纸面石膏板吊顶、普通装饰涂料、U型金属挂板、穿孔铝塑板吊顶，表1将五种形态的顶棚分别编号，表2为各种顶棚的做法及吸声性能。

图14和图15分别为不同形态顶棚时，模拟的所有接收点的平均声压级和混响时间对比图。从中可以看出，与普通的装饰涂料相比，普通石膏板吊顶的吸声效果中低频（125Hz~1kHz）范围内略有增加，声压级可以降低2~3dB，混响时间可以降低0.8~1.3s，而高频时声压级和混响时间数值几乎没有变化。

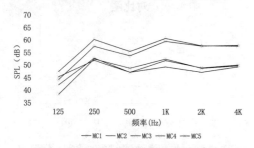

图14 不同形态顶棚的声压级对比图

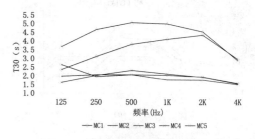

图15 不同形态顶棚的混响时间对比图

三种吸声材料均比普通装饰涂料有明显的吸声效果，声压级平均值可以降低8dB左右，而混响时间可以降低大约2~3s。在125Hz时，U型金属挂板的声压级和混响时间数值均为最低，穿孔纸面石膏板在中高频时数值最低。

（四）悬挂物的影响

本组以长方形模型为基础模型，通过添加悬挂物比较其影响结果，悬挂物为大小分别为1m×1m×1m、1.5m×1.5m×1.5m、2m×2m×2m不同体积的空心方盒子随机摆挂（如图16所示），表面材质为岩棉吸声板。其吸声系数如表3所示。

吸声板各频率的吸声系数 表3

频率	125	250	500	1k	2k	4k
吸声系数	0.1	0.35	0.57	0.85	0.86	0.86

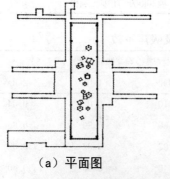
（a）平面图

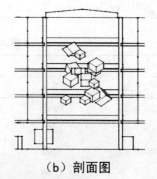
（b）剖面图

图16 添加悬挂物的中庭模型示意图

图17为两组模型分别在一层、三层、五层时各频率声压级的对比图。三个楼层各频率的平均声压级变化均不明显，差值最明显的三层其最大差值也不超过1dB；在一层和三层时，添加悬挂物后的声压级略高，而五层时数值相当。

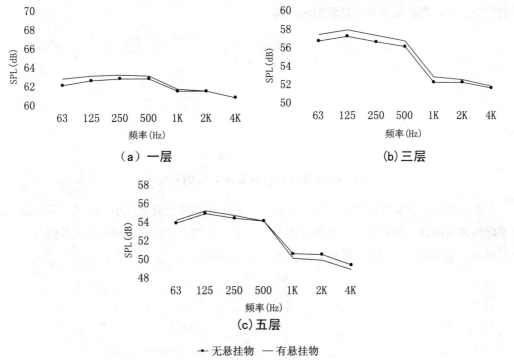

图17 添加悬挂物前后各层声压级对比图

图18为在设置悬挂物之前和设置悬挂物之后的中庭空间所有测点声压级的平均值、最大值、最小值以及标准偏差情况。由图可以看出，设置悬挂物前后的标准偏差的数值相当，因此，悬挂物对中庭空间声压级数值的分布情况影响不大。

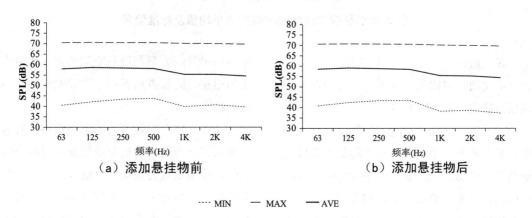

图18 添加悬挂物前后声压级的平均值及标准偏差

图19为添加悬挂物前和添加悬挂物后混响时间的对比图,可以看出,悬挂物对中高频范围(500Hz～4kHz)的混响时间具有较好的控制作用,在其范围内可使混响时间降低0.2～0.5s,数量较大、位置、形状杂乱无章的障碍物的可以起到散射和降低混响时间的作用。

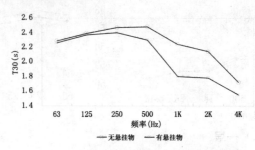

图19 添加悬挂物前后混响时间的对比图

由图20可知,设置悬挂物后中庭空间各频率混响时间的最大值数值在中高频范围内降低明显,且500Hz～4kHz范围内混响时间的标准偏差也有所减小。因此,设置悬挂物后,中庭空间声音的混响时间数值分布更均匀。

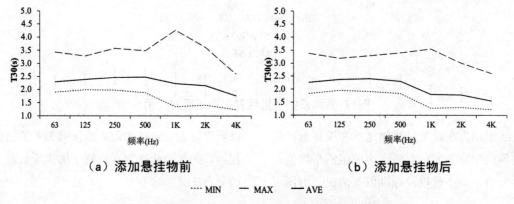

(a)添加悬挂物前　　　　　　　　(b)添加悬挂物后

···· MIN　— MAX　— AVE

图20 添加悬挂物前后混响时间的平均值及标准偏差

四、结论

本文通过对四组不同形态中庭空间的声场模拟研究,得出以下结论:

(一)三种不同平面形式的中庭模型中,长方形各频率的声压级平均值数值较其他两者大约低1～1.5dB;且在500Hz～2kHz范围内,方形中庭的混响时间均为最大值,圆形次之,长方形中庭的混响时间最短,方形与长方形在此频率范围内的最大差值约为0.3s。另外,方形与圆形空间的声压级分布较为稳定,而长方形各频率的混响时间分布较为稳定。

(二)模型层数不同的中庭模型,其各频率的声压级随模型层数的增加均呈减小的趋势,模型层数为三层的中庭各频率声压级数值要比层数为七层的高5～7dB。但随着模型层数的增加,混响时间呈增长趋势,模型层数为七层的混响时间比三层的长约1.0s。

因此，增加层数可以降低房间声压级，而混响时间可能增大。

（三）通过模拟六种不同材质和形态顶棚的中庭声环境，三种吸声材料比普通装饰涂料均有明显的吸声效果，声压级平均值可以降低8dB左右，而混响时间可以降低大约2～3s。

（四）悬挂物对中高频范围(500Hz～4kHz)的混响时间有较好的控制作用，在其频率范围内可使混响时间降低0.2～0.5s，且设置悬挂物后，中庭空间声音的混响时间数值均匀，但是对整体声压级数值变化影响较小。

文章采用的声源均为单声源，而不同功能空间的声音组成不同，实际情况的声源种类更加复杂。除此之外，笔者对中庭空间形态要的分析研究以软件模拟为主要方式，由于实际条件和时间上的限制，总结出的结论还有待验证。

（哈尔滨工业大学建筑学院、英国谢菲尔德大学建筑学院供稿，陈琳、康健、金虹执笔）

绿色商店建筑围护结构节能评价方法探析

近年来我国绿色建筑迅速发展，绿色商店建筑工程实践不断增多。通过提高围护结构热工性能降低采暖空调能耗是常用的节能策略之一，但某些实际工程节能效果并不理想，甚至有专家对商店建筑围护结构的节能效果产生质疑。为更好地解释围护结构节能效果评价问题，本文通过对比国内外商店建筑围护结构评价方法，分析了其在商店建筑中的适用性；依据我国商店建筑基本特征，提出EOLD围护结构全年负荷密度评价法，并分析了其优缺点，以期能促进我国绿色商店建筑围护结构节能评价工作的开展。

一、国内外绿色商店建筑围护结构节能评价方法

围护结构节能是建筑节能的基础之一，围护结构节能评价方法关系到建筑节能效果的后期评价，对绿色建筑的健康发展产生重要影响。国外建筑围护结构节能评价方法很多，按照评价内容主要分为两类：围护结构主要构件限值评价法和围护结构综合性能评价法。

（一）围护结构主要构件限值评价法

围护结构限值评价法是指通过控制围护结构主要构件热工性能的方法已达到建筑整体节能目的。如围护结构墙体、屋顶、门或窗、地面等的传热系数、玻璃窗遮阳系数以及建筑整体的体型系数、气密性等。

例如英国由环境交通和地区部的建筑法规部门提出建筑节能标准，节能计算由英国建筑研究院(BRE)参与制订，围护结构热损失采用构件法(Elemental Method)，规定传热系数的限值。新建住宅采用目标传热系数法，相比构件法对构件的面积和保温性能都可以调整，并考虑了太阳能的作用，若围护结构的平均传热系数小于目标传热系数，则设计可以满足节能要求。

$$U_T = 0.28 + 0.463 \times \frac{A_F}{A_T} + 0.04 \times \frac{A_S - A_H}{A_{VT}} + 0.005 \times (E - B) \quad (1-1)$$

式中：

U_T：目标传热系数，W/(m². K)；

A_F：总建筑面积，m²；

A_T：总围护结构面积(包括地面)，m²；

A_S：南向(30°内)窗面积，m²；

A_H：北向(30°内)窗面积，m²；

E：锅炉效率；

B：锅炉基本标准效率(煤气75%，液化气82%，油85%)。

（二）围护结构综合性能评价法

围护结构综合性能评价法是指通过权衡单位面积围护结构传热量、负荷或空调采暖能耗等反应围护结构综合性能的评价方法。该方法不对围护结构的单体构件做过多要求，将围护结构作为一个整体，来评价围护结构热工性能是否达到节能目的。

常见的综合性能评价指标主要分为三类：①单位面积围护结构传热量；②局部空间单位面积负荷；③单位面积建筑采暖空调能耗。目前，应用比较多的综合性能评价指

标法主要代表有美国提出的建筑围护结构总传热指标OTTV(Overall Thermal Transfer Value)，我国学者在OTTV研究基础上提出的EHTV、EETP等方法，日本提出的年热(冷)损失系数法(Perimeter Annual Load，简称PAL)、台湾地区使用的围护结构耗能ENVLOAD以及我国现行采暖空调能耗权衡判断等评价方法。

1. 单位面积围护结构传热量评价

OTTV:

美国最早在ASHRAE standard 90-1975中提出建筑围护结构总传热量指标（Overall Thermal Transfer Value，即OTTV）概念。在亚洲中的新加坡、印度尼西亚、马来西亚、菲律宾、巴基斯坦、泰国等国家，中亚的牙买加、象牙海岸，以及澳大利亚等国家地区分别依据OTTV方法为基础研制开发了自己的围护结构节能设计标准。

一些国家的OTTV指标比较表 表1

国家	新加坡	马来西亚	泰国	菲律宾	牙买加	香港港
使用年代	1979	1989	1992	1993	1992	2000
性质	强制	自愿	强制	自愿	强制	强制
立面OTTV控制指标（w/m²）	45	45	45	48	55.1-67.7	塔楼30 裙楼70
屋面OTTV控制指标（w/m²）	45	25	25		20	

2. 围护结构负荷评价

PAL:

日本商业建筑能耗的指标有两个：反映围护结构热工性能的区域全年负荷系数PAL（Perimeter Annual Load），能量消耗系数CEC（Coefficient of Energy Consumption）。

PAL反映减少建筑外围护结构能量损失的节能指标，定义为：

$$PAL = \frac{建筑物周边区域的全年热负荷（MJ/year）}{建筑物周边建筑面积（m^2）} \quad (1-2)$$

建筑物周边建筑面积为：外围护结构5m内的建筑面积；

建筑物周边区域全年热负荷为：外围护结构5m内的建筑面积的空调负荷，包括围护结构室内外温差造成的冷热损失、太阳辐射得热、周边区域内部产生的热（照明、人体等的显热）。

商业建筑PAL限值比较 表2

建筑类型	酒店	医院或诊所	商店	办公	校园	餐厅
PAL	420	340	380	300	320	550

3. 围护结构负荷+能耗评价

台湾地区百货商场类建筑物节约能源设计技术规范对商店建筑围护结构的评价指标体系分为四项：

屋顶温差传热部分：屋顶部位平均传热系数 U_{ar}；

屋顶透光天窗部分：透光部分平均日射透过率 HW_s；

外围护结构玻璃部分：可见光透射率 G_{ri}；

空调耗能部分：建筑物外围护结构能耗 ENVLOAD。

$$ENVLOAD = -10070 + 1.713 \times G + 0.413 \times L \times DH + 1.457 \times \left(\sum M_k \times IH_k\right) \quad (1-3)$$

$ENVLOAD$：围护结构耗能量（wh/(m².a)）；

G：全年室内发热量（w/(m².a)）；

L：外壳热损失系数（w/(m².k)）；

M_k：k方位外壳面的日射取得系数；

IH_k：k方位外壳面的冷房日射时（wh/(m².a)）；

k：方位参数。

ENVLOAD控制指标：

办公建筑：ENVLOAD＜110 wh/m²；

百货建筑：ENVLOAD＜300 wh/m²；

医院建筑：ENVLOAD＜180 wh/m²。

（三）主要评价方法对比分析

我国地域广阔，横跨五个不同气候区，且商店建筑类型繁多，因此，我国商店建筑围护结构节能评价方法不仅要满足不同地域要求以及商店建筑内热量大、运行时间长等特点外，还应很好地反映围护结构综合性能和室内舒适度等。

围护结构限值评价法简单易操作，但是该方法多为单向传热模型下的考虑，比较适合于严寒寒冷或炎热地区的功能单一建筑围护结构评价，不适用于内热量较大功能复杂商店建筑围护结构评价。

围护结构综合性能评价方法在一定程度上较围护结构限值评价法更为准确，综合传热量指标、冷热负荷指标、采暖空调能耗指标等各有自己优缺点。

OTTV评价法可以较好地反映单位围护结构面积传热量，但不能明确表达围护结构热工性能与商店建筑采暖空调负荷及能耗以及围护结构体型系数、内热量之间的关系，且忽略了实际运行过程中商店建筑内热量对围护结构性能的影响。PAL评价法可以反映围护结构周围负荷的以及对环境的影响，但对于空间不同的商店建筑，不能直接反映负荷与能耗及建筑体型系数间的关系，也未考虑商店建筑内热量对围护结构的影响。

台湾地区百货商场类建筑ENVLOAD评价法在一定程度上反映了商店建筑内热量、围护结构散热量性能间的关系，但该方法仅适用于气候炎热地区的单一气候区。围护结构热工性能在与过渡季节室内热湿舒适度间关系不明确。

二、EOLD评价法

（一）围护结构热工性能评价指标分析

通过上文围护结构主要评价方法和评价工具的介绍，可以汇总概括其主要思想及相关评价指标内容。

评价指标的选择应从技术、经济、社会、环境等方面进行考虑。由于评价范围较大，内容较多，本文围护结构的热工性能评级指标主要针对技术层面分析。其影响围护结构热工性能的技术指标主要有：如下表3。

综合分析围护结构综合热工性能的室内响应指标及评价方法可总结如下表4。

根据热工性能评价内容和作用范围，国内外围护结构的主要评价指标分为以上三种，分可别适用于不同地区和建筑类型。

围护结构限值法简单便于操作可应用于寒冷或热带地区居住建筑能耗评价；围护结构单位面积负荷评价适用范围较广，可较好

影响围护结构热工性能的主要因素指标 表3

分类	指标	指标内容
外扰	气候条件	室外温度
		室外湿度
		太阳辐射强度
围护结构构件	外墙	综合传热系数 K_{zw}
		热惰性D
		外表面的太阳辐射热吸收系数(p)
		水蒸气渗透热阻
	窗	综合传热系数 K_{zwin}
		窗墙比
		遮阳系数(外遮阳和自身遮阳的综合遮阳系数)
		可见光透射率
	屋顶	综合传热系数
		屋顶表面太阳吸收系数 K_{zr}
		热惰性
围护结构整体	建筑朝向	
	体型系数	
内扰	建筑功能（内热量）	室内设计温度
		室内设计湿度
		照明密度
		客流密度
		设备散热功率

围护结构节能评价指标及方法 表4

评价方法	限值评价法	负荷评价法	能耗评价法
评价方式	直接响应	间接响应	综合响应
围护结构热工性能	围护结构构件的性能系数	单位外围护结构面积传热量/负荷	冬季/夏季的采暖/空调能耗
			过渡季节通风能耗

注：采暖空调及通风能耗是指在保持室内基本舒适度的基础上的。

地反映围护结构整体隔热保温性能，但不能反映出围护结构对室内热舒适度即空调采暖通风能耗情况的影响。能耗评价法能很好地反映围护结构的整体性能，但空调采暖能耗包含内容很多，不同的冷热源、空调系统、末端、运行管理方式等对能耗的影响很大。

目前，我国公共建筑节能评价标准对围护结构热工性能采用采暖空调能耗权衡判断法。但文献【10】认为该权衡判断法采暖空调能耗不仅与围护结构热工性能相关,而且受采暖空调系统的影响,围护结构热工性能与空调采暖能耗并非呈线性关系,建议采用负荷权衡判断法。

本文采用围护结构全年负荷密度EOLD（Envelope Overall Load Density）指标作为热工性能的综合评价评价指标。

（二）EOLD围护结构全年总负荷密度评价法

EOLD（Envelope Overall Load Density）评价法是指在保证室内全年正常舒适度条件下,单位围护结构面积全年负荷密度。

q_l 由两部分组成：$q_l = q_{h\tau} + q_{c\tau}$

热负荷 $Q_{HL} = \sum Q_{h\tau}$：围护结构冬季及过渡季节全年热负荷；

冷负荷 $Q_{CL} = \sum Q_{c\tau}$：围护结构夏季及过渡季节全年冷负荷；

$$Q_{HL} = \sum_{\tau} Q_{h\tau} = \sum_{\tau}\sum_{j}\left(Q_{w\tau j} + Q_{f\tau j} + Q_{r\tau j}\right) \quad (2\text{-}1)$$

$$q_{h\tau} = \frac{Q_{HL}}{\sum\left(A_{wj} + A_{fj} + A_{rj}\right)} \quad (2\text{-}2)$$

同理：

$$Q_{CL} = \sum_{\tau} Q_{c\tau} = \sum_{\tau}\sum_{j}\left(Q'_{w\tau j} + Q'_{f\tau j} + Q'_{r\tau j}\right) \quad (2\text{-}3)$$

$$q_{c\tau} = \frac{Q_{CL}}{\sum\left(A_{wj} + A_{fj} + A_{rj}\right)} \quad (2\text{-}4)$$

$Q_{h\tau j}$：τ' 时刻围护结构单位面积总负荷；

$Q_{w\tau j}$：τ' 时刻 j 方位墙体单位面积热负荷；

$Q_{f\tau j}$：τ' 时刻 j 方位窗户单位面积热负荷；

$Q_{r\tau j}$：τ' 时刻屋顶单位面积热负荷；

$\tau = \tau' - \delta$

δ：延时系数

$q_{h\tau}$：单位围护结构面积全年平均热负荷密度；

$q_{c\tau}$：单位围护结构面积全年平均冷负荷密度。

三、EOLD围护结构全年总负荷密度评价法特点

我国商店建筑具有客流密度大、运行时间长、采暖空调能耗高、照明负荷高等特点,商店建筑围护结构在不同气候区的隔热保温性能差异较大。例如,在严寒寒冷地区内热量量增大可减少采暖负荷,但增加了空调负荷;与普通办公建筑相比还应考虑夜晚围护结构的散热或蓄热作用。大空间商店建筑内热量较大,围护结构在夜晚及清晨非营业期间的散热效果也对第二天采暖空调运行时间及负荷产生一定影响。综合考虑以上因素,结合EOLD评价方法,其主要优缺点如下。

（一）评价方法优点：

1. 该计算方法将围护结构得热、散热性能与不同季节的室内负荷、舒适度等联系在一起,考虑了非采暖空调期围护结构负荷对室内能耗和舒适度影响；

2. 考虑了围护结构对全年室内环境的影响,便于整体分析围护结构在节能中的贡献问题；可反映不同气候区不同建筑类型围护结构的保温隔热性能要求；

3. 忽略地域气候条件对维护结构热工性

能带来的影响，充分体现了建筑与自然环境室内环境间的关系，反映了围护结构的环境负荷强度。

（二）评价方法缺点：

1. 对建筑负荷计算要求较高，需考虑建筑室内热源辐射换热影响；

2. 对软件的依赖性较强，需进一步完善简化，以提高效率。

四、总结

国内外围护结构节能评价方法很多，但各有优缺点。EOLD评价法在借鉴国内外评价方法优缺点基础上，对绿色商店建筑围护结构性能指标相关因素进行了层次分析。

EOLD评价法横向考虑了建筑与室外自然环境、围护结构热工性能影响因素、围护结构与室内热湿环境等方面因素；纵向从时间坐标出发，考虑了商店建筑内热特性和围护结构不同季节得热和散热耦合性能等因素，可有效避免采用采暖空调系统能耗权衡判断的缺点，比较适合于绿色商店建筑围护结构全年节能效果评价。

（南京工业大学、中国建筑科学研究院供稿，王军亮、王清勤、龚延风、陈乐端执笔）

石家庄某既有居住建筑节能诊断与测试

一、工程概况

（一）建筑概况

该建筑位于河北省石家庄市，建筑面积4967.12平方米，1995年竣工入住，南北朝向，砖混结构，地上5层，无地下室；共4个单元，45户。

（二）改造背景

该楼外墙为粘土实心砖墙，未做任何保温；屋面为平顶，采用钢筋混凝土屋面板；南向、北向均设阳台，外窗多以单玻铝合金窗为主，部分已由业主自行更换为塑钢中空玻璃窗；采暖系统为上供下回式单管串联式系统。

由于该楼栋部分居民住户反映室内热环境差，住户意见较大，经测试，楼体冷热不均现象明显，且由于采暖系统不能实现分室控温及分户热计量，小区管理部门拟对该楼进行节能改造。

二、节能诊断内容

为了科学、准确地了解该建筑的能耗现状，有针对性的进行节能改造，该小区管理部门特委托河北建筑科学研究院进行节能诊断。

该建筑节能诊断分为室内热环境的现状调查和测试、围护结构热工性能测试与诊断（包括外墙主体传热系数检测、屋面传热系数检测）、供热采暖系统现状调查和测试（单位建筑面积的采暖耗热量测试、室外管网形式、室内采暖系统形式、水力失调状况）及节能潜力评估（节能改造前的建筑耗热量指标评价）四部分。

三、诊断过程与结果

（一）室内热环境诊断过程与结果

对该楼一单元住户进行室内平均温度测试，测试结果见表1。

由表1可知，该楼内部温度分布不均匀，存在上热下冷的垂直失调现象，部分住户室内平均温度远低于18℃。

一单元室内平均温度测试结果　　表1

501		502	
	19.4℃		19.1℃
401		402	
	18.7℃		18.1℃
301		302	
	16.8℃		17.2℃
201		202	
	16.0℃		16.1℃
101		102	
	15.4℃		15.2℃

（二）围护结构热工性能诊断过程与结果

1. 外墙传热系数检测

查阅建筑图纸，外墙构造为：

20毫米厚水泥砂浆抹灰+370毫米厚粘土实心砖墙+20毫米厚石灰砂浆

抽取该楼楼体2处外墙部位，安装传热系数检测仪，检测外墙传热系数。

外墙传热系数检测结果 W/(m²·K)　　表2

	测点1	测点2
外墙传热系数	1.52	1.54

经检测，外墙主体传热系数平均值为1.53W/(m²·K)。

该外墙传热系数未达到河北省《既有居住建筑节能改造技术标准》DB13(J)/T 74-2008附录A表A.0.2-3"外围护结构传热系数限值"的要求。

2. 屋面传热系数检测

查阅建筑图纸，屋面构造为：

防水层：高聚物改性沥青防水卷材；

找平层：20毫米厚1:3水泥砂浆；

找坡层：100毫米厚水泥膨胀蛭石；

结构层：100毫米厚钢筋混凝土屋面板。

抽取该楼楼体1处屋面部位，安装传热系数检测仪，检测屋面传热系数。经检测，屋面传热系数检测结果为1.85W/(m²·K)。

该屋面传热系数未达到河北省《既有居住建筑节能改造技术标准》DB13(J)/T 74-2008附录A表A.0.2-3"外围护结构传热系数限值"的要求。

3. 外窗传热系数

外窗为6mm单玻铝合金窗，传热系数为6.4W/(m²·K)。

（三）采暖系统性能诊断过程与结果

1. 单位建筑面积采暖耗热量

改造前采暖耗热量计算　　表3

测试期间采暖度日数	测试期间采暖能耗(kWh)	标准采暖季度日数	标准采暖季能耗(kWh/年)
31	9398	1827	553865

对该楼进行改造前采暖能耗测试。根据测试期间采暖季度日数与标准采暖季度日数，计算采暖季能耗。见表3。

根据标准采暖季能耗得出该楼单位面积采暖能耗为111.51kWh/m²。

2. 室外管网形式

该楼室外采暖管道采用架空敷设，采用焊接钢管DN100，管道保温为40mm岩棉，外缠玻璃丝布及油毡，其中80%岩棉保温层遭到破坏，保温应重新做。

3. 室内采暖系统形式、水力失调状况

该楼室内采暖系统为上供下回式单管串联系统。由表1可知，楼宇内部层间温度不平衡，系统垂直失调严重，上热下冷的情况非常普遍，造成住户热舒适度较差；且该系统不能实现分室控制室温及分户计量用热量的要求。应将室内采暖系统改造为可实现供热计量、分室控温的系统。

（四）节能潜力评估

根据建筑图纸、计算书、检测结果，计算该楼目前建筑物耗热量指标qH为31.96W/m²，远大于河北省《既有居住建筑节能改造技术标准》DB13(J)/T 74-2008中规定的石家庄建筑节能65%标准，即建筑物耗热量指标qH不大于14.2W/m²的要求。

该楼于1995年竣工，设计使用年限50年，尚有30多年的使用寿命，改造价值较高。建议该楼进行室内采暖系统供热计量及温度调控改造、建筑围护结构节能改造、架空管道重新敷设改造，达到建筑节能65%的标准。

四、结论

通过对该楼进行详细调查与检测，得到以下结论：

（一）该楼外墙、屋面、外窗的传热系数均达不到河北省《既有居住建筑节能改造技术标准》DB13(J)/T74-2008的要求，耗热量指标远高于石家庄地区建筑节能三级（65%）标准，有很大的节能潜力，宜对建筑围护结构进行改造。

（二）该楼采暖系统为上供下回单管串联系统，垂直失调严重，1~3层住户室内平均温度未达到《河北省居住建筑节能设计标准》DB13(J)63-2011中3.0.3"冬季采暖室内计算温度应取18℃"的要求，室内热环境较差；且该楼采暖系统不能实现分室控温及分户热计量的要求，宜将该楼室内采暖系统改造为双管水平分户式系统，并进行供热计量及温度调控改造。

（三）该楼室外采暖管道保温层遭到严重破坏，应重新做管道保温。

（四）物业或小区管理方应委托民用建筑能效测评机构对所管理的建筑进行节能诊断，详细了解建筑基本情况和能耗状况，为节能改造方案的制定提供技术支持。

（河北建筑科学研究院供稿，刘建林执笔）

六、工程篇

从既有建筑一般改造到既有建筑绿色化改造是我国建筑发展的必然趋势,越来越多既有建筑改造工程不断尝试进行绿色化改造,并在实际改造工程中积累了宝贵的绿色化改造经验。本篇节选了部分不同气候区、不同建筑类型的既有建筑改造案例,分别从建筑概况、改造目标、改造技术、改造效果分析、改造经济性分析、推广应用价值以及思考与启示七个方面进行介绍,供读者参考借鉴。

中国国家博物馆改扩建工程

一、工程概况

原国家博物馆建成于1959年8月,由三组建筑组成。南翼为中国历史博物馆,北翼是中国革命博物馆,中间是中央大厅和礼堂建筑。改造前的原国家博物馆如图1所示。

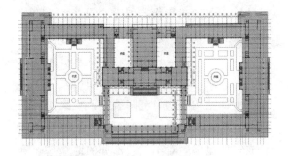

图1 改造前的原国家博物馆

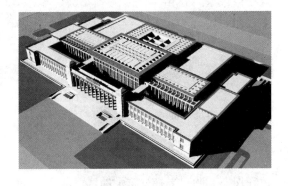

图2 改扩建后的中国国家博物馆

改扩建后的中国国家博物馆保留了老馆的部分建筑,并向东新增建设用地,扩建新馆结合而成,如图2所示。项目用地西临天安门广场东路;东临规划中的国博东路,对面是国家公安部大楼;南临规划中的国博南路;北临长安街,用地方整。总建筑面积191900平方米。地下两层,地上五层。地下最低层-12.80米,地上最高建筑42.80米。按照博物馆职能将建筑分为九大功能区,包括文物保管区、陈列展览区、社会教育区、公共服务和活动区、业务与学术研究区、行政办公区、武警用房、设备用房、地下停车库。

二、改造目标

(一)项目改造背景

由于受建设时期历史条件的局限,在建筑规模、材料、质量、设施等方面都不能满足当前国家博物馆发展的需要和安全使用要求。中国的崛起,需要有一个能承载悠久历史、体现大国风范的世界级国家博物馆。

1. 项目改造前情况

通过对大楼结构进行安全性鉴定,老馆的梁、板开裂较多,梁裂缝最大宽度为1.5毫米,板裂缝最大宽度2.3毫米,且有少数露筋现象;抗震验算表明,原结构在8度多遇地震作用下,有不少梁、柱构件强度不满足抗震要求,各区间变形缝宽度(100毫米)也不满足《建筑抗震设计规范》(GBJ11-89)关于防震缝最小宽度的要求。馆舍部分区段的结构安全可靠度已经较低,必须尽快采取必要的措施。

2. 项目改造后目标

国家博物馆是一个国家软实力的重要象

征,代表着国家的文化中心,新国博需要体现对原有建筑风格及中国传统文化的继承和发展,改扩建后的国家博物馆将成为集收藏、展览、研究、考古、公共教育、文化交流于一体的综合性国家博物馆。为了实现"国内领先、世界一流"的国家博物馆,在尽可能最大限度地保留老馆建筑的前提下,主要进行以下方面的改造。

(1) 规划布局改造

保留老馆南北两个L型的侧翼,充分利用拆除后的用地及原有两个室外庭院用地进行扩建,形成了"新馆嵌入老馆"的规划布局。

(2) 加固加层改造

对于老馆保留的部分,对其结构进行抗震加固和结构安全性加固,然后根据新的功能安排,对保留部分局部加层,建筑、机电进行全面建设。

(3) 建筑节能改造

老馆外墙主体采用50毫米硬泡聚氨酯+350毫米钢筋混凝土,局部为50毫米硬泡聚氨酯保温层+300毫米陶粒混凝土空心砌块,外窗选用断桥铝合金窗框8+12A+6钢化中空玻璃,进一步提高围护结构节能保温性能。

(4) 立面翻新改造

老馆保留部分的外立面尽量保留,对有价值的装饰构件给予保留或移建。对其他立面翻新,替换石材,更换琉璃。

(5) 空调系统改造

结合北京峰谷电价,空调冷热源采用部分冰蓄冷系统,蓄冰槽置于经过改造的西北侧老馆地下基础空间,尽可能地节省了博物馆的建筑面积。新风机组采用全热转轮式热回收型,充分回收排风冷热量,降低新风预处理能耗。

(6) 室内环境改造

用于展厅的双风机空调机组的回风口均装有CO_2浓度监测探头,CO_2监测与新风联动,以此调节空调机组的最小新风量,保证室内空气品质的同时节约空调能耗。

(二) 改造技术特点

本项目改造以提高建筑物的综合抗震能力为目标,进行结构加层、加固设计,即从结构的承载力和延展性两方面综合考虑,通过提高承载能力、加强整体性以及增设消能减震措施来保证建筑物的综合抗震能力。除对少数抗剪承载力不满足要求的节点进行包箍筋加固外,其余节点不再进行处理;关于地基基础部分,由于本建筑物已使用近50年,未见上部结构不均匀沉降裂缝,且此次结合改造,将原结构内高大厚重的分隔墙拆除,换成轻质墙体。对不加层部分的地基基础原则上不再进行处理,若施工时发现局部酥碱或松散现象,则局部修补;对新增夹层部分,采取加大基础底面积法进行加固补强。

三、改造技术

(一) 建筑改造

1. 墙体及屋面

本工程保留了北立面和西立面20世纪90年代国庆五十周年的加固改造中改用的浅灰色花岗石。除已更换外饰面的西、北两立面外,其他各区的高大厚重的粘土砖围护墙及各区分隔墙均换成轻质墙体。同时,由于原建筑屋面以往历次更换防水材料时均是层层叠加,荷载增大,此次更换时需全部清除原有建筑做法,重新铺设,进行卸载,以减小地震作用。

图3 老馆屋面改造现场照片

2. 门窗工程

将原有的20世纪50年代单薄的实腹钢窗更换为铝合金断热Low-E玻璃的新型节能窗，并在室内一侧加装了全遮光或半遮光的窗帘，以改善展厅、办公区的热环境及光环境。所有外窗布局及造型均按照老馆50年代的情况进行设计。

图4 老馆外窗改造现场照片

3. 空间利用

老馆南北两个L形的侧翼层高分别为6.0米和15.5米，两层层高和跨度都比较大，因此老馆建筑的西侧和北侧全部利用为展厅，充分发挥了老馆的空间优势。为了"复兴之路"展览，通过拆除、加固的技术手段，增加了联系楼梯，使得北侧老馆两层展厅可以形成竖向上连续的展线，实现了"复兴之路"面积较大且按时间顺序线性展览的要求。

考虑到行政办公及学术研究区需要相对独立安静的办公环境，因此利用南侧老馆进行加固加层，共布置了五层内部功能空间，合理划分为使用灵活、大小适宜的办公室和研究用房。

（二）结构改造

1. 结构加固

原国家博物馆结构均为钢筋混凝土柔性框架结构，本项目在适当位置设置钢筋混凝土抗震墙，使原柔性框架结构变为框架-剪力墙结构，以改善其抗震性能。加固中采用了钢丝绳网片-聚合物砂浆的新型加固方法，通过加固老馆的结构设计，使用年限延长30年。

2. 地基基础

由于原建筑已使用近50年，地基沉降早已稳定，地基土压实，所以本项目改造加固时，除加层区及增加冰蓄冷设备的区域采取扩大基础面积或新增片筏外，其他各区均不再进行大的处理。

对部分原基础拉梁，由于本项目改造，穿设备管道需新开洞口，采用粘钢方式予以补强。钢板为Q235，焊条为E43，环氧树脂浆液，C级普通螺栓，焊接均为满焊，见图6。

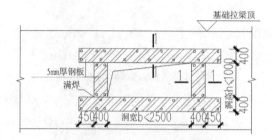

图5 粘钢方式补强示意图

图6 地基基础改造现场照片

3.加固补强

不加层部分的框架柱，当强度不满足要求时，采取增大截面法和外粘型钢法进行加固；加层部分的框架柱，均采用外包钢筋混凝土增大截面法加固；框架梁除少数梁需增大截面外，其余则采用梁底粘碳纤维和梁顶粘钢板补强负筋的办法进行加固。

对各区纵筋强度均满足要求的原框架梁、柱及单面增大截面法加固的框架柱，在梁、柱加密区及框架主梁上次梁两侧（或集中力作用处）均采用缠绕碳纤维箍予以补强。其中次梁两侧（或集中力作用处）补强方式见图8所示。

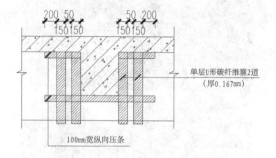

图7 次梁两侧补强方式

图8 柱加固现场照片

图9 梁加固现场照片

对楼板采用板顶补浇钢筋混凝土叠合层的办法予以补强，对次梁采用梁底粘贴碳纤维，梁顶结合楼板叠合层补加钢筋的办法进行加固,其中次梁顶补强见图11,次梁底补强见图12。

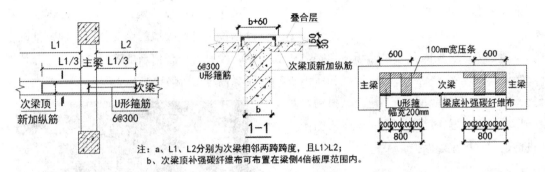

图10 次梁顶补强   图11 次梁底补强

4. 新加层结构

对于受力钢筋保护层厚度,基础底板底为50毫米,板顶为40毫米;室内地面以下部分的墙体为25毫米,以上部分为15毫米;室内地面以下部分的柱为35毫米,地上30毫米;梁厚度为25毫米,板厚度为15毫米,分布筋为10毫米。新加层结构,对跨度不小于4米的现浇钢筋混凝土梁、板,其模板应起拱,起拱高度不小于跨度的2/1000。主梁与次梁交接处,除特殊注明外,主梁内均设附加箍筋及吊筋,构造做法详见图13。

图13 新加层施工现场照片

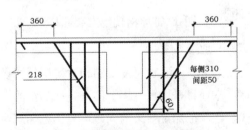

图12 附加箍筋及吊筋大样

(三)建筑材料

新加抗震墙、新增柱及梁扩大断面、柱扩大断面的混凝土强度等级均为C40,地基反梁及基础扩大断面部分混凝土强度等级为C35,新增梁、楼梯及楼板补洞混凝土强度等级为C30,基础垫层为C15素混凝土。构造柱、配筋带及过梁混凝土强度等级为C20,局部振捣混凝土较困难部位,可采用自密实免振混凝土,新、旧混凝土交接部位的混凝土中宜掺入微膨胀剂;室内地面以下部分结构混凝土耐久性的基本要求符合二.b类环境要求,室内地面以上部分混凝土耐久性的基本要求应符合一类环境的要求。本工程地下结构宜使用非碱活性骨料混凝土。

钢筋采用HPB235、HRB335和HRB400,吊

筋采用未经冷加工的HPB235、HRB400；型钢及钢板采用Q235、Q345钢。

（四）保护工程

为避免施工期间对老馆的环境影响，在旧馆四周建立缓冲带，对旧馆墙壁和屋顶进行覆盖。为保护老馆地基，建立减振沟。对于旧馆中重点文物暂时迁移走，对5棵挂牌古树进行移植重点保护。

图14 施工现场围挡照片

图15 古树移植现场照片

（五）暖通空调改造

1. 空调冷热源

中国国家博物馆的空调冷源采用部分负荷冰蓄冷系统，制冷主机与蓄冰设备为串联方式，主机位于蓄冰设备上游。考虑连续空调负荷要求和比例，并兼顾低负荷时调节要求，设置一台350RT、两台500RT的基载主机，并联运行。同时设置四台900RT的双工况主机，夜间蓄冷，白天转为空调工况。

蓄冰槽的设计融冰量为67131KW·h，蓄冰槽位于经过改造的西北侧老馆地下基础空间，没有占用任何新的建筑空间，充分体现了绿色建筑所倡导的节地理念。

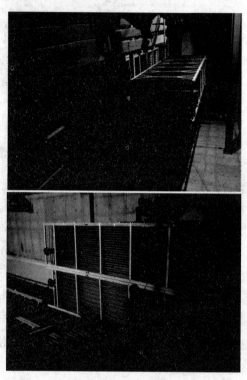

图16 蓄冰槽现场安装照片

2. 加湿系统

为了保证文物所需要的相对湿度环境设计，本项目采用燃气锅炉蒸汽直接加湿的方式，在保证加湿效果的同时避免了电加湿对能源的不合理使用，也节省了大量的运行费用。同时，该套蒸汽锅炉还可以在夏季作为备用热源提高工程热源的可靠性。

3. 排风热回收

办公区采用热回收型新风机组，如图18所示。新风采用粗效过滤、中效静电过滤杀菌除尘段、能量回收段、冷水盘管段、热水盘管段、加湿段、风机段、消声段处理后，由新风管路系统送至室内。当排风系统负担卫生间或其他可能有异味的排风时，采用板式显热回收装置；其他区域采用全热转轮式能量回收装置。

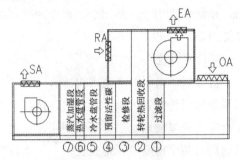

图17 全热转轮式热回收型新风机组

4. CO_2监控系统

本项目展厅的人员密度变化较大，用于展厅的双风机空调机组的回风口均装有CO_2浓度监测探头，CO_2监测与新风联动控制新风阀开度，以此调节空调机组的最小新风量；在过渡季节则根据室内外焓值的比较，实现增大新风比的控制，以充分利用室外空气消除室内余热。

5. 设备自控系统

国家博物馆工程暖通空调系统的自动控制是整个建筑物楼宇控制管理系统BAS的一部分，通过DDC控制系统实现暖通空调系统的自动运行、调节，以减少运行管理的工作量和成本，节省暖通空调系统的运行能耗。

风机盘管机组的控制调节根据室内温度控制盘管水路电动控制阀开关，根据冷热水工况手动进行季节转换，就地手动控制风机启停和转速。对于舒适性空调系统，空调自动控制能够通过空气处新风机组的送风温度，控制调节该机组水系统的加热或冷却能力，从而维持设计的新风送风状态。在冬季，空调自动控制系统能够通过空气处理机组的回风相对湿度或房间的室内湿度探测传感器，控制调节蒸汽加湿管上的电动调节阀开度调节加湿量，从而维持房间所要求的相对湿度。在夏季，对于有温度和湿度精度控制的工艺性空调系统，空调自动控制系统能够通过空气处理机组的回风相对湿度或房间的室内湿度探测传感器，控制调节机组冷冻水流量，从而维持房间所要求的相对湿度。通过空气处理机组的回风相对温度或房间的室内温度探测传感器，控制调节机组空调热水，从而维持房间所要求的相对温度。

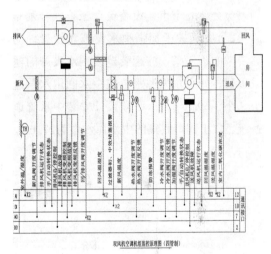

图18 空调机组监控原理图

（六）给排水改造

1. 生活给水系统

本项目采用市政自来水直接供水与变频供水相结合的方式。管网竖向分为高、低两个区。地下室至地上6.00米（含6.00米）为低区，由市政水直接供水；6.0米以上为高区，高区由生活变频供水设备加压供给。

2. 污废排水设计

本项目采用污废水合流排至室外污水管道系统，建筑室内排水按四个方向收集，所有生活污水经室外化粪池经化粪池处理后排入原天安门广场东路的市政污水管网。厨房污水进入集水坑前设隔油器初步隔油，以防潜污泵被油污堵塞。卫生间的生活污水和污水集水坑均设专用通气立管，每隔两层有结合通气管与污水立管相连。连接卫生器具多的排水横管按照规范设置环形通气管。室内地面±0.00米以上采用重力流排出。地下各层的污废水排入集水坑后，经潜污泵提升排至室外污水管道系统。

3. 中水系统

根据北京市市政管理委员会、北京市规划委员会、北京市建设委员会三委联合发布的第2号文"关于加强中水设施建设管理的通告"的第三条，应配套建设中水设施的建设项目，如中水来源水量或中水回用水量过小（小于$50m^3/d$），必须设计安装中水管道系统。本工程可收集的中水原水量为$27.6m^3/d$，故采用市政中水供水系统，未自建中水处理站。中水供水系统竖向分高、低两个区，地下室至地上6.0米(含6.0米)为低区，由低区变频中水泵供给；地上6.0米以上层为高区，由高区中水变频供水设备加压供给，市政中水用于冲厕用水、车库冲洗、绿地浇洒。

4. 雨水系统

新馆屋面采用虹吸雨水内排水系统，老馆屋面采用传统重力雨水内排水系统。本工程收集部分屋面雨水进行回收利用，在建筑东北角及两个内庭院绿地设置三个雨水收集池，容积分别为300立方米，200立方米，200立方米。各雨水收集池内分设雨水回用潜水泵，压力提升至中水机房，经处理后优先利用雨水用于室内冲厕、车库冲洗和绿化灌溉。雨水处理工艺流程如图20。

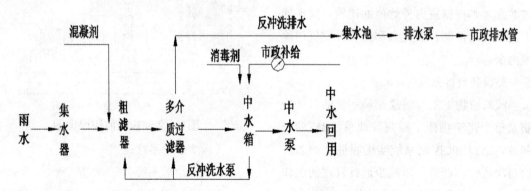

图19 雨水处理工艺流程图

本工程屋面雨水采用内排方式，新馆采用虹吸雨水内排水系统，进入系统的雨水在设计条件下呈现水满流状态。老馆采用传统重力雨水内排水系统，屋面设置87雨水斗，屋面雨水大部分收集回用，小部分排至市政雨水管网。地下车库坡道设雨水沟，拦截的雨水用管道收集到地下室雨水坑，用潜污泵提升后排至室外雨水管道。

5. 热水系统

本项目生活热水系统的热源采用市政热力，夏季热力检修期采用自备加湿蒸气锅炉作为备用热源，经热交换器二次换热（要求换热器适合高温热水和蒸气两种热媒）后提供生活热水。提供集中热水的部位为新馆高区的卫生间、厨房、新馆低区武警用房的盥洗、淋浴、武警厨房、中型工作室、职工厨房、学术报告厅、数码影院前厅卫生间，其余卫生间和用水点均设置电热水器采用局部电加热。

热水供应系统的竖向分区同给水系统。高区的补水由高区生活变频泵提供，低区的补水由市政水直接供给。集中热水系统采用全日制机械循环，热水设计温度55℃，循环系统保持配水管网内温度在50℃以上。热交换站内设两台热水循环泵，在循环水泵前的热水回水管上设置电接点温度计自动控制循环泵的启停，当温度低于50℃，循环泵开启，当温度上升至55℃，循环泵停止。

6. 节水器具

卫生器具需全部采用节水型产品。所有卫生间坐便器冲洗均采用6.0升水箱，蹲便器、小便器均采用红外感应式自动冲洗阀，公共卫生间洗脸盆采用红外感应式水龙头，其余采用陶瓷片密封水龙头。

（七）电气改造

1. 安防系统

国家博物馆改扩建工程属于高风险对象，安防系统按一级防护系统设计。

2. 楼宇自控系统

本系统主要由中央管理站、主控制器、各种程序逻辑控制器（PLC）和直接数字控制器（DDC）及各类传感器、执行机构组成。对本馆内的各类机电设备（空调、变配电、给排水、制冷机房、锅炉房、热交换站、电梯、照明）的运行、安全状况、能源使用和管理实行自动监视、测量、程序控制与管理。

3. 智能灯光控制系统

公共场所、展厅、室外照明等可以按时间、照度自动控制；展厅、重要会议室等考虑调光控制，会议室的窗帘、投影机控制均归入智能照明控制系统。

4. 卫星及有线电视系统

在本建筑物内建立一套5-860MHZ宽带双向邻频传输的电视网络系统，并可采用光纤和同轴电缆混合网组网，设置中心机房，可为用户提供广播电视、卫星电视、自制节目、图文电视等信息服务。

5. 建筑设备集成管理系统

本系统能将本馆内各智能化子系统在物理上、逻辑上和功能上连接在一起，通过统一系统平台和操作界面，将每个具有完整功能的独立子系统整合成一个有机整体，以实现信息综合、资源共享。

6. 综合布线系统

为了实现办公自动化、管理自动化为一体，并具有灵活性，以适应不同员工对信息的要求，本工程采用数据（外网络）与语音（电话）综合布线的形式。宽带接入的光缆由电话机房引入，然后至网络及数据中心后进到各层弱电小室内的配线架，并预留光缆进入层配线架的管路。内网为了信息的保密性，则采取完全独立的布线方式及独立机柜，使内网、外网做到物理上完全分隔。

四、改造效果分析

（一）建筑改造

通过增设剪力墙和消能减震阻尼支撑等技术措施，有效改善了老馆的抗震性能。加固中采用了钢丝绳网片-聚合物砂浆的新加固方法。通过加固老馆的空间可以有效地用于新的使用功能。对整个建筑平面和使用功能的重新布置，对保留建筑进行结构加固，老馆达到了预期的使用要求，建筑节能率达60.46%。

（二）室内环境改造

办公室夏季室内温度为26℃，冬季室内温度为20℃，房间内的温度、湿度、风速、新风量等参数均符合《公共建筑节能设计标准》GB50189中的相关要求。室内噪声值在关窗状态下小于45dB（A）。建筑物内的照度、统一眩光值、一般显色性指数等各项指标均满足现行国家标准《建筑照明设计标准》GB50034中的有关要求。展厅的人员密度变化较大，用于展厅的空调机组的回风口均装有CO_2浓度监测探头，能有效保证室内良好的空气品质。室内环境监测记录见附表1。

（三）智能化改造

本项目加强信息技术应用及智能化设计，使信息技术在博物馆的应用方面达到国际先进水平。建筑智能化系统包括楼宇自控系统、火灾自动报警及消防联动系统、通信系统、综合布线系统、有线电视及卫星接收系统、安全防范系统、多媒体环境与展示系统（音响系统、会议系统、多媒体展示、导览系统）、建筑设备集成管理系统，建设成为信息化、数字化的博物馆。

五、改造经济性分析

中国国家博物馆采用冰蓄冷空调系统，制冷机配置容量减少了1350RT，但设备初投资费用比常规空调系统增加了462万元。通过优化控制系统运行，在用电高峰时段尽量不用或少用制冷机，最大限度地发挥蓄冰设备融冰供冷量，每年冰蓄冷系统可节约运行费107.63万元。中国国家博物馆冰蓄冷系统初投资回收期为4.29年。中国国家博物馆采用冰蓄冷系统后，提高了华北电网的负荷率，实现了电力部门的节能减排，每年对华北电网可减排4832.68吨二氧化碳。

本项目排风热回收可处理新风量达83680m^3/h，热回收效率为70%。使用热回收新风机组后，夏季新风冷负荷降低了62.21%，夏季节约空调运行耗电量为83193kwh；冬季新风热负荷降低了62.77%，冬季节约标煤量为103t。每年可节省运行费14.2万元，投资回收期为4.7年。

每年利用的非传统水源量为30330立方米，非传统水源利用率达到41.05%。北京中水水价为1元/吨，行政事业单位的自来水水价为5.8元/吨，每年可节省水费约14.56万元。

六、推广应用价值

随着国际博物馆事业的发展，博物馆的内涵也发生了很大变化，更为注重与社会的关系，强调博物馆的社会功能和文化作用。本项目注重人性化设计，在展示中华民族伟大历史和未来的同时，最大限度地服务于公众。国家博物馆作为一个整体的文化基地，在塑造城市、社会乃至国家的文化生活方面将发挥更大的作用。

中国国家博物馆改扩建工程以"尊重、继承、保护、发展"为设计的主导思想，最大限度地保留了老馆，新馆与老馆"浑然一体"，同时在建筑造型、装修风格上努力体现中国文化深刻的内涵。历史的传承和现代的创新在中国国家博物馆得到了完美体现，对于公众也具有深刻的教育意义。

本项目作为国家级标志性文化建筑，重视绿色生态技术的实践与推广，研究具有实用并具推广意义的绿色生态技术，不仅提高了经济效益和环境效益，达到节约能源，有效使用和利用能源，保护生态，实现可持续发展的目标，而且向世界展示出我国注重节能减排、负责任的大国形象。本项目的建设，对绿色建筑技术的展示和绿色理念的推广宣传与教育具有重要的促进作用，为中国科技创新成就的展示起到很好的宣传效应。

（中国建筑科学研究院天津分院供稿，
付旺执笔）

附表

冬季室内环境巡检记录

夏季室内环境巡检记录

江苏省人大绿色建筑改造工程

一、工程概况

江苏省人大常委会位于鼓楼中山北路32号，土地面积约4万平方米。人大常委会主要有三栋建筑，建筑面积23423平方米。人大会议厅主要用于开会使用；老建筑用于办公；综合楼一部分为士兵宿舍，一部分为办公。结构类型为框架结构，本次绿色建筑改造针对这三栋建筑，改造面积23423平方米。

建筑基本概况如下：

建筑基本情况　　　　　　　　　　　　　　　　　表1

建筑名称	建筑层数	建筑高度(m)	建筑面积(m^2)	空调面积(m^2)	体形系数	人数
人大会议厅	地上5层 地下1层	20.6	11248	6662	0.18	119
老建筑	地上4层 地下1层	15.54	6900	4200	0.24	357
综合楼	地上4层	14.65	5275	2193	0.27	198

二、改造目标

（一）项目改造背景

江苏省人大建筑使用年限长，没有采用建筑节能的概念，建筑从围护结构、设备系统到可再生能源建筑应用，缺少建筑节能和绿色建筑的理念。根据绿色人大的目标和《公共建筑节能改造技术规范》JGJ176-2009标准要求，结合本工程实际情况结合公共建筑节能改造判定原则与方法，确定需要进行节能改造及节能改造的内容。

既有公共建筑节能改造根据《改造规范》标准要求，对建筑群围护结构（墙、窗、体型系数等）、暖通空调系统、照明系统、可再生能源利用和分项计量等方面进行对比分析和评价，得到建筑节能改造方向，见表2。

（二）改造后目标

对于既有公共建筑，尚未提出较明确的绿色改造概念，也缺乏相应的评价标准，相关的绿色改造技术也鲜有研究。我国既有公共建筑存量巨大，大部分是不节能的，能耗大、室内环境差等问题诸多。今后，大量的既有公共建筑尤其是公共建筑，面临着改造及功能提升。因此，笔者希望引入绿色建筑和可持续发展的理念结合人大建筑特点，采取适宜的绿色技术对既有公共建筑进行绿色改造，以实现既有公共建筑的可持续发展。使既有公共建筑在寿命周期内，通过多种绿色技术的合理构筑，改善室内外环境，提供健康、舒适的使用空间，达到节约资源（节能、节地、节水、节材）、保护环境、减少污染的目的。

江苏省人大建筑主要用于省级人大代表会议及相关综合服务，使用人群多为中年以上人群。其使用人群的特点，要求所处的建筑环境舒适、安全。因此绿色人大计划的改造目标也将围绕舒适、安全进行，同时结合建筑节能的要求进行改造分析。

1. 健康舒适——建筑室内外环境改造

综合考虑建筑外围园林设计、绿化水体、道路交通和建筑单体之间的相互关系，对办公大院综合布局进行整体改造，打造绿色办公大院，形成健康、舒适的绿色园林式办公环境。

2. 尊重历史文物——历史建筑保护和节能改造并重。

在江苏省人大常委会大院的绿树浓荫之中，屹立着一座简约典雅、整齐美观的老建筑，该建筑的风格与周围的其他建筑楼截然不同，深色的外立面、满墙的爬墙虎、不对称的错层设计，它就是著名的民国建筑。

由于历史建筑围护结构普遍传热系数大、保温隔热性能差，特别是冬夏两季能量损失严重；自然通风不畅加大了空调负荷；

既有公共建筑节能改造对比表 表2

系统	建筑	目前水平	改造方向
围护结构	综合楼	粘土实心砖墙，无保温措施；普通老屋面，膨胀珍珠岩找坡	外墙和屋面进行保温处理
		铝合金单玻窗	更换外窗
	会议厅	江苏省人大机关会议厅位于非严寒地区，除北向外，外窗或透明幕墙的综合遮阳系数大于0.60	根据《改造规范》，宜对该建筑外窗进行节能改造
		外窗开启面积与窗面积比小于30%	外窗气密性，改造窗户
	老楼	外墙、屋面隔热性能不满足现行国家标准	对该建筑外墙、屋面进行节能改造
		外窗或透明幕墙的综合遮阳系数大于0.60	对该建筑外窗进行节能改造
		气密性等级低于GB/T7107-94中规定的4级要求	外窗气密性
暖通空调	综合楼	空调系统老旧	采用灵活、独立的空调系统形式
	老楼	冷热机房工作正常，建筑中的采暖空调系统不具备室温调控手段，只能进行三档控制	建议进行室温调节改造
照明系统	——	——	主要对照明系统的控制方式和走廊照明进行节能改造
可再生能源应用	——	有热水需求，没有使用可再生能源	可采用太阳能热水系统，作为热水补充
绿色建筑	——	缺乏绿色建筑技术集成	整合绿色建筑技术体系
分项计量	——	没有分项计量设施	增加整个大院的分项计量设施

天然采光不足增加了照明用电；设备老化降低了使用效率；未进行能耗综合智能控制等均导致历史建筑的能耗居高不下。

因此，本次绿色人大计划中的重点就是将建筑节能改造和历史建筑保护结合在一起。在满足建筑节能的要求同时，更要注重历史建筑的安全和保护。

3. 高效、健康、舒适——公共设备节能改造

以健康、舒适、高效的办公环境为目标，按照绿色建筑标准对办公建筑的空调、照明、隔音等系统进行改造。

4. 垂范社会——理念传递

利用信息标注、指示牌、电子显示屏等工具，结合可演示工程实例，形成绿色节能办公建筑的理念传递体系，对社会起到真正的示范宣传作用。

通过江苏省人大机关绿色化改造项目实施，建筑节能和绿色建筑改造目标为：

建筑节能：综合楼满足节能65%的标准要求，老楼满足节能50%的标准要求；会议厅围护结构部分满足节能50%的要求，第一步完成江苏省人大建筑节能的改造。

绿色建筑：绿色人大改造计划的主旨为打造健康、舒适、高效、节能的绿色办公环境，以绿色建筑二星级为标准，形成政府机关办公建筑绿色改造的综合性示范工程。

最终，通过绿色人大改造计划，将绿色、节能、安全和环保的理念传递给整个社会。

三、改造技术

绿色人大改造计划的主旨为打造健康、舒适、高效、节能的绿色办公环境，以绿色建筑二星级为标准，形成政府机关办公建筑绿色改造的综合性示范工程。根据《改造规范》和绿色建筑条款要求，结合江苏省人大机关办公大院的实际情况，绿色人大改造计划主要内容如下。

（一）节地与室外环境

将既有建筑和节地与室外环境条款进行对比，需要满足要求的内容为：合理采用屋顶绿化、垂直绿化等方式；绿化物种选择适宜当地气候和土壤条件的乡土植物，且采用包含乔、灌木的复层绿化；室外透水地面面积比大于等于40%。

1. 合理采用屋顶绿化、垂直绿化等方式

（1）采用绿化屋面的节能改造

绿化屋面是指不与地面自然土壤相联接的各类建筑物屋顶绿化，即采用堆土屋面，进行种植绿化。该技术利用绿色植物具有的光合作用能力，针对太阳辐射的情况，在屋面种植合适的植物。种植绿色植物不仅可以避免太阳光直接照射屋面，起到隔热效果，而且由于植物本身对太阳光的吸收利用、转化和蒸腾作用，大大降低了屋顶的室外综合温度；绿化屋面利用植物培植基质材料的热阻与热惰性，还可以降低内表面温度，从而减轻对顶楼的热传导，起到隔热保温作用。

综合楼屋面的面积约为1000平方米，按照绿化率30%计算，即需要对300平方米的屋面面积进行改造。

（2）机关大院绿化条件较好，为了更好地达到绿色建筑及绿色人大的要求，适当增加人大绿化面积，使绿化面积达到40%的目标。

2. 绿化物种选择适宜当地气候和土壤条件的乡土植物

绿化物种都应适宜当地的气候。考虑到

人大办公建筑历史、庄严等特点，也设置少量珍贵品种。

3. 室外透水地面面积比大于等于40%

对人行道、自行车道等受压不大的地方，可采用透水性地砖；对自行车和汽车停车场，可选用有孔的植草土砖；在不适合直接采用透水地面的地方，如硬质路面等处，可以结合雨水回收利用系统，将雨水回收后进行回渗。室外地面面积20000平方米，按照室外透水地面面积比40%计算，即需要有8000平方米的透水地面。目前已有7500平方米，需要改造面积500平方米的透水地面。

（二）节能与能源利用

1. 围护结构

（1）综合楼

对综合楼的建筑围护结构进行改造，改造的技术措施：外墙内保温系统，外墙平均传热系数$K=1.0W/(m^2 \cdot K)$；隔热保温屋面，屋面传热系数$K=0.6W/(m^2 \cdot K)$；外窗$K=2.7W/(m^2 \cdot K)$，南、西向综合遮阳系数可达0.20，东、北向综合遮阳系数约0.70。

（2）老楼改造

①历史建筑在改造时，不能破坏历史建筑的外立面样式和风格。老楼外立面颜色庄严，并经多年使用，爬墙虎已经成为夏天围护结构天然的隔热措施。基于以上因素，围护结构的节能改造应"由外向内"转变。

②历史建筑保护，更应加强防火性能提升。由于历史建筑内较多地方采用了木质结构，防火等级差。因此，在改造过程中，应大量采用防火等级高的材料，作为建筑节能改造的主要材料。

③外窗性能的提升。更换外窗为断热铝合金中空玻璃窗，推拉形式。改造措施：建筑外墙内保温、屋面保温、更换窗户。其中墙体保温材料适宜采用防火等级高的材料。例如：发泡陶瓷保温板等防火材料。

老楼节能热工性能表　　　　表3

改造内容	改造前	改造后
外墙内保温	$1.8\ W/(m^2 \cdot K)$	$1.0\ W/(m^2 \cdot K)$
屋面	$1.0\ W/(m^2 \cdot K)$	$0.6\ W/(m^2 \cdot K)$
外窗	$4.7\ W/(m^2 \cdot K)$	$2.7\ W/(m^2 \cdot K)$

（3）会议厅的局部改造

会议厅整体围护结构水平较高，在改造的时候仅对局部进行改造。包括屋面的绿色屋面和玻璃幕墙的遮阳，具体改造措施如下：

会议厅围护结构节能改造措施及热工性能　表4

围护结构部位	围护结构节能改造措施
屋面	绿化且保温屋面，$K=0.62W/(m^2 \cdot K)$
玻璃幕墙	对幕墙贴Low-E膜，主要贴于东南向

2. 照明系统改造

照明节能显色改造建议采用D50标准灯管。D50标准光源灯管的色温为5000K被世界印刷业公认为标准色温；改造位置：综合楼、会议厅和老楼的办公室，对于色差较弱的办公室进行改造。

3. 独立分项计量

在一定投资成本和不改动已有配电线路的前提下，以最大程度的获得能耗数据为目标，按公共建筑能耗模型在既有配电支路上有选择性的加装表计。

根据建筑的实际情况，分项计量总体指标为：总用电、总用水、总用气、暖通空调能耗、照明插座能耗、动力能耗、特殊能耗，见表5。

建筑分项计量明细表　　　　表5

分类能耗	总表	分表		
		分项能耗	支路	表数
电	变压器低压侧，多功能电表3只	暖通空调	多联机、制冷剂、水泵等	15
		照明插座	照明与插座	12
			应急照明	
			泛光照明	
		一般动力	生活泵	4
		特殊	食堂	2
水	4只	建筑群总用水		
总计		三相四线表33只，水表4只。		

4.冷热源系统更换

综合楼：此改造工程，由于时间紧，改造工程内容多，楼层不高等特点。在选取空调系统时，采用了VRV空调系统。

会议厅：通过改造各区域温度控制逻辑，达到健康舒适和节能的目标，属于低成本改造。

老楼：通过增设室内、走廊和门厅的空调控制系统，达到温度梯度改造。

5.可再生能源的应用

大院有厨房和淋浴室，有热水需求。因此，大院采用了太阳能热水系统：

（1）建筑厨房、淋浴供应太阳能热水。

（2）热源采用太阳能热水系统，热水锅炉辅助加热。

（3）厨房、淋浴用热水偏重于春夏秋季，太阳能保证率取50%。

（4）系统形式：根据屋面可用面积以及热水用量，屋顶设置8吨热水箱及160平方米太阳能集热板，当热水温度高于60摄氏度时，直接供厨房及淋浴使用，当热水温度低于60摄氏度时，采用热水锅炉加热。

（三）节水与水资源利用

1.合理选用节水器具

①节水型生活用水器具：满足相同的饮用、厨用、洁厕、洗浴、洗衣用水功能，较同类常规产品能减少用水量的器件、用具；②节水型水嘴（水龙头）：具有手动或自动启闭和控制出水口水流量功能，使用中能实现节水效果的阀类产品；③节水型便器：在保证卫生要求、使用功能和排水管道输送能力的条件下，不泄漏，一次冲洗水量不大于6升水的便器。

2.绿化、景观、洗车等用水采用非传统水源

江苏省人大常委会年用水量约6万立方米~7万立方米。省人大土地面积约4万平方米，南京市年平均降水量1106毫米，经计算省人大最大可利用雨水量约为4立方米。根据省人大常委会的特点，雨水利用屋顶收集，雨水回收路径为建筑屋顶及建筑的排水管道。通过屋顶雨水利用系统，每年可节水约1.5万立方米的水量。办公楼非传统水源利用率约21%。

3.绿化灌溉采取喷灌、微灌等节水高效灌溉方式

增加人大绿地面积后，绿化用水量大，

因此可以通过采用绿化喷灌和低压管灌等节水灌溉方式，达到节水的目的。根据绿地需要，合理分配灌溉点。

4.按用途设置用水计量水表

用水量计量，并实现数据采集的目的。二级水表包括进楼总水表、道路浇洒水表、食堂水表等。

（四）节材与材料资源利用

根据节材与材料资源利用章节与既有建筑改造技术对比，需要符合要求的条款为：办公类建筑室内采用灵活隔断，减少重新装修时的材料浪费和垃圾产生。

人大大院办公格局中，有少量大办公室，且室内办公条件采取了隔断的形式。满足绿色建筑要求。

（五）室内环境质量

1.室内采用调节方便、可提高人员舒适性的空调末端

（1）主要从室内温度梯度方面入手解决

风速调节——办公区域少冷、微风：在办公区域，人体活动较少，静坐时间较长。通过可变风量调节，将风量控制在较小范围，易于久坐人群接受。夏季避免室内温度过低、风量过大对人体造成的不适，同时减少能源消耗。

活动区域少冷、多风：活动区域的对空调系统的要求为少冷、多风，增加空气流通量，提高活动场所的舒适度。

内外过渡：区别设置室内温度和门厅、走道、楼梯间等连接室内外的中间区域的空调系统温度，将中间区域空调系统温度控制为室内外温度的中间梯度值，在室内外之间形成温差过渡区域，避免极端天气室内外温差过大造成的人体不适，增加舒适度的同时，减少过渡区域的能耗量，以达到节能减排的目的。

（2）控制系统

老楼历史建筑暖通空调的控制系统：由于老楼建筑没有暖通空调的控制系统，需要对室内风盘的开启时间，照明等进行集中控制，达到节能的目的。

综合楼和会议厅：综合楼和会议厅内，暖通空调系统控制集成度较高，仅仅将其控制和照明控制结合在一起，满足控制要求即可，因此改造费用低，属于低成本改造。

2.采用可调节外遮阳，改善室内热环境

建筑采用外遮阳措施。南、西向综合遮阳系数可达0.20，东、北向综合遮阳系数约0.70。外遮阳措施主要设置于综合楼。老楼通过爬墙虎提高遮阳效率，少量设置外遮阳。

3.采用合理措施改善室内或地下空间的自然采光效果

采用导光管地下室局部自然采光：由于地下停车场全天需要通过普通照明采光，因此可对地下场进行照明改造，利用自然采光。

（六）功能展示

1.可通过如下措施达到宣传的作用

（1）建筑能耗使用显示：展示建筑能耗水平，分项能耗水平，实时能耗变化，并说明建筑能耗分项计量数据的作用。

（2）暖通空调系统温度集中显示。

（3）太阳能热水使用量显示：显示太阳能热水系统图片，基本情况，实时集热量等信息。

（4）围护结构材料展示：绿色建筑所采用的围护结构保温材料介绍，节能水平等基本信息。

（5）老楼改造方式展板：介绍老楼改造理念、措施等信息。

（6）噪音实时监测：确定部分办公地区，显示改造后噪音成效。

（7）雨水收集和使用量展示：雨水收集与利用，展示技术思路、水平衡及使用方向等信息。

（8）上人屋面绿化同普通屋面温度场展示：绿化屋面效果的展示，达到改善微环境的目的。

（9）外遮阳作用展示。

（10）地下自然采光展示。

通过以上展示，将绿色建筑和建筑节能理念通过人大平台，向全社会传递，具有事半功倍的效果，示范效应更加明显。

2.展示原则

"集中和分散，处处有绿色"。将绿色人大计划通过集中全面展示和多点展示相结合的方式，向人大代表和各界人士展示绿色建筑在既有公共建筑改造中的效果。

四、改造效果分析

（一）节地与室外环境效果

通过屋面绿化、立体绿化和地面绿化，将绿化全覆盖，使得人大大院绿树成荫，环境适宜，鸟语花香。绿化的效果降低了区域热岛效应，减少了周边噪声对办公建筑影响，减少了建筑能耗，更提高了工作人员的工作效率。

图2 综合楼屋面绿化

图3 老楼立体绿化

图4 大院绿化

图1 会议厅楼屋面绿化

（二）节能与能源利用效果

1.建筑能耗总体情况

第一阶段既有建筑节能改造已现成效，根据2009年改造前和改造后2011年7月至2012年6月的建筑能源审计数据（正常使用），节约能耗约30.5万kWh，能耗下降16%。建筑总能耗下降11.6%（包含天然气等石化能源）。

2. 分项能耗数据

人大建筑分项能耗列表　　表6

设备种类	能耗指标（kWh/m²）	
	2009年	2011~2012年
暖通空调	33.47	26.0
照明	31.36	27.0
办公	16.42	14.6
电梯	0.67	0.6
其他（热水通风）	2.85	3.0
总和	84.78	71.2

根据上表所示：

（1）暖通空调单位面积电耗量显著下降，表明通过建筑节能改造，围护结构和暖通空调系统对建筑节能影响明显。

（2）照明系统通过节能灯具的更换和节能控制的改造，使得照明系统能耗降低10%左右。

（3）办公、电梯和综合服务能耗没有明显变化。

3. 分析

（1）综合楼和会议厅的围护结构节能改造，使得建筑暖通空调负荷降低，减少暖通空调系统能耗。

（2）综合楼VRV系统改造，相对于改造前的风冷热泵系统而言，能效较高，运行节能潜力更大，减少了暖通空调系统能耗。

（3）照明系统的改造，提高了照明系统的效率。同时，通过节能控制改造，也降低了公共部位照明的能耗。

（4）分项计量系统，为大院能耗运行状态提供了科学的参考。

（三）节水与水资源利用效果

1. 建筑水资源消耗实际数据

通过节水器具更换、水计量、水平衡、查找漏水点等工作的开展，大大降低了水消耗。改造后水资源消耗降低50%左右。逐月水消耗情况见下图：

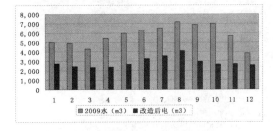

图5　改造前后逐月用水量比较图

2. 节水器具、绿化喷灌微灌等使用

图6　节水器具

图7　喷灌

图8 透水地面

（四）室内环境质量效果

1. 室内照明质量提高

图9 室内照明

2. 室内自然采光效果好，外遮阳措施

图10 调节室内自然采光

3. 温湿度可调节，舒适度高

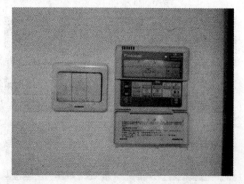

图11 综合楼VRV系统温湿度控制

4. 降噪措施

降低噪音的措施包括增加沿街窗户气密性和设置隔离绿化带。

图12 绿化带降噪

（五）功能展示效果

功能展示，表现分项计量的图表。目前未做完，但已经接待社会参观。

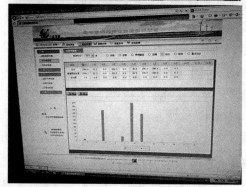

图13 分项计量系统

（六）效果分析

根据对以上各项改造项目进行分析，省

人大办公厅经第二阶段绿色建筑改造后，整体能源消耗总体下降12%，电耗下降16%，水耗下降50%，节能改造效果明显。

（1）建筑节能改造方案科学合理。

（2）从暖通空调系统和围护结构节能改造方面入手，大大降低了暖通空调系统的能耗。

（3）照明系统的改造，投入少，回收期短，节能效果明显。

（4）可再生能源——太阳能热水系统，为厨房提供了免费的热水。

（5）经过近几年来建筑节能理念的宣传和实践，建筑内用能管理水平和节能意识有了明显的提高。

五、改造经济性分析

（一）改造费用

根据第二阶段绿色建筑改造的主要项目，得到建筑改造的增量成本，见表7。

改造项目的增量成本　　　　表7

位置	项目名称	项目增量投资额（万元）	备注
综合楼	围护结构	100.3	结合综合楼整体改造
	暖通空调系统	25	
人大会议厅	围护结构	1	结合平时维保，局部改造
	智能化控制	1	
大院	照明系统	1	结合改造和日常维修，逐步更换照明灯具
	太阳能热水系统	29	
	分项计量	15	
	院落绿化	5	以绿建指标为目标
	硬地面透水	5	以绿建指标为目标
	水表计量	1	结合节水工作，同步开展
	节水器具	1	
合计		184.3	

（二）投资回收计算

综合以上工作的开展和计算，全年能源费用减少约27万元，综合减碳量100吨，增量投资约180万元。人大建筑达到建筑节能65%的标准，改造回收期约为7年，具有良好的社会经济效益。

六、思考与启示

既有公共建筑的绿色改造——绿色人大计划：对既有公共建筑进行改造，通过多种绿色技术的合理构筑，使建筑在寿命周期内，改善了室内外环境，提供了健康、适用的使用空间，并达到了节约资源（节能、节地、节水、节材）、保护环境、减少污染目的。同时通过与既有公共建筑使用功能和使用人群的科学结合，打造出健康舒适、安全、高效的绿色人大。同时，人大办公楼通过绿色建筑改造，能够达到绿色建筑二星级标准。

人大既有公共建筑由于种类不一，建造年代不同，结构形式多样，用能设备各自不同，改造的重点也不一样。通过绿色人大计划的方案，我们得到一些启示：

1. 既有公共建筑绿色改造应根据所处地区气候特征及建筑特点，因地制宜，选择适宜技术，综合考虑节能效果、经济效益、美观等因素，选择适宜的节能改造技术，制定专门的改造方案，减少改造工作量，减少对建筑使用的影响。全寿命周期分析评价，增量成本回收期应短于建筑剩余寿命。权衡优化和总量控制，从节能、节地、节水、节材、运行、室内环境等多方面衡量技术的优劣。全过程控制，从改造设计、施工、运行多环节控制技术的选择、应用。

2. 绿色建筑改造应结合建筑的功能改造、装修改造项目进行，减少绿色建筑改造的成本。

3. 更加注重"健康舒适"。针对人大办公和会议特点，优化空调设备、自然通风、降低噪音、照明等措施，提升人大建筑健康舒适度。

4. 历史建筑节能改造与安全的结合。通过防火保温材料的应用，解决历史建筑节能改造和防火的矛盾；通过由外转内的保温形式转变，解决历史建筑外立面风格的保护。

5. 展示功能的提升。通过绿色节能、安全环保技术的展示，垂范社会，扩大示范影响力。

6. 应倡导管理节能、行为节能。采用分项计量，加强能耗监测，结合用能管理，进行设备和用能行为控制节能，技术简便、经济、实用，节能效果显著。

7. 夏热冬冷地区绿色建筑改造较为适宜的技术，有外遮阳措施、暖通空调系统及控制、照明系统、绿化等技术。

（江苏省建筑科学研究院有限公司供稿，吴志敏、许锦峰、黄凯执笔）

天津大学生命科学学院办公楼绿色化改造工程

一、工程概况

天津大学生命科学学院办公楼（原天津大学第15教学楼），位于天津市南开区天津大学校园内，建于20世纪70年代末期，为四层砖混结构房屋，总建筑面积5380平方米。该建筑改造前为普通教学楼，外墙部分破损，未设置保温层（图1）；平面形式为内走廊，两侧布置房间（图2）。

完成绿色化改造后，该建筑将用于天津大学新成立的生命科学学院教师综合办公与科研办公。

图1 建筑改造前外观情况

图2 建筑改造前室内情况

二、改造目标

针对改造前存在的诸多挑战，例如建筑整体能耗较高，耗水耗电量大；夏季室内无空调，舒适性差；冬季集中采暖系统能效低，外墙年久失修，未设置保温层，室内寒冷等问题，设计师制定了如下总体改造目标：

即在经济适用的前提下，改造设计需要满足学院常规的科研办公；同时，改造设计要求使用方、设计方、施工方等多方合作，实现改造后建筑的节能、节水、节材，创造生态、健康、舒适的室内外科研办公环境；在此基础之上，改造后建筑设计力求展现生命科学学院形象独特、崭新的一面。通过绿色化改造技术策略的应用和实施，使改造后建筑能够达到绿色建筑的星级标识。

三、改造技术

（一）绿色化改造技术路线（图3）

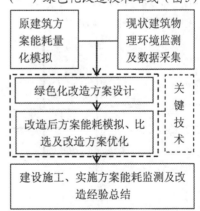

图3 技术路线示意图

（二）改造关键技术及应用

改造设计以绿色化技术整合的方式，在保留原有建筑结构主体承载力不变的情况下，对该既有建筑进行了建筑设计再创作。通过多种方案的设计、模拟、比选、优化，最终项目确定采用如下改造设计方案（见图3）。

图4 绿色化改造设计示意图

其改造重点包括了建筑外围护结构、节水设备与中水利用、建筑设备分类分项计量、可再生能源综合利用等内容，具体技术措施如下。

1. 节地与室外环境

在保留即有建筑结构的前提下，设计外部功能性构架，最大限度地减少改建对场地环境的破坏；另外场地内保留了原有树木，并合理增加了绿化用地，结合雨水收集系统设置了景观水池；结合自行车停车棚设置了太阳能光电板，为室外灯具提供照明用电。

2. 节能与能源利用

（1）增加墙体外保温

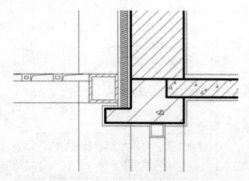

图5 外墙保温示意图

外墙原有360毫米粘土砖，增设65厚岩棉外保温层（图5）；窗口及装饰性线角抹30厚膨胀玻化微珠。

（2）增设屋顶保温层

在保证原有屋面设计荷载的前提下，混凝土楼板屋面上增设保温层。具体作法为在原有屋面上铺65厚挤塑聚苯板（图6），且每隔500间距增设岩棉防火隔离带。

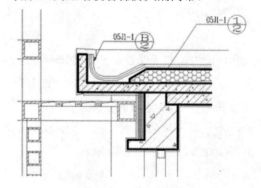

图6 屋面保温示意图

主要建筑构件及附属部位选用的节能材料及其物理性能，详见表1：

节能材料选用及其物理性能　　表1

序号	选用保温材料名称	物理性能
1	岩棉	表观密度≥150kg/m³ 导热系数=0.50W/(m·k) 燃烧性能A级
2	膨胀玻化微珠	表观密度≥350～450 kg/m³ 导热系数≤0.08W/(m·k) 燃烧性能A级
3	挤塑聚苯板	表观密度≥350～450 kg/m³ 导热系数=0.030W/(m·k) 燃烧性能B1级

（3）增强门窗气密性

因改造前该建筑刚刚更换了断桥铝合金门窗，因此本次绿色化改造设计中尽量保留原有外窗不变，所有外窗开启扇处均增设纱扇。同时，对外门窗框靠墙体部位的缝隙采用发泡聚氨酯填实、密封膏嵌缝,增强了原有门窗的气密性。

（4）可再生能源及节能设备利用

在既有建筑屋顶上设置了太阳能锅炉蓄能器,充分利用太阳能这一可再生能源供冷、制热,基本保证了整座建筑冬季采暖和夏季制冷的需要;照明系统采取分区、定时、照度调节等节能控制措施,同时变压器选用节能产品,并对供配电系统进行动态无功补偿和谐波治理;改建由于功能需要要求在既有建筑西侧增加一部客货两用的电梯,合理选用节能型电梯;外层构架结合立面设置垂直绿化（采用可移动的当地植物）有利于节能降耗。

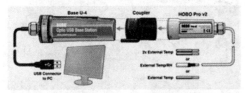

图7 太阳能空调系统工作原理示意图

3. 节水与水资源利用

（1）雨水回收

组织了一套完整的雨水回收与再利用系统,包括屋顶设置雨水收集的高位水箱,雨水集水管、生物质雨水过滤系统、贮水池等设备,收集到的雨水用于景观用水、灌溉用水。

（2）节水设计

本工程设计范围包括:生活给水系统,生活中水系统,生活热水系统,排水系统,室内外消火栓给水系统,自动喷水灭火系统及建筑灭火器配置。

其中,本工程生活给水水源为市政自来水,市政给水管网为环状供水管网,供水压力为0.20MPa,市政自来水水质符合国家标准《生活饮用水卫生标准》GB5749-2006的要求。

另外,本工程一至四层生活中水用水由市政中水管网直接供水,供水压力0.20MPa,中水水质符合国家现行标准《城市污水再生利用、城市杂用水水质》GB/T18920的要求;中水管道作浅绿色标识带,中水管道、阀门、水表等外壁模印"中水非饮用"标志,中水表外壳颜色为浅绿色,中水系统计量采用单体总计量的方式。

在室内设备改造中采用节水设备,例如卫生器具必须选用符合《节水型生活用水器具》CJ164-2002标准的洁具,其安装详见表2。

节水型生活用水器具选用　　表2

编号	名称	图集
1	蹲便器（排水）	天津标05S1-135
2	感应式冲洗阀蹲便器（给水）	天津标05S1-138
3	高水箱蹲便器（给水）	天津标05S1-131
4	小便器	天津标05S1-164
5	坐便器	天津标05S1-112
6	成品陶瓷污水盆	天津标05S1-2
7	背挂式洗手盆	天津标05S1-58
8	化验盆	天津标05S1-80
备注	・坐便器冲洗水箱容积小于6升 ・洗手盆采用感应水嘴 ・小便器采用感应式冲洗阀,1~3层公共卫生间蹲便器采用感应式冲洗阀,4层公共卫生间蹲便器采用高水箱 ・卫生器具出水口高出承接用水容器溢流边缘的最小空气间隙,不得小于出水口直径的2.5倍	

4.电气系统节电设计

该改造工程建筑电气系统设计包括配电间配电系统、配电及照明系统、综合布线系统、火灾自动报警系统、建筑物防雷接地及安全等内容。

其中，楼内照明灯的光源为高效荧光灯，灯具为高效灯具，镇流器为节能电子镇流器（要求镇流器符合该产品的国家能效标准），疏散指示标志采用LED光源。楼梯间（除应急照明外）采用照度+红外延时自熄开关控制。

另外，本工程照明功率密度值符合《建筑照明设计标准》GB50034-2004的规定，保证配电系统电压偏移允许值符合《供配电系统设计规范》GB50052-2009的规定，尽量减少负荷线路长度，以减少线路损耗。电源总进线及配电室出线回路设电费计量；公共走道照明则采用分组自动控制以实现节能。

5.分类分项计量设计

对改造后建筑运行实施用水、用电分类分项计量设计。具体作法如下：

（1）用水计量

接入校园中水管网，实现分类分项计量。具体作法包括，建筑内部采用节水洁具及节水技术，根据水平衡测试的要求安装分级计量水表，并根据用水量计量情况分析管道漏损情况和采取整改措施。

15号楼共安装水表2块，分别位于自来水入口东西侧各1块；电能计量表6块，分别用于1#进线柜、2号进线柜、屋顶空调、屋顶风机、电梯及高温灭菌室（特殊用电）电能分项计量。

（2）用电计量

15号楼采用1台数据采集器，位于建筑一层东侧低压配电室内，各计量表通过RS485线与数据采集器相连。数据采集器下侧距地面1.4m挂墙安装，位置根据现场情况确定。

通过分类分项计量方案设计，能够对该建筑实施用能分项计量，主要包括用电系统：照明插座用电、动力用电、空调系统用电及其他功能用电等进行分项计量；用热用水系统：生活用水、建筑供热计量。同时，能够实现实时数据上传至天津大学校园能耗监测平台，可进行建筑能耗实时监测和历史数据处理。

分项计量远传电表远传水表

超声波远传热量表A　　超声波远传热量表B

图8 建筑内部仪表安装

6.节材与材料资源利用

对原有破损立面进行修缮，所用材料采用可再利用和再循环的建筑材料；改造采取土建与装修工程一体化设计，极大程度上减少了二次装修带来的资源浪费（图9）。

另外，由于改造后的科研办公空间要满足相关化学实验的要求，因此室内通风的组织显得尤其重要，改造方案结合外立面构架设置了通风管道，有利于室内通风和气流的合理组织。另外，还设置了室内空气质量监控系统，保证健康舒适的室内环境。

图9 施工现场照片

四、改造效果分析

根据最初制定的改造目标以及绿色化改造技术策略的应用与实施，使得完成绿色化改造后的生命科学学院办公楼成功地实现了以下几点转变：

（1）改造设计充分利用原有场地，例如保留基地现有树木，用本地经济性植物和学院试验田营造景观，创造"生命学院"崭新的形象。

图10 本工程所选建材

7. 室内环境质量

在室内环境质量方面，改造设计最大限度的利用自然采光和自然通风，以提升办公空间的舒适度；结合外立面构架设置遮阳百叶，合理的控制眩光和改善自然采光均匀性，同时防止夏季太阳辐射透过窗户玻璃直接进入室内。

图12 场地利用

（2）改造后的生命科学学院办公楼在保持原建筑荷载基本不变的前提下，完成了外围护结构节能改造，达到天津市地方三步节能的设计标准。改造设计调整了原有建筑当中的部分非承重墙位置，满足了当前生命科学学院综合性科研办公的使用要求。实验室内增通风设备，增设电梯一部，满足实验材料和设备的运输要求。

（3）完成了内部给排水设备改造，电气工程及暖通系统的改造，实现了分类分项计量设计等改造内容。改造后的建筑能够满

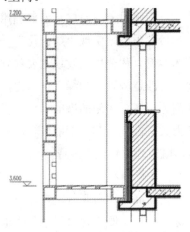

图11 遮阳百叶构造做法示意图

足现行的节能节水规范。

（4）将室外遮阳、立体绿化、太阳能空调设备（可再生能源利用）等绿色化技术策略，与建筑外立面新增设的钢构架进行了有效的整合，由钢框架承载改造工程增加的全部荷载。

图13　改造后建筑室外环境

图14　改造后建筑主要立面

图15　改造后建筑室内环境

图16　改造后建筑细部构造

五、经济性分析

经过反复论证，兼顾成本需要、功能使用需求、建筑形象需求以及改造后的绿色性能，该方案初步核算造价在900万元以内，改造后能够达到现行《绿色建筑评价标准》的二星级水平。

目前，该项目已经竣工，建筑绿色评星工作正在进行当中。

六、结束语

就该示范工程项目的工作进展过程而言，有如下几点问题需要探讨，以便为大量既有建筑的绿色化改造和评价积累经验：

（一）改造工程造价

造价是既有建筑绿色化改造的一个敏感话题。由于资金渠道和预期回报方式与新建建筑不同，既有建筑改造的投资方一般希望以满足新需求为目标，以较低的投入获得建筑舒适度的提升甚至视觉形象的创新，因此对节能、节水、节材等绿色化改造的投入有限。为了促进投资方对于既有建筑绿色化改造的积极性，既要加大宣传力度、明确相关规范，又要建立有效的国家政策补偿和奖励机制。

另一个需要思考的问题是如何利用有限的投资，最大限度地实现"绿色化"。这就要求具体案例具体分析，发现主要问题，研究各项"可改造因素"的绿色化潜力，通过模拟预测分析各项措施的潜能，优先投资于绿色潜力大的改造内容，不能以一成不变的方法应对既有建筑绿色化改造。

（二）评价标准

目前我国尚未颁布既有建筑绿色化改造的评价标准。对于既有建筑绿色化改造，一般沿用现行的绿色建筑评价标准，其中很多条款不适合评价既有建筑，比如建筑的场地情况、容积率、风环境、朝向、间距、体形系数等都是既有建筑不能改变的，空调采暖系统的调整不仅需要较大的投入而且取决于原有空间的状况。因此，迫切需要尽快出台切实可行的"既有建筑绿色化改造评价标准"。

同时，应该看到既有建筑原有基础差别很大，改造受制于经济和技术水平，因此现有评价体系中"措施-分值-星级"的模式不能客观公平地评价既有建筑绿色化改造的成果，是否可以考虑将措施性评价与性能化评价相结合，在满足基本规范的前提下，以改造后性能的提升度作为星级评定的标准。

（三）人文价值

历史建筑与具有特殊文化价值的建筑也是既有建筑的一部分，对于这部分特殊建筑的改造与再利用从未间断。在研究既有建筑绿色化改造的过程中，这部分建筑不能被排斥在外，相比之下，这部分建筑具有更高的影响力。是否将文化价值的保护列入绿色建筑改造的评价范畴？这类既有建筑的绿色化改造重点和改造方法以及如何促进这类建筑在保护的基础上实现合理地再利用，也应该属于既有建筑绿色化改造的研究课题。

（四）绿色化改造呼唤建筑学的积极参与

目前的绿色建筑活动，往往缺少建筑学专业的积极参与，在现行《绿色建筑评价标准》的引导下，绿色建筑几乎等于常规建筑+绿色技术，既有建筑绿色化改造更是如此。然而，郝林在《世界建筑》2004年第8期《解构未来——英国可持续建筑专集》一文中指出"在方案设计阶段往往大致注定了一个项目的性能，决定了项目建成后的舒适性、能耗与碳排放量。如果方案得当，就不会随着设计的深入，在可持续性能方面出现某些严重的缺陷，需要投入更多去修正"。这段话很好地诠释了建筑学专业主动参与绿色建筑设计和既有建筑绿色化改造的价值。既有建筑绿色化改造需要创新性设计思维，需要建筑学专业的主动介入，引领创新。

（天津大学、天津大学建筑设计规划总院二所供稿，刘丛红、李长虹执笔）

北京市京燕饭店改造工程

一、工程概况

北京市石景山区京燕饭店,原名石景山饭店,主楼始建于20世纪80年代,当时主要作为地方招待所功能使用。受当时国家经济条件制约,其硬件和软件方面建设均受到限制,经过20多年的使用,各类设施均比较落后。饭店目前外墙皮脱落严重,外立面装修风格已比较陈旧,同时供暖空调等设施不能满足现阶段要求,在使用面积和防火、功能分区等划分上也存在缺陷。作为会议性质的商务饭店,已经不能满足当前经营要求。原建筑外景见图1。

（a）主楼正立面　　（b）西配楼西立面

（c）裙楼（东配楼）正立面

图1

京燕饭店位于石景山区黄金地段,又处于京燕商贸开发区的旗舰位置,还作为石景山区未来数码产业区域的门户,拥有重要的地位。通过对该建筑群体的节能装修改造,可把京燕饭店建设成为石景山区的标志性建筑,提升京燕饭店的品牌形象和服务功能,使之为社会提供更舒适便捷的办公、会议、餐饮、住宿、娱乐等综合性商务场所,可带动石景山区的服务类产业升级,促进石景山区的经济发展。

京燕饭店节能装修改造工程中,所涉及的原有建筑为不同年代建造的单体建筑组成了建筑群。主要由主楼、裙楼、西配楼、小西配楼、内天井结构五部分组成,总建筑面积约28000平方米。由于分阶段施工完成,造成各单体建筑间关系复杂、管线纵横,场地内尚有消防水池等构筑物。同时由于历史原因,各单体的施工质量等也参差不齐,再加上新建筑方案的功能综合、复杂,使得结构改造加固的工程量十分巨大。

京燕饭店原结构群各单体中,饭店主楼为钢筋混凝土框架剪力墙结构,23层（包括顶部塔楼的辅助功能楼层）,总高73.565米,设计施工于1984～1988年间;主楼的裙房结构（东配楼）,为主体三层、局部四层的钢筋混凝土框架结构,总高15米,设计施工于1984～1988年间,主楼及裙房设计均遵循78规范;位于主楼西侧的西配楼和小西配楼,框架剪力墙结构,主体5层,每层层高较大，总高28.6米，设计施工于1997～2000年间，结构设计遵循89系列规范；内天井钢结构则可视为临时建筑，钢柱等均贴附于主体和东配楼建造，地上三层。原建筑群大致布置见图2。

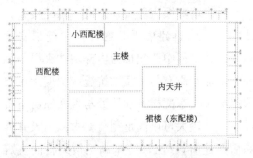

图2 京燕饭店建筑单体布置关系示意图

二、改造目标及改造方案

此次改造工程在原建筑使用时间（6～20年不等）的基础上，继续增加使用年限40年，酒店改造装修后达到四星级酒店标准。主要的改造工程包括：（1）在饭店主楼顶部增加两层使用面积，除原屋面改造为建筑楼面使用外，需新加一层梁柱及新的屋面系统；（2）在裙房（东配楼）顶部增加一层使用面积，需新加一层梁柱及屋面系统；（3）在西配楼、小西配楼的底层和顶层，利用其较高设计层高各增加一个内部夹层，相应调整地下室游泳池等设施；（4）拆除原内天井内临时结构，改造增加内天井成永久性结构。同时，在一些楼层增加局部悬挑、一些房间的功能调整及功能区域的重新分割，使原结构在荷载分布及承力途径上发生变化。

（一）原结构加固改造验算及设计原则

为使改造后的建筑满足40年使用年限所对应的结构可靠度要求，在对原建筑结构构件检测评估的基础上，选择40年使用年限对应的荷载效应标准，对构件加固和上部增层后的整体结构进行设计和验算，使其满足40年设计使用年限的地震作用和89规范的抗震措施（具体可按89系列规范进行50年使用年限考虑或按相应的水平进行验算），并需对原有结构部分构件（基础、柱、梁、墙）及相关节点（梁柱节点）进行必要的加固处理。由于原各单体设计采用的规范不完全相同，有的设计安全度水平及抗震构造措施低于89抗震规范的设计标准，有的单体则是在89规范的指导下建造完成，因此，改造加固的设计验算需要对不同单体进行区别对待。

对于加固设计采用规范的选择，由于2006年以前的加固规程对于植筋等的规定未考虑群锚效应带来的不利影响，因而对其植筋长度的规定偏小；另外，对于后锚固技术在抗震区的应用，2006年颁布的《混凝土结构加固设计规范》考虑了结构胶时效对抗震的不利影响，规定化学锚栓（化学锚固深度远小于植筋深度要求）不得用于工程中抗震构件的连接。综合考虑，加固设计规范选用2006年颁布的新加固规范，使加固节点和构件在抗震工作时能充分发挥其功能。

结构设计必须满足现阶段相关的规程规范的规定，尽可能采用新材料、新工艺、新技术等满足结构安全性、适用性、耐久性要求。针对加层后整体验算的结果，对不同的受力构件采用对应的加固方式。选择工期较短、费用合理的加固方案，最大限度地缩短结构部分加固及改造周期。

（二）加层结构选型

对于主楼部分，上部加层结构主体形式采用新增钢框架与原结构混凝土电梯井筒体组成的混凝土筒—钢框架结构体系，可以充分发挥原结构中心部位混凝土筒体的抗侧刚度，同时采用钢框架结构能够有效地降低新增结构部分的重量。楼板采用钢筋混凝土楼板。

对于裙房（东配楼）部分，下部原结构为钢筋混凝土框架结构，由于下部柱截面较小，上部增层如采用钢柱则生根较困难，所以，上部加层采用混凝土柱、梁结构，楼板为钢筋混凝土楼板。

西配楼部分的夹层设计采用钢柱、钢梁与钢筋混凝土楼板系统，钢柱生根于原有混凝土梁上，钢梁与原结构有连接时设置为铰接连接。

内天井部分因原改造为自行施工，根据仅存资料，体系安全存在较大隐患，且原有节点构造难于再作增层改造设计与施工，须拆除后重新设计施工。

鉴于酒店后期可能发生的功能再调整，结构的改造及加固设计须有一定的安全裕度。

（三）抗震缝、沉降缝、伸缩缝

原建筑群饭店主楼、裙楼（东配楼）、西配楼、新拆建内天井之间均设缝独立承力，改造工程中西配楼为内部增加夹层，总高未增加，原有与主楼的抗震缝宽度满足要求；裙楼（东配楼）加层处与主楼原所留抗震缝尺寸较大可以满足规范要求；内天井拆除后新建时设缝170毫米满足钢结构的抗震缝规定。

（四）抗震等级

根据原89规范抗震等级的规定：

结构类型		烈度						
		6		7		8		9
框架结构	高度(m)	25	25	35	35	35	35	25
	框架	四	三	三	二	二	二	一
框架抗震墙结构	高度(m)	50	50	60	60	50	50～80	80	25
	框架	四	三	三	二	三	二	二	二、一
	抗震墙	三		二		二		一

按89规范要求的各单体抗震等级规定如下：

单体（改造后高度m）	主楼(75.9)		西配楼(29.5)		裙楼(21.8)
结构形式	框架-剪力墙结构		框架-剪力墙结构		框架结构
抗震等级	框架	剪力墙	框架	剪力墙	框架
	二	一	三	二	二

（五）新旧规范对比及分析工具选择

本工程的改造实施检测及设计实施工作开始于2006年下半年。由于当时尚未有合适的加固改造分析软件，且89系列规范的计算分析软件也已经很少，为保证结构设计的安全性和经济合理性，经综合考虑后，采用当时施行规范指导下编制的软件，通过新旧规范的对比及调整软件中的计算参数来达到按89系列规范规定的各项内容，并保证一定的安全裕度。

根据2002年版与1989年版抗震规范的对比，影响本工程计算的诸因素中，两规范差别主要在：（1）地震作用的计算。包括场地土特征周期的不同，除耦联计算双向的扭转效应一致外，02规范还考虑了偏心及双向地震作用，按89系列时则可不考虑后者。（2）抗震等级划分的不同。02规范比89规范严格，按89系列进行。（3）关于地震组合的内力调整。对比两规范，相同的抗震等级时，02规范对内力的放大比89规范要大，分析时应考虑与89规范适应的抗震等级来进行内力调整。（4）抗震墙的尺寸及分布筋的要求，采用89规范的规定对原结构进行验算。（5）89规范抗震墙无约束边缘构件的规定。

根据以上新旧规范的对比，原西配楼框架剪力墙结构，设计分析按丙类建筑、地震烈度八度、II类场地、近震（场地土特征周期为0.30）；规则性方面，满足89规范要求，地震作用采用单向地震作用下考虑水平扭转的分析结果。原89规范对框架抗震等级三级，但原设计考虑层高较高等因素后框架按89规范一级框架设计，本次综合考虑内部夹层减小层高后，可按02规范三级框架要求。剪力墙抗震等级二级，02版程序计算时，内力调整可按三级输入，抗震墙底部剪力增大的调整系数稍大于1.1，趋近于1.2，偏于安全；构造要求按89规范复核。材料方面，混凝土和钢筋均按89规范要求考虑。

主楼框架剪力墙结构，丙类建筑，地震烈度八度，II类场地，近震（场地土特征周期为0.30）；规则性方面，未满足89规范要求，地震作用采用单向地震作用下考虑水平扭转的分析结果，原89规范对框架抗震等级二级，按新规范分析时按三级输入，各内力调整均满足89规范要求。构造要求按89规范复核。剪力墙原抗震等级一级，按新规范分析时，按二级抗震等级要求，抗震墙弯矩增大系数遵照89规范要求并参照02规范的思想加以考虑；抗震墙底部剪力增大的调整系数$1.1\lambda \approx 1.4$。材料方面，混凝土300#按89规范C28混凝土强度等级考虑（检测报告结论：混凝土立方体强度推定值大于30MPa），钢筋均按89规范要求考虑，直径大于25的II级钢设计强度为$290N/mm^2$。

裙房（东配楼）框架结构，丙类建筑，地震烈度八度，II类场地，近震；规则性方面，不满足89规范要求，地震作用采用单向地震作用下的扭转耦联计算；原89规范对框架抗震等级二级，按新规范的软件计算时，内力调整可按三级输入，由于其中有些内力调整系数小于89规范对应的规定值，计算时可按02规范中二级抗震等级进行内力调整。构造要求按89规范复核。裙房材料要求同主楼。

位移限值、轴压比、钢筋间距、直径要求、钢筋含量比率等均按89规范要求。

基础埋置深度的要求，02规范为H/15或遵循《高层建筑混凝土结构技术规程》12.1.6的要求。

对于主楼连梁验算超筋严重情况者，由于主楼抗震墙墙体较多，而且超筋连梁破坏对竖向承载无较大影响时，可参照《高层规程》02版7.2.25条进行处理。

改造后建筑功能分布见图3。

三、主要加固改造技术

（一）地基及基础

由于无原有地质勘察报告，地基资料主要根据已有结构图纸中对地基的描述。主楼基础落在卵石层上，承载力的原描述为50t。西配楼的设计图纸所描述的承载力低于50t。工程改造加固前补充的地质勘察结

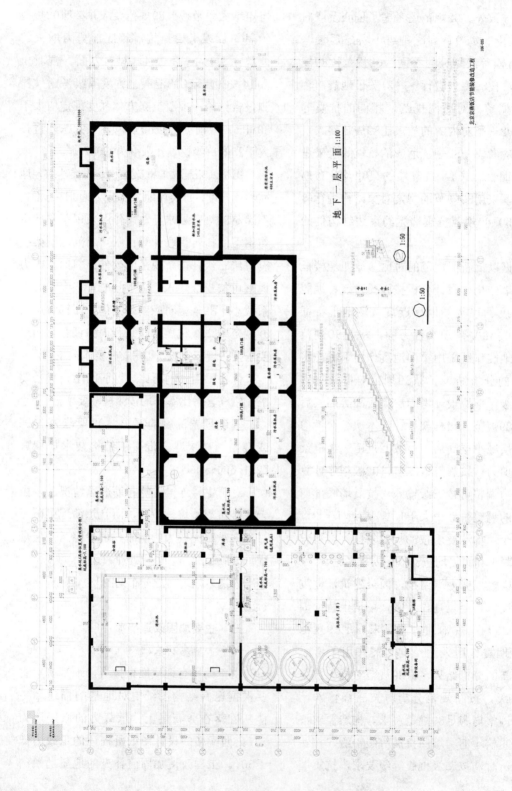

图3. A 地下室各单体平面

六、工程篇

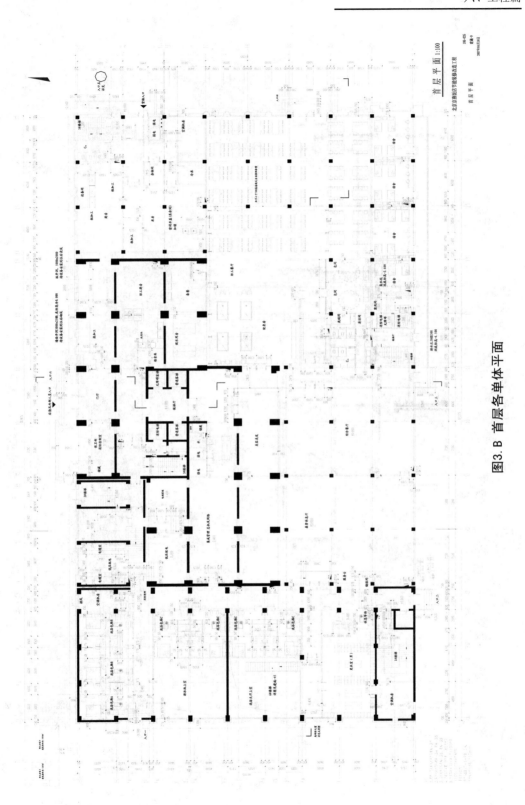

图3.B 首层各单体平面

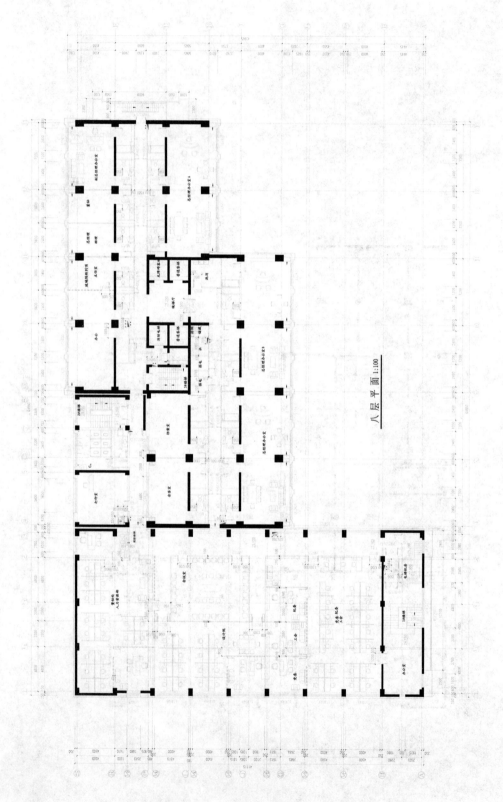

图3.C 第五层各单体平面

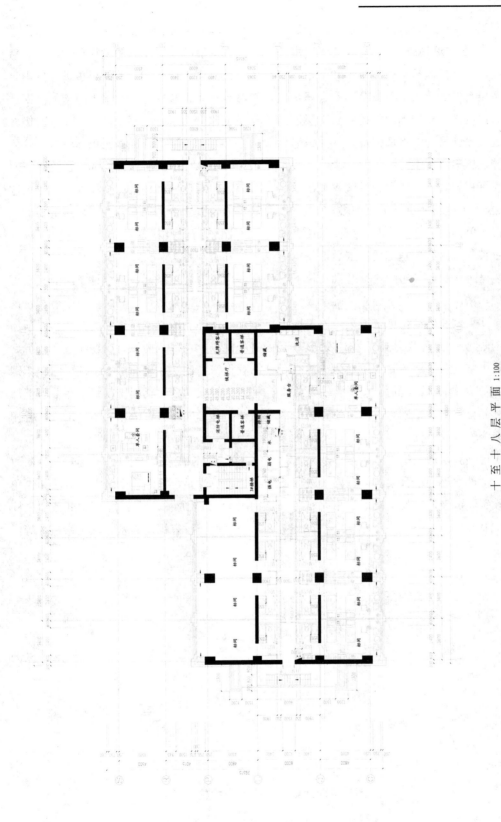

图3. D 主楼上部标准层平面 十至十八层平面 1:100

论中卵石层为第四纪新近沉积土，且由于近些年地质勘察中对地基土承载力安全度水平的提高，得出的地基承载力小于50 t，造成已有主楼不增加荷载即不安全的不合理结论。根据现场人工开挖加固桩的底部土层情况及邻近新建建筑物的地质情况，并考虑建筑物地基在压力作用下的沉积固结影响，最终认定为沉积较好的第四纪新近沉积土，承载力均选取500kPa进行地基设计与复核。

根据各单体的基础形式及上部荷载计算结果，主楼基础为箱形基础，增层后地基承载力可以满足；裙楼（东配楼）基础为柱下独立基础，增层后局部柱下独立基础承载力不满足，在上部新增结构施工前采用人工挖孔桩进行托换；西配楼基础的柱下条形基础，改造中结合新游泳池底板改造为整体的筏板基础，经修正后可满足地基承载力要求；天井部分钢结构基础，因钢柱位置需错开周围东配楼独立基础，且要避开地下消防水池，考虑钻孔机械无法进入，按柱下人工挖孔桩，上部设连续承台梁，再在梁上进行钢柱的设置，桩端落在与主楼地基相同标高的卵石层上。

（二）竖向承载结构

根据继续使用40年的设计要求，增层后的主楼抗震设计按89规范的要求进行抗震验算并复核其抗震构造。对于上部增加的钢结构阻尼比，由于有混凝土核心筒存在，仍按5%考虑。由于原设计混凝土墙体较多，墙体较厚，下部楼层仅有局部墙体抗剪验算截面不满足，对这些墙体采用加厚断面的加固方法，通过板墙加固等工艺处理后满足要求，钢筋网钢筋通过植筋法与已有结构连接，加固布置见图4所示；主楼上部接近屋顶楼层，由于原施工原因，部分柱子的混凝土强度等级过低，采用剔除表层混凝土后再包钢加强灌注环氧砂浆或灌浆料的做法。屋顶加层处混凝土柱节点内原有纵筋布置及弯折后布置很密，无法在屋面进行植筋锚固，新钢柱的生根做法采用钢板围箍锚固在节点下部柱体，并延伸部分钢板出屋面，形成钢靴作为钢柱支座，如图5所示。

裙楼（东配楼）增层后，部分框架柱断面或配筋不满足，分别采用增大截面法和包角钢加固法进行加固。裙楼顶部增层的混凝土柱植筋也存在原有钢筋太密无法正常植入等问

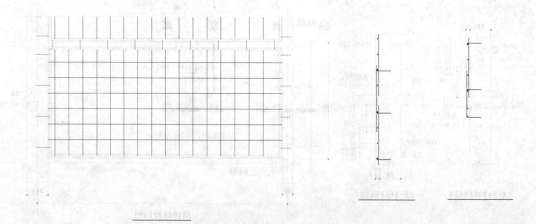

图4 混凝土墙体加厚加固示意

六、工程篇

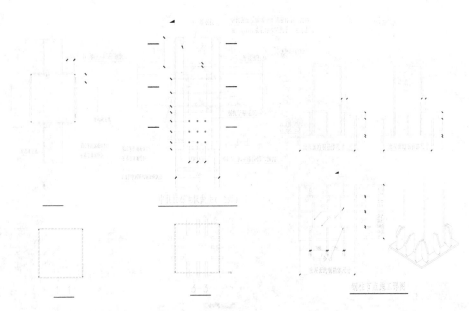

图5 主楼顶部新作钢柱生根做法

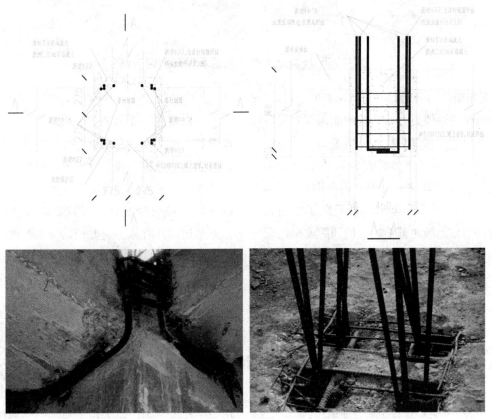

图6 裙楼（东配楼）顶部新作混凝土柱纵筋生根做法

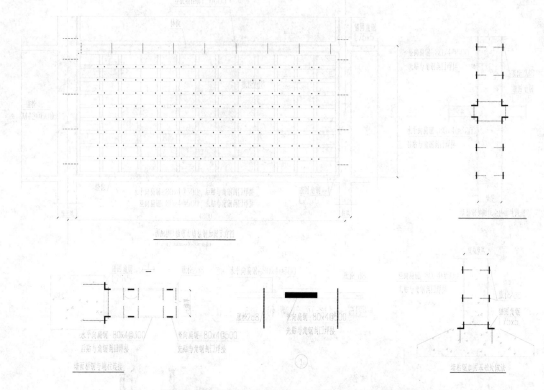

图7 西配楼混凝土墙体粘贴扁钢带加固示意

题,采用图6所示的方法进行柱纵筋的生根。

西配楼框架剪力墙结构增加内部夹层后中,部分墙体端部端柱的纵筋不足,采用包角钢法进行加固;另有部分墙体水平筋不满足,通过墙体粘钢加固加强(图7);对于增加夹层的部分楼层,由于在新增加梁的梁柱节点不满足箍筋加密的间距要求,采用加固节点处绕丝法进行加固,环向绕丝Ø4@20,两端用扁钢压结收头。

（三）楼盖及梁

根据使用功能的变化,对楼面荷载增加不多的部分楼板进行了粘贴碳纤维布加固,对于荷载增加较多的楼板,进行了铺设现浇混凝土叠合层的加固方法。对一些洞口补齐或楼板新开洞处,均进行了节点处理和加强。

在主楼结构中,原有建筑的客房面积稍小,新的建筑方案设置了外挑950毫米的梁板增加使用面积。在植板筋形成纯悬挑板、植梁筋形成悬挑混凝土梁支承板和植化学锚栓悬挑钢梁支承新加板块的方案比选中,最终选择了第三种方案,可以最低程度扰动原有结构,并有施工速度快、易于管理、现场整洁等特点。具体可见图8。在抗震验算中,不满足的框架梁采用粘钢加固,支座生根的锚栓采用机械锚栓。

西配楼内夹层设置时,由于柱距在一个方向比较大,设计方案充分利用了原有的混凝土框架梁体系,在其上生根钢柱来支承夹层荷载,钢梁与原有混凝土构件的连接也采用铰接连接,因而,夹层下部生根梁的加固

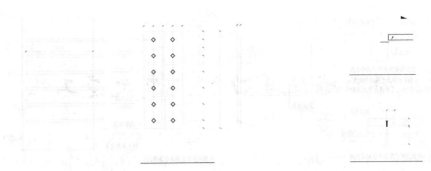

图8 主楼标准层悬挑钢梁及混凝土楼板做法示意

作为主要的梁板加固工程，根据抗弯和抗剪承载力的验算，分别进行了梁底粘钢加固和梁侧粘钢加固。由于建筑设计在西配楼西侧不同层设置了悬挑长度达3米的长悬挑结构，设计时充分考虑了上下层之间的协同工作，强调了施工和安装顺序，有效降低了构件内力，在悬挑钢梁生根锚固的做法上，采用植入化学锚栓和下部加型钢短腋的综合做法，保证了长悬挑钢梁生根受力的安全度要求。同时，在悬臂钢梁生根节点的上下范围，结合抗震要求，进行了节点的绕丝加固，也达到了提高节点可靠性的效果。

裙楼的梁板体系，由于使用功能变化较大，且增重较多，因而，进行了大面积的混凝土梁板的加固。采用的加固方法，梁主要是粘钢加固，楼板为粘贴碳纤维布和后浇叠合层及粘贴碳纤维布综合处理方式。

（四）其他

由于污水源热力泵等系统的改造，为充分利用原地下人防工程的有效空间，地下室墙体、梁板开洞、穿洞等的加强加固工作也较为丰富。由于主楼原设计及施工在下部结构的安全裕度较多，经对构件削弱后模型进行验算，构件可满足安全性要求，设计时对开洞周边进行了局部加固加强处理。

四、改造效果

京燕饭店经过节能装修的综合改造，建筑面积由原来的28000平方米，增加到34800平方米。建筑布局及功能划分趋于合理，结构也排除了一些安全隐患。节能系统的经济效益和社会效益也很显著，已经成为石景山区重要地标建筑之一（图9）。

图9 改造后京燕饭店外景图

（北京交通大学供稿，刘林执笔）

上海市绿城埃力生大厦改造工程

一、工程概况

本楼结构体系为框架剪力墙结构,平面整体近似呈矩形,东西向长约88米,南北向宽约28米,总建筑面积约为23400平方米。结构地上部分共15层,1~6层层高为4.5~4.9米,标准层层高3.6米,主要屋面高度59.9米。地下为两层,每层层高约3.3米,室内外高差接近1米。结构基础形式为桩筏基础,钻孔灌注桩直径650毫米,桩长32~34米,基础底板板厚1.4米。标准平面布置图见图1。

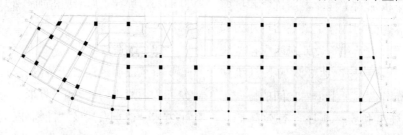

图1 标准平面布置图

二、改造目标

在不改变建筑使用性质和主要规划控制指标的前提下,对建筑功能进行调整,使之在功能配置上满足高档的甲级写字楼的标准,对建筑形体和立面进行改造,同时满足现行规范对建筑的抗震要求。

本次主要改造内容如下:

建筑功能改造:

表1

主要结构拆除区域	面积:m²	对应楼层
1~2轴交B~D轴原结构楼梯起步方向改变,原结构楼梯拆除	24.6	地下2层~15层
1/3~6轴交E~D轴原电梯移位,地下2层~6层电梯井(剪力墙)拆除;7层~15层楼板及梁拆除	62.6	
7~8轴交E~D轴原结构电梯井道尺寸加大需拆除、楼梯拆除	19.4+19.4	
1~2轴交B~D轴新增楼梯	24.6	地下2层~1层
1/3~6轴交E~D轴新增楼梯及电梯	62.6	地下1层~屋面
2~7轴交A~C轴原为自行车库改为厨房及餐厅	370	地下1层
2~6轴交E~D轴原为水池改为弱电控制室	40.3	
6~7轴交E~D轴原为配电闸改为机房	29.3	
8~9轴交E~D轴原为电缆机房改为超市	60	
8~14轴交F~D轴原为普通屋顶改为屋顶绿化	385.5	13层
B~F轴交2~8轴原为办公改为餐厅	360.7	15层

结构加固改造:

表2

主要结构新增区域	新增量	对应楼层
6轴交E轴原结构柱拆除	1根	地下2层
6-7轴交E~D轴原结构剪力墙拆除	7.8m	
3~8轴交B~C轴原结构楼板、梁拆除	246.9m²	2层
2~6-7轴交E~F轴原结构楼板、梁拆除（涉及1层~15层）	32.9m²	1层~15层
2~14轴交A~B轴原结构楼板、梁拆除（涉及1层~5层）	226.6m²	1层~5层
2轴交B~C轴原结构剪力墙拆除	7.8m	2层~15层
1/3~6轴交E~D轴原电梯移位，电梯井（剪力墙）拆除	62.6m²	屋面
7~8轴交E~D轴原结构电梯井道尺寸加大需拆除、楼梯拆除	19.4+19.4m²	屋面
8~14轴交B~D轴新增结构	442.3m²	14层
8~11轴交B~D轴新增结构	250m²	15层

改建后效果图见图2所示：

图2 建筑效果图

三、结构改造

（一）结构计算分析

1. 计算模型与程序

结构计算采用空间结构有限元分析软件SATWE，该程序是国内认可且应用比较广泛的软件之一。

2. 计算结果

结构分析采用三维空间建模，材料本构关系采用线弹性模型。地震作用时考虑质量偶然偏心对整体结构的不利影响，在计算中考虑了平、扭耦连效应。2层洞口周围设置为弹性楼板。

通过计算分析可知，结构存在以下两类问题需要进行加固：

（1）局部不规则

①扭转位移比最大值1.34，大于1.2，扭转不规则；

②结构在13层局部收进，收进后尺寸为相邻下层的61%，收进后该层的侧向刚度为下层楼层侧向刚度的77%（Y向），侧向刚度不规则；

③二层楼板因建筑需要开大洞，开洞后有效楼板宽度仅为典型楼板宽度的15%，楼板局部不连续。

（2）构件承载力不足

①部分主框架梁出现配筋不足，需要加固的幅度为100~2000mm²（钢筋截面）；

②部分次梁配筋不足，需要加固的幅度为100~2000mm²（钢筋截面）；

③部分板板底配筋不足，需要加固的幅度为100~2000mm²（钢筋截面）。

（二）改造措施

根据计算结果，从两个方面对结构进行加固改造：一是加强结构整体抗侧刚度，避免上下刚度突变过于剧烈；二是对承载力不足的构件采取加固措施，使其满足计算要求。具体有以下几种加固方法：

1. 结构体系加固

由于1轴和2轴剪力墙因建筑观景需要取消，该区域结构抗侧刚度削减较大，导致扭转位移比超限，每层均在1轴处增设防屈曲耗能支撑以强化该处抗扭强度。同时，针对13层以上屋面局部收进超限问题，亦可增设防屈曲耗能支撑加大上部收进层的抗侧刚度。防屈曲支撑的主要特点有：

（1）在小震作用下防屈曲耗能支撑的变形以弹性变形为主，不会发生屈服；

（2）中震大震作用下，在拉压作用下均可以达到全截面屈服，消耗地震能量；

（3）基于防屈曲耗能支撑的这一特点，在小震及风荷载作用下防屈曲支撑可以实现与普通支撑同样的效果，增加结构的刚度减小层间位移。在大震作用下防屈曲耗能支撑能够全截面进入屈服消耗能量。

抗震加固后的防屈曲耗能支撑平面布置图见图3：

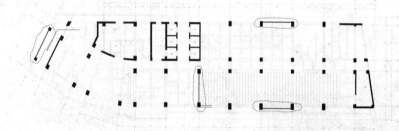

图3 抗震加固防屈曲耗能支撑平面布置图

图4 防屈曲耗能支撑现场施工图

2. 结构构件加固

（1）梁加固

针对主次梁承载力不足的情况，根据梁不同的受力状况可采用不同的加固措施。

①受弯构件正截面加固计算钢筋混凝土结构构件加固后，其正截面受弯承载力的提

高幅度不超过40%，可采用碳纤维加固：

a)对钢筋混凝土受弯构件正截面弯矩区进行正截面加固时，其受拉面沿轴向粘贴的纤维复合材应延伸至支座边缘，且应在纤维复合材的端部（包括阶段处）及集中荷载作用点的两侧，设置纤维复合材的U型箍（对梁）；

b)采用纤维复合材对受弯构件负弯矩区进行正截面承载力加固时：支座处无障碍时，纤维复合材应在负弯矩包络图范围内连续粘贴；其延伸长度的截断点应位于正弯矩区，且距负弯矩转换点不应小于1m；支座处虽有障碍，但梁上有现浇板，且允许绕过柱位时，宜在梁侧4倍板厚hb范围内，将纤维复合材料粘贴于板面上；

c)当梁的高度h≥600mm时，应在梁的腰部增设一道纵向腰压条。

做法详见图5：

图5

图6 梁碳纤维加固现场施工图

②梁正截面受弯承载力的提高幅度未超过40%，但若采用碳纤维材料，其强度利用系数过低或粘贴层数过多，不经济，从而对此类情况采用粘贴钢板加固。

做法详见图7：

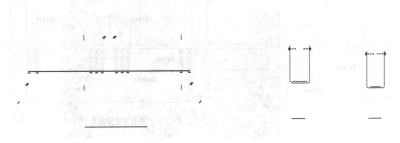

图7

图8 梁粘钢加固现场施工图

③梁正截面受弯承载力的提高幅度超过40%，在满足建筑使用功能的前提下，可选择常规的加固方案——加大截面加固。相关节点做法如图9、图10：

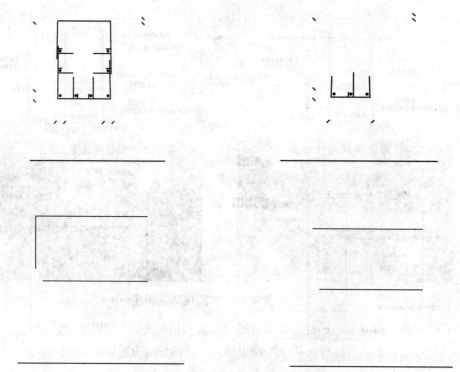

图9

图10 梁底/侧加大截面现场施工图

（2）板加固

①板面叠合层加固：通过对原结构楼板计算结果的核对和分析，计算楼板支座处钢筋远大于原结构板支座处配筋（>40%），采用板面叠合层加固方式。

相关节点做法如图11：

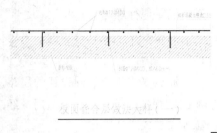

图11

②板底碳纤维加固：典型加固做法如下图12。

图12 典型板底加固示意图

四、改造效果分析

通过结构体系加固改造，结构在多遇地震下最大层间位移比由1.34降低到1.19，提升了结构整体抗震性能，从而减小结构局部不规则带来的不利影响，使得结构具有良好的抗震性能，满足现行规范的要求。具体见表3。

加固前后最大层间位移比对比　　　　　表3

	加固前				加固后			
	Y向 地震	Y双向地震	Y-5% 地震	Y+5%地震	Y向 地震	Y双向地震	Y-5% 地震	Y+5%地震
楼层	14	3	3	5	--	--	--	--
Ratio-(X)	1.22	1.24	1.29	1.2	--	--	--	--
Ratio-Dx	1.26	1.30	1.34	1.22	--	--	--	--
楼层	--	--	--	--	14	3	5	3
Ratio-(Y)	--	--	--	--	1.03	1.13	1.18	1.19
Ratio-Dy	--	--	--	--	1.07	1.17	1.18	1.18

注：Ratio-(Y)：最大位移与层平均位移的比值

Ratio-Dy：最大层间位移与平均层间位移的比值

由于整个建筑功能的调整，结构荷载发生较大的变化，对原承载力不足的结构构件进行加固改造后，满足极限承载力和正常使用承载力要求。

五、总结

根据该项目的实际情况及现有改造条件资料，本次改造设计方案采用了组合加固设计的思路，对本次采用改造方案做简单总结如下：

1. 增设防屈曲耗能支撑：采用在柱间设置防屈曲耗能支撑，加大结构抗侧刚度，提高抗震性能；

2. 碳纤维加固结构构件：碳纤维加固有着自重小、施工快、性价比高等优点；

3. 粘贴钢板加固结构构件：由于部分结构构件采用碳纤维加固，粘贴的碳纤维层数较多，加固效果提高有限，也不经济；故对部分采用粘贴钢板加固，实现经济合理；

4. 加大截面加固结构构件：采用传统的加大截面方式，技术成熟，质量可靠，加高截面高度能满足建筑使用功能的需求，作为本次主要结构构件加固的方案之一；

5. 板面叠合层加固：采用板面叠合层加固楼板，能有效解决楼面支座钢筋不足的问题，满足现行规范的要求；

6. 板底粘贴碳纤维加固：采用板底粘贴碳纤维加固，满足现行规范要求；

通过采用组合加固设计的思路，使结构加固做到技术可靠、安全适用、经济合理、确保质量这一总原则。

（上海维固工程实业有限公司供稿，陈明中、黄坤耀、马建民等执笔）

河北师范大学北院供热系统节能改造工程

一、工程概况

河北师范大学北院占地面积约12.75万平方米，有图书馆、学生公寓、办公楼、食堂等地上建筑32栋，总建筑面积约20万平方米。该校数学、物理、化学、地理以及体育等五个学院的教学楼和办公楼等建筑建于20世纪60年代，图书馆等其他建筑建于20世纪90年代。院内设有独立热力站，热源为高温蒸汽，通过站内的汽水换热站向建筑内部供应热量，建筑采暖方式为散热器采暖。

二、改造目标

（一）项目改造背景

为了降低供暖系统能耗，大力推进和执行国家节能减排方针，对河北师范大学北院供热系统进行节能改造。

（二）项目改造目标

改造尽量在原有供暖系统形式的基础上进行，主要是为了实现以下目标：

（1）热力站装设自动控制装置，实现温度和耗气量的自动调节，在满足供热需求的情况下实现最大限度的节能。

（2）增设静态水力平衡阀或自立式流量控制阀，实现庭院管网的水力热力平衡。

（3）分时分温控制，在各建筑入口增设公共建筑节能控制器，按照公共建筑用热规律供热，最大限度地实现节能。

（三）项目改造技术特点

对于办公楼、学校等公共建筑，由于其供热时间不同于住宅，一般只在白天需要供热，晚上无人时只需要保证管道内水不结冻，保证值班温度（一般为5℃～8℃）即可，针对这种公共建筑应该采取分时段分区域控制，在每个公共建筑热力入口处加装公共建筑节能器，实行分时段供暖模式。这样在具有连续采暖用户和分时段采暖用户的混合用户系统中，既保证连续采暖用户正常供热，又针对公共建筑采取分地区、分时段的独立管理，从而大大降低了能耗。

三、改造技术

（一）热力站改造技术

热力站内一次网安装蒸汽温度、压力、流量等计量装置以及调节阀门，二次网供回水管道上安装压差控制器、温度传感器。总热量表具有数据远传功能，上述设备控制采用换热站DDC自动控制装置集中调控。实现总热量计量、耗热量监测、系统变流量运行、自动优化调节，实现最大节约热量和减少电耗。

（二）二次网改造技术

对整个校区管网进行测试和水力热力模拟分析，根据测试和分析结果进行初调节。根据系统平衡和调节的需要，在每个热力入口安装静态水力平衡阀或自立式流量控制阀。

（三）分时分温节能控制改造技术

1. 改造原理

在高校的供热管网中，针对整个楼宇中

各热用户用热需求基本相同的特点,以楼宇为单位作为热网中的热用户,通过调节智能区域供热控制器来满足不同楼宇的用热需求。其节能原理是在建筑物不供热阶段,通过控制由电动调节阀调节楼栋内供水流量,以降低流量运行,减少热量消耗,以达到节能的目的。同时在换热站处根据供水压力变化来调节循环水泵的频率,以满足不同时段不同室温的供热要求。系统节能控制装置示意图见图1。

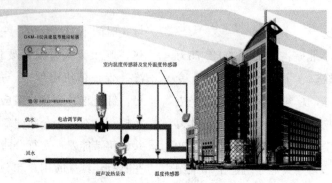

图1 公共建筑节能改造控制装置示意图

公共建筑热计量控制柜:采集现场数据,本地或远程自动控制,并同时将数据通过GPRS无线网络传递到监控中心,并可以接受来自监控中心的控制信号。

热计量表:安装在楼栋供(回)水管道上,通过控制柜将数据远传至监控中心。

电动调节阀:安装在楼栋入口的供(回)水管道上,接收来控制柜的指令,调节电动调节阀的开度,从而实现流量调节达到控制楼栋温度的功能。

水流温度变送器:安装在楼栋入口的回水管道上,实时监测回水温度,防止温度过低影响供热安全。

室内温度采集:为了检测供暖的真实情况,保证采暖用户的利益,进行多个采集点无线温度采集信号,为供暖企业提供可靠的数据依据,减少能源浪费。针对个别房间有开门或开窗的情况,温度的最低点不易确定,必须找到能代表该楼栋温度最低值,因此设多路室温采集点,并且与控制器进行无线传输。在一栋楼的楼顶端部位置、楼顶中间位置、楼端中间位置、楼中位置、楼底端部位置以及楼底中间位置等多个典型位置设置温度测点,这样比较接近整栋楼的实际供暖情况。对多个测量点的温度采集信号进行比较,将比较出来的最小值作为最低室温控制值。温度测量仪表放置在住户的中间位置房间且不允许靠近暖气或窗户,固定在高于地面1.5米的墙壁上。

2. 实现远程监控

(1) 数据采集并远传:对管道供回水温度、瞬时热量、累积热量、瞬时流量、累积流量、当前时间、供回水温差以及阀门开度进行采集,并将数据远传至监控中心。

(2) 控制模式:分为阀门开度控制、回水温度控制两种模式,假期工作在防冻模式。

(3) 报警功能:将现场采集的数据通过GPRS无线网络上传至监控中心,监控中心通过数据分析,将对有问题的数据进行声音报警,并给主要运行人员发送短信通知报警,如通讯失败、回水温度过低等。

(4)远程访问:授权用户可通过Web IE浏览器在任何可以上网的地方或者通过手机登录访问监控中心网页,随时掌握数据并进行调控。

(5)故障保护:阀门执行器以及热表可通过公共建筑热计量控制柜检测故障,并在发生故障时开启阀门保证正常供暖。

公共建筑能耗巨大,普遍缺乏控制手段。从按需采暖的角度来看,公共建筑有明显的时间区段需求,上班时间需要正常供热,下班时间、特别是夜间只需要维持值班采暖,防冻运行即可。因此,公共建筑节能的技术手段是分时分温控制。改造后的系统实现远程监控,具体监控图见图2和图3。

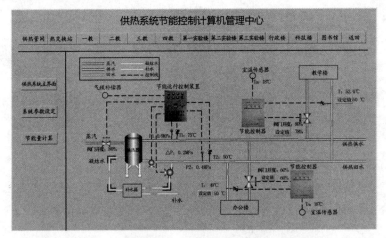

图2 公共建筑供热系统节能远程动态监控

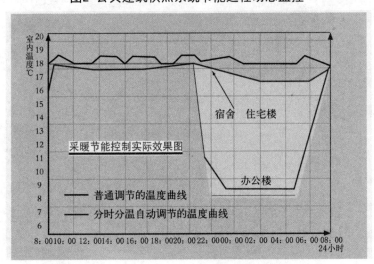

图3 系统实现分时分温控制后室温变化

四、改造经济性分析

对河北科技大学北院供热系统进行节能改造,实现了热力站自动控制,缓解了二次管网的水力热力失调,同时实现了办公楼、教学楼等学校建筑的分时分温控制,取得了较好的节能效果。同时远程监控技术的使用使供热系统的运行管理更科学、迅速。由于实现分时分温控制以及减少了输送和分配损失，每年节约蒸汽量约9000t，直接经济效益142.97万元。整个系统改造完成并通过几个采暖季的实际运行，取得了较好的社会效益、经济效益以及环保效益。

（河北工业大学供稿，孙春华、杨宾执笔）

上海某四星级酒店空调及热水系统节能改造

一、工程概况

上海某四星级酒店于1988年8月竣工投入使用,建筑共4层,地上3层,地下一层,建筑地面高度为10米。建筑总面积为2.06万平方米,客房总面积1.1万平方米,共有客房212间,床位数324,2010年客房入住率为72%。裙楼区域1层,区域面积为379平方米,用于办公、变配电。车库位于地下室,室内车库面积约为577平方米,空调主机设备及输配系统位于地下一层,面积约为500平方米。

图1 酒店原有离心式制冷机

(一)能源消耗状况

酒店所用能源主要为电、天然气、柴油,其中天然气主要用于厨房及餐饮,柴油主要用于生活热水及空调取暖。自2009年起,酒店能源支出费用呈逐渐升高趋势。2009～2011年建筑总能耗分别为1256tce、1242tce和1203tce(采用电折算系数0.3kgce/kWh,柴油折算系数1.4572kgce/kg)

图2 酒店原有水泵图

(二)现有设备系统概况

酒店冷源为2台300RT约克离心式制冷机(一用一备),采暖及生活热水使用2台1.4MW燃油热水锅炉。冷冻水设定出水温度7℃～9℃,采暖热水出水温度40℃～45℃。空调输配系统为二次泵系统,共有3台一次冷冻水泵,4台二次冷冻水泵,采暖输送泵为3台,所有水泵均为变频。裙楼楼顶装有冷却塔2台,风机总功率为22kW,风机未变频。

图3 酒店原有燃油锅炉

图4 酒店原有冷却塔

设备详细参数见表1、表2。

空调冷热源设备性能参数表　　表1

名　称	台数	额定制冷（热）量	额定功率(kW)
离心式制冷机	2	300（Rt）	235.6
柴油热水锅炉	2	1.4（MW）	——

空调系统水泵参数表　　表2

名　称	台数	扬程(m)	单台流量(m^3/h)	功率(kW)	变频与否
一次泵	3	26	85	15	否
二次泵	4	43	90	22	否
冷却泵	3	28.6	285	37	否
热水泵	3	26	85	15	否

（三）设备运行状况

2011年7~9月对酒店空调系统进行了测试，经测试，空调供回水温差基本上处于2℃左右，离心机的负荷率基本处于50%~85%。

空调冷冻水循环系统原采用二次泵系统，但检测到一次泵功耗极低，二次泵为满负荷运行。

热水供应情况经过检测，平均日热水供应量达到70.5吨，最高日供热水86.8吨；1小时最高供应量为8.4吨，连续2小时最高供应量超过15吨。

二、建筑能耗分析

以2010年为例，各类能源消耗比例分析见图5。

从图中可见，电力消耗占建筑总能耗的71.4%；天然气消耗量占3.5%，主要用于厨房餐饮；柴油占25.1%，主要用于生活热水及冬季空调。

由星级饭店建筑合理用能指南知四星级酒店可比单位面积综合能耗合理值为64(kgce/m^2·a)，先进值为48(kgce/m^2·a)。计算该酒店2010年单位建筑面积年综合能耗值为60kgce/(m^2·a)，经过修正得到单位建筑面积年综合能耗为50.8kgce/(m^2·a)，符合合理值要求，但与先进值还有6%差距。

对2010年酒店用能数据进行拆分，将生活热水归入生活用能，餐饮归入特殊用能，生活水泵及排风归入动力用能，办公设备、插座及特殊用电等归入其他项。拆分后2010年酒店用能比例如图6。

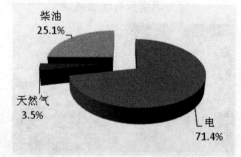

图5　2010年各类能源消耗比例图

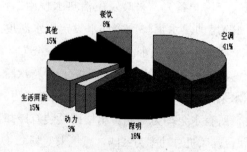

图6　2010年能耗拆分比例图

由上图可以看出，空调及生活用能等方面所占能耗比例较大，着重对空调及生活用能系统节能潜力进行分析。

三、节能潜力分析

（一）冷机节能潜力

原有离心式制冷机组使用已有23年，设备老化严重，制冷效率低下；且由于水垢的存在会直接降低热交换率和制冷量，长期运行积累水垢达0.3mm厚就会导致热交换损失21%，耗能增加10%。

（二）水泵节能潜力

测试的冷冻水供回水温差仅为2℃，较小的温差必然伴随着较大的冷冻水流量，从而导致冷冻水泵电耗增加，冷冻水输送系数降低。调查酒店水泵逐月电耗发现水泵用电量占空调总用能的19%，冷冻及冷却水泵总电量约为制冷机用电量的50%，水泵耗能较大，并且酒店一次泵功耗极低，二次泵为满负荷运行。

（三）热源节能潜力

酒店生活热水及空调的热源均为柴油热水锅炉，使用柴油不仅造成环境污染，随着柴油单价的逐年升高，还导致酒店能耗费用不断增加。

四、改造方案

（一）改造原则

1. 在空调系统改造时宾馆不停业；
2. 本次改造范围包含空调、生活热水系统以及相关智能集成改造；
3. 在满足正常使用要求的情况下，尽可能降低改造费用；
4. 降低空调及生活热水系统的运行能耗和管理费用。

（二）改造思路

1. 置换空调系统冷热源。废除原有的冷水机组，更换成热源塔空调系统，采用三台螺杆压缩机组，其中一台带全热回收。全面解决夏季制冷和冬季采暖，同时完成生活热水制造，带热回收的机组在夏季制冷期回收热量免费提供生活热水。

图7 热源塔螺杆热泵机组

2. 在原热水机房，逐步拆除两台热水包，改建成机房，安装3台螺杆机组和12台水泵。
3. 新增生活热水水箱2个，安装在"戊部"屋顶。

图8 新增生活热水箱

4. 在"戊部"屋顶用热源塔替换原有的冷却塔。

图9 新增热源塔

5.采用新型高效水泵，系统改为一次泵系统，同时采用高效的变频水泵。

图10 更换后水泵组

6.经改造后，酒店原有的柴油锅炉可留作备用，并且空调、热水系统智能控制，实现最低能耗经济运行。

（三）方案特色

1.将既有主机、冷却塔及燃油热水锅炉全部置换成热源塔热泵系统，该系统可以实现制冷、采暖及生活热水三联供，适用于我国长江中下游以南地区，夏季运行能效比EER可在5.2～6.2，比传统技术节能达35%；冬季供热工况性能系数COP可高达7.15，并且该系统构成简单、运行操作方便、噪声很小，在提高酒店服务质量的同时有效节能。

2.本次设备配置依据夏季冷负荷特点，优化配置设备，使其运行更灵活、更节能。

3.配置的热回收机组，在夏季回收热量供生活热水使用，达到余热回收，既体现了酒店节能改造的成果，又节省了夏季热水能耗。

4.随着能源的短缺，柴油价格将不断上涨，本方案中使用电制热水系统替换掉原有的柴油锅炉制热水系统，既提高了设备效率，又降低了逐年因柴油涨价而带来的能源费用支出。

5.改造后，酒店的能源品种由原来的电、燃气、柴油变为电、燃气，电的比例增大，如电力能够申请到峰、谷、平电价，则电力费用支出还将更低。

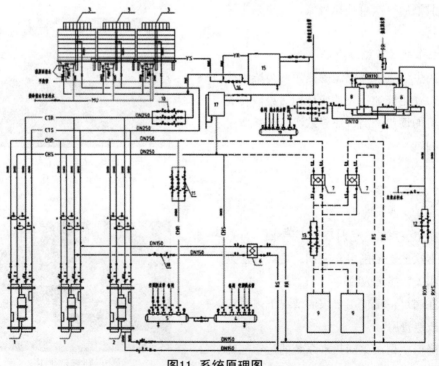

图11 系统原理图

（四）具体改造内容

1. 原2台300RT离心制冷机置换为3台150RT热源塔螺杆热泵机组，能效提高，系统运行更灵活。

2. 原二次泵系统变为一次泵系统，降低泵耗，变频更节能。

3. 为新系统增加中央空调冷却水系统自动清洗节能系统，可提高空调系统冷凝器的热交换效率，延长机组使用寿命，其节能率可达到制冷机组运行全年耗能的10%以上。

4. 原燃油锅炉停用，仅作备用设备。

5. 原冷却塔更换为热源塔，为热源塔主机提供冷源、热源。

6. 增设系统群控，进一步降低能耗。

改造后系统原理图如图11，实线部分为新增系统，虚线连接为原系统。

改造后能源塔主机运行模式见表3。

能源塔主机运行模式表　　　　　　　　　　表3

机型	模式	模式名称	方式及保护条件
常规机型	1	夏季制冷模式(供冷)	蒸发4℃，冷凝40℃
	2	冬季制热模式(采暖)	蒸发-15℃，冷凝45℃
	3	冬季制热模式(热水)	蒸发-15℃，冷凝55℃，外置板交
	4	过渡季节模式(热水)	蒸发4℃，冷凝温度55℃，外置板交
全热回收机型	1	夏季制冷模式(供冷，免费制热水)	蒸发4℃，冷凝40℃/55℃
	2	冬季制热模式(热水和采暖模式切换)	完成热水转供暖，蒸发-15℃，冷凝40℃/55℃
	3	过渡季节模式(单做热水)	蒸发温度4℃，冷凝温度55℃

五、改造经济性分析

（一）节省费用计算

改造后，柴油锅炉不再使用，全年的柴油费用将全部节省下来，而风冷热泵在冬季的运行及空气源热泵热水器的全年运行将增加酒店的用电量。因此增加的电费与减少的柴油费用的差值即为全年节省费用。

节能计算中，柴油用量按年平均用量200吨；柴油价格考虑2011年平均价格8500元/吨；电价采用酒店现行电价1.05元/kWh。

全年节省费用汇总表　　　表4

项目	热源塔系统
改造后增加电费（万元/年）	56
改造后减少油费（万元/年）	170
改造后节省费用（万元/年）	114
改造后节费率%（400万元计）	约28.5

（二）节能量计算

本项目改造后，酒店全年节能量计算见表5。

全年节能量汇总表　　　表5

项目	热源塔系统
改造后增加标煤（tce/年）	174.6
改造后减少标煤（tce/年）	311.6
改造后节省标煤（tce/年）	137.0
相对于2010年节能率	11.6%

注：电折算系数0.3kgce/kWh；柴油折算系数1.4572kgce/kg；2、2010年全年能耗1180tce（采用电折算系数0.3kgce/kWh）。

六、项目总结

本项目为上海某四星级酒店空调及生活热水系统改造项目，在项目实施过程中，总结出做节能改造项目应做到以下几点：

1. 出具合理的改造方案。

基于能源审计报告、设备运行记录，通过现场调研及相关测试，考量运行稳定性、节能量及费用等综合因素，选取最合适的节能方案。

2. 保持技术（产品）的先进性。

（1）本项目采用能源塔系统，集供冷、供热及生活热水于一体；

（2）空调及热水系统采用自动控制；

（3）采用了多通道脉冲循环水处理装置。

3. 提升项目的可复制性。

（1）设备运行时间达10年以上，部分设备老化衰减现象严重——更新型节能设备；

（2）空调及热水系统无自动控制系统——增加自动控制系统。

现今酒店能源浪费现象普遍存在，节能改造势在必行。在不影响酒店正常营业的前提下进行节能改造，此项目方案可提供一定的可复制性。

（上海市建筑科学研究院（集团）有限公司供稿，徐亚宏、马克华执笔）

深圳国际人才大厦节能改造工程

一、工程概况

国际人才大厦位于深圳市中心区福中路，是深圳市人事局对深圳市公务员、专业技术人员和管理人员的综合培训基地。该建筑于1995年建成并投入使用，总建筑面积20599.6平方米，地下2层，地上25层，地下为设备用房及车库，地上为办公、培训、餐饮、酒店（15～25层）等。

由于该大厦正在改造实施过程中，本文重点针对节能诊断、改造方案以及预期的经济和环境效益进行介绍。

二、改造背景与目标

（一）改造背景

1. 空调系统

（1）系统形式

大厦中央空调系统设计冷源为3台300RT螺杆式水冷冷水机组，冷冻水为一次泵系统，设计供回水温度为7℃～12℃，设有4台冷冻水泵（一台备用）。空调冷却水系统设有冷却水泵4台（一台备用），圆形逆流玻璃钢冷却塔3台。冷水机组、冷冻及冷却水泵设在地下二层冷水机房内，冷却塔设置在顶层屋面。大厦空调末端系统为风机盘管加新风系统和局部全空气系统。

（2）系统能耗

2010～2012年冷源系统能耗分配比例如下图所示，其中，空调水泵（含冷冻及冷却水泵）能耗占冷源系统能耗的16%～18%，冷机能耗占冷源系统能耗的82%～84%，远高出冷机能耗占冷源系统能耗合理值（51%～63%），说明本建筑冷机能耗较高。

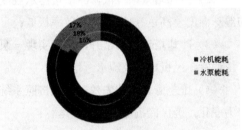

图1 冷机水泵能耗比例

2010～2012年冷机、空调水泵（含冷冻及冷却水泵）逐月能耗如下图所示。

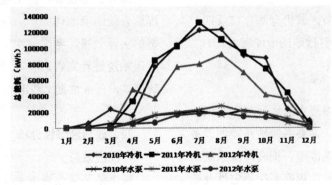

图2 冷机水泵能耗变化趋势图

2.照明系统

人才大厦自用的3~14层办公室及公共区域多采用T5、T8光管，照明灯具1796盏，计算年能耗为5.1万kwh。

（二）改造目标

通过项目的空调系统和照明系统改造，使得建筑运行能耗有效的降低，达到节约能源，减少成本，降低CO_2排放量的目的。

三、改造技术

（一）诊断问题

1.空调系统

通过对人才大厦建筑用能系统的调研测试、诊断分析，空调冷源系统主要问题如下：

（1）冷机COP过低，满载电流下，机组实际冷冻侧制冷出力仅为59%；

（2）冷却塔效率过低，冷却塔出水温度与湿球温度差高达9.1度，换热效率极低；

（3）冷却塔进水阀常开，不能实现一泵一塔运行，风机电耗及漂水量增大；

（4）压差旁通阀的失效，不能按照系统阻力变化，确保冷机定流量安全运行；

（5）冷冻水及冷却水温差较低，冷冻水3.5度，冷却水3度，空调水泵运行在大流量，小温差工况。

2.照明系统

人才大厦被诊断区域仍有部分T5及T8荧光灯，具有进行LED灯改造的节能潜力。

（二）改造方案

1.空调系统

人才大厦冷源系统实际运行效率较低，存在较大节能空间。需要系统地对冷源设备及系统管路进行节能改造，提高冷源系统的综合效率，降低能耗，提高系统稳定性及安全性。同时，针对冷机效率过低、冷却塔换热能力差、冷却塔进水阀及压差旁通阀失效等问题，考虑改造方案如下：

（1）更换冷水机组1台，满足1级能效标准，COP>5.5；

（2）更换冷却塔2台，满足CTI标准，额定冷却水量250t/h；

（3）维修压差旁通阀，调试旁通管路；更换冷却塔进水电动阀。

由于人才大厦建设时间较早（1994年），未配备完善的楼宇监测及控制系统，各楼宇系统主要靠设备自身控制系统及运行人员根据运行参数和运行经验手动控制，完成系统启停、设备切换、温度设定、故障检查等项操作，基本满足日常运行及功能要求。本改造方案仅从系统运行安全角度，进行局部的改造，以满足基本的节能运行要求。

2.照明系统

通过测试及分析，人才大厦被诊断区域照明系统功率密度存在节能空间，考虑进行LED灯具改造，保持现有照度的情况下，降低照明能耗。

3.建筑能耗在线实时监测系统

人才大厦属于深圳市大型公共建筑建筑能耗在线实时监测系统成员建筑，且已经安装了部分监测设备，但未能正常使用。为发挥该系统的监测优势，验证本次节能改造方案的实际效果，考虑此次节能改造过程中，对该系统进行完善，补齐测量仪表，完成系统调试，保证数据上线准确。

四、改造经济性分析

1.经济效益

按上述节能改造方案计算，人才大厦全

年建筑能耗可节省27.1万度，年节省电费27.1万元。详见下表：

节能改造潜力预测　　表1

序号	系统或设备	节约电耗（kWh）	年节省费用（万元）
1	空调系统	241408	24.1
2	照明	28711	2.9
3	合计	271067	27.1

本节能改造建议方案预算投资172.44万元，按上表年节能量计算，投资回收期为6.36年。

按基准能耗计算，本节能改造方案的建筑能耗节能率为14.9%，节能改造折算面积为15.4万平方米，按政策规定，可获得政府对公共建筑节能改造的财政补贴约64.5万元。综合考虑财政补贴后计算，本节能改造方案的投资回收期为4年，效益较好。

考虑到能源价格的总体上涨趋势，所节省的实际运行费用将高于计算值。同时，随着能耗限额标准及相关政策的出台，本项目节省的低于能耗限额部分的能耗，可到碳交易市场参与碳交易以获得更多收益，节能改造带来的效益将更加显著。

2.环境效益

通过本项目的建筑节能改造，每年可节电27.1万度，折合标煤88.9吨，减排CO_2 223吨，具有较好的环境效益。

（深圳市建筑科学研究院有限公司供稿，张欢、刘刚、罗春燕执笔）

上海市小东门社区医院改造工程

一、工程概况

本建筑原为建光中学教学楼,位于上海市黄浦区光启南路225号(原阜民路22号),靠近中华路,房屋建筑约4110平方米。建筑原为四层砖混结构(1963年8月建造),平面形状近似L形,房屋东西向长44.04米,南北向西侧33.54米,东侧为21.09米。在房屋的西中部和中东部设置有楼梯间。房屋底层为传达室和教室,3~4层为教室、办公室和实验室。房屋底层至四层层高均为3.5米,女儿墙高0.75米,室内外高差0.45米,女儿墙顶至室外地坪总高度为15.2米。

本建筑于1994年进行加层改造,将原四层改造为五层,改造后总高为17.5米,具体为:

1. 将原房屋外墙基础加固扩大,并紧贴外墙在加固过的基础上新做钢筋混凝土柱一直到三层顶,新做混凝土柱与原外墙间每隔一定距离用钢筋连接。

2. 将原房屋四层拆除,重新做四层和五层梁、柱等构件,并与从底层伸上来的新增混凝土柱连成框架结构。

本次按建设单位要求改造成街道社区卫生服务中心,原建筑基本完好,无明显的结构安全隐患,结构构件无明显破坏。

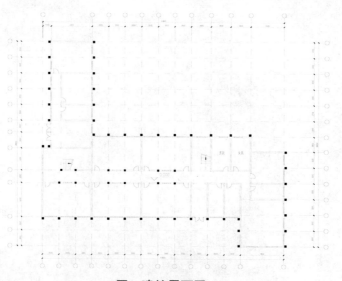

图1 建筑平面图

二、改造目标

由于本建筑位于闹市区,拆除重建不符合规划部门的要求,所以本次改造需在基本保留原有结构的原则上进行。

本次主要改造内容如下:

(一)建筑功能改造

1. 新增电梯;
2. 新增管道井;
3. 拆除承重墙体;
4. 新增阳台
5. 楼面改变使用功能;
6. 其他改造。

(二)结构加固改造

1. 抗震能力分析

(1) 原大楼未进行抗震设防设计;

(2) 结构平面呈"L"形,形状不规则,不满足规范抗震概念设计要求;

(3) 1~3层为砌体结构,4~5层为框架结构,结构体系混乱,不满足设计规范的要求;

(4) 梁、柱混凝土强度、砌块和砌筑砂浆强度均不满足《建筑抗震设计规范》(GB50011-2001)的最低要求,但满足《现有建筑抗震鉴定与加固规程》中一级抗震鉴定的要求;

(5) 楼梯间四角未设置构造柱,墙顶未设置圈梁,不满足抗震规范的要求,本次改造楼梯拆除重建,重建楼梯均在四角设置构造柱;

(6) 梁、柱配筋不满足抗震规范的构造要求,但作为构造柱满足相应截面和配筋的要求。

2. 房屋抗震验算

(1) 1~4层部分外墙抗震承载力不满足规范要求;

(2) 1~4层许多墙体不满足受压承载力要求;

(3) 4~5层框架结构,纵向钢筋小于计算值,箍筋Φ6@200,不满足抗震规范构造的要求。

三、改造设计

(一)建筑改造

根据建筑提供方案本次改造主要涉及楼梯间位置改变、新增电梯2台、入口形成大厅、改变使用功能,拆除承重墙体等改造。

1. 楼梯位置改变、新增电梯

新增楼梯间墙体、电梯墙体采用M10混合砂浆砌筑Mu10承重多孔砖,四角增设构造柱,增强整体性。与原有墙体连接采用构造筑过度。做法如下:

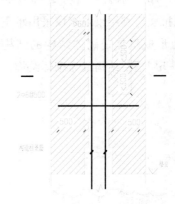

图2 马牙槎示意图

2. 底层入口形成大厅

需拆除该区域内的承重墙,改变荷载传递方式。做法如下:

屋顶层拆除区域内的填充墙(原为框架结构);

五层:拆除五层预制板→拆除四层墙体→重新布置五层梁、楼板;

如此往下,直至一层墙体拆除。

3. 卫生间等处需采取降板做法

针对卫生间等处需做降板的问题,对于需做降板处理的位置,根据原预制楼板搁置方向,进行合理拆除,并重新现浇楼板,以满足建筑防水的要求。

（二）结构体系改造

1. 平面不规则

由于原有建筑为"L"型，K～Q轴外伸长度超过《建筑抗震设计规范》规则形状的长度，容易产生扭转效应，根据建筑的实际情况，墙体加固时在K～N轴所有横墙进行加强，从基础到顶全面加固。同时该部分原有预制板楼面改造后为现浇板楼面，从而使该部分结构整体抗震性得到增强。

2. 结构体系改造为砌体结构

原结构1～3层为砖混结构，4～5层为框架结构（依抗震检测结果填充墙采用承重多孔砖），为形成整体是砌体结构的结构体系，将原4～5层框架结构改为砌体结构，具体如下述：

（1）4～5层改为砌体结构

4～5层填充墙采用M5.5砂浆砌筑承重多孔砖，纵横墙位置和1～3层承重墙位置基本对齐，其承载能力、砌筑材料、墙身砌筑方法可以满足砌体结构的要求，但墙与梁、柱的连接做法不符合砌体结构要求，故本次重点对墙与梁、柱的连接做法进行改造。将原有框架梁、柱作为改造后砌体的圈梁、构造柱。为增加结构的整体性对砖墙与混凝土梁、柱连接进行整体加固。

4～5层墙与原有框架梁底连接做法：将原有墙顶斜砖拆除，先用30毫米厚水泥砂浆抹平，再用具有微膨胀灌浆料填实，将填充墙改为能有效地承受水平荷载和竖向荷载的承重墙体。

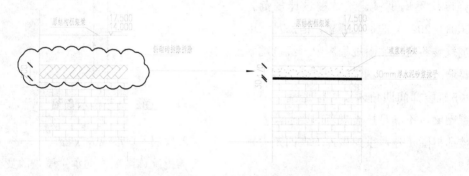

图3 原结构墙体与原结构梁构造样

图4 墙体与楼板连接

4～5层墙与原有框架柱的连接做法：4～5层墙与原有框架柱原有连接做法不满足砌体结构的连接要求，本次改造采用聚合物砂浆钢筋网把墙与框架柱有效的连接为一个整体。做法如下：

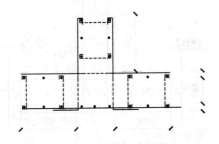

图5 框架柱改为构造柱

（2）1～3层砌体结构加固改造

1～3墙体未设置圈梁，构柱设置不满足《建筑抗震设计规范》的规定，本次改造结合墙体加固，作如下处理。

1～3层由于原结构未设置圈梁，应对原结构进行增设圈梁，圈梁将结合墙体加固进行设置。做法如下：

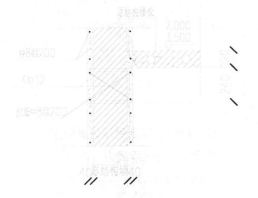

图6 2层、3层圈梁做法

1～3墙体构柱设置不满足《建筑抗震设计规范》的规定，对需设构造柱的位置增设构造柱，将结合墙体加固。构造柱做法如下：

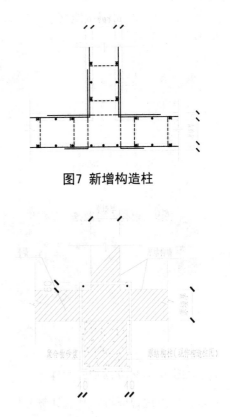

图7 新增构造柱

图8 外墙构造柱加强

（三）结构构件加固

1.墙加固

采用钢筋网-聚合物砂浆进行墙体加固处理，可以显著增强墙体的竖向承载能力和抗剪承载力：

聚合物砂浆：

（1）抗压强度高，抗折及抗拉强度比普通砂浆有明显提高；强度可以达到M20以上。

（2）与普通砂浆相比，密实性显著提高，抗渗效果是普通砂浆的1.5倍，能对钢筋形成有效的保护。

（3）粘结性好，通过界面剂与原结构构件粘结，与混凝土粘结强度超过2.5Mpa。

（4）收缩小，抗开裂性能好。

做法如下：

图9 墙体加固做法

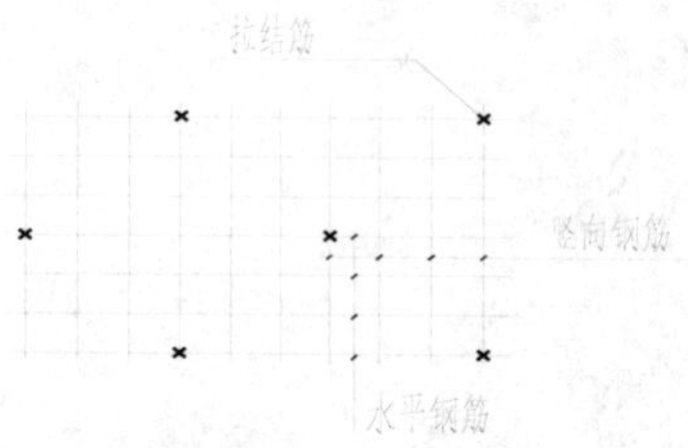

图10 墙体立面加固大样

对墙体加固进行分析具体的计算分析如下：

已知：选取1米长单元，墙厚240毫米，两侧加厚40毫米（采用喷射聚合物砂浆，砂浆强度为M20），配筋率为0.2%，采用HRB235级钢筋。

①轴心受压承载力提高计算

加固前结构砌体受压承载力：

$H_0 = 3500mm$，$h = 240mm$，$\gamma_\beta = 1.0$，

$\beta = \gamma_\beta \dfrac{H_0}{h} = 1.0 \times \dfrac{3500}{240} = 14.6$

查表D.0.1-1（GB50003-2001）得：$\varphi = 0.76$

$N_0 = \varphi f A = 0.76 \times 1.5 \times 1000 \times 240 = 273.6 kN$

加固后结构砌体受压承载力：

$H_0 = 3500mm$，$h = 340mm$，$\gamma_\beta = 1.0$，

$\beta = \gamma_\beta \dfrac{H_0}{h} = 1.0 \times \dfrac{3500}{340} = 10.3$

查表8.2.3（GB50003-2001），得：$\varphi_{com} = 0.9$

$N = \varphi_{com}(fA + \phi f_c A_c + \eta_s f'_y A'_s)$
$= 0.9 \times (1.5 \times 1000 \times 240 + 0.9 \times 9.6 \times 1000 \times 100)$
$= 1101.6 kN$

（安全考虑此处未计算受压钢筋的受压提高值 $\eta_s f'_y A'_s$ ）

ϕ为加固折减系数，取0.9

提高率 $\iota = \dfrac{N - N_0}{N_0} \times 100\% = \dfrac{1101.6 - 274}{274} \times 100\% = 302\%$

根据计算结果，最小抗力比为0.56，经采用聚合物砂浆加固墙体后可提高至2.24>1。

②抗剪承载力提高计算

部分墙体抗剪承载力不满足，需进行配筋验算，现采用配筋量 Φ8@200，即层高范围内所配水平钢筋为 $3500/1000 \times 503 = 1760 mm^2$，大于计算结果所需配筋量。

③局部受压提高计算

加固前局部受压承载力：

$A_0 = (b + 2h)h = (240 + 2 \times 240) \times 240 = 172800$；

$A_{l0} = bh = 240 \times 240 = 57600$；

$\gamma = 1 + 0.35\sqrt{\dfrac{A_0}{A_{l0}} - 1} = 1 + 0.35\sqrt{\dfrac{172800}{57600} - 1} = 1.5$。

$N_{l0} = \gamma f A_{l0} = 1.5 \times 1.5 \times 57600 = 129$

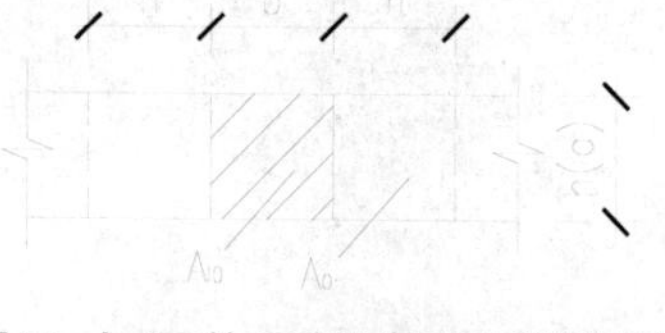

图11 加固前局部受压计算简图

加固后局部受压承载力：

$A = (b + 2h + 200)(h + 100)$
$= (240 + 2 \times 240 + 200) \times (240 + 100) = 312800$；

$A_l = bh + 40b = 240 \times 240 + 40 \times 240 = 57600 + 9600$

$\gamma = 1 + 0.35\sqrt{\dfrac{A}{A_l} - 1} = 1 + 0.35\sqrt{\dfrac{312800}{67200} - 1} = 1.67$；

$N_l = \gamma(fA_{l1} + \phi f A_{l1}) = 1.67 \times (1.5 \times 57600 + 0.9 \times 9.6 \times 12000) = 317$；

图12 加固后局部受压计算简图

提高率

$$\iota = \frac{N_l - N_{l0}}{N_{l0}} \times 100\% = \frac{317-129}{129} \times 100\% = 146\%$$

根据计算结果，经采用聚合物砂浆加固墙体后，可使局部受压承载力不足部位得到提高。

2. 梁加固

针对本工程原结构梁特点，对不同情况梁进行加固处理。

对于配筋增幅超过40%的梁采用加大截面加固。如下图所示：

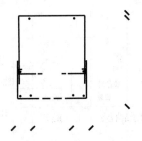

图13 梁加大截面加固

采对于配筋增幅不超过40%的梁用粘贴碳纤维加固。如下图所示：

图14 梁碳纤维加固

3. 板加固

原结构楼板为预制板，原有配筋不详，本次改造做法如下：

楼面活荷载普遍2.0（2.5）kN/m²，比原有规范1.5kN/m²增加幅度不大，所以对预制板进行荷载试验，以确定其承载能力，如能满足承载力要求，则不进行加固。

楼面活荷载普遍3.0kN/m²以上的，原有预制板拆除，采用现浇混凝土板重新浇筑。

（四）基础加固

通过对建筑改造方案和原结构实际的分析，改造前后荷载改变不大，原有建筑地基基础沉降已经基本稳定且满足规范要求，所以本次改造基础部分尽可能采用现有基础，在新增墙体部分新做条形基础；荷载传递有较大改变处，对荷载增加较大的基础进行加固。如下图所示：

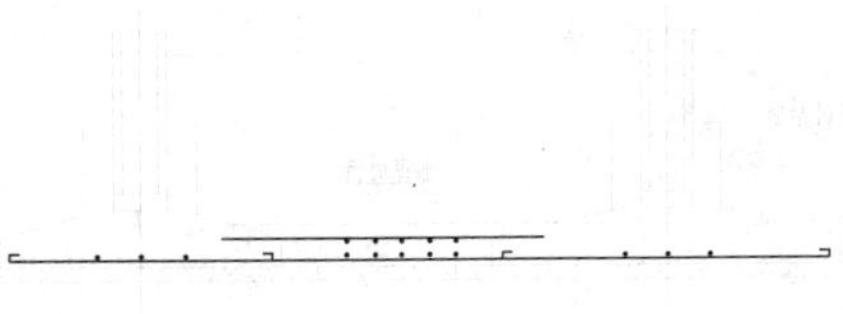

图15 基础加固示意图

（五）新建候诊大厅

新建候诊大厅采用钢框架结构体系，与原建筑采用抗震缝分隔，避免新增结构沉降影响原有结构。

四、改造效果

（一）建筑改造

通过对整个建筑平立面和使用功能的布置，整个建筑达到了预期的使用要求。改造前后的图见图16、图17：

图16 改造前立面图

图17 改造后立面效果图

（二）结构改造

在满足建筑使用功能的前提下，通过对结构体系和构件的加固改造，达到了结构抗震性能和承载力要求。

五、总结

本项目采用合理的加固改造措施，以满足社区医院的使用功能、结构安全可靠的要求。

对结构平面不规则、结构体系混乱等问题，通过结构体系改造，降低了平面不规则的不利影响，形成整体砌体结构体系，有效地提高了结构抗震性能。同时，原结构材料强度不足、结构荷载变化导致构件承载力不足，对墙、梁、板及基础进行加固改造后，使其满足承载力要求，最终做到技术可靠、安全适用、经济合理、确保质量这一总原则。

（上海维固工程实业有限公司供稿，陈明中、黄坤耀、马建民等执笔）

上海市儿童医院普陀新院改造工程

一、工程概况

上海市儿童医院普陀新院为三级甲等综合性儿童医院。该院位于上海市普陀区长风生态商务区，东至泸定路、南至规划将建的上海妇幼保健中心地块和华东师范大学第四附属中学、西至规划绿化带和规划将建的普陀区妇幼保健医院新院、北至规划将建的普陀区妇幼保健医院新院和同普路。本项目基地建设用地面积为26000平方米。拟改扩建成拥有1栋13层的住院部大楼，建筑高度61.3米，其附有1栋4层的诊疗医技裙房、1栋1层的专家诊疗楼以及1个地下室。总建筑面积72500平方米；其中地上建筑总面积51600平方米，地下总建筑面积20900平方米；绿地率26.5%（不包括屋顶绿化）。该医院核定床位为550张，平均日门急诊量为6500人次。建成后的上海市儿童医院普陀新院将承担上海市乃至全国其他省市急难重患儿的医疗服务，成为服务上海市、辐射全国、引领儿科医疗技术发展的现代儿科医、教、研中心。

二、改造目标

为了满足医院发展的需求、改善诊治条件、缓解群众看病难问题、满足上海市儿童医院普陀新院集医疗、教学、科研、保健、康复等一体化发展需要的要求，将原住院部大楼进行了改扩建。

（一）项目改造目标

通过项目改造，在原有建筑面积与周边环境的基础上，以绿色建筑为理念，走人性化道路，主要进行了以下方面的改造。

1. 建筑功能改造

本项目在原有建筑面积与周边环境的基础上改扩建成拥有1栋13层的住院部大楼，建筑高度61.3米，其附有1栋4层的诊疗医技裙房、1栋1层的专家诊疗楼以及1个地下室，新大楼将建设有儿内科、儿外科、中医科、麻醉科、眼科、耳鼻喉科、口腔科、皮肤科、病理科、药剂科、检验科、影像科等10多个专业及部分医技科室，以满足医院发展的需要。

2. 结构改扩建

裙房的上部结构与主楼用抗震缝分开，地下室顶板作为上部结构的嵌固部位。本项目门急诊医技楼主体结构采用现浇钢筋混凝土框架结构、基础采用桩+筏板形式；住院部综合楼主体结构采用现浇钢筋混凝土框架剪力墙结构、基础采用桩+筏板形式。

3. 节能改造

使用节能型建筑材料、各种设备均选用节能型的、充分利用自然采光和通风、使用高效的电力系统、非传统水源循环系统、热力恢复系统、采用全新风系统等措施，以实现长期节约能源的目标。

4. 绿化改造

采用隔离绿化带、集中绿化、屋顶绿化相结合的方式，局部布置雕塑、艺术灯具等小饰品，起到美化医院环境的作用，为住院病人康复提供良好的绿色环境，规划后医院绿地率26.5%（不包括屋顶绿化）。

（二）项目改造技术特点

本项目以绿色建筑为理念，采用经典的造型、节能型建筑材料和各种节能设备，改建设计与原医院风格相统一，布局合理、功能划分明确、环境优美。工程整个施工过程中，采用绿色建造技术，执行绿色施工要求、落实绿色施工措施，严格控制噪声、废气、渣土、扬尘、污水等污染因素，切实做好各项环境保护措施，得到了医院及上级部门的好评。

三、改造技术

（一）建筑改造

1. 建筑设计

（1）建筑布置

①满足医院的功能使用要求；

②营造良好院区环境，塑造现代化医院形象；

③控制建设对周围环境的不利影响；

④建筑采用紧凑形式布局，室内以矩形为主，最大化地减少外墙凹凸、最大程度地减少建筑能耗、并便利功能使用及家具布置、极大化得房率。整体考虑住院部大楼建成后功能的完整性、合理性、协调性。

（2）设计采取的措施

结合原住院部大楼的地貌，本设计采取以下措施：

①根据周边道路中心标高分段确定场地标高，基本接近自然标高，减少挖填方；

②建筑布置符合场地标高的选择，既保证相关建筑无高差通行，减少结构处理的难度，又提高使用效率；

③道路横向坡度为2%，利用道路组织排水，坡形道路路面采取防滑措施。

④无障碍设计：医院各建筑出入口均设置无障碍坡道、建筑各层（或首层）均设有无障碍厕位（或无障碍厕所），满足残障人士的使用方便。同时，各栋建筑的垂直交通系统均可直接到达地下层，并设置无障碍按钮，满足无障碍通行要求。医院机动车停车位572辆，其中2%的车位按无障碍设计标准配备；

⑤医院进行了合理控制各栋建筑间的间距，各栋建筑的四周均设置可供消防车通行的、环形车道，并在13层住院部大楼的南北两侧均设置消防登高面。基地泸定路南侧设置了消防紧急出入口，可供紧急时消防车出入。

（3）隔墙改造

本项目建筑外墙材料的选择均使用环保节能产品，所有选择的材料必须是经过检测后确认为优质的，所有材料检测合格后必须经现场监理工程师认可。填充墙部分的外墙及建筑上特别需要的砖墙砌体均采用混凝土空心砌块，分割墙体的分割材料采用轻质隔墙。

外墙主体部分构造采用矿（岩）棉毡（50.00mm）+双排孔混凝土小砌块（190厚）（盲孔）（200.00mm）+水泥砂浆（20.00mm）形式；地下室外墙采用膨胀聚苯板（50.00mm）+钢筋混凝土（400.00mm）+水泥砂浆（20.00mm）类型。

（4）门窗工程

①室内门一般采用木质夹板门，局部采用实木装饰门，放射用房用防护门，净化手术室用电磁感应门。

②底层主入口选用不锈钢门框玻璃门，主入口处均设无障碍坡道和扶手，建筑内部

凡是有病人到达的走廊侧均设扶手，门下方安装护门板。

③外窗采用断热铝合金多腔密封低辐射中空玻璃窗（6+12A+6遮阳型）为主，传热系数2.80W/m².K，自身遮阳系数0.50，气密性为4级，水密性为3级，可见光透射比0.40；里面外窗采用静电喷涂断热型材铝合金窗框及中空Low-E玻璃，局部幕墙设计以平行开启窗，一项成良好的自然风量循环。

（5）绿化设计

基地内的绿化层面共有三个：

①儿童医院的主要服务对象是14周岁以下的儿童，因此在设计风格上为了尽量体现活泼、轻松的感觉，植物选择以色彩明艳、充满活力为主，且多选用乡土树种、叶面宽大的植物和树种。

②采用屋顶绿化形式，最大限度地利用建筑空间，形成立体景观。同时设置屋顶绿化雨水利用系统，减轻排水系统压力。采用屋顶绿化后可以作为集中绿地的一个有效补充，不仅为住院病人康复提供了良好的绿色环境，还有助于缓解医院中的热岛效应，优化医院景观，达到与环境协调、共存、发展的目的。

③绿色照明：采用"绿色照明"理念，使用太能系列灯具以及环保节能的LED照明灯具来布设投光灯、草坪灯等。

④规划后医院绿地率26.5%（不包括屋顶绿化）。

（6）通风与日照

住院部大楼平面设计合理、功能整齐统一，使大楼能达到南北贯通的通风要求；在体块上一字形的建筑模式，使得大楼内部得到良好的通风采光；以达到良好的通风效果，

在节能上达到国家现行提倡的设计要求。

配餐及职工食堂位于地下，面对下沉式广场，达到采光通风的生态效应；门诊大厅为了保证人流密集时的新鲜空气的流通，设计约1800平方米左右门诊大厅，并设计约1000平方米二层挑空空间，且南北采用采光天井的方式，增加门诊大厅的采光及视觉舒适度；病房区的淋雨卫生设置采用集中设置在大楼东西两端，具有良好的采光通风；各层均在东北、西北两端设有洗衣晒衣阳台，外立面采用通透式百叶样式，通风的同时也能丰富建筑外立面形态。

在日照方面，结合场地特点，本项目的高层建筑布置在基地的东北角，经综合日照分析，保证住院部病房在冬至日满窗有效日照3小时的日照采光要求，为患者营造一个了良好的康复环境。

（二）结构改造

包括1栋13层的住院部大楼，建筑高度61.3米，其附有1栋4层的诊疗医技裙房、1栋1层的专家诊疗楼以及1个地下室，其中裙房上部结构与主楼用抗震缝分开，地下室顶板作为上部结构的嵌固部位。抗震设防烈度为7度，设计地震分组为第一组。

1. 主体结构

本工程主楼采用钢筋混凝土框架剪力墙结构体系，梁板式楼屋面，剪力墙抗震等级为一级，框架抗震等级为一级；剪力墙尽可能布置在楼电梯间处及周边，以免影响建筑功能，但尽量做到质量中心与刚度中心重合。裙房采用钢筋混凝土框架结构体系，梁板式楼屋面，框架抗震等级为二级。

2. 基础与地下结构工程

本工程基地内均设置一层地下室，采用

钢筋混凝土桩+筏板基础。桩型均采用钻孔灌注桩。本工程地下室整体长度、宽度都较长，且功能复杂，在结构设计和施工中采取了设置后浇带、提高楼板配筋率、在施工中添加微膨胀剂等措施，以减小温度收缩应力的影响。

3. 项目施工

（1）材料的选取

主要结构材料选用：

混凝土：基础采用C30，上部采用C30-C40，地下室及水池水箱采用密实防水混凝土，抗渗强度等级为P6；

钢筋：HPB235，HRB335，HRB400；

填充墙：外墙及建筑上特别需要的砖墙砌体均采用混凝土空心砌块，钢材为Q235B；

分隔墙体：分隔材料为轻质隔墙。

（2）基坑的开挖和施工

①严格按照基坑支护设计及现行施工规范合理组织施工。

②挖土阶段应合理组织施工，以减少基坑暴露时间；挖土后及时施工形成对撑，减少对围护结构的影响，从而降低对老病房楼的影响。

③基坑开挖阶段应加强信息化监测，严格按围护设计图纸设置观测点，特别注意共和新路一侧围护的变化值，并及时上报有关数据。制定详尽的施工监测方案，合理布点、精心监测，并将有关数据通过电算处理，以指导施工。

④基坑降水施工时，随时监测基坑外水位的变化，确保不因基坑降水而导致住院部大楼及其裙房的沉降。

⑤根据基坑施工中可能出现的问题，制定有效的方案，并配备一定的人、机、料应急。

（3）施工污染防护措施

由于本工程施工的医院处于使用中，因此需要采取文明施工措施，尤其对于综合楼周边使用中的动力辅助楼、干部病房楼及实验楼等采取抗尘、防噪、防光污染等措施。

①安全隔离

a.工程采取全封闭施工，仅在东面共和新路上开设大门，使施工场地与医院隔离开来。综合楼采取全部脚手架2层滤网全封闭，特别是北侧脚手架采用夹板围挡封闭，有效地防止坠物、灰尘，同时从声源上隔离噪音。

b.建立严密的防坠设施系统，在4层设置1道挑网；周转材料的钢平台位置选在远离院区的地方。塔吊起吊货物严禁超出围墙。

c.在塔吊作用半径内用钢管脚手搭设安全通道，保证现场人员的安全。

②扬尘控制

a.全部采用商品混凝土及商品砂浆，从根本上消除了自拌混凝土及砂浆中的大量灰砂。

b.上部结构全部封闭施工，采用质量优良的密目网对外脚手进行全封闭。

c.在材料运输干道上派专人24小时进行保洁工作，定时洒水防控灰尘。

③噪音控制

在临时围墙朝院内方向部分搭设全高度钢管脚手架、2层滤网全封闭，并在内测拟采用隔音材料全封闭，以隔断噪音和灰尘的污染，保证了病人的住院环境质量。

④污水排放控制

a.在施工过程中，沿围墙一周采用明沟排水，全部贯通至沉淀池，沉淀物统一外运，并派专人清理明沟，保证整个排水系统的畅通。

b.在围护施工阶段整个现场采用硬地坪

施工法，泥浆有组织地排放。设专门的泥浆池、沉淀池，使泥浆能重复使用，处理后的废浆统一外运。

c.污水处理站散发的臭气采取收集、活性炭吸附脱臭治理措施后，在住院部大楼楼顶排放。

（三）暖通空调改造

本项目空调通风设计为地上部分冬夏两季提供舒适性空调，满足足够新鲜空气，并保证过度季节达到良好通风环境；对地下室、公共区域进行全面消防设计。

1.室内外设计参数

（1）室外设计参数

夏季：干球温度34℃；
　　　湿球温度28.2℃；
　　　主导风向东南风；
　　　平均风速3.2m/s；

冬季：干球温度-4℃；
　　　相对湿度75%；
　　　主导风向西北风；
　　　平均风速3.1m/s。

（2）室内通风换气次数

水 泵 房：满足6次换气次数；
厕　　所：满足10-15次换气次数；
配 电 间：满足6次换气次数；
冷冻机房：满足6次换气次数；
锅 炉 房：平时和事故时满足12次换气次数，锅炉停机时，满足3次换气次数。

2.冷热源设置

计算夏季空调总冷负荷约为8209KW，计算冬季空调总热负荷约为5746KW。冷源采用三台700RT离心式冷水机组和一台300RT螺杆式冷水机组。热源采用三台4吨/时蒸汽锅炉，为空调、工艺、生活用水提供蒸汽。宜大小配置。冷冻水供水温度为7℃，回水温度为12℃。空调热水，供水温度为60℃，回水温度为50℃。同时设冷水泵、冷却塔和冷却水泵。

3.空调系统

面积大的共用部分均采用大风道全空气低速送、回、排风系统，采用上送下回或侧送下回、上排气流组织形式。病房、办公等小房间采用风机盘加新风系统方式。空调水系统按建筑情况采用干管同程的形式，以达到运行可靠、施工管理方便的效果。

4.通风系统

对于空调场所、设置排风系统，加强通风换气，实现空气量的平衡。对于部分非空调场所及设备用房如变电间、水泵房等，按需要设置通风系统，并结合利用自然通风方式，既满足使用效果，又充分节能。

5.空调自控与节能

（1）各全空气空调系统水路均设电动调节阀调节水量，控制室温，达到节能目的；

（2）风机盘管水路均设电动两通阀，由带季节转换和三档风速调节开关的恒温控制器进行开关控制，调节室温，达到节能目的；

（3）水系统设压差旁通阀适应系统水量变化；

（4）水系统设供回水温度检测及流量计，控制制冷机组及水泵的运行台数，以减少能耗。

6.给排水改造

（1）给水系统

高层病房楼采用水池-水泵-高位水箱联合供水方式。给水系统最底卫生器具配水点处的水压超过350kpa时，采用减压阀进行竖向分区。多层采用水池-变频恒压供水设备供水，城市给水管网压力满足要求时采用市政给水管网直接供水。

（2）热水系统

热水采用闭式系统，管网敷设形式为上行下给式，全日制供应热水，机械循环，热媒为医院锅炉房供应的蒸汽或城市蒸汽管网。

（3）排水系统

①生活排水室内采用污、废水分流制，室外采用污、废水合流制；

②医用废水经预处理后汇同病房区生活污水至医院污水处理站进行集中处理，达到国家排放标准后排入市政污水管网；

③屋面雨水和地面雨水经雨水斗及路旁雨水口收集后，排入市政雨水管网；

④消防电梯集水井及地下室集水井内的污水、废水通过潜水泵提升至室外污水窨井和雨水窨井。

7.动力系统

（1）医院所需的天然气由市政天然气管网供给，天然气主要用于备餐间、治疗室、中心供应室、实验室、化验间、消毒室等场所（具体用量视功能另定）；

（2）医院所需的蒸汽由医院锅炉房供给，蒸汽主要用于热交换器房、中心供应室、消毒室等场所；

（3）医院所需的各种医疗气体由医院集中设置的医用气体机房供给，主要设置的医疗气体种类为氧气、真空吸引及压缩空气。

8.电气改造

（1）供电系统

①根据各类建筑物的性质，其中消防设备、应急疏散照明、计算机机房、弱电总机房、电梯及各类水泵、手术室、ICU、中心供应等按一级负荷供电，其余常规动力、空调及照明按三级负荷供电。空调按电制冷考虑。

②按照规范要求，门急诊、病房等用电负荷设计按每平方米约120VA考虑，估计用电负荷约为6355KVA；食堂、行政、科研等用电负荷设计按每平方米约80VA考虑，估算用电负荷约为756KVA；地下室用电负荷设计按每平方米约30VA考虑，估算用电负荷约为627KVA；总体照明估算用电负荷为50KVA。

③本工程要求电业提供二路独立的10KV电源，电缆采用埋地敷设方式。每路10KV电源容量约为2500KVA，二路10KV电源同时运行。拟设置一座10KV总变电站，选用4台1250KVA干式变压器。

④弱电

a.语音通信系统：

本工程设置电话交换总机房，选用800门程控电话总机，估计总的中断线约80对。电话交换总机房拟设在一层。估计电话终端约700只。

b.综合布线系统：

建立大中型电脑网络，以供医疗、科研及运行管理。综合布线总机房设在一层。可同时为700只电脑终端服务。

c.结构化综合布线系统：

大楼整体采用结构优化综合布线系统，计算机网络连接干线采用光缆输送，电话通信主干线采用第三类大对数电缆，楼层水平线采用第六类UTP配线，建筑物各有关层设置综合布线机柜，信息终端采用双孔信息插座。每个插孔通过综合布线机柜内的配线架跳线交换，任意改变电话与电脑网络的选择。必要时对远程诊断、示教等实施光纤直接到桌面的配置。

d. 病房电脑呼叫双向应答系统：

每病区均设一套呼叫装置（如图1），每个病房设呼叫对讲器，在病房卫生间设呼叫紧急按钮，病区走廊设呼叫显示屏和复位按钮。呼叫装置与供氧吸引合装于一个综合线槽内，线槽面板设有电源插座。

图1 病房电脑呼叫双向应答器

e. 楼宇设备自动化管理系统（BAS）：

建立楼宇设备自动化管理BA系统，对建筑物整个环境进行检测、监视和数据反馈，实现楼宇设备全系统的监视和控制，实现最优化运行，达到节约能源的效果。BA系统将选用集散型或分布型监控系统和多级网络通信结构设备，其软、硬件均配置良好的扩展性和开放性，并能方便实现同其他自控和集成系连接口和联网等。

图2 火灾报警器

⑤火灾报警系统

对各类建筑物采用监测火灾发生的消防报警装置。并对各类消防水泵，喷淋水泵，消防电视、消防电梯等设备实行自动联动控制。消防控制中心拟设在一层。

（四）节能改造

1. 建筑节能措施

（1）建筑物体形系数小于0.3.符合节能要求；

（2）建筑采用紧凑形式布局，室内以矩形为主，最大化地减少外墙凹凸、最大程度地减少建筑能耗；

（3）建筑外墙材料选用环保节能产品，各种设备均选用节能型；

（4）立面外墙采用静电喷涂断热型材铝合金窗框及中空Low-E玻璃，局部幕墙设计以平行开启窗，以形成良好的自然风量循环；

（5）地下室外墙等采用40厚挤塑板外保温，地下车库外墙不考虑保温措施。

2. 给排水节能措施

（1）空调补水、蒸汽和燃气管道单独设置计量表进行计量；

（2）卫生洁具和配件采用节能型产品，水泵采用高效率，低噪音产品；

（3）热交换器采用导流式水-水（或汽-水）节能型产品；

（4）热水管道和热水设备采用保温材料进行保温，以减少热量损失；

（5）设置若干只水表分别对生活用水、空调补给水和绿化浇灌用水进行计量；

（6）空调季节生活热水水源（4℃冷水）经空调热回收设备预热后再进行系统加热。

3. 电气节能措施

根据负荷分配情况分散设置变电所，使

变电器深入负荷中心。所有变压器均采用环氧树脂浇注的干式或非晶合金节能环保、低损耗和低噪音的变压器，变压器低压侧采用电容补偿，使功率因数达到0.90，以节约能源。

（1）变压器的荷载率控制在85%左右；

（2）在总体道路照明充分利用太阳能的再生能源，适当选择太阳能灯具作为道路照明；

（3）大空间场所的照明如门诊等候区、公共区域、大堂均设置只能照明控制系统。系统依照时间、功能的需求进行管理，达到合理使用节约能源的功效；

（4）基地内设置自动化管理系统（BAS），对整个空调系统和给排水系统进行自动控制，使系统运行于最佳工况，最大限度地节约能源；

（5）对空调机盘管采用集中供电控制措施和节能运行措施。

4.暖通节能措施

（1）采用高效、节能型空调、暖通设备，其性能系数、效率均应符合国家技能标准的规定值；提高建筑围护结构的保温隔热性能，减少空调运行时的冷热损失；

（2）合理划分空调系统，从节能的角度出发，集中空调根据使用时间、温度的不同划分不同的空调系统。对部分需要24小时空调环境的房间采用独立空调，以利节能、控制和管理；

（3）采用全新风空调系统设置新、排风显热交换器，回收部分排风能量；对小时人流量变化幅度大的区域在空调季采用CO_2浓度传感器对空调新风进行调节；

（4）空调风管、水管及保温材料均采用导热系数小、保温性能好的产品，空调冷水管与风管设置隔气层与保护层；对空调冷热水进行分区域的能量计量，对膨胀水箱和冷却塔的补水进行流量计量；

（5）空调水系统的节能。空调水系统采用二次泵变频控制系统，根据负荷变化改变二次泵电机频率做到节能运行。根据冷却水温度变频控制冷却塔风机转速，节约风机耗电量；

（6）风机、水泵的设置和选用。风机采用节能、高效的低噪声离心风机，风机的总销量＞52%。两管制定的风量系统单位风量耗功率低于0.48。普通机械通风系统单位风量耗功率低于0.32。水泵采用电机直连、机械密封、振动小、噪音低的高效卧式单级泵，空调冷热水系统最大输送能效比，冷水ER＜0.0237，热水ER＜0.0061。均满足节能标准要求。

四、改造效果分析

（一）建筑改造

医院布局更具人性化，各层均在东北、西北两端设有洗衣晒衣阳台；病房区淋雨卫生设置采用集中设置，设置在大楼东西两端，均具有良好的采光通风效果，为病人疗养营造了一个安全、美好的环境；通过对整个建筑平面和使用功能的布置，住院部大楼项目达到了预期的使用要求。住院部功能划分合理、清晰；流线合理（人流、物流、车流分离，洁污分离）；医院建筑布局高低错落、建筑语言表达丰富；住院部绿化达标、环境优雅，基本适应现代化医院的要求。

（二）环境改造

室内环境改造坚持绿色建筑理念，人性化设计，在门急诊医技综合楼设置了生态式内庭院，内部采光通风效果良好，裙房西侧结合绿化设置了下沉式景观广场，并充分对院区景观进行绿化。改扩建后的新院室内环境指标满足洁净度、换气次数、温度、相对湿度、噪音、照度、新风量等要求；室外采用集中绿化、屋顶绿化相结合的方式，绿化植物色彩鲜艳、活泼；局部布置雕塑，艺术灯具等小饰品生动、可爱，符合儿童心理；软硬件设备齐全、环境优雅，为患者营造了良好的医疗环境。

（三）节能效果

本项目建设坚持绿色建筑的理念，大胆采用新技术新工艺来提高节能效果。主要节能措施有：使用节能型建筑材料；各种设备均选用节能型的；南面最大程度地获取太阳能；景观和场地能抵御冷风；高保温性能的覆面渗透和传热性能很小；最大程度地利用自然采光和通风；使用高效的电力系统、热力恢复系统等措施，走可持续节能道路，以实现长期节约能源为目标。

五、改造社会经济效益分析

本项目建成后，医院总建筑面积为72500平方米，扣除地下停车库、宿舍及科研教学建筑面积，业务用房面积为59926平方米医院核定床位数为1095张，床均面积为109平方米/床＜120平方米/床，符合上海市市级医院建设标准。同时，建成后的新院门诊量平均每天达到5000人次，最高6500人次，住院18000人次，大大减轻了普陀区其他医院儿科的负担，是的资源整合区域合理。本项目填补了普陀区及上海市西北区域优质儿童医疗资源空白，完善了上海市儿童医疗资源的布局。

项目完成后，医院得益重新规划和改扩建，硬件建筑设施得到充分提升，医院整体性更趋合理，功能更趋完善，环境更显优美，医疗条件和医疗服务明显改观，有效的解决了就医难、住院难等问题，进一步满足了人们日益增长的保健、医疗需要，所产生的社会经济效益是难以估量的，具有重大而深远的意义。

六、思考与启示

在工程实施过程中，设计、施工和运营等各个环节均依据绿色建筑规范的指标进行控制执行，满足了"四节一环保"的基本要求，实现了对原有建筑的绿色化改造，达到了节能减排的目的。

医院的重新规划与改造，硬件建筑设施得到充分提升，医院整体性更趋合理，功能更趋完善，环境更显优美，医疗条件和医疗服务明显改观，就能更好地发挥区域医疗中心和市级医院作用，就医难、住院难也将得到缓解，医院将更好地承担本市乃至全国其他省市急难重患儿的医疗服务，成为服务本市、辐射全国、引领儿科医疗技术发展的现代儿科医、教、研中心。

（上海建工集团股份有限公司供稿，房霆宸执笔）

深圳莲花二村住区综合改造

一、工程概况

莲花二村位于深圳莲花山公园东侧，总占地面积16.43万平方米，总建筑面积20万平方米，区内多层住宅楼44栋，高层楼宇2栋，规划居住人口约1万人。主要配套设施有综合服务大楼1座，中学、幼儿园、文化活动中心各1个，停车场3个。莲花二村于1989年10月开发建设，于1991年4月竣工，是深圳当时著名的高档住区。

由于深圳城市化的快速发展，导致住区内人口数量激增，环境和设施陈旧老化，停车难问题也日益突出。2009年初，深圳市政府决定对莲花二村进行社区设施和外墙立面改造；2012年初，决定对其中个别建筑进行探索性的绿色化改造。

本次莲花二村改造以绿色化改造为主兼一定的探索性研究，主要采取的改造内容包括地面和屋顶绿化、增设生态停车场、外墙热反射涂料、玻璃的隔热涂膜、外立面美化，改造过程中尽量避免对居住者的日常生活造成影响。

二、建筑现状

莲花二村总体布置以行列式为主，如图1所示，单体呈长条形、Y型两种，大部分住宅均为南北向布置，建筑密度较大，房屋间距较小，一般为16米，如图2所示。

图1 莲花二村平面示意图　　图2 莲花二村鸟瞰图

图3 莲花二村改造前俯拍图

建筑外墙采用1：1：6混合砂浆粉面、不作任何装饰；平屋面为普通素色水泥砖；外墙门窗为普通铝合金窗，各户型的客厅部分设封闭式凸阳台，阳台外设铁质防盗网以及铁质遮阳棚。经过多年使用并缺少必要的维护，莲花二村普遍存在以下问题：

（1）住区内居住环境较差，绿化面积明显不足。

（2）住区内停车位较少，交通流线设计不合理，停车困难。

（3）建筑立面脏乱无序，外墙面受到铁质遮阳棚及防盗网的浸渍严重，整体立面情况亟待改善。

（4）外墙无保温措施，夏季室内热环境较差。

（5）由于早期建筑外窗为普通铝合金，其颜色为深绿色，部分居民自行更换了白色外窗，外窗颜色杂乱无章，且外窗为5毫米厚单玻，隔热和遮阳性能很差。

（6）屋顶无保温措施，且屋顶防水层受到破坏严重，部分顶层房间存在一定程度的漏水情况。此外，屋面层积灰严重。

改造前项目的俯拍图如图3，可以看出建筑屋顶及立面脏乱无序，与周边新建建筑形成很大反差，影响整体市容。

三、改造目标

（一）绿色化改造设计理念

改革开放以来，我国城乡建筑业发展迅速。截至2012年底，城乡既有建筑存量超过500亿平方米，其中85%以上的既有建筑是高能耗建筑。由于受当时经济条件限制，建筑设计标准偏低，绝大多数建筑都存在着能耗高、使用功能差、抗灾能力弱等问题。但是，把存在问题的既有建筑全部拆除是不现实的，也是不可能的，对其进行合理的改造是最好的途径。正确对待和处理既有建筑是关系到实施节约能源、保护环境、建设节约型社会和可持续发展的重要问题，也是时代所需，为民造福的重要举措。

绿色化改造主要包括功能提升、结构补强、节能改造、环境友好和设施完善。由于受到实际条件限制，本项目仅对莲花二村的外围护结构、居住环境以及配套设施进行合理改造，以期提升住区的整体居住环境。

（二）绿色化改造可行性评估

1. 经济效益评估

经济效益评估主要是指既有建筑（群）经绿色化改造后的成本收益与重建成本收益的比较。成本增量是决定性的因素。

本工程是由政府主导，改建费用将由相关部门全额补贴。因此，改造时各类技术措施均需进行经济性对比，合理选择经济适用的技术进行改造。

2. 技术保障评估

技术保障评估主要是指既有建筑（群）在功能提升、结构补强、节能改造、环境友好和设施完善等方面存在的技术难度的比较。

由于受到实际条件限制，本项目仅针对外围护结构进行节能改造，在居住环境提升方面对景观绿化进行改造，针对住区居民停车困难的突出问题进行改造。

3. 社会价值评估

社会价值评估主要是指既有建筑（群）在建造的年代和当代存有品牌意义和社会影响力的判断比较。

莲花二村在20世纪90年代是深圳市的大

型高档住宅小区,且其地理位置优越,如图4所示,处于深圳市中轴线东侧,具有一定的时代代表性,是深圳城市发展的历史见证,具有一定的保存价值。

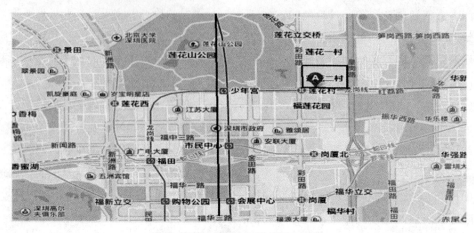

图4 莲花二村地理位置示意图

（三）改造目标

本项目的改造目标是在保存原有建筑、居民不作动迁的条件下,通过对建筑物的外观、外墙面、居住区绿化环境、配套服务设施进行综合改造,以提升住区整体的居住环境,促进和谐社会建设的目标。

（四）改造方案

此次改造遵循经济适用、施工简单的基本原则,通过合理对比筛选各类技术措施,达到最优改造效果。

该小区总占地面积16.43万平方米,总建筑面积20万平方米,区内多层住宅楼44栋,高层楼宇2栋。主要配套设施有综合服务大楼1座,中学、幼儿园、文化活动中心各1个,停车场3个。小区建筑密度较高,小区的绿地、停车位较少。本次综合改造主要针对小区内建筑的外貌、围护结构节能性能以及住区景观绿化和停车场进行合理改造,景观营造与规划布局相配合,强调景观环境和建筑实体交相呼应,为社区居民提供休闲交流场所,提升整个住区的居住环境。

四、综合改造技术

综合改造主要技术应用：建筑、景观环境、节能、配套服务设备等综合改造技术。

（一）综合改造技术集成

既有住宅综合改造涉及城市外观、街景、小区环境、抗震、结构加固、材料、节能、居民利益、政府投入及相关政策等诸多问题,通过有效运用综合技术及相关配套政策方能使这一项目达到预定的目标,获得社会效益、经济效益和环境效益的有机统一。本次改造运用的技术主要分为：屋面隔热性能提升技术、外墙及外窗隔热性能提升技术、地面和屋顶绿化技术、增设生态停车场、健身设施以及外立面美化等。

（二）屋面隔热性能提升技术

针对现有住宅屋面防水层受到破坏严重的情况,通过为屋面重新铺设屋面板,以解决屋面防水问题。同时采用热反射涂料,解决屋顶的隔热问题,并整体改善屋顶面层的美观。

热反射隔热涂料是指具有较高太阳反射比和较高红外发射率的涂料,其热反射率可达到90%以上。由于其施工简单，对住户日常生活影响较小，特别适用于旧房改造项目。

图5 屋顶隔热涂料

（三）外墙及外窗隔热性能提升技术

本工程改造前，建筑外立面现状杂乱陈旧，主要存在问题有以下几点：（1）外墙立面陈旧，涂料剥落严重，且受到铁质防盗网的锈蚀影响墙面颜色脏乱；（2）外窗为普通铝合金窗，由于年代久远，均是非隔热金属型材，且玻璃材质为5毫米厚的单玻，其传热系数及遮阳系数均较差，且玻璃存在一定程度的松动，气密性较差。（3）外窗无遮阳装置，仅在阳台处设置铁质的遮阳棚，设置杂乱无章，严重影响建筑立面效果。

改造方案确定时，首要考虑减少对居住者日常生活的影响，因此，外墙改造采用在现有基底墙面上涂刷热反射涂料，改善外墙隔热性能的同时还能提升外立面整洁情况；外窗采用贴膜技术，在窗户的外面贴一层热反射膜，利用膜技术，实现对可见光和近红外光的高透过率，同时阻挡远红外光。

1. 外墙改造

深圳地区夏季太阳辐射强烈，辐射传热是建筑得热的主要部分，因此，采用热反射涂料可有效减少外立面对太阳辐射热的吸收。外墙隔热改造还可采用外墙外保温以及外墙内保温技术，但是，外墙外保温施工难度较大，且保温层在外侧，深圳地区降雨量较大，外保温层的防水要求非常高，如果受潮保温性能大幅降低。外墙内保温虽然保温效果较好，但是需要在室内施工，对居住者日常生活影响很大，所以一般不用在旧房改造中。本项目考虑到实际情况，采用在外立面涂热反射涂料，其施工简单、工期较短，造价较低，且对居民影响较小。

施工改造前，对基底墙面进行了处理，做到表面平整、干燥，无浮沉、油脂等油污，并对整体墙面进行检查，针对部分墙面存在一定的空鼓情况进行了修补处理，并在粗糙表面进行修补打磨、确保墙面整体效果。改造前后外墙面效果如图6所示。

图6 外墙立面图（上：改造前；下：改造后）

2. 外窗改造

本工程外窗改造采用玻璃贴膜技术。由于深圳地区夏季长且太阳辐射大，使用外贴膜遮阳效果好，但耐久性和可维护性较差。内贴膜耐久性和可维护性较好，但遮阳效果不及外贴膜遮阳效果好。采用贴热反射膜形式提升窗户的隔热及遮阳效果，热反射膜贴在玻璃表面使房内能透过可见光和近红外光，但不能透过远红外光。因此有足够的光线进入室内，而将大部分的太阳能的热量反射回去，在炎热的夏季保持室内温度不会升高太多，从而降低室内空调负荷，达到节省空调费用和节能的作用。

本工程具有一定的示范意义。考虑到施工等实际困难，此次外窗改造仅针对住区的高层公共建筑莲花大厦，采用内贴纳米隔热涂膜。改造后玻璃传热系数$K=4.7W/m^2·K$，遮蔽系数$Se=0.45$，太阳能透射比为0.54，满足《公共建筑节能设计规范》中对外窗的隔热及遮阳性能要求。

织与园区空间形态缺少呼应，形式简单，缺乏特色和主题；硬质铺地多，且集中在宅间区域及道路两侧呈拼贴状；植物配置缺乏多样性，管理维护的不利导致生长势态较差；各种景观手段之间联系配合生硬，影响住区整体环境的营造。

图8 改造后小区绿化景观

图7 玻璃涂膜施工、检测现场

（四）地面和屋顶绿化改造技术

1. 地面绿化

莲花二村住宅小区设计之初缺少系统的景观设计和绿化组织，主要表现为：景观组

图9 改造前屋顶绿化

图10 改造后屋顶绿化

对莲花二村住宅区景观环境的改造主要包括以下两个方面：

（1）景观营造与规划布局相配合，强调景观环境和建筑实体交相呼应，绿化景观与建筑相映成趣，使得周边景观环境与住宅建筑的外观形象相协调，充分做到"整旧如新、融新于旧"。

（2）原有的莲花二村小区植物配置较为单一，一些植物由于管理维护不利导致生长势态较差。因此新的绿化改造上特别注重植物配置的协调性、种类的多样性、养护管理的便利性、植物生长的适应性。将原本生长不好的植物进行移除并补种，将原本散落、稀疏的植物景观进行整合，对植物配置注意乔、灌、花、草多层次搭配，重新种植和配置形成复层植物景观。注重开花植物的运用，营造不同季节观花、闻香的景观环境，配置羊蹄甲、凤凰木、火焰木、蓝花楹、玉兰等开花乔木和勒杜鹃、狗牙花、红绒球、桂花等开花灌木，增加景观的季节性。不仅美化了环境，增加了小区的绿地率，还充分发挥植物净化空气、改善微环境、遮阳、隔声、防尘杀菌的作用。

2. 屋顶绿化

屋面隔热性能提升技术，屋面重新铺设屋面板并加以植物绿化。目前还没大规模开展屋顶绿化，仅在部分屋面设置，计划后期对所有住宅屋顶设置轻型屋顶绿化，首推佛甲草屋顶绿化。佛甲草这类景天科植物具有抗干旱，生命力强，颜色丰富，绿化效果显著的特点，整体高度为6～20厘米，重量为60～200kg/m²。佛甲草屋顶绿化采用的是无土栽培技术，其优点是：负荷极轻，适合新旧屋面的实施；管理粗放，成坪后无需专人管理，一次性投资可长期受益；一旦出现渗漏，卷开草坪即可维修；其他草类或地被用做屋顶花园则有一定难度。其缺点有：因为是有土栽培，所以负荷重，只能在新屋顶或有承受能力的屋顶上实施；建造费用高，每平方米需100～150元，后期管理要求较严，肥水、农药、修剪等管理费用不可少。

（五）增设生态停车场

莲花二村于1989年10月开发建设，在1991年4月竣工，是深圳当时著名的高档住区。由于深圳城市化的快速发展，导致住区内人口数量激增，环境和设施陈旧老化，停车难问题日益突出。将绿岛移除，改造为用嵌草砖铺设的可容纳200个车位的生态停车场。住区内步行路面用透水路面、嵌草砖等人工透水地面代替硬化地面，使地下水得到一定的平衡，减少路面雨水径流。

图11 改造后的生态停车场

（六）外立面美化

1. 外窗美化

由于本工程采用早期的外窗窗框颜色较

深（为深绿色），对窗框颜色进行统一涂刷，涂成白色以增加其反射比，与改造后建筑外饰面颜色协调。

图12 外窗（上：改造前；下：改造后）

2.遮阳棚美化

深圳地区夏季气候炎热，太阳直射辐射强烈，太阳高度角很大，接近于90度，因此该地区的居民通过在外窗设置水平遮阳棚以遮挡太阳辐射，减少室内得热。此外，夏季台风频繁，遮阳棚还可兼做遮雨棚，防止下雨时由于外窗开启导致雨水进入室内。莲花二村建设时，为住区的住户统一安装了铁质遮阳棚，经过多年的使用，遮阳棚锈蚀严重，严重影响外窗及建筑立面效果。针对这种情况，本次统一对小区内的遮阳棚进行涂刷，改造后为白色，与建筑立面色彩协调统一。

图13 遮阳棚（上：改造前；下：改造后）

3.外墙美化

莲花二村建造年代较远，外墙污染严重，耐污及耐候性能均大幅降低，而且考虑到其所处位置，外墙面严重影响整体的市容美观。因此，此次改造采用硅改性丙烯聚合物涂料，其价格较低，施工方便，耐候、防水性能较好。

图14 外墙改造前后照片

五、改造效果分析

（一）社会效益

深圳市经过改革开放30几年的发展，城市面貌焕然一新，但也存在大量存量既有建筑。如果将此类建筑进行拆除重建，将耗费大量人力物力，如何改善这些老旧住区居民的居住条件是党和政府的一项重要的民生工程。莲花二村综合改造，使整个小区的外观、小区的道路、小区的设施均得以提升，取得了让政府和人民满意的、良好的社会效益，有力地促进了和谐社会的发展。

（二）环境效益

通过综合改造，小区的总体布局得到了优化，小区的交通流线设计更加合理，增加了绿地和生态停车场，整修了小区的道路。提升了建筑外墙、屋面及外窗的保温隔热性能，外立面得到了维修和刷新，小区的品质、小区的环境得到了较大的提升。

六、思考与启示

深圳作为全国绿色建筑推行的先行者，始终坚定不移地实施节能减排战略，大力推动绿色、低碳、环保产业。计划在十二五期间建成绿色建筑之都。但是大量存量既有建筑存在能耗高、使用功能差、安全性能弱等一系列问题，严重影响深圳市绿色生态发展的步伐。因此，深圳市推出了既有建筑改造的相关措施和文件，旨在指导和监督既有建筑改造实施情况，推动建筑业节能减排工作。

通过对莲花二村进行综合改造，可以得到以下启示：

（1）改造中，技术可行性、适宜性、经济性和技术的优化集成尤为重要；

（2）改造中应注重绿色建筑"3R"原则，即采用可循环材料、可再利用材料和本土材料；

（3）对改造质量的控制，主要是施工质量以及施工过程的环境保护问题；

（4）改造要充分考虑周边环境和城市景观，使建筑与环境相得益彰；

（5）注重建筑技术的优化集成，采用新技术的时候尽量采用成熟的技术，避免采用在试验阶段的新技术。

（中国建筑科学研究院深圳分院供稿，
张辉、王立璞等执笔）

石家庄市方北小区供热计量节能改造工程

一、工程概况

方北小区位于石家庄市槐北路120号。2005年业主入住，改造面积约25.6万平方米，由华北热电公司提供蒸汽热源，小区有独立热力站，热交换方式为汽水交换，户内采暖形式为散热器。

二、改造目标

供热计量是为促进建筑节能提供经济依据和手段，因此，居住建筑供热计量以居民热用户为对象，对居民热用户的采暖热耗进行热计量，居民的采暖热耗与其缴纳的热费相对应，促进热用户行为节能的意识和积极性。

本质上讲，建筑供热节能，就是实现按需供热，既保证热用户采暖舒适度，又不过度供热，在保证热舒适度的情况下，尽量减少热耗。居民热用户按需供热的实现是依靠加装用户可方便实现供热调节的装置，自主调节。同时，供热计量和供热调节以后，供热系统由定流量运行改为变流量运行，系统稳定运行以及水力平衡、气候补偿均是保证节能必须的技术手段。

从节能角度来看，供热计量促进节能的内容包括：（1）居民行为节能，过热的时候不是开窗而是调节供热阀门（或温控器）、家中无人时调低采暖温度；（2）小区管网水力平衡调节、换热站气候补偿自动运行。

通过建筑供热计量和节能改造，为建筑加装计量仪表、控制调节装置（设备），建筑节能就具备了经济手段和设备条件，但是，是不是能实现节能，还取决于实际的运行管理，因为，热改以后，热网运行的技术条件实现了升级，由定流量运行升级为变流量运行，供热系统的运行管理也由粗放式管理到精细化管理，管网调节由一次性初平衡调节、定流量运行，变为气候补偿、变流量运行、分楼栋（热力入口）调节控制。

三、组织实施

鉴于热力公司只管理到换热站、小区居民采暖及二次管网系统均属于物业公司管理，而且《北方采暖地区既有居住建筑供热计量及节能改造技术导则》（建科[2008]126号）规定的改造范围包括分户热计量及温控改造（改造内容1）、热源及管网热平衡改造（改造内容2）的设备产权均属于业主所有。因此，改造项目的选定以与小区物业公司/业主委员会接洽为主，选择物业公司/业主委员会支持改造工作的小区作为改造项目，并组织热力公司对改造工作进行指导和提出具体改造技术要求。

选定改造项目后，通过公开招标确定改造工程实施单位，要求投标单位是能源服务公司牵头、包括具有相应资质的设计单位和施工单位组成联合体投标，以确保改造工程的质量和工程进度。

四、改造技术

（一）采暖分户热计量及户内控温改造

改造小区的室内采暖系统均为分户控制的双管系统，建筑均有专用的采暖管道井，但没有安装热计量装置和室温控制装置。循环水泵在整个采暖期里采用手动定流量、连续运行的方式，运行电耗大。建筑内部采暖系统形式本身很适合于单户计量，采暖管道形式上不需要改造，改造后达到《供热计量技术规程》（JGJ173-2009）对供热计量和户内温度调控的要求。改造采用的热计量方式为"通断时间面积法"。

在管道井内分户管上安装温控式热分配表（分户安装）、楼栋（或热力入口）安装电磁热量表/超声波热量表（楼栋安装）、楼栋（或热力入口）安装楼栋热量分摊装置（楼栋安装），分户热量抄送或管理采用采暖耗热量管理软件。并且，热分配表能够实时显示用户分配热量，采用供回水温度修正并保证分配准确度，具备无线远传集抄功能及远程控制功能。其安装原理图如图1所示。

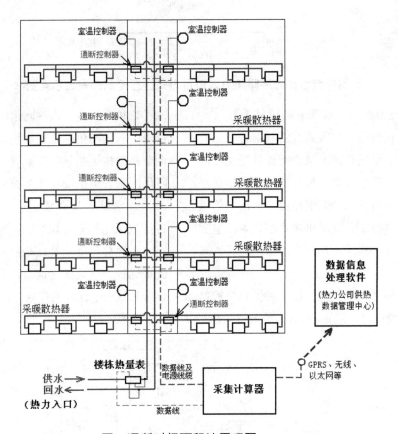

图1 通断时间面积法原理图

（二）室外热力管网水力平衡及热力入口改造技术方案

现有的2000年以后竣工的小区其室外采暖管网形式一般为枝状管网，管材为预制保温管，采用直埋或地沟形式敷设，保温效果和输送效率均较高，主体管网本身一般不需要进行改造。

在实施供热计量及分户控温改造后,采暖系统变成了变流量系统,用户的主动温度调节会导致采暖管网的压力变化,从而会间接影响到其他用户的压力、流量。根据供热系统变流量运行的要求,应在热力入口安装自力式压差控制阀,控制各户的资用压差相对恒定,以保证热用户压力的稳定性。同时需要对室外采暖管网的水力平衡状况进行测试和计算,依据测试和计算结果对室外热力管网进行水力平衡改造,从而保证供热系统安全高效地运行。

在热力入口设置自力式压差控制阀的改造示意图如图2.13所示,将自力式压差控制阀安装在热力入口的回水管道上,将其测压孔安装在邻近的供水管道上。

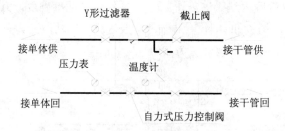

图2 典型单元采暖热力入口自力式压差控制阀安装示意图

(三)换热站节能及自动控制改造

1. 结合改造后采暖系统的管网特性,对采暖循环水泵的性能参数进行评估测试,确定是否需要更换水泵。换热站内增设循环水泵变频控制装置,水泵变频由二次网侧的供回水压力差控制,满足供热系统计量改造后变流量运行的需求,保证系统节能运行,减少循环水泵电耗。

2. 安装气候补偿装置,实现供热量根据热负荷的变化自动调节,保证系统节能运行。

3. 热力站内一次网回水管道上安装总热量表、一次网供水管道安装电动控制阀门,调节阀根据换热站控制装置信号动作。二次网供回水管道上安装压差控制器、温度传感器。总热量表具有数据远传功能,上述设备控制采用换热站DDC自动控制装置集中调控。实现总热量计量、耗热量监测、系统变流量运行、自动优化调节,最大程度地节约热量和减少电耗。系统原理图如图3所示。

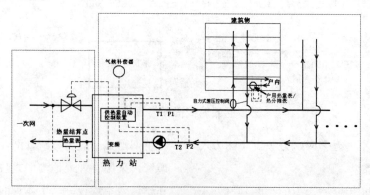

图3 热力站自动控制系统示意图

改造内容示意图如图4所示。

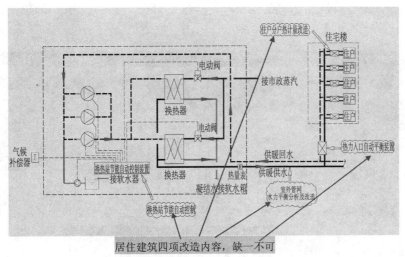

图4 热计量改造的技术内容

（四）远程监控

通断时间面积法热计量供热系统配备有数据无线远传功能，将楼栋分摊装置里存储的数据以及各户热分配表中的数据通过网络及时远传至管理中心（可设在各小区的换热站或更高一级的管理部门），计算机管理中心安装采暖耗热量管理软件，采暖耗热量管理软件可以随时监控各楼栋总表、各户热分配表的每天数据，并不断累积形成历史数据包。采暖季结束后，在采暖耗热量管理软件客户端导入数据库，便可以查询采暖期间每天总表与各户表的热量、开启比、供回水温度等相关参数，管理十分方便。

图5 通断时间面积法热计量系统采暖耗热量管理软件系统结构图

通断时间面积法热计量系统采暖耗热量管理软件系统启动后，显示如图6所示界面。在此界面中可以显示和查询任何小区各单元各户的热量值以及总表的累积热量、累积流量，热力入口的供回水温度和瞬时流量。

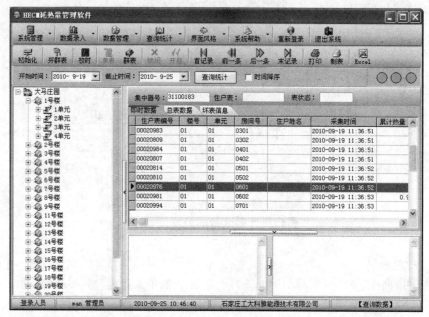

图6 通断时间面积法热计量系统采暖耗热量管理软件系统主界面

利用此远程监控软件系统的"集中器管理"即楼栋热量分摊装置功能，可以查询、编辑小区内各楼的楼栋热量分摊装置的基本数据。点击集中器管理的相关数据，可以把数据导出到Excel表格中，保存成如图7所示的形式。

图7 通断时间面积法热计量系统采暖耗热量管理软件集中器管理界面

五、改造经济效益分析

对方北小区采用通断时间面积法热计量技术改造后，经过几个采暖季运行，每年节省供热蒸汽约4790~4900t，直接经济效益约63.7~65.2万元；节能效益折合每平方米建筑面积约为2.6~2.8元/平方米。整个系统改造完成并通过几个采暖季的实际运行，取得了较好的社会效益、经济效益以及环保效益。

（河北工业大学供稿，孙春华、杨宾执笔）

天津市塘沽区河华里小区改造工程

一、工程概况

河华里小区坐落于塘沽区新村、福建路西侧。该小区始建于20世纪80年代末，区内建筑多为五层、六层砖混结构，运行管理中存在着建筑结构部分构件老化、损坏现象和建筑物能耗大等问题。原外窗及楼梯间窗均为单玻铝合金窗，阳台开敞，阳台内门联窗多为单层玻璃木平开门联窗，楼栋入口均开敞，建筑外墙均为365毫米粘土砖墙，屋面均为平屋面；室内采暖系统为上供下回双管系统、散热器为铸铁散热器四柱760型；小区由河滨公园地热井、自来水地热井供热；其中河滨公园地热井供20栋、自来水地热井供7栋，室外管网架空敷设，且保温存在多处破损。

本次改造范围包括河华里1～20号、福建路河华里7栋1号、医院路河华里420号楼、福建路60号、62号楼、福建路62号、64号、66号楼、福建路68号、70号、72号楼福建路74号、76号、78号、80号楼及飞虹街98号楼共27栋楼，总建筑面积81603.28平方米。

二、改造目标

本项目主要针对结构、热源、管网、供热计量和围护结构进行改造，在提高结构整体性、增强结构强度的基础上，提升建筑的能源使用效率，延长建筑使用寿命，完善建筑使用功能，为住户提供安全、舒适、健康的生活环境。

图1 建筑改造前后外貌对比（左图：改造前；右图：改造后）

三、改造技术

（一）结构改造

原房屋多为五层、六层砖混结构，刚性条形基础，横墙承重。横墙间距3.3米，承重墙以220毫米厚硅酸盐中型砌块为主，在楼梯间等部位为240毫米厚黏土多孔砖，砖砌体强度MU7.5，砂浆强度M1.9未设构造柱及圈梁，结构整体性较差。本项目加固方案主要为增设圈梁和构造柱。

1. 增设圈梁

由于内做圈梁影响建筑物的使用，外做梁圈影响建筑物的外观，所以本项目结构改造采用墙体上增设圈梁的方法。根据规范(GB50011-2010)第7.3.4条规定，纵筋不小于4Φ10，箍筋不小于Φ6@250，截面高度不小于120毫米，本项目采用圈梁高度300毫米，纵向筋取4Φ12，符合抗震规范要求。

施工要求：

（1）去掉墙体二侧抹灰层，沿全长开槽，深30毫米，高度300毫米；

（2）每隔约600毫米在上下各打一孔，直径约40毫米；

（3）墙侧在放置钢筋处，去掉抹灰层，将砖缝剔凿，深约15毫米；

（4）将钢筋安放就位，并搭接焊牢，内外侧用干硬性水泥砂浆将墙上的槽抹平，再装饰恢复。

2. 增设构造柱

按照规范（GB50011-2010）第7.3.2条，构造柱最小截面尺寸240mm×180mm，纵筋不小于4Φ12，箍筋不小于Φ6@250。本工程补做构造柱采用350mm×180mm，纵筋6Φ12，箍筋采用Φ6@200。补做构造柱的有二个重点部位：一是与原有墙体的可靠连接；二是如何穿过原有楼板。本工程按下述方法补做构造柱。

（1）构造柱与原有墙体的连接

本工程构造柱均放置在内外墙、纵横墙交角处或楼梯拐角处，采用销键法与捆绑法相结合，使新加构造柱与原内外墙形成整体。

销键法是在原墙体上开燕尾槽，内大外小，形成一楔体，在槽内放置钢筋，并浇筑C25高强自流平细石混凝土。楔体外口做120mm×120mm，内腔做180mm×180mm，深180毫米，放置2Φ10U形钢筋，楔体沿高度方向每隔600毫米做一个。

捆绑法就是通过在墙上打孔，穿钢筋，与新加构造柱的纵筋绑扎在一起，本工程采取在内外墙上每隔1000毫米，打孔穿Φ12环形钢筋与构造柱纵筋绑扎，浇筑C25高强自流平细石混凝土。

图2 柱施工梯

（2）构造柱穿楼板

为保证构造柱在高度方向为一整体，构造柱须穿过一、二、三层楼板，具体做法如下：

一、二层楼板处，对应构造柱纵筋位置，在楼板上钻孔径为Φ30，共六个，在每个孔内穿Φ14钢筋，板上、板下均露出550mm（搭接长度），穿好后，用C30干硬性自流平混凝土将孔塞实，填塞灌注时应尽可能充盈原板孔洞内，塞好后与构造柱纵筋绑扎，浇筑混凝土。构造柱主筋顶部锚入三层楼板或梁混凝土内。

（3）柱基础

根据规范（GB50011-2010）7.3.2-4条相关规定，本项目构造柱不单独做基础，下部伸至室内地面以下500毫米。

（二）节能改造

1. 外窗改造

存在的问题：原建筑外窗均为单玻铝合金窗（部分用户已经自行改造为单玻塑钢窗），其气密性指标无法满足《建筑外窗气密性能分级及检测方法》GB/T7107-2002的3级水平。

改造技术：原有外窗加装一层中空玻璃塑钢窗；原外窗住户已经自行改造为单玻塑

钢窗的，此次加装一层单玻塑钢推拉窗，外窗洞口四周均采用聚氨酯发泡进行填充密封保温处理；住户已自行封闭阳台，阳台内门联窗为木门联窗或单玻塑钢窗此次不再进行改造；同时对阳台外栏板及上顶板及下底板进行保温改造，在上述部位铺设30毫米厚EPS保温板保温。

图3 外窗改造后实景图

2.楼梯间改造

存在的问题：原建筑楼梯间窗为单玻铝合金窗，阳台开敞，阳台内门联窗多为单玻木平开门联窗，楼栋入口均开敞，无法满足保温的要求。

改造技术：

(1) 原楼梯间入口处加装具有自闭功能的保温门，其保温性能满足《天津居住建筑节能设计标准》(DB29-1-2007)中第4.2.1条规定：透明部分传热系数应满足$K \leq 4.0 W/(m^2 \cdot K)$，不透明部分传热系数应满足$K \leq 1.5 W/(m^2 \cdot K)$。

(2) 原有楼梯间窗均更换为中空玻璃塑钢窗，气密性指标不低于《建筑外窗气密性能分级及检测方法》GB/T7107-2002的3级水平，保温性能达到$K \leq 2.7 W/(m^2 \cdot K)$要求，楼梯间门窗洞口四周均采用聚氨酯发泡进行填充密封保温处理。

图4 楼梯间窗改造（左图：中空塑钢推拉窗；右图：中空玻璃）

图5 楼梯入口门改造（左图：入口门改造前；右图：入口门改造后）

3.屋面保温改造

存在的问题：原建筑平屋面未设置保温层，不能满足住户的要求。

改造技术：将原有屋面加设保温层，屋面改造做法为：拆除原屋面防水层后在原有屋面基层上铺设60mm厚挤塑聚苯乙烯泡沫板，上抹20mm厚1∶3水泥砂浆找平层后铺防水层。改造后屋面保温性能应达到《天津市居住建筑节能设计标准》（DB29-1-2007）中规定的K≤0.5W/（$m^2·K$）。

图6 屋面保温改造

4.外墙改造

存在的问题：原建筑外墙均为365毫米粘土砖墙，未设置保温层，其保温性能不能满足《天津市居住建筑节能设计标准》（DB29-1-2007）的要求。

造技术：对外墙进行改造，在外墙外侧粘贴60毫米EPS保温板。

图7 外墙改造（左图：外墙改造前；右图：外墙改造后）

5.热源改造

改造技术：改造后河滨公园地热其中循环泵根据室外温度变化和需要的二次网供水温度自动确定开启频率，可有效控制一次水量，达到合理利用资源的目的；补水泵根据精确计算和实际运行经验确定的回水压力确定开启频率，有效地对二次网进行补水定压。在河滨公园地热井加装必要的电动调节阀，在小区入口处设超声波热计量表进行计量，通过数据分析来考核节能效果。

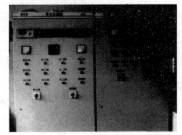

图8 变频装置

6. 室外管网改造

存在的问题：部分管道、阀门部件损坏，导致热能在管网传输过程中损失过大。

改造技术：检查修补供热管网破损的保温层，更换外网损坏的管道、阀门部件；当室外管网各并联环路间压力损失值大于15%时在热力入口及必要的热网分支处加装平衡阀。

图9 管网改造（左图：修补管网保温；右图：加装平衡阀）

7. 供热计量和采暖系统改造

存在的问题：缺乏热计量及调节设备。

改造技术：在河华里小区热力入口处加装热计量表，以计量河华里小区节能改造效果。在热力入口处安装调节阀，对楼梯间内采暖管道进行保温；每组散热器安装手动控制阀，并对原系统涉及的阀门进行检查清洗及必要的更换、清除腐蚀。

图10 热计量及室内采暖系统改造

四、建筑改造效果分析

（一）建筑改造效果理论值测评

以热源为单元，对其所覆盖区域内的采暖系统和建筑物进行供热计量与节能改造，并从具有相同特征（同一结构类型、同一朝向、同一围护结构做法）的工程中选取河华里7号楼为代表性建筑。7号楼建筑面积1929.31平方米，5层砖混结构，层高2.7米（底层2.9米），南北朝向，建筑物体形系数为0.33；其基准建筑采暖耗热量指标（节能改造前）为40.7W/m^2，节能改造后建筑物采暖耗热量指标为15.2W/m^2；节能改造前管网输送效率按85%；节能改造后管网输送效率按90%计算。

由于河华里小区的建筑结构形式基本相同，以河华里小区节能率理论值预测该既有居住建筑供热计量及节能改造节能率理论值为65%。以热源为单元的河华里小区节能改造项目理论值节能率为65%。

（二）建筑改造效果实测值测评

1. 室内外参数检测

选择河华里20号楼1到5门每门各2~3

户、共计13户为典型房间。检测时间为2009年1月5日，在河华里20号楼1门102、103、201，2门201、203，3门102、203，4门101、102、201及5门101、202、203等房间进行测温，检测期室内平均温度为20.4℃；室外气象数据采用移动式气象站检测记录数据。根据2008年11月10日至2009年3月20日热计量表读数，由河滨公园地热井及自来水地热井供热的河华里热表读数分别为9906GJ、2044.3MWh，合计总耗热量为4798.2MWh，采暖天数共131天。

2.节能率实测值计算

根据2008~2009年采暖期耗热量记录，塘沽区河华里改造片耗热量为4798.2MWh，根据检测采暖期室外平均温度为0.1℃。经计算实测值节能率为63%。

将河华里7号楼虚拟为1980~1981年通用建筑做法，屋顶传热系数为1.25W/(m²·K)，外墙传热系数为1.86W/(m²·K)，外窗传热系数为6.4W/(m²·K)，楼梯间隔墙传热系数为2.0W/(m²·K)，分户门传热系数为2.0W/(m²·K)，楼梯间开敞，换气次数为1次/h，则基准建筑物采暖耗热量指标为40.7W/m²；节能前管网输送效率按85%、节能后管网输送效率按90%计算，则实测值节能率为63%。

（三）用户满意度调查

该工程改造后实际节能率达到63%，节能效果显著。用户满意度较高，通过问卷调查，非常满意的人数占总数比例的8.89%，对改造工程满意的人数占总户数比例人数占48.89%。此次用户满意度调查共调查45户，占此次改造受益居民户数的5.02%。

此次满意度调查是在塘沽区河华里居委会协助下，以每户为单位，以改造受益居民自愿参与填写调查表等方式进行的（见表1）。河华里小区改造项目用户满意度调查显示改造受益用户对改造结果基本满意，达到了改造的预期效果。

用户满意度调查统计表　　表1

满意度 人数及比例	非常满意	满意	较满意	不满意	无效问卷	合计
户数	4	22	18	1	0	45
占总户数比例（%）	8.89	48.89	40.00	2.22	0.00	100

五、思考与启示

天津市塘沽区河华里小区既有居住建筑供热计量及节能改造项目是以热源为单元的改造项目。该项目通过上述计算、检测、及对检测结果进行处理表明其理论值节能率为65%，其实测值节能率为63%，其节能率实测值与理论值基本相符。通过对该项目具体情况进行分析，该项目改造过程中遵循改造的各项技术规定，并在改造过程中充分结合该小区的实际情况进行改造，既节约了时间，又保证了节能改造效果达到预期效果。

（哈尔滨工业大学供稿，邹斌执笔）

上海申都大厦改造工程

一、工程概况

上海申都大厦改造项目位于上海市西藏南路1368号，用地面积为2038平方米，建筑占地面积为1106平方米。该建筑原建于1975年，为上海围巾五厂漂染车间，1995年由上海建筑设计研究院改造设计成带半地下室的六层办公楼。经过10多年的使用，建筑损坏严重，业主单位决定对其进行翻新改造。

图1 改造前状况

图2 改造后实景

改造后的项目地下一层，地上六层，地上面积为6231.22平方米，地下面积为1069.92平方米，建筑高度为23.75米，地下一层主要功能空间包括车库、空调机房、雨水机房、水机房、信息机房、空调机房等辅助设备用房，地上一层主要功能空间包括大堂、餐厅、展厅、厨房以及监控室等辅助用房，地上二层至六层主要为办公空间以及空调机房等辅助空间，改造后的实景如图2。

二、改造目标

（一）项目改造背景

该建筑属于旧工业厂房的改造再利用。原建于1975年，为围巾五厂漂染车间，结构为三层带半夹层钢筋混凝土框架结构，1995年由上海建筑设计研究院改造设计成带半地下室的六层办公楼，其结构建造历史如图3所示。

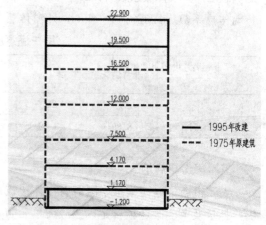

图3 结构历史

经过10多年的使用，建筑损坏严重，难以满足现代办公的要求。基于世博的机遇，2008年现代集团决定对其进行翻新改造，当时恰逢中国绿色建筑发展的开始，借助世博和中国绿色建筑发展的双重影响，现代集团最终决定对其进行绿色化改造。

（二）项目改造技术特点

项目以三星级绿色办公建筑为改造目标，应用多项绿色化改造技术措施，强调被动优先的设计原则。基于绿色建筑评价标准三星级的要求和申都大厦的自身特点，申都大厦改造工程采用的主要改造技术包括自然采光、自然通风、建筑遮阳、垂直绿化、屋顶绿化、阻尼支撑加固、雨水回用、空气热回收技术、节能照明灯具以及智能照明控制系统、太阳能光伏发电系统、真空管太阳能热水系统、能效智能监管系统。

三、改造技术

（一）建筑改造

1. 立面改造

申都大厦改造项目东向和南向两个立面结合建筑多功能复合立面设置标准单元满屏复合绿化。布置面积分别为东立面绿化面积为346.08平方米，南立面绿化面积为319.2平方米，共计665.28平方米，如图4。

图4 垂直绿化布置图

通过对独立单元开间与逐层设置标准单元垂直绿化体系，整合建筑南立面边庭空间、建筑东南角的顶层下沉庭院空间以及建筑东侧沿街立面，将建筑界面的围合、节能、绿化、遮阳、通风以及防噪功能整合。垂直绿化采用两种爬藤植物（一种落叶爬藤（五叶地锦）、一种常绿爬藤（常春藤））为主，点缀地被植物，结合建筑建筑室内比邻空间功能需求，实现夏季绿化满屏并零星点缀小瓣粉化，对建筑东南两向进行直射光线遮挡，以及建筑主体南向较差视觉界面的屏障，冬季，通过落叶藤本植物的设置，加大直射阳光的引入，并留有一定的常绿藤本保持界面的绿色形态。

每个花箱种植11株植物，其中6株为常绿植物，3株为落叶植物，2株为开花植物。植物种植按规律统一布置，植物排序为1、3、5、7、9、11种植常春藤，2、6、10种植五叶地锦，4、8种植蔷薇。在花箱靠近网架侧种植一排花叶蔓，每个花箱种植12株；时令花卉种植于花箱裸露介质土上。

网架材料为异形不锈钢方管做主框架，内配不锈钢钢丝网片。东向外立面斜拉不锈钢网架高3.02米，每面绿墙两端网架宽度1.165米，共52片，中间网架宽度1.190米，共30片；垂直面网架高3.52米，宽0.865米，共12片。南向外立面垂直面网架高3.52米，宽1.165米，共70片。

2. 屋面改造

申都大厦屋面设有屋顶绿化，主要包括固定蔬菜种植区145平方米，爬藤类种植区7.5平方米，水生植物种植区20平方米，草坪2.6平方米，移动温室种植4.5平方米，树箱种植区4平方米，果树种植4棵，如图5。

图5 屋顶绿化实景图

蔬菜种类包括丝瓜、大番茄、茄子、玉米、黄瓜、荠菜、花生等15种。屋顶花园所设的植物分别为胡柚、芦苇、马鞭草、常春藤等本土植物。

蔬菜种植土深度不小于25厘米，果树土壤深度不小于60厘米。蔬菜种植土壤采用轻质营养土。蔬菜种植区采用渗灌及微喷两种浇灌方式，果树种植区采用涌泉式灌溉，绿化灌溉均采用收集来的雨水。

3. 空间改造

改造过程中重新设计建筑内的空间功能布局，其中为了改善通风和采光效果，在建筑中增设中庭，并结合设置屋顶天窗。该中庭直通6层屋顶天窗，中庭总高度29.4米，开洞面积为23平方米，通风竖井高出屋面1.8米，即高出屋面的高度与中庭开口面积当量直径比为0.33。

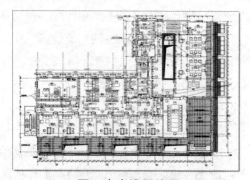

图6 中庭设置位置

图7 中庭实景图

屋顶天窗挑高设计，增加热压拔风，开窗位置朝北，处于负压区利于拔风，开窗面积为12平方米，开启方式为上旋窗。

图8 天窗实景图

（二）结构改造

采用阻尼器消能减震加固措施。申都大厦改造前结构主要存在问题：第一次实际加固情况与图纸存在偏差，部分加固措施未做。大楼的2~4层原有钢筋混凝土框架结构的混凝土柱和梁端并没有按照改建图纸的要求进行加固，具体为：钢筋混凝土框架柱断面没有采取外包加大处理，框架梁端部没有粘贴钢板加固；结构多项指标和抗震措施不能满足现行规范要求；房屋平面不规则；部分柱轴压比超限；结构整体刚度不足，地震作用下水平位移超限；整体计算结果表明大楼的最大层间位移角不能满足现有规范的要求。大楼现在的4、5层混凝土框架结构层高较高，框架柱截面较小，同时5层钢框架结构楼层引起大楼竖向刚度突变；大楼的原有钢筋混凝土梁、柱、梁柱节点以及2层、5层、6层部分加层钢框架结构均需进行加固处理；部分楼板、梁挠度过大；地下室和底层框架柱的外包混凝土表面有蜂窝、孔洞等现象，且浇捣较为酥松，施工质量较为欠缺。

申都大厦工程属于既有建筑结构的二次改造加固，根据新的建筑功能原结构不能满足现行规范的基本要求，需对结构进行加固。结构加固应遵从的原则为：满足安全要求（相关规范规定承载力、变形等基本要求）前提下，达到资源消耗和环境影响小，尽可能减少加固量。制定如下加固思路：首先对原结构进行现有功能下的竖向荷载计算，若不满足则进行第一阶段的竖向加固，采用增大截面方法；在满足竖向基本要求后再次进行水平抗震验算，若不满足，则进行第二阶段加固，可采用传统增大截面法或消能减震方法，其中消能减震方案又有软钢阻尼器和屈曲支撑两种供比较选择；第二阶段的加固满足之后，再根据前一阶段采用的加固方法确定需要进行局部构件和节点加固的范围，进行局部加固设计。

申都大厦的消能减震措施采用了软钢阻尼器的消能减震加固方案，阻尼器的个数为12组，主要布置在层间变形较大的两个混凝土楼层（3、4层）。阻尼器参数为：弹性刚度$K=7.35×10^4$ KN/m；屈服力=143 KN，屈服位移约1.94毫米。

图9 阻尼器消能减震加固措施实景图

阻尼器加固主要从两个方面减少传统加固工程量：

（1）减少柱截面增大量，节约混凝土用量约85立方米，相应配筋6.6吨；

（2）减少主要框架梁的加固工程量，减少总量约4吨。阻尼器加固较传统加固法节约混凝土约85平方米，折合每层增加净面积约4.7平方米，总计增加净建筑使用面积。

（三）暖通空调改造

1. 空调系统

根据业主要求，按楼层和房间用途，分别设计变制冷剂流量多联分体式空调系统加新风系统，便于室温独立控制和物业管理。带全热回收装置的直接蒸发分体式新风处理机组的室内机就近设于当层新风机房内，冬季采用湿膜加湿。变制冷剂流量多联分体式空调系统和直接蒸发式分体式新风机组的室外机均设于屋面。

2. 新风热回收系统

申都大厦新风处理机组所配的全热回收装置采用板翅式，夏季额定工况（室外干球温度35度、湿球温度28度、回风干球温度25度、湿球温度19度）的全热回收效率为65%，冬季额定工况（室外干球温度-5度、湿球温度-7度、回风干球温度20度、相对湿度40%）的显热回收效率为70%。排放热回收机组将服务2层至6层办公区域。

新风量有两种容量分别为4000m^3/h（服务3、4、6层）和3600m^3/h（服务2、5层），服务2、3层的新风空调箱安装在3层空调机房，服务4~6层的新风空调箱安装在4层空调机房，所有室外机都安装在屋顶西北侧，太阳光热集热板下方。

空调的冷媒采用了环保冷媒R410A，制冷制热效果更佳。

针对新风热回收系统安装包括送、回、排、新风侧的温度、湿度、压力、风速的14个监测探头，用于实时分析新风机组的实时热量回收效果。

（四）给排水改造

1.雨水回用系统

申都大厦雨水回用系统按照最大雨水处理量25m³/h进行设计，收集屋面雨水，屋面雨水按不同高度的屋面，不同的划分区间设置汇水面积，设置重力式屋面雨水收集系统。屋面雨水经重力式屋面雨水收集系统收集后，注入总体雨水收水池（4.6m×2.5m×2.5m）；该雨水回用处理以物化处理方法为主要工艺。雨水经过屋面雨水排水管网汇集到雨水收集井1，经过过滤格栅进入雨水收集井2。当雨水量超出雨水收水池承载后，可以通过渗透方式回补浅层地下水或直接溢流排放。当雨水量不够，可以用浅层地下水或自来水补充。室外红线内场地、人行道等尽可能通过绿地和透水铺装地面等进行雨水的自然蓄渗回灌。

系统用提升水泵打入中水至自清洗过滤设备进行处理，处理后的清水经过氯消毒后进入中水水箱（1m×2m×1.5m）。系统将雨水处理后主要用于室外道路冲洗、绿化微灌系统、水景、楼顶菜园浇灌，因此水质应当同时满足《城市污水再生利用 城市杂用水水质标准》（GB/T18920-2002）对道路清扫、城市绿化的要求和《城市污水再生利用景观环境用水的再生水水质标准》（GB/T18921-2002）对水景类观赏类景观环境用水的水质要求。

系统安装了美国HACH电子水质监测仪，自动监测余氯含量、浊度NTU，根据测量值与设定值的差异控制相应的设备。

2.太阳能热水系统

申都大厦太阳能热水系统设置以太阳能为主、电力为辅的蓄热太阳能集中热水系统供应热水。太阳能热水系统为厨房、卫生间等提供热水，热水用水量标准5L/人·d(60℃)。按太阳能保证率45%，热水每天温升45度，安装太阳能集热面积约66.9平方米，如图10。

图10 太阳能热水系统实景图

采用内插式U型真空管集热器作为系统集热元件，安装在屋面。配置2台0.75T的立式容积式换热器（D1、H1）作为集热水箱，2台0.75T的立式承压水箱（D2、H2）配置内置电加热（36KW）作为供热水箱。集热器承压运行，采用介质间接加热从集热器内收集热量转移至容积式加热器内储存。其中D1容积式换热器对应低区供水系统，H1容积式换热器对应高于供水系统。

D1、H1容积式换热器与集热器之间采用温差循环方式收集热量，两个温差循环共用一套集热系统，之间采用三通切换阀切换，D1容积式换热器优先级高于H1容积式换热器。立式承压水箱作为供热水箱，为达到太阳能高效合理的利用，水箱之间设置换热循环，当集热水箱（D1、H1）温度高于供热水箱（D2、H2）时，自动启动换热循环将热量转移至供热水箱。供热水箱内置36KW辅助电加热，电加热安装在供热水箱上部，启动方式为定时温控。

太阳能系统供水方面设置限温措施，

1#水箱限温80℃、2#水箱限温60℃。为保证太阳能集热系统的长久高效性,在集热循环管路上安装散热系统,当集热器温度达到90℃时自动开启风冷散热器散热,当集热器温度回落至85℃时停止散热。

太阳能系统设置回水功能,配置管道循环泵,将用水管道内的低温水抽入集热水箱,保证热水供水管道内水温恒定,既保证了用水舒适度也减少了水资源的浪费。

(五) 电气改造

1. 太阳能光伏发电系统

申都大厦太阳能光伏发电系统总装机功率约12.87KWp,太阳电池组件安装面积约200平方米。太阳电池组件安装在申都大厦屋面层顶部,铝质直立锁边屋面之上。太阳电池组件向南倾斜,与水平面成22°倾角安装,如图11。

图11 太阳能光伏发电系统

光伏阵列每2串汇为1路,共3路,每路配置1只汇流箱,共配置3只汇流箱。每只汇流箱对应1台逆变器的直流输入。

3台并网逆变器分别输出AC220V、50Hz、ABC不同相位的单相交流电,共同组合为一路380/220VAC三相交流电,通过并网接入点柜并入低压电网。光伏系统所发电力全部为本地负载所消耗。

2. 能效监管系统平台

申都大厦建筑能效监管系统平台是依据建筑内各耗能设施基本运行信息的状态为基础条件,对建筑物各类耗能相关的信息检测和实施控制策略的能效监管综合管理,实现能源最优化经济适用。系统构造可分为管理应用层、信息汇聚层、现场信息采集层。

建筑能效监管系统平台的基础为电表分项计量系统、水表分水质计量系统、太阳能光伏光热等在线监测系统。电表分项计量系统共安装电表约200个,计量的分项原则为一级分类包括空调、动力、插座、照明、特殊用电和饮用热水器六类,二级分类包括VRF室内机、VRF室外机、新风空调箱、新风室外机、一般照明、应急照明、泛光照明、雨水回用、太阳能热水、电梯等,分区原则为每个楼层按照公共区域、工作区域进行分类,电表的类型主要包括5类,分别为多功能电力监控仪(带双向)用于计量太阳能光伏配电回路、多功能电力监控仪用于计量总进线柜回路、多功能数显表(带谐波)用于计量配电柜中的除应急照明的所有配电柜主回路、多功能数显表(不带谐波)用于应急照明配电柜、智能电表用于计量配电柜出来的分支回路;水表分水质计量系统共安装水表20个,主要分类包括生活给水、太阳能热水、中水补水、喷雾降温用水等。

能效监管系统平台主要包括八大模块,分别为主界面、绿色建筑、区域管理、能耗模型、节能分析、设备跟踪等,如图12。主界面主要功能可以显示整个大楼的用电、用水信息,此外还可以显示包括室外气象、太阳能光伏光热、雨水回用的实时概要信息;区域管理主要功能用于不同区域的用电信息管理，可以实时显示不同楼层、不同功能区的用电量、分析饼图，以利于不同楼层用电管理；能耗模型主要功能是在线监测包括太阳能热水、空调热回收等的运行参数，并进行能效管理；节能分析主要功能是制作能效报表以及能耗模型的节能分析报告，用于优化系统运行提供分析依据；设备跟踪主要用于不同监测设备的跟踪管理，用于分析记录仪表的实时状态。

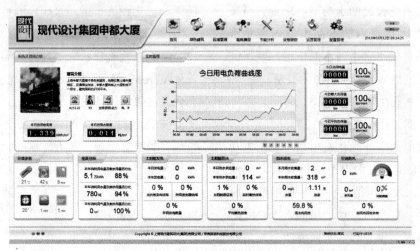

图12 能效监管系统平台

四、改造效果

项目经过整体上的绿色化改造，成功获得国家三星级绿色建筑设计评价标识，在节地、节能、节水、节材、室内环境和运营管理等方面都达到较高的水平。设计建筑年平均能耗为59.56kWh/m²，约为《公共建筑节能设计标准》（GB50189-2005）中参照建筑相应能耗的78.77%；太阳能热水系统保证率达到50%以上；非传统水源利用率达到20.45%。

五、改造经济性分析

与普通办公建筑相比，本项目的绿色技术增量成本主要集中在新风热回收机组、雨水回用系统、太阳能光热系统、太阳能光伏系统、阻尼器、垂直绿化系统、智能监管系统，为实现绿色建筑而增加的初投资成本为379.91万元。

六、思考与启示

本项目为既有工业建筑改造再利用，而且项目还位于高密度的城市群中，项目所采用绿色技术，包括边庭中庭设计、垂直绿化、屋顶菜园绿化、雨水回用系统、太阳能利用技术、结构加固技术以及能效监管系统对于既有建筑的绿色化改造具有极强的推广借鉴价值。

设计和建造只是项目绿色建设的开始，绿色的落地还需要运营管理，绿色运营将作为今后工作的重点，项目团队将进一步开展研究，把成果最终运用到项目实际运营管理中，并从实际运营中总结绿色技术的实际应用效果，对运营管理以及未来设计提供指导。

（上海现代建筑设计（集团）有限公司供稿，夏麟、李海峰执笔）

天津绿领慧谷低碳产业园改造工程

一、工程概况

天津绿领慧谷低碳产业园坐落于天津市河北区万柳村大街56号,前身为天津纺织机械厂,园区占地138亩,总建筑面积100000平方米,拥有不同类型建筑23栋。园区按照"政府主导、企业主体、市场化运营"的开发策略,将工厂企业转换到以创意设计、文化旅游、总部办公为主,实现由生产型向综合服务型的功能转换。总体定位为:环渤海低碳经济体验式展示交易研发基地;环渤海低碳产品展示交流中心;低碳生活资讯展示平台;中国北方低碳产业示范基地。园区项目采用能源供应方式:包括太阳能光热系统、地源热泵系统、离心式冷水机组系统(夏)和燃气锅炉系统(冬)。能源站主要由地埋管、热泵机组、单冷机组、蓄冰装置、冷却塔、水泵、板式换热器等设备组成。

二、改造目标

绿领低碳产业园依据厂区的基础现状、产业布局,依循产业发展的内在规律,将园区划分为产业示范区、交易展示区、孵化研发区三个功能区域。达到生活空间与工作空间、生活方式与生产方式的有机统一。

绿领产业园区通过搭建平台、完善政策、整合资源,为企业提供研发、生产、经营等各类服务。绿领产业园在招商引资时,明确提出要发展高端、高质、高新的绿色低碳产业,确定了清洁能源、建筑节能、绿色照明、工业减排、生态家居五大领域。

(一)产业示范区

将建设建筑节能产品示范性展示、工业节能技术与产品展示示范、民用节能技术与产品展示示范、节能系统集成的方案设计与示范。其中打造的"低碳之廊"将面向建筑节能、绿色照明、绿色能源等产业提供技术及产品展示,"生态家"以低碳生活为主题,倡导人群的健康绿色生活,"绿领湾"将打造为新型的室外综合展示演绎示范广场,将不同节能示范产品作为景观展示。

(二)交易展示区

交易展示区占地35亩,改造后建筑面积2.5万平方米,建立具有产业力的专业化交易服务体系,以强化咨询认证,创新政策机制。将集中优势资源打造"天津市节能生产力促进中心",带动企业的良性发展,建立"绿领低碳超市",引入国家发改委采购目录产品,同时提供多功能会展、能源交易、商务洽谈、综合会议厅、企业办公、专家咨询等配套服务。满足环渤海地区的低碳类、科技类企业发展,实现信息化运作,达到产品与技术的资源共享。

(三)孵化研发区

孵化研发区占地30亩,改造后建筑面积2万平方米,建立行业领导性的节能技术与产品检测监测研发中心,以推广低碳技术,促进结构调整。孵化区作为园区的孵化研发平台,将为企业提供合理的办公区间

（300~500平方米独门独院小户型）、完善的孵化平台、高水准的研发机构、具有公信力的认证中心，同时，建立的天津市科技创业服务中心，对入园企业提供"保姆式"的企业管理培训服务。

三、改造技术

（一）新能源技术的应用

在能源供应方式上废弃了原来的燃煤锅炉系统(冬季供暖)；采用太阳能光热系统、地源热泵系统、离心式冷水机组系统（夏）和燃气锅炉系统（冬）。以减少环境污染，做到低碳节能。

（二）窗体遮阳技术的应用

墙的外侧进行了百叶窗式的改造。达到装饰和隔热的双重效果，具有时代气息感（见园区改造现状中的介绍）。

（三）增层改造(扩大使用面积)

利用厂房空间大和高的特点，将其隔成上下2层，在不增加建筑面积的基础上扩大了使用面积。详见园区改造现状中的介绍。

（四）照明系统的改造

在照明方面各区域根据其功能的需求进行了不同的改造，如健身场馆将原普通白炽灯更换成日光灯组；汽车维修保养中心将原普通白炽灯更换成日光灯；顶点工业设计机构和时代特色分别根据各自特点做了个性化的改造。详见园区改造现状中的介绍。

（五）创意性改造

利用厂房间的空地，增加建造的文化与时代元素，如利用可代表厂房建筑材料的钢铁材料建造"时光隧道"（见"时光隧道"图片）。将历史文化与现代气息相结合，如艺术创作中心的改造，既保留了原国家领导人来厂视察参观的老照片和当年的宣传黑板报，又有改造后的琴键式台阶、个性化的灯饰等现代气息，见园区改造现状中的时代特色改造。

四、园区改造现状

（一）改造中的交易展示区

改造后的交易展示区将建成"绿领低碳超市"，引入国家发改委采购目录产品，同时提供多功能会展、能源交易、商务洽谈、综合会议厅、企业办公、专家咨询等配套服务。图1为正在改造中的交易展示区。

图1 改造中的交易展示区

（二）未改造的办公楼及厂房内部结构

1.改造前的办公楼

办公大楼建筑较老，无外保温，窗户为普通钢窗，保温效果差，见图2所示；办公室和大厅照明为普通日光灯照明，见图3所示；楼道为普通白炽灯照明，见图4所示。办公楼有很大的改造空间。

图2 改造前的办公楼外景

六、工程篇

图3 改造前的办公室和大厅照明

图4 改造前的办公楼楼道照明

2. 改造前的厂房

厂房的内部结构特点：空间大且高，房顶留有天窗可以透进自然光，见图5和图6所示。

图5 原厂房内部结构1

图6 原厂房内部结构2

（三）改造后的园区面貌

园区的改造是在不改变其外部结构的前提下对原厂房进行功能的改造。

1. 园区能源中心

出于对环境和资源的保护，通过减排、环保及资源保护体现保护环境、节材节约资源的科学发展理念。首先对园区的能源供应方式进行了改造，将原来的锅炉房改造成配餐中心，新建了能源中心，采用了太阳能光热系统、地源热泵系统、离心式冷水机组系统（夏）和燃气锅炉系统（冬），替代了原来的燃煤锅炉系统。图7为新建的能源中心，图8为新建能源中心冷却塔。

图7 新建能源中心

图8 新建能源中心冷却塔

2. "顶点工业设计机构"办公区

顶点工业设计机构进行了个性化的设计改造，将原厂房隔成2部分，进门为大厅见图9所示；里边作为办公区域，并将厂房隔成上下2层，充分利用有效空间，见图10所示;将2层改造成个性化的工作室,并利用天窗透射进来的自然光作为辅助照明,原屋顶结构结构维持原状,见图11所示。

图9 顶点工业设计机构大厅

图10 顶点工业设计机构增层改造

图11 顶点工业设计机构个性化工作室

3. 精卫艺术工作室

精卫艺术工作室在不改变厂房结构的情况下,室外稍加装饰,室内将高大空间隔成2层,把可工作区域增加了1/4。而且,制作的艺术品可作为园区的游览景观。其效果见图12~图15所示。

图12 精卫艺术工作室

图13 精卫艺术作品1

图14 精卫艺术作品2

图15 精卫艺术作品3

4. 汽车维修保养中心

汽车维修保养中心在不改变建筑主题结构的基础上进行了改造,将厂房的前后墙改造成门便于车辆的出入。

对室内的照明进行了相应的改造,将原普通白炽灯更换成日光灯,并隔出工作间和库房供其使用,使其原厂房变成了汽车维修保养中心，见图16、图17所示。

图16 汽车维修保养中心1

图17 汽车维修保养中心2

5.汽车文化广场

汽车文化广场包括7000平方米大型露天文化广场、汽车酒吧、汽车俱乐部、极速试驾跑道等。汽车元素在这里随处可见。一层：汽车展示展销、汽车周边产品展示专柜；二层：餐饮、休闲娱乐；三层：空中酒吧、绿领湾汽车文化广场内街走廊、汽车主题文化活动中心、汽车文化博览馆、汽车主题会所。

图18 汽车文化广场

在绿领湾汽车文化广场中，有天津首家露天汽车电影院，观众坐在车里，透过车窗欣赏大银幕上的电影，通过车内音响的调频系统接收影片声音。见图18、图19所示。

图19 汽车极速试驾跑道

6.时光隧道

颇具时代沧桑感的旧厂房与在两排旧厂房的中间用金属做成的时尚元素交织在一起，给人一种古今交融的厚重感。使园区成为集办公、娱乐、休闲、观光于一体的综合场所。见图20、图21所示。

图20 时光隧道力道图片1

图21 时光隧道力道图片2

7. 健身场馆

利用厂房超大空间的特点，稍加改造，将原普通白炽灯更换成日光灯组，就将一个废弃的厂房变成了群众健身的活动场所。见图22、图23所示。

图22 健身场馆图片1

图23 健身场馆图片2

集装饰、隔热效果为一体的改造效果（新技术窗体遮阳），如图24。

图24 新技术窗体遮阳图片1

园区内的天津市河北区中小企业服务中心办公场地在原厂房的南侧（朝阳一侧），墙的外侧进行了百叶窗式的改造。达到装饰和隔热的双重效果，具有时代气息感。图24为整体效果图，图25为装饰的局部放大效果图。

图25 新技术窗体遮阳图片2

8. 园区服务机构办公区

园区服务机构办公区根据原厂房层高的特点进行了增层处理，扩大了办公面积；保留了原厂房屋顶结构和天窗，利用天窗透光性作为照明的辅助光源。图26为服务机构大门，图27为原厂房的天窗，天窗下方为2个办公室间的通道，天窗透射进来的自然光用于通道的照明；图28、图29为改造后的办公室。

图26 园区服务机构办公区图片1

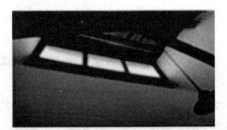

图27 园区服务机构办公区图片2

图28 园区服务机构办公区图片3

图29 园区服务机构办公区图片4

图30 艺术创作中心图片1

图31 艺术创作中心图片2

图32 艺术创作中心图片3

图33 艺术创作中心图片4

9. 时代特色

艺术创作中心位于原五车间的西侧，改造中既保留了历史文化又增添了时代气息。在艺术创作中心大门外的左侧墙上用工业废旧零件、汽车零部件、回收来的废铁等通过巧妙的构思和精心的组装，展现了历史文化，见图30；室内保留了原国家领导人来厂视察和参观的照片和当年的宣传黑板报，见图31～图33。图34中既保留了原厂房的天窗作为辅助照明，又进行了增层和现代的装饰，图35～图37分别为琴键式台阶、个性化的灯饰和艺术的展现。

图34 艺术创作中心图片5

图35 艺术创作中心图片6

图36 艺术创作中心图片7

图37 艺术创作中心图片8

10. 其他

改造的区域还有步行街宣传栏、戴维工业设计、海蓝潮文化传媒基地、丰泰网络办公区、喜多琦教育区、环渤海绿色照明基地和梦工厂摄影基地等；原锅炉房区域将建成配餐中心。见图38~图45所示。

图38 步行街的宣传栏　图39 戴维工业设计

图40 海蓝潮文化传媒基地　图41 丰泰网络办公区

图42 喜多琦教育区　图43 环渤海绿色照明基地

图44 梦工厂摄影基地　图45 原锅炉房将改成配餐中心

五、改造效果分析

绿领产业园的前身是天津纺织机械厂，数十年前，坐落在河北区的原天津纺织机械厂是天津的"地标建筑"之一。后来，闲置多年的老旧厂房一度成为人们的一声叹息。然而，现在经过那里，你会看到曾经的老厂房披上了时尚的外衣、曾经冷落的门庭如今车水马龙,从那个曾经被人淡忘的地方不断有新鲜的经济名词冒出,这里再次成为天津人关注的焦点。改造后的绿领产业园区集产品展示、交易、办公、研发、休闲娱乐、餐饮的综合性场所。园区通过搭建平台、完善政策、整合资源,为企业提供研发、生产、经营等各类服务。

六、改造经济性分析

改造中,园区采用了大量节能控制措施,新材料保温外墙、新技术窗体遮阳、可控开窗面积、隔热铝合金型材、中空Low-E玻璃、智能楼宇管理等几十种既先进、又具推广价值的建筑节能技术和产品嵌入到建筑体,使每栋建筑的能耗大大降低;通过对原厂房的增层改造,在不增加原占地面积的基础上,增加了使用面积,使原来闲置的厂房得到了充分的利用。目前已有几十家知名企业入驻园区,低碳创意产业取代了传统的仓储和加工业,产业结构、从业人员、产值税收的层级均得以提升,园区累计新增注册额2.36亿元,新增投资额8000万元,新增税收额1300万元,达到了"更少利用资源、更多利用智力、创造更大效益"的试点目标,其改造的经济效益是显而易见的。

七、思考与启示

旧工业厂房的改造不需要全部拆除重建,可以根据其厂房自身的特点,不破坏原结构,按功能需求进行改造。通过合理的设计、施工实现低碳、节能、减排。如对于高大的厂房做增层改造,扩大使用面积;通过对外墙做保温处理;更换节能门窗;使用绿色照明灯具和智能照明控制系统;通过对供电系统进行无功补偿和谐波的处理提高供电质量;采用地源热泵中央空调系统、太阳能集中供热系统、热交换新风系统、风光互补路灯、屋面雨水收集等环保科技手段达到节能减排的目的。改造中既保留历史文化,又有时代的创新设计,将旧的工业厂房改造成集办公、研发、生产、经营、娱乐、休闲、观光于一体的综合性场所。

旧工业厂房的闲置是一种资源的浪费,如何通过改造后加以利用使其创造价值是我们应该思考和如何实施的永久课题。

(北京建筑技术发展有限责任公司供稿,罗淑湘、邱军付执笔)

杭州新天地G&G2地块改造工程

一、工程概况

原杭州重机厂钣焊车间(G)，金工装配车间(G2)建于20世纪70年代，现将作为杭州市的重要工业遗存建筑物进行改造保留，并成为下城区次级商务商业中心。G&G2两地块将会成为地区发展的第一期核心区，组成核心区中最大地块组：G地块面积为19000平方米，占地面积11617平方米；G2地块面积为3700平方米，占地面积3689平方米。

地块G为原板焊车间，位于核心区西南角，东临永福桥路，北临安桥路。厂房外立面以红砖墙为主，内部结构完好。钣焊车间为三跨一层钢筋混凝土排架结构，钢筋混凝土独立基础，屋面板均为1500mm×6000mm的大型预制钢筋混凝土板，屋面的桁架结构形式为预制预应力混凝土桁架。车间的开间为6.0米，跨度分别为24.0米、24.0米和18.0米，其东侧尚有一跨东西向跨度为18.0米的气割区；钣焊车间高度约为17.5米，气割区高度约为12.3米，总建筑面积约为9117平方米。见图1。

图1 钣焊车间(G)西南侧面

地块G2为原金工车间，位于核心区北侧，地块G西侧，北临安桥路，南临东文路。厂房外立面损毁较严重，内部结构完好。金工装配车间为一跨一层钢筋混凝土排架结构，钢筋混凝土独立基础，屋面板均为1500mm×6000mm的大型预制钢筋混凝土板，屋面的桁架结构形式为预制预应力混凝土桁架。车间的开间为6.0米，跨度为30.0米；金工装配车间高度约为13.1米（从地面到屋架底部），总建筑面积约为3670平方米。见图2。

图2 金工装配车间(G2)东南侧面

二、改造目标

本项目为在保留工业遗存的结构形式的前提下对建筑物进行改造，将两座20世纪50年代的重工业厂房更新改建为下城区次级商务商业中心。

（一）建筑改造内容

地块G建筑南侧利用原有的工业遗存，在其内部布置各商业功能。地块G北侧新建建筑为电影院，在其东侧为单层通高28米IMAX影院。

建筑一层北侧即影院及其附属设施如零

售餐饮等。影院主体和南侧工业遗存围合成中庭，在其两侧借鉴商业步行街形式布置若干沿街零售餐饮点。建筑内部临近东文路设开放式餐饮，南侧有开敞的视线，北侧面向中庭可就近进入各商业网点。

建筑二层影院与工业遗存互为独立主体，其中在厂房大空间形式下围绕中庭布置酒吧。中庭南侧是相对独立的展览活动空间，可从建筑一层进入。

建筑三层和影院主体联系便捷，并作为后者的功能补充。四层沿通高中庭西侧是开敞游戏区，北侧是KTV区。

在建筑四层中工业遗存的部分屋架拆除在此层与影院主体连接形成东西两个实体，二者通过连廊连接。

G2地块和G地块围合成视线通透的内庭院，其间布置水景。景观水池及其间景观小品所强调的景观轴线和G地块的内庭院轴线垂直。G地块和G2地块通过开放走廊连接，形成一个整体。

G2地块建筑一层即沿内部公共空间轴线两侧布置中餐厅。

建筑二层延续一层功能设中餐厅，并在东侧设多功能厅。

建筑三层设会所餐饮提供高规格的宴席接待。

（二）结构改造内容

原结构主要检测结果如下：

(1) 钣焊车间混凝土碳化深度在7～40mm之间，金工装配车间混凝土碳化深度在5～50mm之间；

(2) 钣焊车间排架柱的表观情况良好，有几根排架柱在牛腿以上部分存在箍筋露筋、混凝土表面出现钢筋锈胀裂缝等；

(3) 金工装配车间排架柱在4/A～D的下端有轻微的火损现象，大部分排架柱表观情况良好；

(4) 排架柱没有加密区，不满足《混凝土结构设计规范》（GB50010-2002）的抗震设计要求；

(5) 钣焊车间约有497块屋面板存在裂缝；

(6) 金工装配车间共400块屋面板中约有125块存在裂缝，部分为钢筋锈胀裂缝；

(7) 钣焊车间抽检到单柱的倾斜率中，A轴中有3根柱、C轴中有2根柱、D轴中有2根柱的倾斜率超过《混凝土结构工程施工质量验收规范》（GB50204-2002）的要求；

(8) 金工装配车间抽检到单柱的倾斜率中，4、5轴中各有3根柱的倾斜率超过《混凝土结构工程施工质量验收规范》（GB50204-2002）的要求，抽检到4、5轴排架柱垂直度不合格率分别为60%和100%。

根据检测报告，由于混凝土碳化深度较深且存在钢筋露筋、锈蚀等现象，在结构加固前需进行结构病害修复和耐久性处理；需对屋架、排架柱、基础进行加固。

三、改造设计

（一）建筑改造

1. 工业遗存保护

本项目以保留工业遗产为重点，新旧的处理需特别考虑。通过分析现有的老厂房空间和结构后，建议将最具价值的元素保存，在新方案内强调主要的历史风貌，将回忆与未来并列交替。建筑的内部结构保留大部分的工业遗存，拆除现有屋面并引入适合使用功能的结构形式。

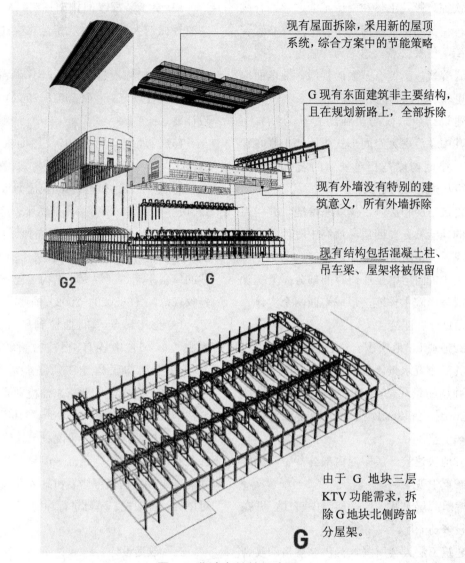

图3 工业遗存保护示意图

2. 景观改造

G与G2间的静态水池外庭将会成为建筑改造的外部焦点。北面与南面的两个入口将外庭连接至主要景观区域,也形成通往主要室内空间的次要入口。

在水池中央有一连串的休闲瀑布小岛,提供降温和阴凉的座位,与水面近距离接触。连接小岛的圆形小石阶,亦可提供贯穿水池和其他空间的次要通道。木材甲板用以将水池的直线边界软化,展现出休闲的味道。

景观元素主要采用三种材料:

(1) 狭窄石块地面;
(2) 木-用以甲板及所有连桥;
(3) 水-用以缔造平息感觉和冷却功能。

用于地上的石料与地块外围主要景观一致,以与主要景观不同大小的石块作为G和

G2的分界。景观效果图见图4。

图4 景观效果图

3.组件设计

（1）陶幕墙

考虑到建筑的可持续性能以及内部环境质量，选择方型网格系统，该系统从外观上来看奇特而有趣，能在日间提供有效的遮阳功能。普通网格还可以实现LED灯的简单内嵌，使遮阳屏在夜间也充满活力，形成画面和灯光交相辉映的灯幕，增强建筑的商业魅力。

陶幕墙为改造设计中最触目的设计元素。简单和耐用的陶采用现代挤压方法制成。陶砖安装在金属支框架，框架亦同时安装上LED灯组件。幕墙灯光图案提议利用电脑控制，与周围人和环境互动，形成有兴趣的抽象图案，激发游人的幻想。每一个陶砖四内面内都安装有一组LED灯，可在每对面独立反射，外墙整体有无限图形的可能性。

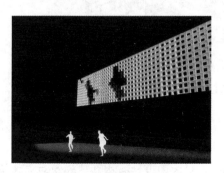

图5 陶幕墙效果图

（2）砖

砖与以上的陶幕墙有相同的理念——将传统技术和新概念融合。外页砖墙以传统方法组合，每1.5米将以配筋砌通接到内墙页。砖中间放置LED铜盒子，以水泥结合，组合成墙的整体。铜盒内的LED光将外观普通的砖墙转变成生动的画面，可灵活地布置大型平面动画、艺术和广告。每个LED单体都可以独立移除，方便日后的保养和更新。LED后部有金属架放置电线和电子组件。砖块本身亦可帮助LED散热，确保LED可达设计寿命。

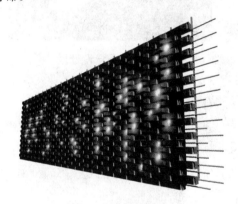

图6 砖墙效果图

（3）飞行仓和吊机

建筑内部中庭将有20米高的空间，可容纳两至三辆飞行舱。改装现有吊机，并将现有的货柜改装成有工业味道的吊舱。

图7 飞行仓概念图

(4) 光塔

在G地块广场前建立一座70米高的光塔，作为新天地对外的远处宣传及当地焦点。光塔将与陶幕墙一起运作，运用电脑科技，与区域内的游人互动，演绎成抽象的光图案表演。图案亦可作为本建筑与场地能源中心所收集到的可更新能源和节能指标的视觉表示。

图8 光塔概念设计图

4. 建筑节能改造

(1) 迷宫加热和冷却

建立一个迷宫内的实心墙连续通风井，紧邻新的结构并保留现有的基础。由此产生的新鲜冷空气可以用于夏季降温，冬季亦可取暖。

(2) 双层屋面施工

利用现有的混凝土屋面施工及现有的天窗延长迷宫的效益，利用一个新建的空腔在混凝土拱顶和新防水覆盖之间。在夏季由屋檐引进新鲜空气产生堆栈效应，推动它通过现有的天窗将有助于冷却屋顶。在冬季同样可以用空腔再循环聚集在天窗暖空气，导回到厂房热交换器可提取热量。利用自然气流和地层常温可以使运行成本显著地降低。

(3) 外部遮阳

所有新的玻璃幕墙广泛遮阳，可用遮阳片组或者与外部双层玻璃幕墙的飞檐。这些因素也将发挥重要作用，创造一个新的视觉突出"个性"的项目。

(4) 太阳能热水器

钣焊车间屋面面积2480平方米，金工装配车间屋面面积720平方米，这是安装真空管太阳能热水器理想的地区。这是一个加热水的高效益方法。

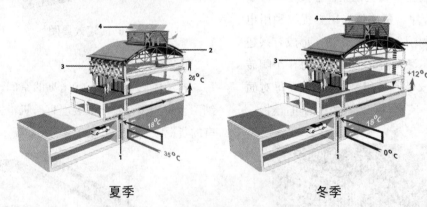

夏季　　　　　　　　冬季

图9 节能概念设计图

(二) 结构改造

1. 改造后的结构体系

改造后新增结构与原有结构之间设缝完全脱开，内部新建建筑钢柱落在原有厂房排架柱之间或内退一定距离，以避免新老建筑物基础构件的相互碰撞；新建建筑物采用桩基础，最大限度地减少新建建筑对老建筑基础承载能力的影响。

2. 结构病害修复及耐久性处理

本工程老厂房已接近设计使用年限，根据检测结果，存在混凝土裂缝，露筋锈蚀等缺陷，混凝土碳化深度在5~50mm之间；在进行结构加固之前，必须先对现有病害进行修复，并对各类保留的结构构件进行提高耐久性的处理，以满足结构的后续使用年限要求；对于个别受损严重的构件，尚应在修复完成之后采用可靠方式进行加固处理，确保其承载能力满足改造后的设计要求。

（1）混凝土裂缝修复

①对于宽度小于0.2mm的裂缝，清理干净后进行表面处理。

表面处理是针对细微裂缝（裂缝宽度小于0.2mm），采用Araldite XH111 Normal，涂刷于裂缝表面，以达到恢复其防水性及耐久性。

②对于宽度0.2~0.3mm的裂缝，清理干净后采用JGN修补胶进行表面封闭，再用Araldite XH7307进行灌注，工艺采用恒压灌浆。

③对于宽度1mm＞w＞0.3mm的裂缝，表面凿出V型槽，JGN修补胶嵌缝，然后灌注Araldite XH7307环氧树脂修复。

（2）混凝土碳化修复

①将碳化的混凝土清除，直到露出坚硬的混凝土。

②将表面修理得大致规整。

③将需要修补的部分洒水使其充分湿润。

④小体积修补采用聚合物改性砂浆进行修复，修复前原混凝土基面喷涂界面剂；大体积修补采用灌浆料直接浇筑修复。

（3）露筋锈蚀修复

凿除疏松的混凝土，直至露出坚硬密实的混凝土和钢筋，同时防止用力过大对原结构混凝土造成影响，必要时可采用手提式切割机将该部位的混凝土切出一定区域，再进行凿除；之后采用高压水枪冲洗。

①钢筋除锈：用高压吹风机吹净铁锈，确保铁锈完全清理干净；或者采用钢丝磨盘，砂纸，钢丝刷等将钢筋充分除锈，直至无锈蚀；然后在钢筋表面涂刷ARALDITE XH180。

②清理基面：先使用钢丝刷将空隙内的浮尘等清理干净，也可使用压缩空气吹出，然后用水进行清洗，直至混凝土表面干净并充分湿润；基面清理后应及时进行修复材料的填充，否则容易引起钢筋锈蚀和灰尘。

③先在清理干净的混凝土表面涂刷一层界面剂，再采用聚合物改性砂浆进行修复。

图10 原屋架现场图

3. 屋架加固

（1）屋架加固的要求

屋架加固的同时应对其耐久性进行修复，可选择既能提高屋架强度又能同时对耐久性进行修复的加固方式。

考虑施工的可行性，应尽量采用便于施工的加固方式。

应选择不会导致屋架自重荷载大幅增加的加固方式。

在保证加固效果的前提下应尽量保持屋架的原有风貌，宜采用对原有屋架外观影响较小的加固方式。

(2) 屋架加固设计

采取增设改性加固砂浆+钢筋网面层的方式对原结构混凝土屋架进行加固。做法大样如图11所示：

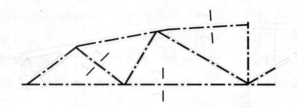

钢筋混凝土屋架加固大样

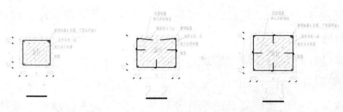

图11 屋架加固大样图

该加固方式有如下优点：

①改性加固砂浆强度高，机械性能好，抗压强度为30～50MPa，收缩小，抗开裂性能好，粘结性能和耐久性好。

②可以省去模板，大幅提高加固施工效率，节省工期。

③对屋架的截面尺寸影响不大，可以保留其原有风貌。

④加固的同时对屋架结构的耐久性进行了修复。

4.排架柱加固

(1) 排架柱加固的要求

排架柱加固的同时应对其耐久性进行修复，可选择既能提高柱强度又能同时对耐久性进行修复的加固方式。

考虑施工的可行性，应尽量采用便于施工的加固方式。

在保证加固效果的前提下应尽量保持排架柱的原有风貌，宜采用对原有排架柱外观影响较小的加固方式。

图12 排架柱加固范围示意图

根据本工程实际情况，排架柱在改造后不与新增楼面相连，其受力形式及承受的荷载并没有实质性的改变；但根据检测鉴定报告，原排架柱没有箍筋加密区，不满足抗震构造要求，需要在柱顶、吊车梁、牛腿、柱根等区段进行延性加固。加固范围如图12所示。

图13 原排架柱现场图

（2）排架柱加固设计

根据原结构排架柱的实际情况和改造要求，采用增设改性加固砂浆+钢筋网面层的方式进行加固。

做法大样如图14所示：

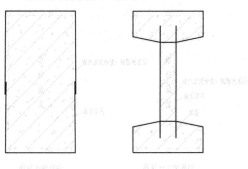

图14 排架柱加固大样图

该加固方式有如下优点：

施工工艺成熟，加固效果好，经济性高；不显著增加柱的截面尺寸，不影响建筑功能，且不需进行二次粉刷，采用喷射工艺，施工快捷，质量也易保证；可以保留排架柱的原有风貌；加固的同时也对结构耐久性进行了修复。

喷射改性加固砂浆进行结构加固的优势：

①材料性能优势：改性加固砂浆强度高，机械性能好，抗压强度为30~50MPa，收缩小，抗开裂性能好，粘结性能和耐久性好。

②施工工艺优势：可以省去模板，大幅提高加固施工效率，节省工期；能够保证改性加固砂浆与原结构的粘结强度，无空鼓、分层、开裂；材料配比固定，不浪费材料。

喷射改性加固砂浆施工现场图片：

绑扎钢筋网　　机械自动搅拌砂浆

机械喷射砂浆　　砂浆层施工完成后效果

图15

5.基础加固

(1) 基础加固的要求

建筑改造要求在原结构内新增楼层，应根据改造后的荷载情况对原结构基础及地基进行承载力验算，对不满足要求的柱下独立基础或桩承台基础进行加固处理，使加固后的基础强度、地基承载能力满足改造要求。

(2) 基础加固设计

对于原有柱下独立基础，计算承载力不足者，采用加大截面的方式进行加固，承载力相差较大时，采用补桩方式。

独立基础加大截面加固如图16所示：

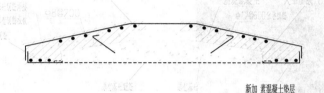

图16

四、改造效果

（一）建筑改造

通过对整个建筑平立面和使用功能的布置，整个建筑达到了预期的使用要求。改造后效果图见图17：

图17 厂房改造后效果图

（二）结构改造

本工程老厂房已接近设计使用年限，存在露筋锈蚀、混凝土裂缝、混凝土碳化等缺陷，对其进行病害修复和耐久性处理后，有效延长了建筑的使用年限。由于整个建筑功能的调整，结构荷载发生较大的变化，对原承载力不足的结构构件进行加固改造后，满足构件极限承载力和正常使用承载力要求。

五、总结

本改造项目在保留大部分工业遗存的基础上，改变其建筑平立面效果及使用功能，同时通过合理的设计、施工实现节能目标。

通过对结构的病害修复和耐久性处理延长其使用年限，对受损严重和承载力不足的屋架和排架柱采用增设改性加固砂浆+钢筋网面层的方式进行加固，由于上部结构荷载变化较大，对基础进行加大截面加固，使结构加固做到技术可靠、安全适用、经济合理、确保质量这一总原则。

（上海维固工程实业有限公司供稿，陈明中、黄坤耀、马建民等执笔）

上海春宇集团金桥21号地块改造工程

一、工程概况

上海春宇集团金桥21号地块位于上海市浦东新区金桥出口加工区金藏路366号，占地面积35517平方米，总建筑面积28162.64平方米。该地块原为轻工电子类通用厂房，内有三栋两层钢筋混凝土框架结构厂房，编号分别为G、F、H（图1）。跨距9米，基础为柱下混凝土条形基础。首层层高G、H幢为5.4米，F幢为6米，二层层高均为4.5米。由上海市新发展建筑设计所于1999年设计，并由南通市第四建筑安装工程公司于2000年左右完成建造。为满足将工业厂区改造为现代办公园区的使用要求，拟将厂房建筑使用功能进行调整，提出一整套外部景观、交通、立面改造及内部空间改造的系统解决方案。

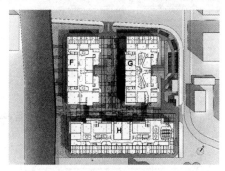

图1 厂区平面图

二、改造目标

（一）改造背景

为成功实现从旧有工业厂房改造为现代办公园区，需要深入挖掘现有建筑及环境的内外部优势，扬长避短，因势利导，融入现代办公特点；详细分析租用取方需求，建立简洁、高效的办公系统；灵活应对现代科技发展、进化可能带来的空间、设备的改动对建筑的影响；结合办公空间的能耗特征，设计可持续发展的节能空间系统；对外部空间环境和建筑外立面进行更新，塑造园区独特的建筑风格。

（二）改造特点

本项目改造技术的特点是在严格建筑限高条件下，采用斜拉式钢梁实现工业建筑室内局部增层（图2）。由于厂房跨度不大，结构现状较好，因此增层方案采用不增加竖向承重构件完全依托原结构的方案，但是由于原结构层高只有6米，为保证增层后的建筑净高，采用了斜拉式钢梁，钢梁高度仅为250毫米。

图2 斜拉式钢梁增层示意图

三、改造技术

（一）建筑改造

1. 外部改造

（1）功能布局

为完善园区配套，方便入住者使用，关注未来使用者的各类需求。根据三栋建筑的不同位置和使用要求，将其在功能上赋予不同的侧重点。

H栋（图3）：在这栋最长建筑临近金藏路侧布置230人的阶梯会议室及多个会议室（30～100平方米不等）形成园区的小型会议中心，并利用建筑的长度在建筑的中部布置方便展示的科技体验带。建筑通过将2层廊桥与G、F栋相连，方便园区内的所有人使用。此栋建筑除具有一般办公的特性外，还可对外出租，兼具了会议服务功能，是一栋半公共的开放式办公建筑。

G栋（图4）：整栋用来对外出租，除办公之外，还设置了部分咖啡吧、商务中心等服务设施。其风格为半私密的办公性质。

F栋（图5）：客户用于自用。设计趋向于内向型办公建筑特质。

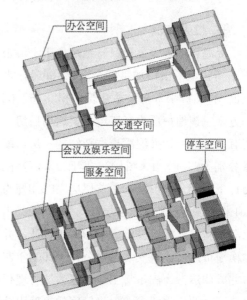

图5 F栋功能布局

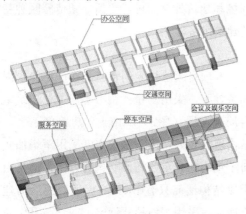

图3 H栋功能布局

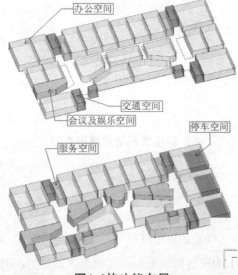

图4 G栋功能布局

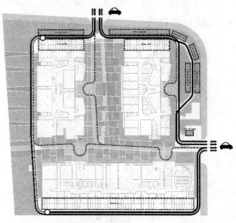

图6 行车路线

（2）交通

为最大限度地实现人车分流，改造中考虑到商户用车需求的基础上，为原本没有停车空间的园区加入了足够多的商务停车区域，包括便于不同办公楼使用的共有150个车位的3个半室内停车库以及一个70个停车位的室外停车场。同时，为了改善原有方案园内道路系统单一所造成的问题，规划了更为合理的人车分流的交通系统解决方案（图6、图7），满足了办公园区未来多人流及车流的需求。方案保留了原有的环绕三栋建筑的车行道作为区内消防车道，未来的所有区内停车也基本沿此环形车道布置。原有的建筑之间的T形道路被改造为步行路线（图8），宽度被大大压缩，代之以绿化和水景（图9），仅在建筑的各个出入口部分放大为小型广场，方便聚散。

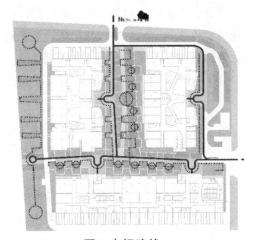

图7 步行路线

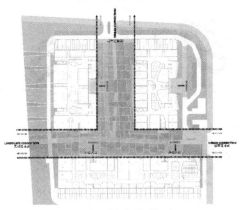

图8 散步路线

（3）景观

为更好地营造现代办公环境，保留了原有的大型乔木，增设了更多绿地及水景（图9），并利用景观的设置更有效地突出了每栋建筑的入口（图10）。另外，为了便于管理和应用，在原有建筑的基础上通过不同手法创造出了更生动的空间层次感及导向性（图11）。

图9 绿地及水景

图10 建筑入口

图11 建筑空间层次

G、F栋两个入口之间设置一个共同的带顶部格栅的半室外入口庭院，在对景处设水墙水池等景观小品，作为入口的标示空间，并成为建筑门厅及办公空间的良好借景。

在G栋入口广场和停车场之间设置坡顶高度为12米的斜坡绿化带，将出入该栋建筑的人的视线与停车场隔离开来。

H栋的两个入口距离较远，分别设置小

型入口广场结合二层的连接天桥强调出建筑入口的位置。增加景观层级，除区内道路周边的公共绿化植物，沿建筑周边一定范围内为一层办公用户提供了可供单独使用的相对私密的绿化空间，并在公共绿化内设置可供驻足交流的半公共绿化空间。

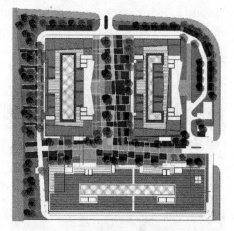

图12 屋顶花园

图13 建筑立面效果

充分发挥建筑良好的景观视线优势，将三栋建筑的屋面改造为屋顶花园（图12），选取多个景观视野比较好的部位铺设木质架空地板，设置凉亭、羽毛球场等设施，鼓励人们使用屋顶露台进行各类规模的聚会、展示、产品发布等交流活动。为园区的人文气质加分，充分体现"办公俱乐部"的特色。此外，还可大大增强屋顶的保温效果，极大地降低空调能耗，体现绿色化改造特征。笔者认为，屋顶绿化不仅应在工业建筑绿色化改造时采用，而且还可以在其他民用建筑，甚至工业建筑上使用。这样，可使城市环境更加美好，更重要的是，可有效减小城市热岛效应，大大降低城市能耗。

此外，结合区内各建筑，分别在不同部位设立尺度超常的园区名称和楼栋编号（图13）。功能上方便人们寻找目的地，形象上凸显园区的现代化风格。

（4）外立面

外立面改造总体原则为：注入人文特色，拒绝花俏，创造经典，能经受住时间的考验。

项目作为金桥出口加工区先期厂房改办公楼的试点项目，应打造风格独特、个性鲜明的外部立面形象不仅有利于改善周边的环境氛围，也是对未来用户的重要吸引力之一。

通过深度研究园区所在区域和周边环境以及园区的新办公功能需求，并结合现代科学技术，对全区三栋建筑的外立面进行了整体更新（图14、图15），创造出独特的建筑风格，赋予了园区与过去自身、与周边已有的办公建筑截然不同的新活力。

图14 拆建部分

图15 改建部分

三栋建筑的进深分别在36～45米之间，而且绝大部分进深在41米以上。为了节约能源和解决近窗部分空间白天光线过强的问题，针对不同部位分别设计了多种格栅系统。在方案之初，总共提出了三种格栅方案：

图16 树荫格栅效果

方案一：双层玻璃之间加入树叶标本，树叶的疏密根据建筑的不同部位给出调整，形成对室外光线的过滤。阳光穿过此格栅透射到室内地面，形成树荫状的斑驳效果（图16）。室内的人透过格栅外望，也多了一层树影的景色。

方案二：用打印或喷砂的方式在玻璃上描绘出树影的图案，用抽象的方式表达方案一的意境。

方案三：用灰砖错缝砌筑的方式形成格栅效果，强调园区"人文会所"的气质。通过立面划分，将原有的厂房建筑尺度宜人化，使园区氛围更加的亲切、舒适。

2. 内部改造

内部改造总体要求为：增加符合办公特征的空间层次；改善建筑内部的采光环境；创造别具趣味性的室内空间；方便使用者灵活分隔的技术解决方案。

内部改造主要为空间改造，空间改造主要通过以下三种方式对建筑内部空间进行改造：

（1）局部增层：三栋建筑的首层层高都比较高，如果作单层使用不仅浪费空间，而且还会大大增加日常的空调开支。但是，如果全部增加夹层，5.4米或6米的层高又明显不足（净高只有4.3米或4.9米）。因此，选择了折中的局部增层方式（图17）。

（2）加建部分建筑（图17），既可以弥补原有建筑的空间不足，还能起到一定的装饰作用，此外，阻挡阳光直射，也有一定的降低能耗的作用。

（3）贯通部分楼板：用贯通部分二层楼板和屋面板的方式引入自然光线（图17），增加了空间的趣味性和吸引力，而且，还能节约大量室内采光能耗。在楼板开洞改造时，最大限度的遵循"敲板不敲梁"的原则，以减小对整体结构的影响，将建筑改造项目中耗资最大的结构加固费用降至最低。

图17 加建部分

空间改造中面积最大为办公空间，其他如休息娱乐、服务、交通、停车等空间也是必须的。下面将针对上述功能作如下考虑：

首先，为增加区内停车位，在三栋建筑的局部位置设置地面下沉式半机械停车库，停车库的上部依旧布置办公空间。使得建筑在不减少办公面积的同时，增加了停车空间，充分利用了已有空间，节约了资源。

其次，在各建筑入口部位加建门厅，将原有的对外电梯纳入室内。厅内设有服务总台、休息等候区域，充分体现人性化服务。

（二）结构改造

1. 计算参数

本工程基本风压为0.55kN/m²，风压高度变化系数以地面粗糙度类别为B类取值，基本雪压为0.2 kN/m²，抗震设防烈度为7度，抗震设防类别为乙类，设计地震分组为第一组，设计基本地震加速度为0.1g，场地类别为四类，场地特征周期为0.90秒。

设计荷载主要依据《建筑结构荷载规范》（GB50009-2012）及建筑图纸取值。楼、屋面主要荷载标准值为：

恒载标准值： 楼面   5.0kN/m²
             屋面   4.5kN/m²
活载标准值： 楼面   2.0kN/m²
             不上人屋面 0.5kN/m²
             上人屋面   2.0kN/m²

地基承载力经查询原结构勘察报告，得到地基承载力特征值为90kPa，经计算，修正后的地基承载力约为114kPa。

2. 计算结果

根据原结构图纸、改建图纸等，结合现场检测结果，采用中国建筑科学研究院编制的PKPM（2010版）系列软件中的PMCAD、SATWE及JDJG模块，对结构进行抗震计算分析。计算分析表明，基础不满足规范要求；结构变形也不能满足规范要求；一层框架柱配筋量普遍不足，且按实际截面验算超筋；框架梁、次梁也存在同样问题；部分楼板。

3. 结构加固改造技术

（1）基础加固

根据计算结果，对原有基础承载力不能满足新增门厅要求的，采用增大截面法进行加固。具体典型加固做法见图18。

图18 增大截面加固基础

图19 粘钢增大截面复合加固梁

(2) 混凝土梁加固

对配筋不足且超筋的框架梁、次梁，采用增大截面及粘钢复合加固法。典型做法见图19。

(3) 混凝土板加固

由于功能改变，原结构改造为屋顶花园，且为了室内采光，在局部开洞，导致楼板承载力不足，需要加固，所以采用粘贴碳纤维加固方法加固。具体典型做法如图20～图21所示。

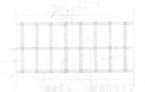

图20 板底粘钢碳纤维加固板

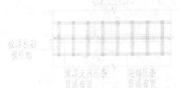

图21 板顶粘钢碳纤维加固板

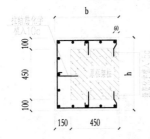

图22 增大截面加固柱（三面）

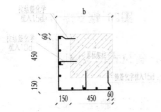

图23 增大截面加固柱（两面）

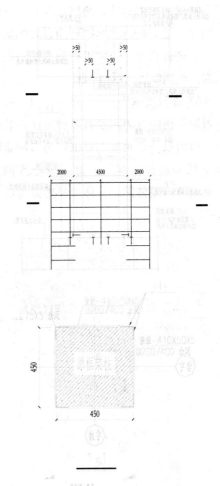

图24 外包钢加固柱

(4) 混凝土柱加固

采用增大截面及外包钢两种方法加固原混凝土柱，当加大截面尺寸较小时，为便于施工，可采用高强灌浆料代替混凝土浇筑。

为使新加纵向受力钢筋、角钢端部有可靠锚固，混凝土柱下端，在基础顶面设置钢筋混凝土围套进行锚固，或采用植筋方法与原基础锚固，典型做法见图22～图24。

（5）增设支撑

增加结构的抗侧刚度有多种方法，其中增设支撑为最简单有效的办法，为节约资源降低能耗，选择在框架关键区域布置钢支撑，提高结构整体性。具体典型节点做法如图25所示。

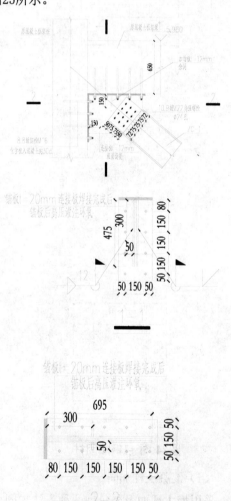

图25 钢支撑节点

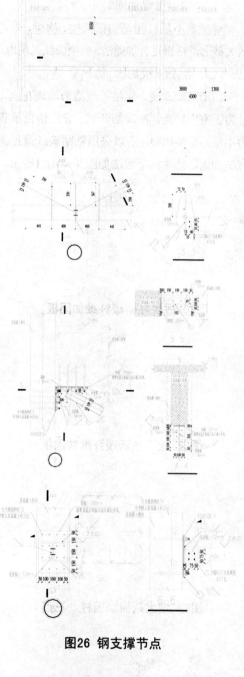

图26 钢支撑节点

（6）斜拉式钢梁增层

本项目一层层高相当有限（仅6米），如按照传统增层做法，基本无法实现建筑净空要求。鉴于此，提出采用斜拉式钢梁局部增层。具体做法及节点见图26。

4. 施工技术

本项目涉及碳纤维粘贴、钢板粘贴、植筋、外包型钢加固、新老混凝土接合面处理、混凝土缺陷修补、加固表面防护等常用施工技术，这些施工工艺已相当成熟，在许多规范图集上都有介绍，因此，这里不再赘述。

（三）电气改造

电气改造采用"信息能源站点式"的设备单元布局，其支持灵活多变的房间划分。在每层的不同位置均匀设置空调室外机及电力通信系统接入点，并在办公空间部分（夹层除外）设置架空地板。每个站点分别覆盖不同区域空间。空调、电力、电讯网络只沿公共交通部分引至每个出租单元的入口处。采用强电走顶棚，弱电走地板的方式，允许日后租户根据不同的使用要求进行灵活分隔和更新改造。这样可以降低初始投资和减少不必要的浪费。

（四）暖通空调改造

暖通空调改造遵循可持续发展的空调使用方式。鉴于过高的厂房高度，已经改造完毕用于办公的厂房建筑空调不足是最大的弊病。鉴于此，本项目改造提出了整套精确空气调节的方案。具体如下：将建筑的室内空间分为公共空间和私密空间；门厅、走廊中庭属于前者，办公和会议空间属于后者；空调系统主要针对私密空间服务，其温度调节更加接近人的舒适尺度，而公共空间部分则采用"弱空调"或不作空调的方式，其温度以接近室外温度为准。

私密空间通过密闭式吊顶形成被公共空间和外墙这双层"皮肤"包裹的下的空间，大大节约了空调能耗。

公共空间则不做吊顶，主要利用私密空间的"余温"和顶部天窗、侧窗的开闭，"被动式"调节自身温度和通风。结合上海市的当地温度，尽量做到零能耗。

四、改造效果分析

工业建筑室内增层可以充分利用原有厂房很高的室内净空，由于工业建筑原设计荷载较大，改为民用建筑荷载较小，原有厂房基础及竖向构件承载能力通常会有富余，加固量较少。因此可以以低廉的工程造价、较少的材料消耗、较短的工期换取更多的建筑使用面积。

本工程在查阅众多工程案例之后，综合之前对此类建筑的设计经验，提出了斜拉式钢梁增层方式，使原先基本无法实现的增层得以顺利实施，大大缩短了工期，节约了资源。希望通过该项目的改造，对类似工程提供有益参考。

五、思考与启示

目前我国出现大量闲置、废弃的旧工业建筑，大部分都占据着城市的优势土地资源，但由于布局零散凌乱，普遍规模不大，给重新建设开发带来困难。对既有工业建筑进行全面的升级改造，使其满足新的使用要求，简单易实现，符合建筑绿色化的发展方向。

（建研科技股份有限公司供稿，杨晓婧、张卉等执笔）

天津市解放北路52号改造工程

一、工程概况

解放北路52号（图1）建造于20世纪30年代，为二层砖木结构楼房，原为办公使用，曾经改变使用功能，部分经过改造，在这次改造前，该建筑作为餐饮使用。由于年久失修，部分结构构件存在不同程度损坏，且原有的建筑布置与结构形式不适合现在的使用功能要求，根据使用方产权方要求对该建筑进行整修改造，保留原外墙，内部拆除重建，改为办公用房。该建筑原为二层，檐口标高为9.50米。根据使用需要，内部重建为三层框架结构，1层、2层、3层高分别为3.5米、3米、3米。整修改造面积为1579.92平方米。

图1 改造前建筑外貌

二、改造目标

该建筑属于一般保护等级历史风貌建筑，按照《天津市历史风貌建筑保护条例》、《天津市历史风貌建筑保护修缮技术规程》及相关规范设计。改造原则为保留建筑原外貌，内部拆除重建。

三、改造技术

（一）查勘情况

该建筑原为二层砖木结构，粘土瓦坡屋面，外墙厚度370～620毫米，条形基础，檐口标高为9.50米。墙体为实心粘土砖及掺灰泥砌筑，墙外面抹水泥砂浆。原外墙为承重墙。经检测，外墙有一定承载能力。按设计目标原外墙经加固修缮可作为自承重墙继续使用。

（二）改造时几个关键问题及解决办法

改造前，平面布局不能满足现在的使用功能要求。改造后的布局见图2。

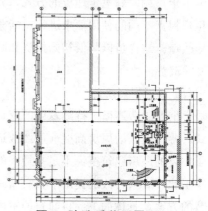

图2a 改造后首层平面

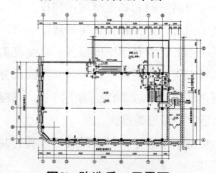

图2b 改造后二层平面

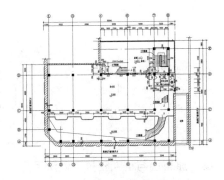

图2c 改造后中二层平面

1. 内部新建框架柱基础与原墙基础关系的处理。

图3 边柱基础与原外墙基础局部构造

有两排框架柱的布置均离开原墙1.5~2.0米，避开了部分新旧基础重叠处理的问题。由于建筑的需要仍有两排框架柱靠近原外墙布置，这就可能带来新旧基础重叠处理的问题。该工程内部框架新基础类型采用了柱下十字交叉肋梁式条形基础，埋置深度考虑临近原墙旧基础的埋深，由于原墙旧基础埋深较浅，新基础略深于旧基础，前提为保证二相邻基础净距与埋深之差的比值不小于1~2倍。条形基础的布置一般在柱列下面，而靠近原墙的柱没有在柱列下布置基础，是为了避免新旧基础重叠而可能增加原墙基础的沉降变形。此时的肋梁及条基在距框架柱1.2~1.5米处退后布置（图3），与柱列平行，以此肋梁及条基为支座，在与之垂直方向设置外伸地梁挑出至靠近原墙的框架柱处以支撑该框架柱。为保证框架柱纵筋在挑梁内的锚固长度，此挑梁需一定的梁高。为了使挑梁可形成框架柱的固定端支座，在挑梁上部与之垂直方向布置连系梁，来消除挑梁端部的扭转变形。

2. 原外墙的处理。该建筑改造后原外墙由原来的承重墙改为自承重墙体，为了保证外墙具有较好的整体性和稳定性，对外墙进行了一定的加固及进行墙体与主体结构的拉结处理。

外墙加固：为了保留建筑外檐风貌，采取了单面（墙内侧）钢筋网水泥砂浆面层加固，增加了墙体的整体性（图4），并对墙体裂缝用水泥砂浆填缝和打钢筋锔子（图5）。根据外墙门窗的大小不同，设置了角钢或槽钢托梁加固砖过梁（图6）。

墙体的拉结：一般可在楼层处与楼层钢筋混凝土结构构件水平方向进行拉结。由于该建筑原有二层改为三层，且外檐保持不变，新改造后的楼层位置有位于原窗洞口处的情况，因此对沿街外墙采用的是外墙体与框架柱竖向做拉结（图7）。此时墙体长度S为柱距，墙高H为三层全高，据此验算墙体高厚比满足要求，保证了墙体稳定性。

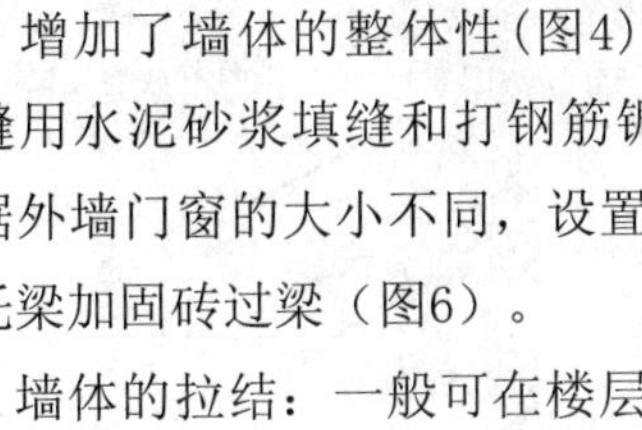

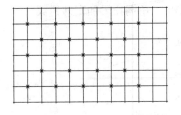

图4a 钢筋网片加固墙体

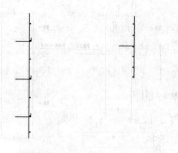

图4b 钢筋网片拉结筋做法

图5a

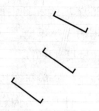

图5b

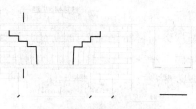

图6a 角钢托梁加固砖过梁

图6b 槽钢托梁加固砖过梁

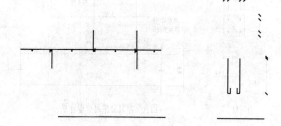

图7 原有墙与框架柱拉结做法示意

3.内部相对独立的结构体系为新建,按现行设计规范设计,其地震作用效应全部由新建的框架结构体系承担,假定原外墙不承担地震作用,但将其自重作为附加质量加在结构体系上,通过墙体与新建框架柱可靠的拉结来保证墙体在地震时的稳定性和安全性。

四、技术集成原则及效果分析

(一)技术集成原则分析

解放北路52号建造于20世纪30年代,已经使用近80年了,长期以来年久失修,加上多次改造装修,改变使用功能,对房屋建筑造成一定程度的损坏,原建筑布置与结构形式已不适合现在的使用功能要求。因此对本建筑的加固维修改造需要采用集成技术,并遵循以下原则:

1.改造技术要以历史风貌建筑保护法规为原则

本建筑属于一般保护级别的历史风貌建筑,根据《天津市历史风貌建筑保护条例》规定:"一般保护的历史风貌建筑,不得改变建筑的外部造型、色彩和重要饰面材料。可根据使用功能改变其建筑内部布局。"本建筑就是根据上述规定确定它的加固改造指导思想,即原外墙保留,内部拆除重建。

2.改造技术集成力争做到新旧技术的有

机结合

在本工程改造技术集成中，采用传统的维修改造技术是实现修旧如故原则，恢复建筑历史原貌的主导技术。对保留的原外墙存在局部砌体缺失、灰缝松散的部位采用局部掏砌方法修补，对于存在裂缝处采用填缝打钢筋锔子方法加固，对外墙整体采用单面钢筋网抹灰进行整体性加固。在屋面的恢复中由钢筋混凝土坡屋面替代了原来的木屋架，屋面做法仍选用改造前的瓦型。

（二）改造技术集成效果分析

解放北路52号工程的加固改造，全面实现了预期的改造目标，其效果可以从以下几方面进行分析：

1. 结构加固方面

对原保留的墙体采用了钢筋网抹灰的方式进行了整体墙面的加固，加强了外围护墙的整体性，提高了墙体的耐久性。由钢筋混凝土框架、混凝土楼板替代了原来的内承重砖墙、木结构楼面、屋面，使整个结构体系得到了全面加强，并与原外墙采取措施进行拉结，加强了建筑的整体性，提高了安全度和适用性，保证了正常使用。

2. 提高平面布局及空间利用合理性方面

由于采取了内部重建的改造原则，在建筑平面布置上，根据现代使用条件进行了重新布置，提高了使用功能。原建筑为二层，且层高较高，改造后部分改为三层，充分利用了空间，增加了使用面积。

3. 外檐风貌方面

改造原则中外墙保留，包括门窗完整保留，在恢复屋面时采用原来的瓦型，意在保持原建筑风貌。

五、推广应用价值

解放北路52号是天津诸多一般保护等级历史风貌建筑中的其中一幢建筑，这些建筑全部建造于新中国成立前，至今已经七八十年，均已超出房屋设计使用年限，存在不同程度的损坏，使用功能大多已不适应当今时代的社会需求。该建筑的加固改造方式是既有建筑（尤其是一般保护级别历史风貌建筑）加固整修改造中的一种，且具有一定代表性。

解放北路52号加固改造工程作为一个实例，总结出综合改造技术集成及一般规律，具有实用性，可操作性，可普遍应用于此类既有建筑的改造，对此类建筑的改造提供了参考，具有一定的推广价值和应用空间。

（天津市保护风貌建筑办公室供稿，傅建华、孔晖执笔）

上海市思南公馆二期历史风貌别墅群改造保护

一、工程概况

思南公馆二期位于上海中心城区核心的复兴中路、思南路地区，隶属于衡山路—复兴路历史文化风貌保护区，占地面积约为5.1公顷。其范围西起思南路西侧风貌别墅边界，东至重庆南路，南临第二医科大学、北抵复兴中路，与复兴公园隔街相望。思南路历史风貌别墅即位于卢湾区第47、48街坊内。其发展历程、规划保护和保留的建筑如图1所示。

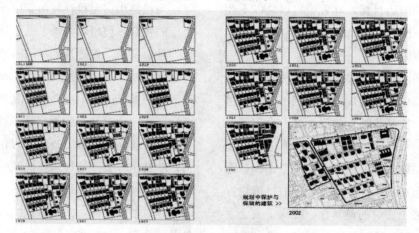

图1 历史发展过程、规划保护和保留建筑

思南公馆二期改造保护项目改造面积为5310平方米，由11幢居住功能的独立式风貌别墅组成，建筑层数为3层，主体结构为砖木结构。典型风貌别墅改造前后外观对比如图2所示。

图2 风貌别墅改造前后外观对比

二、改造目标

在保护各类近代优秀建筑的基础上，通过环境整治、部分功能置换、建筑单体修缮改造、结构加固、配套设施与设备及生活设施改善等方式保护和提升这一地区的人文、历史内涵与风貌，赋予旧建筑新的生命力，使其成为具有海派文化风韵的、以居住为主的高级居住社区。

三、改造技术

根据本项目总体环境与单体现状及改造原则和目标，有针对性地选用适当的改造技术，通过综合集成各类技术，以达到预定的改造目标。各类改造技术主要包括：建筑改造技术、室内外环境改造技术、结构改造技术、暖通改造技术、给排水改造技术、节能改造技术、通风采光改善技术等等。各类主要改造技术中还可细分各种具体的分项改造技术。由于本项目是砖木混合结构的老建筑，各类技术的选用需要兼顾建筑、结构、机电设备专业及室内外环境保护乃至建筑节能的综合要求，它们是相互之间紧密相关的一个综合集成的系统工程。

（一）建筑改造技术

本项目风貌建筑特定的保护修缮原则是：加固优于修缮、修复优于恢复。同时依据以下三原则：①整体性原则。不仅需要保护建筑单体，还需保持与之相适应的周边环境要素，使其得到整体性保护。②延续性原则。要接受风貌建筑可能在各个历史事件变化的事实，不应将历史的脉络完全抹杀，需要承认不同时期留下的痕迹，让建筑承载历史岁月的变化。③可逆性原则。不宜大量使用"不可逆"的建筑材料和工艺（水泥、涂料制品），为下次改造预留空间，保证风貌建筑的可持续性发展。

1.拆除技术

风貌建筑的保护修缮和改造利用过程中，由于功能改变和内部空间重新整合，原有部分影响风貌建筑风格和特点的添建搭建部分应予拆除。按照上海市工程建设规范《优秀历史建筑修缮技术规程》（DGJ 08-108-2004)的要求："不符合建筑保护要求和使用安全的历年添加物，如：加层、插层、分隔及装饰等，应予拆除，恢复建筑原有风貌和空间格局。"如采用常规拆除手段大敲大凿必将对建筑带来附加损伤。所以，风貌建筑的保护其实从拆除开始。遵循先拆次要结构体系、后拆主要结构体系的原则，并采用新型器具进行连续钻孔切割或整体切割，减少拆除对风貌建筑造成的附加损伤。

2.修复技术

（1）屋面修复技术

对老化损坏的屋架和支撑系统等进行修缮加固，不得擅自改变屋面结构体系和屋面式样。坡屋面无屋面板及卷材防水层的，增设屋面板和防水层，改善其隔热防火构造。瓦片进行挑选，不同规格的瓦片不用在同一坡面上。新添瓦片按原样专门烧制，使新旧瓦片的规格、颜色基本一致。对平屋面结构层的损坏进行修复，保证足够的泛水坡度，增加相应的保温层、防水层，在变形缝、泛水、出水口等部位严格防水。在原冷摊瓦基础上新增防水层和保温层，大大增强阁楼层的使用舒适性。

（2）板（块）材外墙（柱）粘贴墙面修复技术

当基层与结构层间有少量起壳且面积小

于300mm×300mm，基层砂浆强度较好时可采用不锈钢膨胀螺栓加环氧树脂注浆锚固。当起壳面积大于单片板材面积的50%且砂浆酥松应凿除基层重做。当面层与基层有少量空鼓且面积在30%以内时，可用不锈钢螺栓加环氧树脂注浆锚固。当面板松动或起壳大于面板面积30%时，应凿除重做。当板材面层有少量裂缝或有钉孔、缺角、松动现象时，可用同质同色石屑砂浆修补；当板材表面有轻度风化、磨损时，可用浆磨的方法修复。当风化麻面深度大于1毫米且面积大于20%时，宜凿除重做。当连接件锈烂、松动、脱落时，应更换或加固。

（3）抹灰墙（柱）面修复技术

当基层起壳面积在0.1平方米以内且无裂缝、基层强度较好时，可采用环氧树脂灌浆加不锈钢螺栓锚固；当基层砂浆酥松，或起壳面积大于0.1平方米或起壳同时有裂缝时，应凿除重做；当面层起壳面积大于0.1平方米时，应凿除重做；当面层裂缝宽度在0.3毫米以下且无起壳现象时，可进行嵌缝处理；当面层酥松、剥落，但基层强度和整体性较好时，可凿除面层进行局部修补。

（4）清水砖墙修复技术

包括清洗、脱漆、割缝、严重破损处专业增强剂增强、砖粉修补材料对砖体损坏在2毫米以上的部分进行修补、专门勾缝材料勾缝等，最后采用无色透明渗透型憎水性保护液对清水墙面进行保护。

（5）木楼（地）面修复技术

当木楼（地）面缺损、松动、腐烂面积在20%以下时，可进行局部修换；当损坏面积大于20%时，宜进行翻修；当拼花地板的面层磨坏、残缺时，应选择同质、同规格和同色泽的材料按原图案进行拼接，铺贴用胶应符合防水、防菌和环保等要求。

（二）室内外环境改造技术

本项目室内外环境的改造从宏观的规划层面、总体布局的优化到建筑内外修缮等，都紧紧围绕着对建筑及其周边环境风貌元素的保护与整治。

1. 总体布局的优化

总体布局以历史风貌别墅群的位置和状态为基本骨架，从交通、绿化、景观多方位

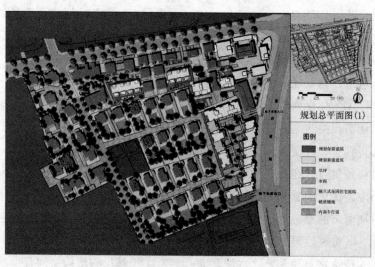

图3 保护规划总平面图

优化完善总体规划，从功能、景观、组团管理等多方面进行了细腻周全的分析和构思，使整个小区新旧结合，动静相宜。

2.保护修缮整治的总体规划

2002年8月，《上海市卢湾区思南路风貌别墅区保护与整治规划》经上海市城市规划管理局审批通过。2004年6月《卢湾区47、48号街坊（思南路）项目保护修缮整治方案》经上海市房屋土地管理局批准。2005年1月《上海市卢湾区47、48号街坊（思南路风貌别墅区）修建性详细规划》，经上海市城市规划管理局审批通过。保护修缮整治总体规划见图3所示。

《卢湾区47、48号街坊（思南路）项目保护修缮整治方案》是在《保护规划》的基础上进一步提出了思南路风貌别墅修缮整治和使用功能调整的初步方案，明确了思南路47、48号街坊保护修缮整治项目的保护建筑修缮时应遵循"建筑的立面和结构体系不得改变，建筑内部允许改变"的保护要求；保留建筑修缮时应保持原有立面风貌，恢复、调整建筑使用功能，以解决超负荷使用对建筑产生的不利影响。

3.环境设施的保护与整治

思南路风貌别墅区严格控制广告的设置，招牌、指示牌、路灯、公用电话、果皮箱、消火栓等环境设施必须从形式、色彩、风格等方面符合历史风貌的特征。风貌要素的保护与整治见图4。

图4 保护要素的保护与整治

（三）结构加固改造技术

1.地基基础

历史风貌别墅建成已有80多年，地基沉降已趋于稳定，房屋有不均匀沉降现象。原基础采用三合土条基，基础埋得较浅，坐落在填土上。本次加固改造设计，上部荷载增加较大，风貌别墅的地基土承载力不满足设计要求，所以要对基础采用静压小直径钢管桩加固。钢管桩内灌细石混凝土或砂浆，压桩阻力小，接头处理方便，对原地基土扰动小且不会压屈。为了避免对原条基地基土的破坏和扰动，桩布置在贴近墙体的一侧，底层地面做250毫米厚的钢筋混凝土现浇底板，钢管桩的桩顶做550毫米高环通基础梁。加固后的基础由原条形基础、桩、底板共同承担上部荷载。由于原条形基础和底板均落在填土上（该填土经过了80多年的固结和变形），为解决设计使用填土的承载力和变形问题，经商讨，由业主委托勘察单位对该填土进行原位测试工作（载荷板试验和轻便触探试验），提供填土的评价报告，作为设计依据。桩采用$\Phi 114 \times 5$钢管桩，桩长18米，桩尖持力层为⑤1粉质粘土层。考虑在室内施工和搬运方便采用分段施工，每段桩长1.5～2.0米。采用丝扣连接接头。

2. 墙体加固

(1) 原墙体清理后，墙体两侧的灰缝重新勾缝，每一侧勾缝深度不小于30毫米，嵌缝砂浆强度等级为M10。墙体两侧做30毫米厚钢筋网水泥砂浆面层（外墙外侧喷射50毫米C20细石混凝土），内配间距300mm×300mm、$\Phi 6$焊接钢丝网。单面加固面层的钢筋网采用直径6mm的L形锚筋，并用水泥砂浆固定于墙体上；双面加固面层的钢筋网采用直径6毫米的S形穿墙筋连接。L形锚筋的间距为600毫米，S形穿墙筋的间距为900毫米，呈梅花状布置。

(2) 为保证加固层与原墙面间的可靠粘贴，原墙体的清理工作应注意下列各点：①原墙面酥碱腐蚀严重时，应清除松散部分，已松动的勾缝砂浆应剔出，砌体的裂缝可采用压力灌浆补强。严重破损部分应局部拆除重砌，并用1:3水泥砂浆抹面。②原墙面强度较低、粘结不牢的粉饰层，石灰砂浆层、光滑的瓷砖饰面层、青苔和油污应铲除。③一般清水墙面应用高压水刷洗干净。

(3) 钢筋网水泥砂浆面层按下列顺序施工：①原墙面清底，去除原有粉刷层、对原有损坏进行必要的处理。②钻孔：对嵌固或穿越原墙体的孔洞、周边与附近构件墙体相连的孔洞进行电钻打孔。③用钢丝刷和压力水将原墙体的孔洞、周边与附近构件墙体相连的孔洞进行电钻打孔。④铺设钢筋并安设锚筋，嵌塞水泥砂浆或环氧树脂砂浆。⑤浇水湿润墙面，并清除浮渣杂物。逐层抹水泥砂浆，硬结后进行养护。⑥在墙面进行装饰施工。

(4) 钢筋网穿墙及与附近的连接是保证夹板墙有效工作的重要措施，宜遵守下列各项要求：①墙面及周边的构件墙体钻孔时，应按设计要求先划线标出穿墙筋（或锚筋等）位置，以保证位置正确，避免遗漏。②墙面的孔洞应用电钻打孔。③钢筋网与周边构件墙体的连接，如短钢筋、胀管螺栓与钢筋网的焊接应检查核实。

(5) 水泥砂浆压抹的施工要求如下：①水泥砂浆应按设计强度等级进行选配及试配，并在施工时留试块进行强度等级检验。②压抹水泥砂浆必须分层抹至设计厚度，每层厚度可为10～15mm。各层砂浆的接茬部位必须错开，要求压平粘牢，最后一层砂浆初凝时，再压光二三遍，以增强密实度。③钢筋网水泥砂浆面层加固时，钢筋网与墙面间隔保护层应先留出，砂浆面层一般分三层抹，第一层要求将钢筋网与砌体间隔空隙抹实，初凝后抹第二层，要求砂浆将钢筋网全部罩住,初凝后再抹第三层至设计厚度。

(6)施工条件及养护要求:①水泥砂浆和钢筋网水泥砂浆宜在环境温度5℃以上进行施工,冬季施工应采取防冻措施。②室内墙体抹面后,宜将门窗关闭,以免通风过强造成表面干裂。③水泥砂浆终凝后,应浇水养护,室内墙体面层每天浇水2~3遍;室外墙体面层每天浇水3~6遍。并采取措施,防止烈日暴晒,宜设有专人负责养护工作。④面层施工后,应注意检查不得有空鼓、干缩裂缝及露筋现象。

3. 构造措施

原设计未考虑抗震设计,本次加固设计将根据抗震鉴定的结果和现场实际情况,适当增加构造柱、圈梁等抗震构造措施。

4. 楼面结构

楼面结构主要为木质楼盖,露台为混凝土梁、板。原木结构楼面、木梁、木搁栅已使用超过80多年,超过规定的使用年限,其承载力也不满足目前规范要求,采用现浇钢筋混凝土楼面代替。原阳台为现浇混凝土板,混凝土碳化严重,凿除表面碳化层,粉平后用碳纤维加固。室外楼梯踏步为凿毛花岗岩,室内2~3层有开敞式木楼梯,保存完好,简单修复后即可使用。

5. 屋架

原屋面均为木屋架,木桷条,上铺瓦片,年久失修,改建搭建严重。根据修缮方案进行拆除重建,新屋架采用钢木屋架,与原建筑风格保持一致。

(四)采暖空调改造技术

为配合室内外环境改造,改善历史风貌别墅居住和使用条件,进行如下改造:①改造后功能为居住的历史风貌别墅,每幢别墅设置一套机械循环热水采暖系统,设有2台燃气热水器,供回水温度为80℃/55℃,室内配置散热器,配合建筑装修风格,既舒适又美观。热水器安装在专门的机房内。②改造后功能为居住的历史风貌别墅,每幢别墅单独设置一套家用中央空调系统,采用变频风冷热泵机组,夏季供冷,冬季供热(作为采暖系统的补充)。空调室内机的形式配合室内装修选择,室外机安装在室外隐蔽处。③改造后功能为商业和餐饮的历史风貌别墅,各单体分别设计一套小型风冷热泵机组,夏季制备7℃/12℃的冷水,冬季制备45℃/40℃的热水,机组安装在专门的设备平台。末端采用风机盘管加新风系统,为了改善室内空气品质,商业和餐饮均另设集中排风系统。④为了保持历史风貌别墅原貌,空调通风系统所需要的百叶均利用原建筑的外窗改造而成,风格与外立面协调统一;餐饮厨房中的油烟排风管道,在原建筑的烟囱中内衬不锈钢风管,既实现了环保要求的出屋面排放,又不破坏保护建筑的整体效果。

(五)绿色节能改造技术

强调绿色建筑节能减排的综合改造,对风貌建筑的绿色节能改造是一个新的课题,本项目从以下几个方面作出新的探索:①节地与室外环境优化;②节材;③节能;④节水;⑤健康环保。

1. 现有规范对节能的要求

现行住宅要求:屋顶的传热系数不大于$0.5W/(m^2K)$;外墙的平均传热系数不得大于$1.0W/(m^2K)$;当窗墙面积比大于0.25时,外窗的传热系数不得大于$3.5W/(m^2K)$;对设有屋顶天窗的建筑,其天窗洞口面积不得大于屋顶面积的4%,遮阳系数不得大于0.50。

2. 风貌别墅保护修缮和改造利用的节能要求

相对于现行规范规定的节能要求，风貌别墅大多很难达到上述要求。有条件的风貌别墅可对屋顶、外墙、门窗等围护体系进行节能改造，通过增加屋面和外墙保温层和门窗气密性以满足建筑节能要求。当风貌别墅为了保护外墙或内墙特色饰面需求时，应在考虑历史风貌别墅的保护需求条件下，寻找适用的保温隔热技术措施。

3. 围护结构节能构造措施

根据国家节能减排要求，风貌别墅改造过程中宜进行综合节能改造。通常在屋面新增保温层。外墙由于保护要求较高宜做内保温层，但由此带来的厚度增加不但削减了室内使用面积，而且对室内细木装饰的保护造成困难。外窗是具有风貌特色的木窗，通过置换窗料尽量提高其热工性能，利用百叶作外遮阳等手法来实现节能目标。

在国家及地方对住宅建筑节能标准的逐步提高，本项目设计过程中也面临保护历史建筑风貌与绿色节能设计的挑战。

四、改造效果分析

（一）使用功能和结构性能提升效果分析

1. 使用功能提升

基本保持原有建筑布局，经增设车库、改造屋面、增加局部夹层，使用功能得以提升与拓展。对楼梯、阳台及其他室内构件的保护修缮整治，极大地恢复了各类构件与室内装饰的功能，提高了使用舒适性、耐久性，室内外环境质量得到了显著改善，满足了现代居住功能的要求。

设备设施的改造更新，使建筑得以满足现代居住功能的要求，有效提升了舒适性。遵循以人为本的原则，针对老年人及残障人士的生活要求，增设家用小电梯，更使其使用功能趋于合理完善。

2. 结构性能的提升

（1）基础

本次加固对基础采用静压小直径钢管桩加固，底层地面做250毫米厚的钢筋混凝土现浇底板，加固后的基础由原条形基础、桩、底板共同承担上部荷载，满足了改建后对建筑基础的要求。

（2）墙体

对墙体进行钢筋网水泥砂浆面层加固处理。根据抗震鉴定的结果和现场实际情况，通过增加构造柱、圈梁等抗震构造措施，使砌体结构整体达到抗震要求。

（3）楼面

采用现浇钢筋混凝土楼面代替原有老化损伤严重的木楼面，达到新的使用功能要求。

（4）阳台

凿除原阳台混凝土外表面碳化层，粉平后用碳纤维加固，满足新的设计要求。

（5）屋面

原屋面拆除重建，新屋架采用钢木屋架，与原建筑风格保持一致。

综合而言，综合改造后历史风貌建筑的安全性、适用性和耐久性等均得以显著提升，同时延续了上海中心城区的历史文脉和建筑文化，保证了上海中心城区的可持续发展。

（二）综合改造环境效益分析

1. 节地

总体规划是以原有历史风貌别墅群的格局为主干，在项目改造前后的容积率不变、不破坏原风貌空间特色前提下提升与完善了居住和配套功能，优化室外环境，节地效果显著。

2. 节材

综合改造过程中严格检视既有建筑的各部分部件，能继续使用或经修缮整治能加以利用的部分，都予以保留。该原则既有利于保护其建筑风貌，也达到了节材的目的。室外绿化同样尽可能利用原有的生长多年的乔木等植被，并结合建筑增加新的灌木、墙面垂直绿化，节材节能效果明显。

3. 节能

对屋顶、外墙、门窗等围护体系进行节能改造，尤其是对自然通风、采光的利用，达到了节能设计的有关目标。改造后采用的空调机采用变频机组，部分负荷时节能运行。庭院内照明、动力增设时间控制器，便于控制使用且节能环保。高大的乔木遮荫与垂直绿化进一步优化了建筑围护结构的热工性能。

五、经济分析

本项目地处上海市中心地带，在原有的历史风貌别墅群范围内进行综合改造与新建建筑，不需高昂的土地成本。改造后的历史风貌别墅居住功能与档次大大提升，适当增加新建居住建筑与时尚休闲商业建筑后，项目的经济效益与长期的投资回报非常可观。

六、推广应用价值

本改造工程位于上海重要的历史街区，属于市中心区著名的衡山路－复兴路历史文化风貌保护区，其街区与建筑特色是该风貌保护区的典型代表。工程综合运用了大量的建筑改造技术、室内外环境改造技术、结构改造技术、暖通改造技术、给排水改造技术、强电技术、弱电技术、节能改造技术和通风采光改善技术。这些综合改造技术对于历史风貌别墅和历史街区的改造更新具有很大的推广应用价值。

(上海市建筑科学研究院(集团)有限公司、上海江欢成建筑设计有限公司供稿，程之春、李向民、许清风执笔)

上海申达大楼结构改造工程

一、工程概况

本工程是一项历史建筑改建工程。原建筑位于上海市黄浦区四川中路西侧、福州路南侧。共由建造年代先后、结构形式不同的四部分房屋组成，前楼建于1927年，后楼建于1934年。部分建筑物地下还有建于20世纪60年代的钢筋混凝土人防地下室。本次施工监测对象主要为后楼，工程建筑面积约4350平方米，工程建筑层数为5层，工程建筑结构为砖木及混合结构。

图1 申达大楼外立面

二、改造目标

（一）项目改造背景

申达大楼修建年代久远，历史上历经多次改造及修缮，原木结构承重体系已不能满足使用安全需要。但由于该建筑为历史保护建筑，必须对建筑外立面予以保留，所以采取将原有木结构拆除、替换以钢结构的改造方案。

1. 改造目标

通过结构改造，在保持原有建筑外立面不被破坏的前提下，如图1，拆除1～4层木结构（大楼共5层），替换以钢结构，同时保证5层在拆除改造过程中正常使用。

将1～4层划分为四个拆除单元，4层为第一拆除单元，3层为第二拆除单元，2层为第三拆除单元，1层为第四拆除单元，每单元拆除时间为7天，电梯井道及混合结构拆除另外计算。

2. 改造难点

（1）建筑年代久远且历经数次改建，图纸缺失。

（2）结构材料老化，侵蚀严重，难以准确判断其承载力。

（3）1～4层结构托换过程不能影响5层正常使用，对施工安全以及变形控制要求极高。

（4）建筑地处繁华地段，材料运输空间限制非常大，需要周密细致的施工组织设计。

（二）施工安全监测目标

本工程的全面跟踪监测结构在托换和后续施工的各个阶段中钢结构、木梁、木柱以及外墙的变形情况以及应力情况，主要包括钢柱的沉降、木柱木梁在各种施工过程中的变形以及外墙的变形，钢柱的应力情况。

三、施工技术

（一）钢结构安装

1. 构件制作

所有H型钢柱和H型钢梁均在工厂制作，减少现场拼接和焊接，以便构件精度控制。采用机械化加工，减少手工作业，提高生产效率和精度。不在现场堆积构件，合理安排运输计划，随运随吊。屋面支撑体系配套制作，分类配套出厂。

2. 构件吊装

钢结构安装前应进行如下准备工作：配置相应人员、机具，编制技术方案，场地铺设石子后才进行构件进场，保证构件不被泥土污染，场区道路必须保证运输车辆，吊装机具的正常行驶，确保不陷车，有足够的回转、掉头空间，确保进入场区通畅。

根据设计院提出的初步方案结合现场的实际情况，采用以下几点基本施工方案：

（1）材料进出场地

根据有关交通法规的规定，材料只能在夜间运输到工地，由于施工现场条件，车辆无法进入，只能在工地现场外的路边卸车。研究确定使用双轨提吊驳运推车，每次单根运进施工现场，卸车基本采用吊车或液压提升机，根据厂内的装车情况而定。卸下的大梁、柱子要及时采用人工搬运至底部、楼层面不易堆放太多，以免引起安全隐患。

（2）钢构件运输通道

经多次现场察看和实地研究，采用在楼内根据大梁运送到楼内的路线及楼内的结构区域分隔情况开三处吊装井口，每层四周均用钢柱支撑事先撑牢，采用框架式起重架并采用多个电动葫芦多方位升吊、移位、输送到各个楼面。每层施工现场运输通道，所有安装点的路线上，均铺设钢板作为道路垫板，确保每个梁安全运到安装点。

（3）立柱安装

将柱安装处的楼板开洞，在洞口加设支架，支架下面采用钢管支撑，对支架下部进行承载力的加固。在支架上悬挂电动葫芦，将横倒的立柱提起并安装到位。以一楼立柱的安装为例，首先将立柱横放到位，然后在一楼竖立钢管支撑，在此基础上，在二楼处搭设支架并且在支架上悬挂电动葫芦，最后将一楼立柱提起竖立到位，每层立柱竖立安装时必需及时安装主大梁做到互相拉牢，绝对不允许以旧房屋内任何一点做安装结构的支撑确保安全施工，以此类推。

（4）大梁安装

在大梁安装到位前，会遇到原有木结构梁的阻碍，必须要切断原有木结构梁才能安装到位，但是一次性到位安装会对原来就有危险的木质地板（同时是现场施工的平台）造成更大的安全威胁，因此，本工程将大梁分两次进行安装，把大梁事先安装在每个楼板的上面作为临时支撑，每层做到预组装，预组装后再拆散木质地板，最后将大梁下移安装到位。地板下面安装大梁方式采用事先将大梁架设到距离楼板500毫米处做安全临时固定后，再使用两台电动液压泵均匀地将大梁顶升到楼板底部，在木制梁处设置钢管支撑后，再进行木制梁的切断拆除工作。这种情况下，最终整个楼面的重量均由钢管支撑来承受，因此安全监测工作尤为重要。如图2。

图2 木梁顶升

（5）构件连接

现场楼面材料均为木质，而且年代已久。出于安全考虑，若采用电焊连接，很容易引起火灾，造成不必要的损失，因此在梁柱连接的方式上，采用高强度螺栓进行连接。

（二）木结构拆除

1. 防火防尘措施

拆除施工中严禁动用气割，在施工过程中应当配备相应的消防器材和喷淋设施，以减少施工中扬尘对周边环境的污染和满足施工作业层防火工作的需求。

2. 第一拆除单元（4层）

拆除施工首先应对四层顶部托架支撑，由于五层还要继续办公，只拆除木柱子、大梁，木桁条及地板是保留原样，这样一来给拆除施工带来了相当大的困难。首先用电动切割机将大梁与木柱子交汇处切割开一道口子，切割之前应用绳子的一端系在大梁的两头，另一端固定在牢固可靠的部位，等切割开后绳子慢慢往下放，大梁处于稳定状态后解开绳子，然后用同样方法对大梁、木柱子予以拆除，同时更要注意到大梁、柱子往下卸的时候不能碰到托架或支撑点，在操作施工中要做到有专人指挥，卸下的大梁、柱子要及时采用人工搬运至底部、楼层面不易堆放太多，以免引起安全隐患。

3. 其他拆除单元

采用人工与榔头相结合拆除3层的填充墙，首先将填充墙墙上部与大梁相结合的部位敲开一道口子后再慢慢向下敲，在拆除时不允许采用"推倒法"和"掏空法"拆除，一定要自上而下、由南向北或由东向西进行小块小范围的拆除，以防止墙体过大对楼面的伤害而引发安全事故，敲击下来的砖块和垃圾要立即用人工装袋并及时清运到流放槽采用人工往下放，并且要对垃圾及时进行喷水湿透，以减少扬尘对环境的污染。

采用人工与撬棒相结合对三层的木地板进行拆除，拆除时采用由南向北向后逐段逐跨进行拆除，然后再将拆除的木地板用绳子进行系好，每块为一单元，再用绳子将困好的地板从流放槽往下放，当楼层面地板全部拆除后再将木桁条用撬棒撬松，并将绳子将木桁条的两头系好慢慢往下放，拆卸木桁条时应当自南向北逐间向后进行拆除，木桁条放到下层时解开再采用人工搬运到底部在装车外运，堆放木板，桁条的地方要设立禁止吸烟的标志，并配备相应数量的灭火器材。

在人工拆除地板、木桁条后再用电动切割机将大梁与柱子相连接的部分切割开，在切割之前用两根绳子将木大梁的两头系好套牢，绳子的另一头应借助加固的钢立柱，绳子在钢立柱绕一圈，当切割机将木大梁割开后绳子慢慢往下放直至木大梁落至下层楼面时再将绳子解开后采用人工搬运到底部装车外运。在施工过程中不允许把撬松的木桁条任意向下或向外甩下去，以防止破坏下层楼板及安全事故。柱子拆除时首先将柱子顶部固定好一根绳子，绳子的另一头套在钢立柱上面后再用人工将木柱子底部慢慢撬松往下倒，倒下的方向必须与绳子形成正反方向，拉绳的一端松另一端，直至大梁与木柱倒置处于稳定状态后解开绳子。

考虑到底部有些部位拆除碰到混合结构及水泥柱子，为了保证拆除工程的顺利进展，应当采用人工与空压机相结合，并且在施工中应当配备相应数量的二级、三级电箱,并在建设方的指导监督下派本公司的专职电工负责。

四、施工安全监测

(一)监测阶段划分

本次施工过程监测共分为三个阶段,第一阶段为五层木梁木柱体系托换、天井墙体托换,以及拆除一至四楼木梁木柱体系,浇注一至四楼混凝土楼板,主要监测内容为主要构件的变形和应力,以及外墙的变形和基础沉降。

第二阶段为砌体结构墙体开门洞监测,其中在二至四楼墙体同一轴线处每层开设2.4米门洞一个,在一楼开设6.3米门洞一个,在一楼开设5.1米门洞一个,主要监测内容为墙体和钢门架的变形以及钢门架的应力情况。

第三阶段为过街楼底层三根混凝土柱拆除过程施工监测,主要监测内容为上部横梁结构变形情况和下部基础沉降情况。

(二)测点布置

1.测点布置原则

测点的布置具体按照以下原则:

(1)结构重要部位布置测点,进行应力和变形监控;

(2)施工过程中应力和变形绝对值比较大的构件布置测点,进行监控;

(3)施工过程中应力和变形变化值比较大的构件布置测点,进行监控;

(4)施工过程当中主要受力构件进行应力和变形监控;

(5)布置过程中,根据现场情况可以适当调整,选取测点比较好布置,容易保护的部位布置;

(6)布置过程中,对重要测点,适量布置校核点位。

2.测点布置

申达大楼后楼托换和后续施工的应力监测中,结构布置应力传感器14个,主要在钢柱上,1层7个,4层7个,如图3;天井墙体拆除过程中钢梁、钢桁架及混凝土梁的沉降监测点布置11个,结构托换过程中木梁与钢梁布置变形监测点68个,外墙变形监测点布置10个,钢柱沉降监测点7个。

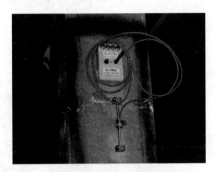

图3 钢柱应力传感器

(三)仿真分析

在结构改造施工前,有必要利用有限元方法对施工全过程进行仿真计算,以对可能发生的危险有所防范。

原木结构生成以后,其中墙体的最大压缩变形为-6.1毫米,主要承重构件的最大压缩变形为-17.0毫米;墙体的最大有效应力为0.6MPa,主要承重构件的最大有效应力为13.5MPa,五层底木横梁最大组合应力为12.6MPa。木结构拆除以后,58个千斤顶顶部木结构的位移量与体系转化后对应千斤顶顶部木结构的位移量的差值与初始值相比木结构变形量基本上都小于3毫米。

部分仿真结果见图4~图5。

(四)监测数据

部分应力、变形监测结果见图6~图7。

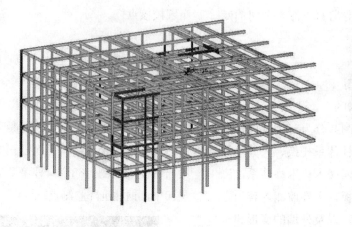

图4 木结构拆除后钢结构竖向变形

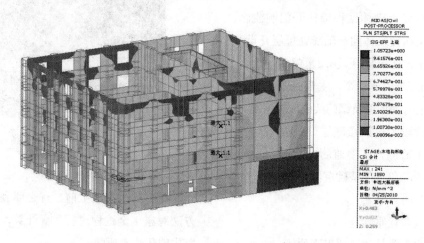

图5 木结构拆除后一至四层墙体有效应力

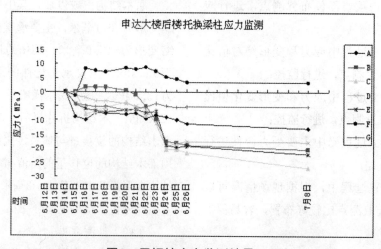

图6 4层钢柱应力监测结果

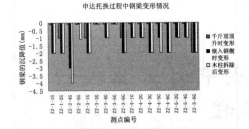

图7 结构托换过程中部分钢梁变形结果

五、启示

申达大楼信息化施工监测,通过现代化的监测技术,实时了解结构的实际响应,判断结构的健康状态;通过实测数据,调整必要的施工工艺和技术方案,使改建修缮后的结构最大限度地符合理想状态;运用信息化监测系统使建筑的整个施工过程都处于可控范围之内,保证了四楼托换木梁木柱,托换天井墙体,一至四楼开设门洞以及拆除过街楼混凝土柱施工过程的安全和工程质量。

(上海建工集团股份有限公司供稿,宋雪飞执笔)

天津市大同道15号原中国实业银行改造工程

一、工程概况

原中国实业银行位于和平区大同道15号，重点保护等级历史风貌建筑，该建筑新中国成立后曾作为眼科医院使用，后闲置，现改造为办公用房使用。

该建筑建于1921年，基泰工程司设计并监造，占地面积约3000平方米，建筑面积约4500平方米，为带地下室的混合结构二层楼房，平屋顶。正立面一至二层中部为混水墙面，石材饰面，其他立面为红砖清水墙面，转角处设水刷石饰面的抱角石。正立面以六棵爱奥尼克柱式承托檐部，形成开敞柱廊，柱廊上部为高耸的女儿墙，柱及檐部、窗套均为水刷石饰面。首层窗套用山花造型装饰。建筑简约大气，具有古典复兴建筑特征。

室内地下一层地面为水泥地面。一层大厅部分为大理石地面，其他房间地面铺瓷砖。墙面大厅局部有石材，其他为白色乳胶漆墙面。大厅顶面为矿棉板吊顶，其他各房间部分为石膏板吊顶和矿棉板吊顶，部分没有吊顶。水、暖、电设备消防避雷等设施已被拆除需要重新安装铺设。

二、改造目标

（一）项目改造要求

该建筑为重点保护等级历史风貌建筑，需按照《天津市历史风貌建筑保护条例》、《天津市历史风貌建筑保护修缮技术规程》及相关规范进行设计，不得改变建筑的外部造型、饰面材料和色彩，不得改变内部的重要结构和重要装饰。

（二）重点改造部位

1. 结构加固改造

在不破坏建筑外部造型、饰面材料和色彩，不改变内部的重要结构和重要装饰的前提下，对建筑进行内部结构加固。重新对地下室部分进行防水加固，恢复地下室空间的使用功能。

2. 节能改造

按照历史原貌恢复屋顶顶棚样式，以提高建筑采光、保温、隔热性能；更换原卫浴器具，使用节水器具；更换原有门窗，采用木框中空玻璃窗扇，以达到节约能源的要求。

3. 功能提升改造

该建筑由医院改造成为办公用房，使用功能变化较大。为满足办公需求，提升建筑使用功能，需对空调、给排水及电器等设备进行改造。同时对室内后期加建石膏板进行拆除，露出建筑原有天花板，既恢复建筑空间使用高度，又恢复建筑原有历史风貌。

4. 防火改造

在改造中增加消防设施，提升建筑整体防火性能。

三、改造技术

（一）查勘情况

该建筑平面近似矩形，楼内设有二部电梯，中部为共享空间。建筑长约42.6米，最宽处约25.99米，建筑面积约为3041平方米。室内外高差约1.60米、地下室层高为2.75米，一层层高为4.67米、二层层高为4.67米、局部三层层高为2.47米。主体结构为砖墙、梁承重。楼、屋盖均为现浇钢筋混凝土板。承重墙体采用粘土砖、混合砂浆砌筑，隔墙采用混凝土砌块、板条隔墙或砖砌等方式。该建筑拟改建为办公建筑使用。

图1 地下室历史图纸及改造设计图

图2 首层历史图纸及改造设计图

图3 二层历史图纸及改造设计图

本次改造，需屋面重新做防水，女儿墙外侧三面贴石材；外檐清水墙面维修、清洗，水刷石墙面及口套维修、清洗，石材墙面清洗；台阶条石规整；窗按原式样更换木窗；内檐墙体加固，抹灰，增加木护墙板；顶棚石膏板吊顶，恢复原角线；地面铺设实木复合地板；复装实木门及口套；中厅共享空间装修改造；楼梯复原维修；卫生间装修改造；各种管线重新穿管布线等。

（二）改造技术

根据改造指导思想，在对建筑进行全面查勘的基础上进行整修改造设计，再根据具体设计方案进行整修施工。

1. 结构加固、改造

通过查勘、鉴定发现，该项目的墙体、楼面结构均存在不同程度的安全隐患，需要进行整体结构加固。

图4 二层房间墙体局部破损

图5 二层走廊墙体裂缝

图6 地下室墙体

（1）墙体

存在问题：内檐部分墙体及门窗洞口等多存在裂缝和破损、砌体强度偏低、地下室原有防潮措施失效、下部墙体碱蚀等现象。（见图4-图6）

改造技术：

1）对于裂缝宽度超过5毫米的墙体，采用局部加筋掏砌方法进行修复（图7、图8）。

2）对于砌筑材料强度等级偏低的墙体，采用1：2水泥砂浆进行深耕缝局部加固处理（图10）。

3）整体地下室墙面面层重新施工，增设防水做法。对没有防潮层的墙体，进行掏换防潮层处理，本次工程防潮板使用SCM灌浆料制作（图11）。

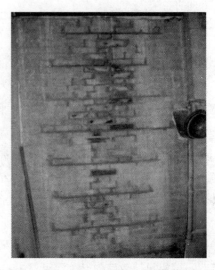

图8 墙体局部加筋掏砌

图9 墙体深耕缝局部加固

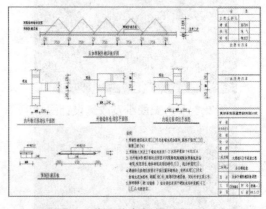

图10 增设防潮板设计图纸

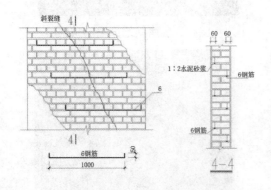

图7 墙体裂缝修复设计图纸

改造后的地下室用作档案室和设备用房，恢复了原有的使用功能。

图11 防潮层板施工完毕

（2）楼面结构

该建筑的楼面、过梁、屋盖结构均为现浇混凝土板，通过对楼板钻孔取样，进行强度鉴定，然后按照新规范要求进行结构加固设计（图12）。

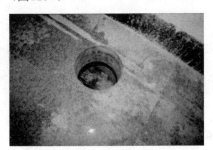

图12 对楼板进行钻孔取样

加固技术：对强度偏低的楼面、过梁等剔凿，并通过增设钢筋锚件、混凝土套盒等方式进行加固，在后期装修过程中利用吊顶对钢筋锚件进行遮盖，同时利用吊顶空间布置各种管线，合理利用空间（图13-图15）。

图13 对强度偏低的过梁进行剔凿

图14 对过梁增设混凝土套盒进行加固

图15 对走廊楼板增设钢筋锚件进行加固

图16 建筑物原有外檐墙面

图17 外檐清水砖墙修复前后对比，左图为修复后外檐墙面，右图为修复前外檐墙面

2. 恢复建筑的历史风貌

（1）恢复外檐墙面历史原貌

对外檐清水墙面采用化学药剂及物理处理方式清理污垢，然后利用高压水整体清理，最后对外檐破损部位进行修补（图16~图18）。

图18 外檐石材墙面修复前后对比，左图为修复前外檐墙面，右图为修复后外檐墙面

（2）门窗形式

存在问题：建筑物原有门窗为木质门窗，但由于年久失修，破损严重，且经过多次粉刷，已失去原有风貌（图19）。

图19 原有木质门窗破损严重

图20 木框中空玻璃窗扇样品

改造技术：本次整修门窗依旧采用实木门窗，考虑到为满足现行节能指标，本次整修改造使用low-E木框中空玻璃窗扇代替原有木窗，样式保持原风格（图20~图21）。

图21 整修后内檐窗

通过按照原材质恢复建筑门窗，既恢复了建筑历史原貌，统一了门窗式样，同时又达到了节能环保的要求，起到保温隔热的功效。

（3）室内天花板

存在问题：内檐灰线、花饰等线型仍清晰可见，保留比较完整，但建筑物由于原先作为医院使用，室内天花板均进行吊顶，将建筑原有灰线、花饰进行了遮挡（图22）。

图22 整修前灰线，被吊顶遮盖

改造技术：本次整修进行恢复性保留，将后期增设的吊顶拆除，露出原有灰线及花饰，同时对花饰等缺损进行修补，对损坏严

重的花饰部位，根据原有老灰线进行重新开模，使用石膏灰线进行仿制，结合墙体加固施工进行更换（图23～图24）。

图23 整修后灰线

图24 会议室天花板改造前后对比

通过对建筑内檐天花板的恢复原貌改造，既达到了恢复历史原貌的目标，同时恢复了室内空间使用高度，提升了建筑使用舒适度。

（4）中庭顶棚

存在问题：建筑原有顶棚在地震中遭受破坏，现有顶棚为地震后搭建的简易顶棚，对建筑中厅采光影响较大（图25）。

图25 震后搭建的简易顶棚

改造技术：依据多方查找的历史资料，按照历史原貌修复中厅彩色玻璃顶棚，同时在彩色玻璃外加罩保护玻璃。经过修复，既恢复了建筑原有风貌，同时提升了建筑采光、保温隔热等性能，满足绿色节能要求（图26～图28）。

图26 修复后中厅顶棚外景

图27 修复后中厅顶棚外景，在彩色玻璃外加罩保护玻璃，起到防尘、保温隔热的功效

图28 修复后中厅顶棚内景

3.建筑节能改造

（1）屋顶保温

建筑原有保温性能不能满足现行规范要求，因此在本次改造中在屋顶部位加铺保温

板，提升建筑整体保温性能（图29）。

图29 在屋顶加铺保温板

（2）卫生洁具

将建筑原先使用的蹲便池更换为感应式节水马桶（图30）。

图30 卫生间节水器具

4.技术应用分析

（1）结构体系加固修复技术

建筑结构体系的改造方法有三种：一是以建筑原有结构体系为基础，并对原有结构体系适当加固，从而满足新的使用功能要求及现有规范；二是加固原有结构体系同时增加新的结构体系，使新老建筑结构共同承担荷载；三是完全脱离原有结构体系，完全由新结构体系受力承载。历史风貌建筑结构体系的加固必须以保护历史建筑的真实历史信息为前提，同时应当综合考虑满足历史建筑新的使用功能要求。一般情况下，其结构体系的加固以第一、二种方法为主，第三种方法的使用应该慎重，适用于历史风貌建筑的局部改建或者因特殊原因而不得不重建的情况。本次工程也采用前两种方法，通过墙体、楼面加固等集成技术，在对建筑本体最小扰动的前提下，使建筑物结构整体性加强，满足建筑结构的抗震功能。

（2）墙面修复技术

建筑墙面修复流程主要依照如下程序：分析历史建筑墙面劣化原因及目前状态、确定清理冲刷策略、制定保护修复技术策略、墙面保护层的涂刷。本次整修根据外檐墙面现有状况，采用清洗剂清理墙面污迹，清理后刷保护剂，使建筑外檐恢复原有历史风貌特征。

四、建筑整修评价

（一）安全性

1.通过建筑整体结构加固，加强了建筑物稳定性，从而达到"安全适用"的原则。

2.墙体掏碱、深耕缝加筋加固，在建筑物原有墙体上进行处理加固，使原墙体得到整体性加强。

经过以上加固工程实现了"安全第一"的原则并真正做到了保证建筑物在其使用年限内的安全、适用。

（二）原真性

在施工过程中边施工边挖掘风貌建筑的历史文化特色，按照多方查找的历史资料进行了原貌复原，真正做到了"修旧如故"。

（三）舒适性

1.本次工程窗采用木框中空玻璃窗，该材质的窗抗风压性能、气密性、水密性均满足国家相应规范，利于节能。

2.本次工程增设了防潮板，从工艺做法上阻止了潮气的上返，更加提高了建筑物的适用性。

通过以上的改造很大程度上提高了该建筑的舒适性，能够满足今后使用者的基本要求。

五、改造效益分析

通过对大同道15号的建筑改造，提升了结构安全、完善了使用功能、增进了建筑的节能环保水平与使用舒适度，同时复原了历史原貌，作为宝贵的历史文化资源，得以传承，其社会效益是显著的。

六、整修改造的推广应用价值

该建筑的改造对今后历史风貌建筑中办公建筑的整修改造工程具有良好的示范作用。

整修工程总结出的综合性整修集成技术及一般规律，实用性和可操作性强，既有效控制了工程造价，又保证了工程质量，能够满足大部分风貌建筑，尤其是具有较高历史、人文价值的风貌建筑的需要，而且操作简便，因此具有较高的推广价值及广阔的应用前景。

（天津市保护风貌建筑办公室供稿，傅建华、孔晖执笔）

七、统计篇

　　本篇以统计分析的方式,介绍了全国范围的既有建筑和建筑节能总体情况以及部分省市和典型地区的具体情况,以期读者对我国近年来既有建筑和建筑节能工作成果有一个概括性的了解。

住房城乡建设部办公厅关于2012年全国住房城乡建设领域节能减排专项监督检查建筑节能检查情况的通报

各省、自治区住房城乡建设厅，直辖市建委（建交委），新疆生产建设兵团建设局：

为贯彻落实《节约能源法》、《民用建筑节能条例》和《国务院关于印发"十二五"节能减排综合性工作方案的通知》（国发[2011]26号）要求，进一步推进住房城乡建设领域节能减排工作，2012年12月7日至26日，我部组织了对全国建筑节能工作的检查。检查范围涵盖了除西藏自治区外的30个省（区、市）及新疆生产建设兵团，包括5个计划单列市、26个省会（自治区首府）城市、26个地级城市以及26个县（市），共抽查了936个工程建设项目的建筑节能施工图设计文件及施工现场。对检查中发现的问题，下发了58份执法建议书。现将检查的主要情况通报如下：

一、总体评价

2012年，各地围绕国务院明确的建筑节能重点任务，进一步加强组织领导，落实政策措施，强化技术支撑，加强监督管理，各项工作取得积极成效。

（一）新建建筑执行节能强制性标准。根据各地上报的数据汇总，2012年全国城镇新建建筑执行节能强制性标准基本达到100%，新增节能建筑面积10.8亿平方米，可形成1000万吨标准煤的节能能力。全国城镇累计建成节能建筑面积69亿平方米，共形成6500万吨标准煤节能能力。

（二）既有居住建筑节能改造。截至2012年底，北方15省（区、市）及新疆生产建设兵团共计完成既有居住建筑供热计量及节能改造面积2.2亿平方米。北京、天津、内蒙古、吉林、山东等5个与财政部、住房城乡建设部签约的重点省（区、市）共计完成改造面积8969万平方米。夏热冬冷地区既有居住建筑节能改造工作已经启动，共安排改造计划1200万平方米，上海、江苏、浙江、安徽、湖南、贵州等省市改造工作进展较好，部分项目已经改造完成。

（三）公共建筑节能监管体系建设。截至2012年底，全国累计完成公共建筑能耗统计40000余栋，能源审计9675栋，能耗公示8342栋建筑，对3860余栋建筑进行了能耗动态监测。确定山西、辽宁、吉林、安徽、河南、湖北6省为第五批能耗动态监测平台建设试点，确定上海市为第二批公共建筑节能改造重点城市。确定中国地质大学（北京）、华侨大学等77所高等院校为节约型校园建设试点，中共中央党校、清华大学等14所高校为节能综合改造示范。

（四）可再生能源建筑应用。截至2012年底，全国城镇太阳能光热应用面积24.6亿平方米，浅层地能应用面积3亿平方米，光电建筑已建成及正在建设装机容量达到1079兆瓦。将21个城市、52个县、3个区、10个镇确定为可再生能源建筑应用示范市（县、区、镇）。在山东、江苏启动了2个可再生能源建筑应用集中连片示范区，将江苏、青海、新疆等8个省（区）确定为太阳能光热建筑应用综合示范省。

（五）绿色建筑与绿色生态城区建设。截至2012年底，全国共有742个项目获得了绿色建筑评价标识，建筑面积7543万平方米，其中2012年当年有389个项目获得绿色建筑评价标识，建筑面积达到4094万平方米。上海、江苏、深圳等省市在保障性住房建设中，全面强制推广绿色建筑。天津市中新生态城、河北省唐山市唐山湾新城、江苏省无锡市太湖新城、湖南省长沙市梅溪湖新城、重庆市悦来生态城、贵州省贵阳市中天未来方舟生态城、云南省昆明市呈贡新区、深圳市光明新区等被确定为首批绿色生态城区示范。

2012年度，北京、天津、河北、山西、内蒙古、吉林、黑龙江、山东、青海、宁夏、上海、江苏、浙江、安徽、重庆、湖北、福建、广西、海南、云南等省（区、市），以及深圳、青岛、宁波、厦门、太原、沈阳、哈尔滨、银川、乌鲁木齐、南京、杭州、合肥、武汉、长沙、广州、南宁、昆明等城市建筑节能重点工作进展较好，相关配套政策措施完善，监督管理比较到位，给予表扬。

二、主要工作措施

（一）加强组织机构与能力建设。北京、天津、山西、内蒙古、吉林、黑龙江、上海、江苏、浙江、山东、湖北、广东、四川、贵州等省（区、市）建立了政府领导牵头，各相关部门参加的领导小组，建筑节能组织领导及部门协调机制进一步完善。省、市、县三级建筑节能管理机构能力进一步增强。住房城乡建设部门均设置了建筑节能专门处室，配备了专门人员。山西、内蒙古、上海等省市成立了专门的建筑节能监管（监察）机构。

（二）完善法规体系与制度创新。各地切实加强建筑节能法制化建设，天津、河北、山西、上海、山东、湖北、湖南、广东、重庆、陕西、贵州、青岛、深圳等地制定了专门的建筑节能条例，及时将建筑节能成熟实践上升为法规制度，天津、山东在条例中设置了绿色建筑专门章节及条款发展，其他省市的地方法规规定了民用建筑项目规划阶段节能审查、民用建筑能效测评及信息公示、既有建筑节能运行及改造、可再生能源强制推广、建筑节能专项资金、技术标准等多项制度，为建筑节能法制化的顺利推进奠定了坚实基础。

（三）强化资金投入与政策激励。据不完全统计，2012年度，在北方既有居住建筑供热计量及节能改造、可再生能源建筑应用、绿色建筑等方面，中央财政共安排补助资金150亿元，地方省、市两级财政安排建筑节能专项资金超过130亿元，其中，北京、山西、内蒙古、吉林、上海、江苏、山东、青海、宁夏等地资金投入力度较大。部分地区出台了节能建筑与绿色建筑配套费减免、可再生能源应用减免水资源费及享受优惠电价、太阳能建筑应用容积率奖励、墙改基金减免与返还等激励政策。

（四）突出标准引导与科技支撑。北方采暖地区及夏热冬冷地区各省市及时修订地方标准，适应国家标准的新要求。北京市出台国内第一部节能75%的居住建筑节能设计标准。北京、天津、河南、上海、江苏等省市逐步开始建立绿色建筑标准体系。既有建筑节能改造、可再生能源建筑应用、新型建筑材料及产品、绿色施工等多个领域的标准规范、图集、工法等不断健全。建筑节能科技创新水平不断提升，通过国家科技支撑项目、科研开发项目等，对建筑节能关键技术、产品进行研发，并通过制定发布技术公告、推广目录等形式，对新技术、新材料、新产品等进行推广，促进成果转化。

（五）严格监督管理与目标考核。各地在现行法律法规设置的行政许可范围内，不断完善和创新管理办法。浙江省全面推行民用建筑节能评估审查制度，对项目设计方案进行分析和评估，既确保了标准执行，又对设计方案进行了优化。天津、山西等省市实行规划阶段节能审查、施工图专项设计与审查、节能产品质量认定与备案、节能施工专项资格认证、节能工程专项验收、建筑能效测评标识与信息公示等制度，监管效果明显。各地不断强化检查力度，对违法违规行为进行处理，据不完全统计，2012年各省在建筑节能检查中共下发执法告知书500份。部分省市通过政府及住房城乡建设部门逐级签订目标责任状的方式，对建筑节能目标进行了分解落实，并按期进行考核，保障了工作任务的落实。

三、存在的问题

（一）建筑节能能力建设依然不足。一是管理力度不够，部分地区对绿色建筑、既有建筑节能改造、可再生能源建筑应用等专项工作缺乏专门机构及人员进行管理，工作进度、质量及财政资金使用效益等无法得到有效保障。二是资金投入力度不够，尤其是中央财政大力投入的既有居住建筑节能改造、可再生能源建筑应用等工作，部分地区没有落实地方配套资金。

（二）新建建筑执行节能强制性标准仍有不到位情况。一是部分省市对新颁布建筑节能国家标准执行不及时，地方实施细则没有及时出台，设置执行过渡期过长。二是建筑节能设计规范性及精细度不够，不能有效指导施工。节能设计软件管理比较混乱，存在设计指标明显不够而由软件权衡计算通过的现象。三是施工现场随意变更节能设计、偷工减料的现象仍有发生。部分地区在施工标准、工艺不健全情况下，推广使用新型外墙外保温，造成质量隐患。四是部分地区对保温材料、门窗、采暖设备等节能关键材料产品的性能检测能力不足，检测质量监管有漏洞，存在检测结果与工程实际应用情况不符情况。

（三）既有建筑节能改造质量及效益水平仍需提高。一是部分节能改造项目质量存在问题，部分完成的改造项目已经出现保温层破损、脱落，供热计量表具安装不到位等情况。二是供热计量改革滞后，部分北方地区城市尚未制定供热计量收费办法，导致既有居住建筑节能改造完成后，没有同步实现计量收费，造成"节能不节钱"，影响了节能企业居民参与节能改造的积极性。三是公共建筑节能改造及夏热冬冷地区既有居住建筑节能改造进度滞后，改造项目落实及实施情况不理想。

（四）绿色建筑发展相对缓慢。一是绿色建筑标准体系还不健全，目前仍以评价标准为主，缺乏针对绿色建筑的规划、设计、施工、验收标准，绿色建筑与现有工程建设管理体系结合程度不足。二是绿色建筑配套政策不落实，包括支持绿色建筑的财税政策、保障性住房等公益性建筑强制推广绿色建筑等的相关政策不配套。三是绿色建筑技术支撑能力不足，缺乏针对不同气候区、不同建筑类型的系统技术解决方案。相关设计、咨询、评估机构服务能力不强。

（五）可再生能源建筑应用示范管理水平仍需加强。一是部分示范市县实施进度缓慢。据统计，2011年批准的96个示范市（县、区、镇）中，项目开工率小于20%的有21个，占批准示范数量的22%；2012年批复的112个示范市（县、区、镇）中，项目开工率小于20%的有38个，占批准示范数量的34%。二是技术管理能力有待进一步提升。示范专门管理人员严重不足，特别是部分偏远地区、经济落后地区市县的管理能力、技术能力跟不上，技术支撑力量薄弱，设计、施工、监理等单位对业主的相关技术咨询和服务能力不足。

四、下一步工作思路

（一）全面推进绿色建筑行动。贯彻落实《国务院办公厅关于转发发展改革委、住房城乡建设部绿色建筑行动方案的通知》（国办发[2013]1号），全面推动绿色建筑行动。做好首批8个绿色生态城区组织实施。启动第二批绿色生态城区示范。发布绿色生态城区规划编制办法及指标体系。加大绿色建筑评价标识推广力度，强化标识质量审查及备案管理，启动高星级绿色建筑财政奖励工作，引导保障性住房等公益性建筑强制推广绿色建筑评价标识。逐步增强绿色建筑专家委员会、设计咨询、第三方评价等市场服务能力。加快国家建筑节能与绿色建筑工程技术中心建设。

（二）稳步提升新建建筑节能质量及水平。继续做好北方采暖地区及夏热冬冷地区新颁布建筑节能标准的贯彻实施工作。总结北京、天津经验，督促指导有条件的地区率先执行更高水平的节能标准。着力抓好新建建筑在施工阶段执行标准的监管力度。进一步规范建筑节能施工图审查、设计及计算模拟软件、材料产品性能检测等行为。全面推行民用建筑规划阶段节能审查、节能评估、民用建筑节能信息公示、能效测评标识等制度。加快新建建筑节能管理体制建设，增强市县的监管能力和执行法律法规及标准规范的能力。

（三）深入推进既有居住建筑节能改造。继续加大北方采暖地区既有居住建筑供热计量及节能改造实施力度，力争2013年完成改造面积1.9亿平方米以上。强化节能改造工程设计、施工、选材、验收等环节的质量控制。总结地方实践经验，修订改造技术导则及验收办法。督促完成节能改造的既有居住建筑全部实行供热计量收费。切实加强建筑保温工程施工的防火安全管理。力争完成夏热冬冷地区既有居住建筑节能改造面积1200万平方米以上，下达改造计划指标1500万平方米以上。选择有工作基础、积极性高、配套政策落实的城市，实行规模化改造试点。

（四）加大公共建筑节能管理力度。进

一步扩大省级公共建筑能耗动态监测平台建设范围，力争到2015年，建设完成覆盖全国的公共建筑能耗动态监测体系。推动公益性行业公共建筑节能管理，开展"节约型校园"、"节约型医院"创建工作。启动第三批公共建筑节能改造重点城市。推动高等学校校园建筑节能改造示范。指导各地分类制定公共建筑能耗限额标准，并建立基于限额的公共建筑节能管理制度。加快推行合同能源管理、能效交易等节能新机制。

（五）实现可再生能源在建筑领域规模化高水平应用。实施可再生能源建筑应用省级推广，做好中央财政资金按因素法分配工作。选择有条件的区域打造集中连片推广示范区。推动已批准的可再生能源建筑应用示范市县进一步挖掘推广潜力，加快示范市县的验收进度。加大"太阳能屋顶计划"实施力度，调整光伏建筑一体化示范项目支持政策，扩大自发自用光伏建筑应用规模。推动资源条件具备的省（区、市）针对成熟的可再生能源应用技术尽快制定强制性推广政策。加快研究制定不同类型可再生能源建筑应用技术在设计、施工、能效检测等各环节的工程建设标准。

（六）加强建筑节能相关支撑能力建设。指导各地住房城乡建设主管部门加强建筑节能管理能力建设，完善管理机构，充实人员。加快完善建筑节能标准体系，针对不同建筑类型、不同建设环节，制定修订绿色建筑、新建建筑、既有建筑节能改造、可再生能源建筑应用等相关标准。加强建筑节能科技创新，组织建筑节能与绿色建筑共性关键技术科技项目的立项和实施。加快国家建筑节能与绿色建筑工程技术中心、重点实验室等科研平台建设工作，增强第三方评价机构的能力。

（七）严格执行建筑节能目标责任考核。进一步建立完善建筑节能统计、监测、考核体系建设。组织开展建筑节能专项检查，对国务院明确的建筑节能、供热计量改革等工作任务的落实情况进行专项核查，严肃查处各类违法违规行为和事件。组织中央财政资金使用情况专项核查，重点核查北方采暖地区既有居住建筑供热计量及节能改造、可再生能源建筑应用示范市县、太阳能光电建筑应用示范项目等进展情况及中央财政资金使用安全及效益情况。

（中华人民共和国住房和城乡建设部办公厅，2013年3月25日）

住房城乡建设部办公厅关于2012年北方采暖地区供热计量改革工作专项监督检查情况的通报

北京市住房城乡建设委、市政市容委，天津市建设交通委，河北、山西、内蒙古、辽宁、吉林、黑龙江、山东、河南、陕西、甘肃、宁夏、新疆、青海省（区）住房城乡建设厅，新疆生产建设兵团建设局：

2012年12月，我部组织对北方采暖地区15个省（区、市）及26个地级和副省级城市的供热计量改革工作情况进行了专项监督检查。现将有关情况通报如下：

一、检查的基本情况

监督检查组对照《住房城乡建设部办公厅关于组织开展2012年度住房城乡建设领域节能减排监督检查的通知》（建办科[2012]43号）中有关要求和《省、自治区及地级以上城市供热计量改革专项检查评分表》，检查了受检地区供热计量改革进展情况，并进行了评分（得分结果见附件1、2）。总体上看，北方采暖地区供热计量收费面积进一步增长，供热计量价格和收费政策继续完善，供热计量收费节能效果显现，供热计量改革工作得到了全面推进。

（一）供热计量收费面积进一步增长

2012年北方采暖地区15个省（区、市）累计实现供热计量收费面积8.05亿平方米，其中住宅供热计量收费面积6.16亿平方米；公共建筑供热计量收费面积1.9亿平方米。供热计量收费面积在6000万平方米以上的省市有山东省、河北省、北京市、吉林省、天津市和山西省。

（二）颁布计量热价的城市数量明显增加

目前北方采暖地区出台供热计量价格和收费办法的地级以上城市达到116个，占地级以上城市的93%。山东、河北、山西、黑龙江、陕西、吉林省所辖地级城市全部出台了供热计量价格。

（三）供热计量价格和收费制度进一步完善

2012年，河北、山西、内蒙古、宁夏、陕西省（区）住房城乡建设厅联合物价主管部门出台文件，将计量热价中基本热价的比例降到30%、取消计量收费的"面积上限"。据统计，在116个出台计量热价的城市中，已有46个城市的基本热价比例降到30%，有39个城市取消了"面积上限"。

（四）供热计量约束和激励机制进一步健全

河北、山东省等8个省市将供热计量改革事项纳入了地方性法规或政府规章。济南、青岛、北京、太原市将财政补贴资金与供热计量和节能工作挂钩。银川市规定不按计量收费的，用户有权少交20%热费。吉林省将供热计量改革工作评价与住房城乡建设领域相关政策支持、资金支持和申报住房城乡建设领域奖项等工作密切挂钩。各种约束和激励机制的建立健全，为有力推进供热计量改革工作奠定了基础。

（五）供热计量节能效果进一步显现

2007年以来，北方采暖地区每平方米供热面积耗热量平均每年下降约4%。山东省青岛、临沂、济南、寿光等城市实施计量收费后，每平方米耗热量下降30%左右，每年节约标准煤6千克/平方米；兰州市榆中县结合既有建筑改造，建立供热系统监控平台，开展供热系统节能，实现能耗下降30%以上。

二、检查发现的问题

（一）部分省市新建建筑供热计量装置继续欠新账

2012年1～10月北方采暖地区15个省（区、市）新竣工建筑3.85亿平方米，其中安装供热计量装置的有2.7亿平方米，约占新建建筑总量70%，存在新建建筑供热计量装置继续欠新账现象。检查发现，新建建筑欠新账较多的有辽宁省、内蒙古自治区以及阳泉、大连、渭南市等，当年新竣工建筑安装供热计量装置的比例均低于20%。

（二）部分地区供热计量收费严重滞后

2012年，北方采暖地区15个省（区、市）已累计实现供热计量收费面积8亿平方米，约占全部供热计量装置安装面积的66.7%。2012年新竣工建筑实现供热计量收费面积2.15亿平方米，占当年已安装供热计量装置面积的79.6%。辽宁、内蒙古、青海省（区）以及大连、营口市2012年新竣工建筑同步实现供热计量收费面积的比例不足10%。

三、整改要求

各省级住房城乡建设（供热）主管部门对检查中通报的问题，要立即组织进行限期整改，切实做好以下工作：

（一）健全工作机制。制定供热计量工作实施细则或管理办法，建立供热计量目标责任制和问责制，将供热计量改革目标完成情况作为对住房城乡建设部门及负责人考核评价内容，并落实供热企业按用热量计价收费的主体责任。

（二）加强监督管理。切实加强设计、施工图审查、施工、监理、验收和销售等环节全过程的监管。施工图设计文件不符合建筑节能强制性标准的，不得将施工图设计文件审查结论定为合格。对违反供热计量强制性标准要求的设计、施工、监理、房地产开发等单位和供热企业，要依法进行处罚。

（三）完善计量热价和收费制度。严格落实供热企业主体责任，制定房地产开发企业与供热企业选表、安装和收费衔接细则和资金管理办法。实施基本热价30%，取消"面积上限"，完善计量热价和管理办法，定期告知用户耗热量，进一步促进行为节能的积极性。

（四）创新约束和激励机制。各地要学习吉林等地的做法，将供热计量改革工作评价与住房城乡建设领域相关政策支持、资金支持和申报住房城乡建设领域奖项等工作密切挂钩，充分利用相关约束和激励机制，大力推进供热计量改革工作。

附件：1. 2012年北方采暖地区15个省（区、市）供热计量改革专项检查得分表

2. 2012年北方采暖地区26个地级和副省

级城市供热计量改革专项检查得分表 　　　　　（住房和城乡建设部办公厅，2013年4月18日）

附件1

2012年北方采暖地区15个省（区、市）供热计量改革专项检查得分表

序号	省份	得分
1	山东省	85
2	天津市	84
3	山西省	83
4	河北省	81
5	内蒙古自治区	80
6	北京市	79
7	宁夏回族自治区	78
8	吉林省	77
9	河南省	73
10	甘肃省	70
11	黑龙江省	65
12	陕西省	65
13	新疆维吾尔自治区	64
14	青海省	62
15	辽宁省	55

附件2

2012年北方采暖地区26个地级和副省级城市供热计量改革专项检查得分表

序号	城市	得分
1	青岛市	94
2	临沂市	91
3	吴忠市	90
4	通化市	86
5	太原市	85
6	阳泉市	84
7	乌海市	79
8	洛阳市	78
9	呼和浩特市	78
10	济南市	77

续表

序号	城市	得分
11	郑州市	76
12	廊坊市	73
13	长春市	73
14	石家庄市	71
15	西安市	70
16	银川市	69
17	西宁市	68
18	沈阳市	67
19	哈尔滨市	66
20	乌鲁木齐市	65
21	兰州市	63
22	大庆市	62
23	渭南市	62
24	大连市	60
25	酒泉市	60
26	营口市	48

既有居住建筑节能改造工程实施进展与成效

既有居住建筑节能改造,是贯彻落实党中央、国务院确定的节能减排战略任务的重要措施,是一件关乎我国长远利益、关系全局的大事,也是关系广大群众切身利益、切实改善民生的好事。2007年以来,按照国务院统一部署,财政部、住房城乡建设部在我国北方地区组织实施了既有居住建筑供热计量及节能改造,在节能减排、改善民生、拉动产业等多方面取得明显成效,受到地方政府、有关企业及居民群众的广泛欢迎。地方政府称之为"谋民利,解民忧"的民心工程,群众评价它是"雪中送炭"的民生工程。

一、政策背景、内容及进展

2000年以前我国建成的建筑大多为非节能建筑,占城镇建筑面积的80%,这些建筑外墙平均保温水平仅为欧洲同纬度发达国家的1/3,建筑采暖能耗高出2~3倍。一方面,这些建筑普遍存在冬季室内温度过低、墙体发霉、结露现象,室内舒适性很差,群众对室内环境和供热效果均不满意,意见很大。另一方面,这样的老旧小区绝大多数都分布在老城区,恰恰是低收入群体、困难群体集聚度很高的区域。因此,对这类建筑实施既有居住建筑节能改造不仅能够提高建筑能效水平,实现节能降耗,而且可以有效提升建筑室内舒适度,显著改善群众生活条件,并在拉动内需、促进就业等方面发挥了显著的作用。综合考虑节能降耗、改善民生和拉动内需三个因素,2007年财政部、住房城乡建设部联合启动了北方采暖地区既有居住建筑供热计量及节能改造工作。

为了做好这项工作,财政部、住房城乡建设部发布了《关于推进北方采暖地区既有居住建筑供热计量及节能改造工作的实施意见》(建科[2008]95号)、《北方采暖区既有居住建筑供热计量及节能改造奖励资金管理暂行办法》(财建[2007]957号)、《关于进一步深入开展北方采暖地区既有居住建筑供热计量及节能改造工作的通知》(财建[2011]12号)以及技术导则和验收办法等一系列规范性文件。中央财政创新资金拨付方式,采取"以奖代补"的方式,按每平方米50元左右的标准,对各地改造项目进行了资金奖励。同时,为充分调动城市积极性,突出政策效益和改造整体效果,对工作积极性高、前期工作基础好、配套政策落实的市县进一步加大政策激励力度,启动一批供热计量及节能改造重点市县。截至2012年底,北方采暖地区已完成节能改造面积5.6亿平方米。"十二五"以来共完成改造面积3.78亿平方米,预计到2013年底将提前超额完成了国务院提出的4亿平方米改造任务。其中,2012年签约省、重点市县共计完成改造任务1.31亿平方米,占2012年完工总量的

72.4%，形成了重点突破、全面带动的良好工作局面。

中央财政资金投入既有居住建筑节能改造逐步增加，"十一五"期间，中央财政累计投入既有居住建筑节能改造超过45亿元。"十二五"以来中央财政累计投入超过174亿元。中央财政的投入也有效带动了地方政府和社会的投入，山东、河北、河南设置专项补贴资金，内蒙古、吉林、山西对中央财政补贴实施1∶1配套，青海按每平方米82.5元配套资金，北京补助标准超过每平方米100元，并要求区（县）两级财政按1∶1比例配套改造资金。仅"十二五"以来，中央财政投入就带动地方政府和社会投入381亿元。与此同时，中央财政资金使用效率不断提高。中央财政资金在使用过程中，注重发挥引导作用，采用预拨启动资金、下拨奖励资金、核拨剩余资金的方式，确保中央财政资金及时足额拨付到项目单位，提高了中央财政资金的利用效率，保障了工程进展。哈尔滨市发挥中央财政资金引导作用，积极推行规模化合同能源管理试点项目，初步形成了政府、节能服务公司和受益者工程出资的长效发展方式。河北、甘肃、宁夏等省部分地区出现以供热公司为主导推进既有建筑节能改造，实现了国家节能、用户省钱、热力企业降低成本的"多赢"局面。从政策执行效果看，中央财政资金发挥了"四两拨千斤"的作用，有效地带动了地方财政、企业、居民及其他社会资金的投入，保证了项目顺利实施。同时，创新资金使用方式，提高了资金利用的效率。在达到节能减排目标的同时，实现了扩大内需、拉动经济的作用。

二、既改工作取得明显成效

（一）改善民生，保障民生效益突出

实施既有居住建筑节能改造的对象主要是老城区的老旧小区，城镇中低收入群体聚集度高，对这样的群体实施节能改造，既提高了低收入人群、困难人群的生活水平，也贯彻落实党中央对中低收入群体的优先保障、优先惠及的要求。改造后的老旧建筑室内热舒适度提高明显，冬季室内温度提高了3℃～6℃，夏季室内温度降低了2℃～3℃，有效解决老旧房屋渗水、噪音、发霉、结露等问题，老百姓称为实实在在的"暖房子"工程，天津、吉林、内蒙古等省（自治区）将既有居住建筑节能改造工作列入本级政府的民心工程，作为改善民生的重要手段。北京、天津、黑龙江等地区将节能改造与保障性住房建设、旧城区综合整治、市容综合整治、抗震加固、小区提升改造等民生工程统筹进行，综合效益明显。特别是将节能改造与旧城出新改造、小区提升改造、市容综合整治相结合，改造后形成了焕然一新的小区，绿化、安保、基础设施、公共服务全面提升，房屋租售价格显著提高，群众居住生活条件得到了更大提升，居民改造需求十分强烈。

（二）节能环保效益明显

吉林省通化县是财政部、住房城乡建设部支持的节能改造重点县。通过对全县140万平方米老旧住宅全部实施节能改造，一个采暖期节省采暖煤耗2万吨以上，综合节能率达到48%。目前，北方采暖地区既有居住建筑供热计量及节能改造已完成的改造面积约5.6亿平方米，可形成年节约615.38万吨标准煤的能力，减排二氧化碳1600万吨，减

排二氧化硫123.08万吨，并在一定程度上缓解北方城市冬季煤烟型污染，消减燃煤烟尘排放，降低空气中的PM2.5悬浮颗粒物，环保部主持编制的大气污染治理行动方案也将京津冀地区既有居住建筑供热计量及节能改造作为治理环境污染的重要举措。与此同时，进行节能改造，原有供热热源可以扩大1倍供热面积，改造后的建筑使用寿命可以延长20年以上，有效减少大拆大建。

（三）实现了经济效益与拉动产业双赢

一是从节能改造的静态回收期看，13年左右年可收回节能改造的全部投资，这完全在房屋使用寿命期内。二是从产业拉动来看，按照根据对历年建筑业和其他相关产业经济关系的分析，建筑业每增加1元的投入，可以带动相关产业1.9~2.3元的投入。仅考虑"十二五"以来北方采暖地区既有居住建筑的投资拉动效应，带动相关产业投入1309.8亿元，并有效带动新型建材、仪表制造、建筑施工等相关产业发展。三是从促进就业来看，按人均年产值15万元计，"十二五"以来，预计新增就业岗位87万个。

三、下一步工作的基本思路

财政部、住房城乡建设部测算，北方地区有超过20亿平方米的既有建筑急需节能改造。在新建建筑规模增量减少的同时，实施既有建筑节能改造将是促进深层次城镇化、释放城镇化内生动力的重要措施。"十二五"期间，我们预计实施北方采暖地区既有居住建筑供热计量及节能改造超过6亿平方米。为实现预期目标，财政部、住房城乡建设部将着力做好如下五个方面的工作。

（一）提高认识，强化管理

提高政府，特别是基层政府对节能改造工作的认识，坚持将既有居住建筑节能改造作为节能降耗、改善民生、拉动经济的重要措施，将老旧建筑节能改造作为促进深层次城镇化、有效释放城镇化内生动力的重要举措。完善既有建筑节能改造的组织管理机构，提高管理水平和管理效率。提高从业人员水平，促进群众参与。

（二）继续坚持重点突破、全面带动的推进方式

坚持既有居住建筑节能改造优先保障、优先惠及低收入群体的原则，优先支持西部地区、落后地区开展既有居住建筑节能改造，研究建立差别化财政资金奖励政策。继续选择一批能耗高、污染重、需求大、基础好的市县为重点，实施规模化推进既有居住供热计量及节能改造，发挥典型案例的示范和引导作用，带动既有居住建筑节能改造。

（三）积极推进综合改造为主的改造模式

大力支持地方根据本地实际情况开展与旧城出新改造、市容改造、小区综合改造等改造相结合的改造，发挥综合效应，探索老旧城区综合改造，促进深层次城镇化、有效释放城镇化内生动力的改造方式。

（四）继续发挥中央财政带动和引导作用

继续采用已有资金奖励政策，对改造工作给予支持。"十二五"期间各地计划完成改造面积7.4亿平方米，中央财政预计将安排奖励资金250亿元左右。同时，将进一步创新改造资金筹措机制，推进市场化融资，缓解改造的资金压力。着力建立市场化改造为主的长效机制，推行合同能源管理方式，鼓励供热企业或能源服务公司以热源或

热力站为单位,进行投资改造,并分享节能受益,从而带动更多的社会资金投入。

(五)严格过程控制,强化质量监管,打造精品工程

强化严格项目选择,做好计划、规划。既有建筑节能改造要纳入基本建设程序管理,严格设计、施工、产品材料选用、竣工验收环节的过程控制,强化质量监管。改造中大力推广应用新型节能技术、材料、产品,带动相关产业发展。开展能效测评,确保工程达到预期质量和效果。研究建立既有居住建筑节能改造工程后期维护制度。完善相关标准规范。

(住房和城乡建设部建筑节能与科技司供稿)

最具潜力的内需市场既有建筑改造是目前我国建筑节能的最大市场

随着各地建筑节能标准的提高,我国新建房屋的建筑能耗会不断地下降,但新建建筑比起既有建筑,毕竟所占比例不大,真正影响建筑节能效果的是我们现有的量大面广的既有建筑。

我国城镇既有居住建筑量大面广。据不完全统计,仅北方采暖地区城镇既有居住建筑就有大约35亿平方米需要和值得节能改造。这些建筑已经建成使用20~30年,能耗高,居住舒适度差,许多建筑在采暖季室内温度不足10℃,同时存在结露霉变、建筑物破损等现象,与我国全面建设小康社会的目标很不相应。

同时,我国南方地区建筑因过去不采暖,对建筑保温不够重视。这些地区建筑墙体结构普遍偏薄,房屋墙体及门窗的保温性能较差,窗户仍然大量采用单玻窗,北方已经大范围普及的双玻窗、Low-E窗等在南方很少投入使用,这类建筑在目前夏季空调使用和冬季分户取暖普及的情况下,不仅居住环境的舒适度无法与经济水平相适应,而且造成大量能源浪费,因此人们对建筑节能的需求越来越迫切。

建筑节能是国家节能减排工作的重要组成部分。既有建筑节能改造,不仅是严寒和寒冷地区(也称北方采暖地区)既有居住建筑的节能改造,而且包括冬冷夏热地区的建筑的节能改造,是当前和今后一段时期建筑节能工作的重要内容,对于节约能源、改善室内热环境、减少温室气体排放、促进住房城乡建设领域发展方式转变与经济社会可持续发展,具有十分重要的意义。

既有建筑节能改造,是指对不符合民用建筑节能强制性标准的既有建筑的围护结构、供热系统、采暖制冷系统、照明设备和热水供应设施等实施节能改造的活动。节能改造的主要内容有:

(1)外墙、屋面、外门窗等围护结构的保温改造;

(2)采暖系统分户供热计量及分室温度调控的改造;

(3)热源(锅炉房或热力站)和供热管网的节能改造。

相关信息显示,截至2012年年底,北方15省(区、市)及新疆生产建设兵团共计完成既有居住建筑供热计量及节能改造面积2.2亿平方米。北京、天津、内蒙古、吉林、山东5个与财政部、住房城乡建设部签约的重点省(区、市)共计完成改造面积8969万平方米。夏热冬冷地区既有居住建筑节能改造工作已经启动,共安排改造计划1200万平方米。同时,住建部也在推动可再生能源建筑应用。截至2012年年底,全国城镇太阳能光热应用面积24.6亿平方米,浅层地能应用面积3亿平方米,光电建筑已建成及正在建设装机容量达到1079兆瓦。全国有

21个城市、52个县、3个区、10个镇被确定为可再生能源建筑应用示范市（县、区、镇）。

在绿色建筑与绿色生态城区建设方面，截至2012年年底，全国共有742个项目获得绿色建筑评价标识，建筑面积7543万平方米，其中2012年当年有389个项目获得绿色建筑评价标识，建筑面积达到4094万平方米。上海、江苏、深圳等省市在保障性住房建设中，全面强制推广绿色建筑。据相关测算，如果到2020年中国有20%的建筑使用可再生能源，将占建筑总能耗的12%至15%，对完成全社会可再生能源应用目标贡献率超过30%。官方此前提出，"十二五"期间（2011年至2015年），中国要实现节约能源6.7亿吨标准煤；到2020年非化石能源占能源消耗的比重达到15%。

一、既有建筑改造的基本情况

2013年初，国务院一号文件《绿色建筑行动方案》提出，要在"十二五"期间内，完成北方采暖地区既有居住建筑供热计量和节能改造4亿平方米以上，南方夏热冬冷地区既有居住建筑节能改造5000万平方米，公共建筑和公共机构办公建筑节能改造1.2亿平方米，实施农村危房改造节能示范40万套。并且要求要在到2020年末，基本完成北方采暖地区有改造价值的城镇居住建筑节能改造。

据相关媒体报道，住建部近期强调将深入推进既有居住建筑节能改造。继续加大北方采暖地区既有居住建筑供热计量及节能改造实施力度，力争2013年完成改造面积1.9亿平方米以上；力争完成南方夏热冬冷地区既有居住建筑节能改造面积1200万平方米以上，下达改造计划指标1500万平方米以上；选择有工作基础、积极性高、配套政策落实的城市，实行规模化改造试点。

这其中，北方地区的既有居住建筑节能改造，以加快实施"节能暖房"工程为最基本措施。其主要内容包括以围护结构、供热计量、管网热平衡改造为重点，大力推进北方采暖地区既有居住建筑供热计量及节能改造，并鼓励有条件的地区超额完成任务。

除去维护结构改造之外，还将开展夏热冬冷和夏热冬暖地区居住建筑节能改造试点。以建筑门窗、外遮阳、自然通风等为重点，在夏热冬冷和夏热冬暖地区进行居住建筑节能改造试点，探索适宜的改造模式和技术路线。"十二五"期间，要求完成改造5000万平方米以上。实施北方采暖地区城镇供热系统节能改造的重点，是提高热源效率和管网保温性能，优化系统调节能力，改善管网热平衡，撤并低能效、高污染的供热燃煤小锅炉。因地制宜地推广热电联产、高效锅炉、工业废热利用等供热技术。推广"吸收式热泵"和"吸收式换热"技术，提高集中供热管网的输送能力。开展城市老旧供热管网系统改造，减少管网热损失，降低循环水泵电耗。国务院总理李克强要求改造1000万户棚户区，这不仅仅意味着拆除城中村，更意味着，旧城区综合改造、城市市容整治、既有建筑抗震加固中，有条件的地区也要同步开展节能改造。在条件许可并征得业主同意的前提下，研究采用加层改造、扩容改造等方式进行节能改造。

据悉，中国中央财政将再投40亿元用于建筑节能。财政部经建司有关负责人透露，官方未来将进一步完善财政政策,在建筑领域集中连片、大规模推广利用可再生能源,财政资金将重点向保障性住房、公益性行业倾斜。

二、南方地区建筑保温是建筑节能的重要环节

目前我国的节能改造是以推进北方采暖地区既有居住建筑节能改造为主,不过,随着南方夏热冬冷地区,夏季能耗过高等问题的加深,南方地区的节能改造工作也被提上了日程表。所谓夏热冬冷地区,是指长江中下游及其周边地区,涉及上海、重庆、江苏、浙江、安徽、江西、湖南等多个省市。

传统上认为,既有居住建筑节能改造通常是指我国严寒和寒冷地区未执行《民用建筑节能设计标准(采暖居住建筑部分)》建设,并已投入使用的采暖居住建筑,通过对其外围护结构、供热采暖系统及其辅助设施进行供热计量与节能改造,使其达到现行建筑节能标准的活动。而南方夏热冬冷地区因为对采暖要求并不明显,因而节能改造问题并不十分迫切。然而,随着空调等高能耗取暖降温设备逐步走入寻常百姓家庭,夏热冬冷地区也出现了迫切的保温需求。2012年7月26日,住房和城乡建设部公布了《夏热冬冷地区既有居住建筑节能改造技术导则(征求意见稿)》(下称《意见稿》)。住建部相关人士表示,夏热冬冷地区既有居住建筑节能改造进入实质阶段。《意见稿》针对外窗、遮阳、屋面、外墙等围护结构节能改造提出了技术要求。节能改造可以选择单一项目如门窗,也可多个项目进行综合改造,而改造项目的最终确定主要取决于项目的技术经济指标。

而据相关统计,当前南方地区的玻璃窗仍然大量采用单玻窗,北方已经大范围普及的双玻窗、Low-E窗等在南方很少投入使用,同时,南方地区墙体结构普遍偏薄,房屋墙体及门窗的保温性能较差,而高能耗取暖纳凉设备的普及,显然给节能减排任务增添了不少困难。空调、电暖气等保暖设备在保温性能不良的房屋内工作,必然会导致效率偏低,同时,能耗损失也比较大,不仅不利于节能减排,同时也使得居住环境的舒适度无法达到与经济水平相适应的程度。

国家能源局2012年6月曾表示,空调负荷在总用电负荷中所占比重非常大,2011年华北地区最大空调负荷占用电负荷峰值的比重已超过20%,华中、华东、南方地区已超过30%,北京、上海、广州等中心城市的比重甚至接近一半。

对于房屋保温节能改造成绩显著的北方地区而言,除去北京等特大城市之外,空调负荷占用电负荷峰值的比重明显低于华中、华东、南方地区。如果将经济发展水平等原因搁置来看待这个问题,房屋墙壁过薄、门窗节能较差等问题显然也是造成南方地区整体空调能耗高于北方的一个重要原因。据现代快报道,江苏省2011年夏季空调用电负荷已达到2200万千瓦,占最高用电负荷的1/3。

夏季空调用电给南方地区电网造成了巨大的压力,2012年7月5日13时45分,国家电网华东电网统调最大负荷达1.7666亿千瓦,创历史最高水平,全网电力缺口约960万千瓦。

有人曾计算,功率1匹的空调,按照每

天使用12小时计算，开27℃将比26℃节省1.2度电，空调温度提高1℃，可以节省大约10%的总耗电量，这也就意味着，如果南方地区实施节能改造工程，墙体、门窗等如果能多隔热1℃，那么相当于可以至少节省空调10%的耗电量。

不仅如此，空调制热的耗电量也不容小视。据新闻晚报报道称，相比起空调制冷而言，制热更耗电。在室外温度0℃以下时，一台2匹空调每小时用电量往往会从原来的1.5度电增加到3至3.5度，耗电量增加了100%以上。

经过节能改造的墙体门窗等，可以起到有效隔温的作用，不仅室内的温度损失会大大降低，空调持续运行的时间也会相应减少。据海螺型材在北京地区农村进行门窗改造后的回访统计，改造后每户农民家庭一个采暖季平均节煤一吨多，多的家庭达两至三吨，节能效益明显。

这一问题也得到了相关政府机构的重视。据相关媒体报道，中国财政部近日表示，将对夏热冬冷地区既有居住建筑节能改造项目予以财政补贴，以促进节能减排。在这些地区开工实施的建筑外门窗节能改造、建筑外遮阳系统节能改造、建筑屋顶及外墙保温节能改造等项目，都能够享受到国家财政的补贴。财政的大力投入促进了建筑节能，也撬动可再生能源建筑应用的大市场。作为国家首批可再生能源建筑应用示范城市，江苏南京市已获得了8000万元国家财政补助资金。在财政资金的杠杆作用下，新能源产业已然成为了江苏经济新的增长点。有关人士表示，该省仅太阳能热水器产业的产值就接近200亿元，如果加上太阳能光伏发电、热泵等，带动上千亿的产值将不成问题。

三、供热技术的创新是建筑节能的重要途径

长久以来，我国常规的大规模集中供暖一般采用的都是高温循环水供暖模式，这一方式特点是：供回水温差大，流量小，换热效率高。缺点是对保温的要求高，热损失相对较大。但是，由于这种方式流量低，所以用的供水管管径小，资金投入上便宜，而且因为管径小热损失也能一定程度上被弥补（相对于低温水），相对于低温水传输效率高，所以优势很明显，而且送热的过程省电，所以在实际应用中广泛运用于集中供热的一次循环水系统，用于直接入户的情况较少。

但是这一模式的缺点也是显而易见的，为了保障水温持续处于高温环境之下，因而必须增加维持高温的能源消耗，因此并不十分利于我国节能环保事业的发展。

除了高温循环水供暖模式之外，现在在一些中小城市中，逐渐出现了一种相对新型的供暖模式，即低温循环水供暖。

低温循环水供暖相比于高温循环水供暖最突出的优点在于可以采用诸如汽轮机低空运行循环水这一类的系统，将系统的循环水直接由热源送到热用户散热，因而可以避免热源损失，并且通过降低供暖温度、相对延长供暖时间，来达到用户的采暖温度标准。这可以在保证供暖温度的情况下，达到既降低输送能源损失、同时减少热电厂燃料消耗的目的，是一种比较行之有效的节能降耗的手段。

不过这种模式因为循环水相对温差小，所以要保证同样的热量必须加大流量，增加

输送管道的管径，循环泵的功率需要相应增加，换热效率低，且循环末端容易不热，不适用于供热面积太大的情况。一般适合入户供暖，例如采暖地板、辐射板等。

地暖供暖模式就是一种比较常见的低温供暖方式。地暖是指是将温度不高于60摄氏度的热水或发热电缆，暗埋在地热地板下的盘管系统内加热整个地面，

通过地面均匀地向室内辐射散热的一种采暖方式。地热辐射采暖与传统采暖方式相比，具有舒适、节能和环保等诸多特点。在国外这项技术不仅大量应用于民用住宅和医院、商场、写字楼、健身房和游泳馆等各类公共建筑，还大量应用于花坛、厂房、足球场、飞机库和蔬菜大棚等建筑系统的保温，甚至应用于室外道路、屋顶、楼梯、机场跑道和各类工业管线的保温。目前，韩国、日本和欧美等发达国家超过50%的新型建筑中都采用了地热辐射采暖。

地暖也是中国近几年在黄河以北地区已开始兴起的一种新型采暖方式，在中国的山东、天津、东北、内蒙古、河北等地，其应用已经相当广泛。例如天津市，地面采暖已占新建筑的40%，受到居民的普遍欢迎。中国政府已将地面采暖列为重点推广应用的建筑节能技术。从发展前景看，未来的居民采暖，60%以上将会采取地面采暖，有巨大的市场开发潜力。另一种新型的低温供暖是地源热泵。与一般的供暖方式不同，地源热泵是利用浅层地热，包括地下水、土壤等地热能源供热或者制冷的系统，与其他供暖系统最显著的区别在于，地源热泵没有任何污染，可以建造在居民区内；没有燃烧，没有排烟，也没有废弃物，不需要堆放燃料废物的场地，且不用远距离输送热量。

地源热泵技术属可再生能源利用技术。由于地源热泵是利用了地球表面浅层地热资源（通常小于400米深）作为冷热源，进行能量转换的供暖空调系统。地表浅层地热资源可以称之为地能，是指地表土壤、地下水或河流、湖泊中吸收太阳能、地热能而蕴藏的低温位热能。

接受新华社采访时指出，大楼外立面上大量聚氨酯泡沫保温材料，燃烧速度快产生剧毒氰化氢气体，是导致多人死亡的主要原因。

原则上来说，外墙保温结构并不应该成为火灾引发的起点，据业内人士介绍，外墙外保温系统一般由粘结层、保温层、和装饰面层构成，现行的防火规范并没有对外墙外装修的材料作出防火要求。围护结构常用的膨胀聚苯板、挤塑板、喷涂硬泡聚氨酯等保温层材料，氧指数通常在18～32，相当于建筑内装修材料的B1级或B2级的燃烧性能，在施工过程中电焊火星溅到这类材料上容易引起燃烧，但并不意味着导致火灾的就是节能保温材料。建筑幕墙系统一般不宜采用膨胀聚苯板、挤塑板等保温材料，因为幕墙的钢构件施工难以避免电焊火星，若采用上述材料则应采取防火构造措施，可在膨胀聚苯板、挤塑板、硬质喷涂聚氨酯等材料表面设置水泥砂浆等不燃材料作为保护层；非幕墙系统的建筑外墙也应考虑防火构造措施，如外墙保温层每隔一定高度设置1米高度的不燃保温材料的阻隔层，控制火势的延续。

地源热泵地表浅层是一个巨大的太阳能集热器，收集了47%的太阳能量，比人类每年利用能量的500倍还多。它不受地域、资源等

限制，真正是量大面广、无处不在。这种储存于地表浅层近乎无限的可再生能源，使得地能也成为清洁的可再生能源一种形式。

以浅层地热能为例，浅层地温能是一种可再生能源，主要存储于地下200米的岩土与地下水中，温度17℃～21℃，具有清洁环保、取用方便、无需转换、不受天气影响等特点。开发前景十分广阔，据制冷快报报道，江西省一个省在"十二五"规划期间，将会在11个设区市推广地源热泵技术开发浅层地温能，可为超过600万平方米的建筑面积供暖制冷，潜在远景可供建筑面积5.92亿平方米。

相关专家曾表示，截止到2009年底我国地源热泵服务面积已达1.4亿平方米。项目的数量前几年每年在以20%～25%的速度增长，地源热泵应用示范项目全国有324个项目。我国热泵空调系统应用规模由中小单体建筑转向大型建筑群住宅小区，采用了地源热泵系统的几万平方米乃至几十万平方米的小区都已很多，个别城市甚至在建上百万平方米的超大型地源热泵项目。

地源热泵的最突出优点在于环境和经济效益显著。地源热泵的污染物排放，与空气源热泵相比，相当于减少38%以上，与电供暖相比，相当于减少70%以上，真正的实现了节能减排，减少能源浪费和降低废气排放更多。地源热泵机组运行时，不消耗水也不污染水，不需要锅炉，不需要冷却塔，也不需要堆放燃料废物的场地，环保效益显著。地源热泵机组的电力消耗，与空气源热泵相比也可减少40%以上；与电供暖相比可以减少70%以上，它的制热系统比燃气锅炉的效率平均提高近50%，比燃气锅炉的效率高出了75%。地源热泵夏天把室内的热量排到地下，冬天把地下的热量取出来供室内使用，相对来说，向环境排放更少的能量，维持生态环境的平衡。

其次，地源热泵可一机多用，应用广泛的地源热泵系统不仅可以供暖，还可供空调制冷，可以提供生活热水，一机多用，一套系统可以替换原来的锅炉加空调的两套装置或系统。特别是对于同时有供热和供冷要求的建筑物，地源热泵有着明显的优点。不仅节省了大量的能量，而且用一套设备可以同时满足供热、供冷、供生活热水的要求，减少了设备的初投资，地源热泵可应用于宾馆、居住小区、公寓、厂房、商场、办公楼、学校等建筑，小型的地源热泵更适合于别墅住宅的采暖、空调。地源热泵机组由于工况稳定，可以设计成简单的系统。由于地源热泵系统运动部件要比常规系统少，机组运行可靠，维护费用低，自动控制程度高。系统安装在室内，不暴露在风雨中，也可免遭损坏，更加可靠，延长寿命。地源热泵的地下埋管选用聚乙烯和聚丙烯塑料管，寿命可达50年，要比普通空调高35年使用寿命。

这些新技术的广泛应用，为建筑节能带来了巨大的收益，因此说，科技创新是建筑节能的重要途径。

四、施工安全是既有建筑改造的重中之重

既有建筑节能改造的对象是旧建筑，很多是在有人居住的条件下进行施工。施工安全不仅关系施工人员，更关系被改造建筑里面的居民。2010年上海某公寓楼因节能改造施工不慎，引起火灾，导致58人遇难，

70余人受伤，整栋楼内居民所有东西化为乌有，生命财产遭受重大损失，就是一个典型的案例。这栋失火的教师公寓，当时正在进行外墙节能保温改造工程施工。事件起因是因为无证电焊工违章操作，据知情人士介绍，火灾的根本原因在于可燃性外墙保温材料起燃引发大火。由于可燃性外墙保温材料亦具有一旦着火扩散速度快以及范围广的特点，所以导致火情的迅速蔓延。国务院上海"11·15"特别重大火灾事故调查组召开全体会议，调查组组长、国家安监总局局长骆琳表示，事故现场违规使用大量聚氨酯泡沫等易燃材料，是导致大火迅速蔓延的重要原因。公安部消防局副局长朱力平在接受新华社采访时指出，大楼外立面上大量聚氨酯泡沫保温材料，燃烧速度快产生剧毒氰化氢气体，是导致多人死亡的主要原因。

从原则上来说，外墙保温结构并不应该成为火灾引发的起点，据业内人士介绍，外墙外保温系统一般由粘结层、保温层、和装饰面层构成，现行的防火规范并没有对外墙外装修的材料做出防火要求。围护结构常用的膨胀聚苯板、挤塑板、喷涂硬泡聚氨酯等保温层材料，氧指数通常在18～32，相当于建筑内装修材料的B1级或B2级的燃烧性能，在施工过程中电焊火星溅到这类材料上容易引起燃烧，但并不意味着导致火灾的就是节能保温材料。建筑幕墙系统一般不宜采用膨胀聚苯板、挤塑板等保温材料，因为幕墙的钢构件施工难以避免电焊火星，若采用上述材料则应采取防火构造措施，可在膨胀聚苯板、挤塑板、硬质喷涂聚氨酯等材料表面设置水泥砂浆等不燃材料作为保护层；非幕墙系统的建筑外墙也应考虑防火构造措施，如外墙保温层每隔一定高度设置1米高度的不燃保温材料的阻隔层，控制火势的延续。

从事故发生的情况看，既有建筑改造过程安全是个很大的问题，关系到千家万户的生命财产，在材料使用和施工管理等方面，还有许多的问题需要解决。但我们也不应在问题面前停下脚步，而是需要通过加大科技创新的力度，生产价廉物美、环保安全的节能产品，不断满足既有建筑节能改造的需求，改善人民居住生活质量，减少能量损耗。

（选自《建设科技》2013年13期）

中国建筑节能的技术路线图

一、前言

近年来在社会各界的共同努力下,我国在建筑节能领域取得了许多成绩,尤其是北方城镇单位面积采暖用能,已有了明显的下降。建筑节能工作在一定程度减缓了我国建筑能耗随城镇建设发展而持续高速增长的趋势。然而,我国建筑总能耗还在不断攀升:2000年到2010年,建筑年运行商品用能从2.89亿tce(吨标准煤)增到了6.77亿tce。在今后持续"城镇化"发展的背景下,中国建筑能耗可能会达到什么样的程度?我国建筑节能的目标是什么?怎样从现在起,为实现这一目标而努力?这些都是迫切需要回答的问题。

这一问题也是国内外能源和气候变化领域的研究者非常关注的问题。国内外有大量的研究,通过各种预测模型试图对中国未来的建筑能耗进行预测:

世界能源组织(IEA)发布的世界能源展望(World EnergyOutlook)指出,到2030年,中国总能耗将达到58.1亿tce,其中建筑能耗将达到15.2亿tce,政府的节能减排政策和能源价格将是影响能源消耗的主要因素,要实现全球碳减排目标,未来中国建筑能耗应该控制在11亿tce以内。而另一份报告(Energy Technology Perspectives 2010)则指出,提高技术水平是中国实现建筑节能的主要解决途径。

美国能源情报署(EIA)研究则指出,中国未来(2030年)能耗将达到64.04亿tce,建筑能耗达到12.93亿tce,总能耗高于IEA的预测结果,而建筑能耗则低于后者。美国劳伦斯伯克利国家实验室(LBNL)长期研究中国的建筑能耗,他们认为目前中国建筑用能在总能耗的比例还较低,仅为20%左右,未来将增长到30%。周南等指出到2020年,中国建筑能耗总量将达到10亿tce,而城镇化是引起住宅能耗增长的主要因素,建筑面积和设备拥有量的增长将带来非住宅类城镇建筑能耗的增加。

国内一些机构也作了分析:《2020中国可持续能源情景》研究指出,到2020年,中国能源总需求将在23.2亿tce~31.0亿tce之间,建筑能耗在4.7亿tce~6.4亿tce之间。实际上,2010年我国社会能源消耗已经达到了32.5亿tce,建筑能源消耗6.77亿tce,也已经超过其预期目标。还有文献指出,未来中国建筑总量将达到910亿平方米,甚至1180亿平方米,相当于在目前建筑量的基础上增长1~2倍,由此也将导致建筑运行能耗大幅度提高。

已有的这些研究试图预测中国未来能耗发展状况,给出政策或技术方面的建筑节能建议。实际上,未来建筑能耗水平取决于我们目前和今后一段时间的工作。我们的任务不是去预测未来,而是从我国未来可以获得的能源总量和环境容量条件出发,从社会经济发展各方面对能源的需求出发,得到未来我国可以用于建筑运行的能源总量。以这一总量为天花板，探讨如何分配各类建筑运行能耗，从而为我们建筑节能工作明确具体的定量目标和约束上限，并进一步研究如何在这些用能上限的约束下，实现城乡建设发展和社会进步对建筑环境不断提高的需求，给出我国建筑节能工作的技术路线图。本文试图从这一思路出发，给出了我们的初步研究成果。

二、未来我国建筑用能总量的上界

能源消耗总量受到全球资源和环境容量的限制，从地球人拥有同等的碳排放和能源使用的权力出发，可以得出未来全球人均碳排放量和化石能源利用量的上限；而从我国的能源资源、经济和技术水平以及可能从国外获得的能源量等情况来分析，也可以得到我国未来发展可以利用的能源上限。从这一总量出发，进一步结合我国社会与经济发展用能状况，可以得出我国未来能为建筑运行提供的能源总量。本节分别从这样几个分析角度出发，"自上而下"地对我国未来可以容许的建筑能耗上限进行估计。这应该是我们建筑节能工作要实现目标的用能上限。

（一）碳排放总量的限制

碳排放的主要来源是化石能源的使用，IEA研究表明，由于化石能源使用产生的碳排放量约占人类活动碳排放总量的80%。减少化石能源使用量，是减少碳排放的重要途径。

2010年，世界能源使用形成的碳排放总量为304.9亿吨，中国碳排放占22.3%，人均碳排放量已超过世界平均水平。我国温室气体排放的大量增加，已经引起世界各国的关注，要求我国尽快控制碳排放的呼声越来越高。

"碳减排"的目标是多少？IPCC组织指出，为保护人类生存条件需控制地球平均温度升高不超过2K。为达到这一目的，应逐步控制二氧化碳排放量：

（1）到2020年，CO_2排放总量达到峰值400亿吨，由于能源使用产生的碳排放约为320亿吨，按照目前的化石能源结构，约为156亿tce化石能源的碳排放；根据联合国预测，2020年全球人口将达到76.6亿计算，人均化石能源消耗约为2tce。而目前美国人均化石能源消耗为9.8tce，为该值的5倍，中国为人均化石能源消耗为2.2tce，也已超过了这个值。

（2）到2050年，CO_2排放总量应减少到2000年的48%~72%，这就意味着，除非调整能源结构，大量使用可再生能源或核能，否则化石能源使用量还要必须大幅度不断降低。

中国是以煤炭为主要一次能源的国家，煤的碳排放系数是化石燃料中最高的，更应该严格控制化石能源使用总量。根据全球碳排放控制目标，如果未来中国人口达到14.5亿，化石能源消耗总量应控制在29.5亿tce；除化石能源外，当前常用的能源类型还包括核能、太阳能、风能、水能以及生物质等可再生能源资源，根据中国工程院研究，通过大力发展核能和可再生能源，未来核能有可能占一次能源的10%左右，可再生能源占到20%左右。考虑到这些非碳能源的贡献，从碳排放总量的限制推算，未来我国一次能源消耗总量上限应该是42亿tce。

（二）我国可获取能源总量限制

2010年，我国一次能源消费总量已达到32.5亿tce。其中煤炭约占68%，石油占19%，天然气占4.4%，核电、水电和风电占8.6%。其中石油的对外依存度已经超过50%。水电、核电、风电的发展受资源、技术和经济水平的限制，很难在短期内替代化石能源成为主要能源。

我国传统化石能源资源总量丰富，但人均能源资源占有量少，煤炭、石油、天然气人均占有量分别为世界的2/3、1/6和1/15。在我国城镇化进程中，能源供应量成为发展的瓶颈。一方面，受能源资源赋存量、生产安全、水资源和生态环境、土地沉降、技术水平和运输条件的限制，我国煤、石油和天然气等化石能源年生产量有限；另一方面，国内生产难以满足快速增长的消费要求，能源供应对外依存度逐步提高。然而，能源进口量受能源生产国、运输安全和能源市场价格等多方面因素的制约，进口量很容易受到冲击，因而不能通过扩大进口满足国内能源需求。

我国用能量超快增长的发展势头难以持续，必须进行重大调整，必须对化石能源进行总量控制。根据中国工程院研究，到2020年，我国有较大可靠性的能源供应能力为39.3亿tce～40.9亿tce，各类能源供应量如下表：

我国未来能源可能的供应能力（亿tce）　　　　表1

	煤炭	天然气	石油	水电	核电	风电	太阳能发电	太阳能热	生物质
国内生产	21	2.83～3.21	3～3.29	3.27	1.63～1.86	0.62～0.93	0.046～0.092	0.3	1～1.45
进口能源	—	1.29	4.28	—	—	—	—	—	—

如果考虑对我国温室气体排放和环境制约的因素，我国能源供应能力还将受到很大的影响，多数非化石能源，水电和核电供应能力已经难以再扩大，其他可再生能源的发展仍然面临多方面未决的技术障碍。因此，从我国能源供应能力来看，2020年，我国能源消耗量不应超过40亿tce。

（三）中国建筑用能总量上限

受碳排放和可获得的能源量的共同约束，未来我国能源消耗总量的应该在40亿tce以下。这不是一个暂时的约束，而将是长远发展要求的目标：从全球碳减排目标来看，未来碳排放量要逐年减少，化石能源用量也应逐年减少；我国能源赋存有限，能源技术短期内难以取得重大突破，因而难以支持不断增长的能源需求。为履行大国义务，同时保障我国能源安全和可持续发展要求，控制能源消耗总量势在必行。

在国家能源消耗总量的约束下，建筑能源使用也应该实行总量控制。目前，我国建筑能源消耗约占社会总能耗的20%，而发达国家建筑能耗占社会能耗的30%～40%。是不是中国的建筑能耗也能占到总能耗的30%以上呢？

从我国社会经济结构来看，工业（特别是制造业）是中国发展的动力（2000以来，第二产业占GDP的比例在45%～48%），生产和制造加工对能源的需求量大，工业用能量约占国家总能耗的65%以上。一方面，在未来很长一段时间内，制造业还将是支撑我国发展的重要经济部门，工业用能还将占我国能源消耗量的主要部分，逐年增长的态势短期内不会改变(近年来工业用能增长率持续在5%)。另一方面，我国目前交通用能仅占全社会总能耗的10%左右，无论从用能比例还是人均交通用能，都远低于OECD国家水平。随着现代化发展，交通用能比例一定会有所提高。

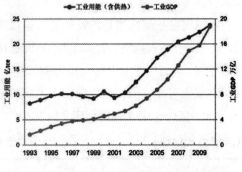

图1 工业用能和工业GDP

我国建筑用能（不包括农村非商品生物质能源的建筑用能）一直维持在社会总能耗的20%~25%（图1）。在保证我国各部门经济建设健康发展的情况下，不断提高工业用能能效，维持工业用能在目前基础上增长不超过10%，交通用能不超过目前的2倍，未来建筑能耗最多只能维持在社会能耗的25%以下。

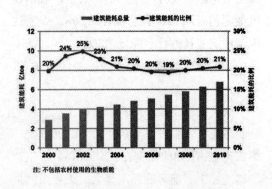

图2 我国建筑能耗发展历程

综合上述，由于碳排放总量和能源供应量的约束，我国国家用能总量用在40亿tce以内；考虑工业生产、交通和人民生活发展需要，建筑能耗总量应该在10亿tce以内，这一用能总量不包括安装在建筑物本身的可再生能源（如太阳能光热、太阳能光电、风能等）。

三、怎样实现我国建筑用能总量控制的目标

（一）影响城镇建筑用能总量因素

在明确建筑用能总量上限后，接着要回答的问题是，能否实现以及怎样实现这个总量控制目标？

建筑用能总量为：

建筑用能总量＝用能强度×总拥有量

用能强度是指单位建筑面积用能，总拥有量则是指总的建筑面积。所以，要研究未来建筑用能总量，就需要分别研究未来可能的建筑用能强度的变化和建筑总量的变化。由于城市和农村建筑使用状况，环境条件等都不相同，所以用能强度也不同，于是还需要分别考虑城镇和农村的建筑用能强度和建筑总量的变化。到2030~2040年，中国人口将达到高峰14.7亿，城镇化率将达到70%，城镇人口可能增加到10亿，而农村人口将逐渐减少到4.7亿，这是我国社会发展，城镇化建设的大趋势。由此也将导致城乡建筑总量出现较大的变化。

1. 建筑面积总量

建筑面积总量控制是实现建筑节能目标的重要内容。在城镇化的背景下，城镇住宅和非住宅类城镇建筑面积将进一步增长。然而，受土地和环境资源的约束，未来建筑面

积总量不能无限增长。另一方面，建筑面积增长引起建筑能耗增加，在能耗总量约束下，为保障建筑能够正常运行，建筑规模也应存在上限。图3列出世界上一些国家和地区目前的人均建筑拥有量（包括住宅和公共建筑）。从图中可以看出，亚洲国家和地区与欧美等早期发展起来的发达国家人均建筑拥有量有很大不同，其中既有土地状况的原因，更有可从海外获取资源规模的原因。从目前世界政治和经济格局看，我国这样的大国很难依靠大量进口满足我国发展的各种资源需求，而我们拥有的各类人均资源大部分又远低于世界平均水平，因此我国的经济发展必须建立在节约资源的基础上。房屋建设是高资源消耗型产业，从资源环境条件来看，我国未来的发展不可能走欧美国家的模式，而应该参照亚洲的发达国家或地区发展模式。像日本、韩国、新加坡，人均建筑面积都是在40平方米左右，我国也应把人均量控制在这个范围。如果控制在40～45平方米之间，按照未来14.7亿人口计算，总的建筑规模应该约为600亿平方米。

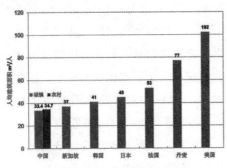

图3 世界各国人均建筑面积对比

目前，我国建筑总量已经达到453亿平方米，其中，城镇住宅约144亿平方米，城镇公共建筑约79亿平方米，农村建筑约230亿平方米。按照总量600亿平方米的规划，未来城镇人均住宅面积应基本维持在当前24平方米/人的水平，城镇住宅总面积将达到240亿平方米，可以增加量为90～100亿平方米；未来人均非住宅类建筑面积达到人均12平方米/人，非住宅类城镇建筑总的建筑面积达到120亿平方米，可以增加量为40亿平方米；农村人口减少，建筑面积在目前230亿平方米的基础上略有增加，到达240亿平方米。这样总建筑面积才有可能控制在600亿平方米。

这样，未来城镇民用建筑增加总量不超过150亿平方米，这一过程如果在15～20年完成，则每年不包括既有建筑的拆除，新增城镇建筑面积应控制在8亿平方米～10亿平方米以内，这是从我国城镇发展与我国的土地与资源条件出发所得出的约束条件，也是我们考虑建筑能耗总量时的基本出发点。

（1）用能强度

用能强度因建筑用能类型不同而表现出明显的差异。产生用能强度差异的原因包括：城乡居民用能方式和用能类型的差异，非住宅类城镇建筑与住宅建筑使用方式差异，南北地区冬季采暖方式和强度的差异。根据用能特点，建筑用能可以分为北方城镇采暖，城镇住宅（不含北方采暖），非住宅类城镇建筑（不包括北方采暖）和农村建筑等四种类型。

①北方城镇采暖用能，指的是历史上法定要求建筑采暖的省、自治区和直辖市的冬季采暖能耗，包括各种形式的集中采暖和分散采暖。按照热源系统形式的规模和能源种类分类，包括各种规模的热电联产、区域燃煤或燃气锅炉、小区燃煤或燃气锅炉、热泵

集中供热等集中采暖方式，以及户式燃气炉、小煤炉，空调分散采暖和直接电加热等分散采暖方式。采暖能耗除热源用能外，还包括水泵、风机等各类采暖辅助设备用能。

②城镇住宅（不含北方采暖）用能，指的是除了北方地区的采暖能耗外，城镇住宅所消耗的能源。从终端用能类型来看，主要包括家用电器、空调、照明、炊事、生活热水以及夏热冬冷地区（非法定采暖地区）的冬季采暖能耗，使用的主要商品能源种类是电力、燃煤、天然气、液化石油气和城市煤气等。

③非住宅类城镇建筑（不含北方采暖）用能，指的是除了北方城镇采暖用能外，非住宅类城镇建筑内由于各种活动产生的能耗，包括空调、照明、电器、炊事、电梯、各种服务设施以及夏热冬冷地区（非法定采暖地区）非住宅类城镇建筑的冬季采暖能耗，使用的主要商品能源种类是电力、燃气、燃油和燃煤等。

④农村住宅用能，指的是农村家庭生活所消耗的能源，从终端用能途径上，包括炊事、采暖、降温、照明、热水、家电。农村住宅使用的主要能源种类是电力、燃煤和生物质能（秸秆、薪柴）。由于本文主要针对商品能源，因此农村生物质非商品能源的建筑用能不包括在本文计算中。

对于不同的用能类型，节能技术和用能规划的预期也不同。下面将分别阐述各类用能的现状和节能技术，从实际出发，分析在节能技术和措施可行的情况下，未来我国各类建筑用能总量可能达到的节能目标。

（二）北方城镇采暖用能

我国北方地区城镇建筑实行集中供暖，用能强度大，一直是建筑节能工作关注的重点。"十一五"期间，通过围护结构保温，提高高效热源方式的比例，提高供热系统效率等途径，取得了突出成绩。如果按照"好处归热"的方法来分摊热电联产电厂的发电与供热煤耗，我国北方供热单位面积能耗从 $23.1 kgce/m^2$（2000年）降低到 $16.6 kgce/m^2$（2010年）。2010年，北方城镇采暖的总能耗为1.63亿tce。

随着城镇化的推进，北方城镇建筑面积预计将从目前的98亿平方米增加到150亿平方米。从目前推广节能技术的状况和效果看，北方城镇采暖用能还存在如下节能空间：

1. 改善保温，降低采暖需热量

目前我国北方地区21世纪以来的新建建筑采暖能耗依气候不同，在 $60kWh/m^2 \sim 120kWh/m^2$ 之间，与同气候带发达国家的先进水平相比，还有可以进一步降低的空间。通过改善外墙保温、外窗保温、减少渗风带来热损失、引进定量通风窗、引进高效的带热回收的换气装置等措施，可以使建筑需热量进一步降低到 $45kWh/m^2 \sim 90kWh/m^2$（根据气候条件，山东建筑需热量降为 $45kWh/m^2$，北京为 $60kWh/m^2$，哈尔滨为 $90kWh/m^2$）。与发达国家比，我国保温性能差的老旧建筑比例低，对这些建筑进行节能改造的困难和发达国家比相对较小。按照新建建筑的节能标准对这些老旧建筑进行改造，也可以显著降低采暖需热量。

已有大量围护结构改造实例证明这一目标完全可以实现。如北京市某居民楼通过改造围护结构保温，室内温度明显高于未改造的楼栋，而且建筑能耗从 $80kWh/m^2$ 降低到 $54kWh/m^2$；沈阳市某新建住宅项目在实现室内温度在18℃～20℃的情况下，耗热量小于

$65kWh/m^2$。

2. 通过落实热改，实现分户分室热量调节，进一步消除过热现象

推行"供热改革"，包括改革供热企业经营机制，变按照面积收费为按照热量收费，激励使用者自觉调节。增加末端调节装置，使得房间温度可以调节，避免过热，使由于过量供热造成的损失从目前的15%~25%降低到10%以下。

例如，在长春某小区通过以"室温调控"为核心的末端通断调节与热分摊技术改造，减少了大量由于过热造成的热损失，对比未调控楼栋平均耗热量为$105kWh/m^2$，在仅有30%的用户长期调控情况下，调控楼栋平均耗热量为$85kWh/m^2$，节能达18.6%。到2011年前后，末端通断调节室温调控技术已在北京、吉林、内蒙古、黑龙江等省份进行了大量的应用，经过近五个采暖期，运行效果良好，与未采用末端调控的建筑相比，建筑采暖耗热量降低10%~20%。

3. 大幅度提高热源效率

除了建筑保温和末端调节，采暖热源的节能挖潜空间更大，主要是：①采用基于吸收式热泵的热电联产供热方式，能够使热电联产电厂在燃煤量不变、发电量不变的条件下，输出的供热量提高30%~50%；②对燃气锅炉的排烟进行冷凝回收，使其效率提高10%~15%；③将各类工业生产过程排出的低品位余热作为集中供热热源，利用这部分热量可以看作零耗能。

我国北方大部分城市目前都已建成不同规模的城市集中供热管网，充分利用好这一资源，有可能充分挖掘和利用上面所述的待开发热源。已有提高热源效率的实际工程案例。如，大同某热电厂乏汽余热利用示范工程中，采用吸收式热泵技术，将乏汽余热回收用于供热，大幅度提高该电厂的供热能力和能源利用效率，将供暖面积从原来的260万平方米提高到638万平方米，而不增加电厂总煤耗，不降低冬季总发电量；赤峰市工业余热应用于城市集中供热，将铜厂和水泥厂大量的低品位无法直接利用的余热加以回收，整个供暖季内，可以从工厂取热121.7万GJ，可提供234万平方米的供暖需求。

进一步推广高效热电联产技术，为80亿平方米建筑提供20~30W/m^2热量；充分挖掘推广各类工业余热利用，用其为40亿平方米建筑提供20~30W/m^2热量；同时，采用燃煤或燃气锅炉作为这些热电联产和工业余热的调峰，为上述120亿平方米建筑解决20W/m^2左右的调峰负荷。热泵、地热以及其他方式用以解决无法集中供热的约30亿平方米的区域。这样，当未来北方城镇采暖用能的面积增加到150亿平方米，通过提高热源效率，落实热改以消除过热现象，改善保温以降低采暖热需求，未来北方城镇采暖用能强度有可能从现在的$16.6kgce/m^2$降低到$10kgce/m^2$，总用能量从现在的1.63亿tce减少到1.5亿tce。

（三）城镇住宅（不含北方采暖）用能

城镇住宅单位面积能耗持续缓慢增加，一方面是家庭用能设备种类和数量明显增加，用能需求增加；另一方面，炊具、家电、照明等设备效率提高，减缓了能耗的增长速度。2010年，城镇住宅（不含北方采暖外）用能达到1.64亿tce，占建筑能耗的24.1%。

随着我国城镇化进程，未来将有超过70%的人口居住在城镇，城镇住宅总面积将大大增加，在合理发展城镇住宅建筑量的情况下，建筑面积预计将从目前的144亿平方米增加到240亿平方米。

根据气候和终端用能类型，城镇住宅（不含北方采暖外）能耗可以分为北方空调、长江流域采暖和空调、夏热冬暖地区空调、家用电器、炊事、生活热水和照明等用能部分。从各部分用能现状和特点出发，城镇住宅节能将从以下几个方面着手：

1. 长江流域住宅的采暖空调能耗近年来迅速增加，该地区应选择何种采暖空调形式引起了广泛争议。目前该地区建筑空调采暖用能强度为$10kWh/m^2$~$15kWh/m^2$，但冬季室内温度偏低，采暖需求还有较大的增长。从实测数据来看，如果采用集中供应的形式，目前最好的大型热泵案例一年电耗约为$40kWh/m^2$，采用热电冷联产能耗约为$15kgce/m^2$，也相当于$45kWh$电力，而采用热电联产供热加分散空调，全年用能强度为$10kgce/m^2$加$10kWh/m^2$电耗，合起来还是$40kWh/m^2$。相比之下，采用可以实现"部分时间、部分空间"使用方式的分散式空气源热泵，则有可能把用电量控制在$30kWh/m^2$以内。

2. 随着人民生活水平的提高，各地对夏季空调的需求量都将会增多，空调用能强度还可能增加。通过已有的测试发现，生活方式是影响空调能耗的主要因素，而建筑和系统形式同时也会对空调使用方式产生影响。

从生活方式和建筑及系统形式两方面考虑空调节能问题：①提倡和维持节能型生活方式。反对"全时间、全空间"、"恒温恒湿"，提倡"部分时间、部分空间"，"随外界气候适当波动"营造室内环境；②发展与生活方式相适应的建筑形式。反对那些标榜为"先进"、"节能"、"高技术"，而全密闭、不可开窗、采用中央空调的住宅建筑型式；大力发展可以开窗，可以有效地自然通风的住宅建筑型式，尽可能发展各类被动式调节室内环境的技术手段。

通过这些措施，将北方空调用能强度从现在的$2kWh/m^2$维持在$3kWh/m^2$以内，南方空调用能强度从当前的$10kWh/m^2$维持在$15kWh/m^2$以内。

3. 对于家电、炊事、照明方面，采取：①鼓励推广节能家电，并通过市场准入制度，限制低能效家电产品进入市场；②大力推广节能灯，对白炽灯实行市场禁售；③限制电热洗衣烘干机、电热洗碗烘干机等高能耗家电产品，等措施。将用能强度分别控制在家电$8kWh/m^2$，照明$6.5kWh/m^2$以内，炊事维持当前$70kgce$/人的水平。

城镇住宅（不含北方采暖）能耗现状与目标　表2

		面积或人口	用能强度	用能量（万tce）
北方空调	目前	64亿平方米	$2kWh/m^2$	410
	未来	100亿平方米	$3kWh/m^2$	960
长江流域采暖和空调	目前	45亿平方米	$13kWh/m^2$	1872
	未来	85亿平方米	$30kWh/m^2$	8160
南方空调	目前	35亿平方米	$10kWh/m^2$	1120
	未来	55亿平方米	$15kWh/m^2$	2640
家用电器	目前	144亿平方米	$6.5kWh/m^2$	2995
	未来	240亿平方米	$8kWh/m^2$	6144
炊事	目前	6亿人	70kgce/人	4200
	未来	10亿人	70kgce/人	7000
生活热水	目前	6亿人	54kgce/人	3240
	未来	10亿人	54kgce/人	5400
照明	目前	144亿平方米	$5.5kWh/m^2$	2534
	未来	240亿平方米	$6.5kWh/m^2$	4992
总计	目前	144亿平方米 6亿人口	$11.4kgce/m^2$	16400
	未来	240亿平方米 10亿人口	$14.6kgce/m^2$	35000

4. 积极推广太阳能生活热水技术，充分利用太阳能解决生活热水需求，在生活热水需求增长的情况下，将该项能耗维持在当前54kgce/人水平内。

根据当前用能特点，用发展的眼光研究分析，在落实各项技术措施情况下，城镇住宅用能各部门用能可能实现以下目标（其中未来各项建筑面积是各地区人口及城镇化水平估算得到）。见表2。

综合以上，在城镇化高速发展，居民生活水平提高的影响下，未来城镇住宅（不含北方采暖）用能强度和用能总量都将有所增加。通过引导绿色健康生活方式，有可能将这部分能耗控制在3.5亿tce以内。

（四）非住宅类城镇建筑（不含北方采暖）用能

非住宅类城镇建筑（不含北方采暖）用能是用能量增长最快的建筑用能分类。近10年来，该类建筑面积增加了1.4倍，平均的单位面积能耗增加了1.2倍。建筑单位面积用能强度分布向高能耗的"大型建筑"尖峰转移，是非住宅类城镇建筑单位面积能耗增长的最主要驱动因素。2010年，非住宅类城镇建筑面积约占建筑总面积的17%，而能耗为1.74亿tce，占建筑总能耗的25.6%。

在城镇化进程中，随着公共服务和设施健全，该类建筑面积也将明显增长，参考发达国家该类建筑建设情况，非住宅类城镇建筑面积预计将从目前的79亿平方米增加到120亿平方米。

非住宅类城镇建筑节能面临的主要问题是当前对于"节能"的概念认识不清，以为采用了节能技术或节能措施便是建筑节能。而无论如何，只有实际建筑运行能耗数据才能作为评价建筑节能相关工作的标准。基于这个认识，继续强调商业建筑上"和国外接轨"，"多少年不落后"等观点将把"节能"推向"能耗不降反升"的一面。应将实现实际的节能减排效果和可持续发展作为城市建筑的主要追求目标，从以下技术措施取得的非住宅城镇建筑用能的节能量：

1. 以绿色、生态、低碳为城市发展目标，提倡绿色生活模式，尽可能避免建造大型高能耗建筑，改变商业建筑发展模式，提倡"部分时间、部分空间"的室内环境控制，减少"全时间、全空间"室内环境调控的建筑。

下图是深圳某办公楼的能耗与该地区典型办公建筑用能强度的逐月对比情况。2011年，该办公楼全年总单位面积能耗指标为57.6kWh/m^2（其中单位面积总电耗为51.8kWh/m^2）。深圳市写字楼年单位面积平均能耗指标为103.7kWh/m^2。充分利用自然通风和自然采光，提倡"部分时间、部分空间"的室内环境控制是该建筑起到主要作用的节能技术。

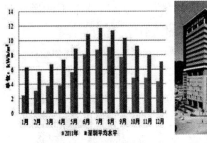

图4 深圳某办公建筑单位面积能耗与典型情况对比

2. 全面开展大型商业建筑的分项计量，以实际能耗数据为目标实施节能监管，将逐渐发展到用能定额管理，梯级电价。

3. 推广ESCO（能源服务公司）的模式，

改善目前的商业建筑运行管理模式,并促进节能改造。

4.积极开发推广创新型节能装备,提高系统效率。如LED灯具,能量回收型电梯,温度湿度独立控制的空调系统(可降低能耗30%),大型直连变频离心制冷机等。

通过以上的节能技术和措施,参照当前非住宅类城镇建筑用能水平,未来该类建筑用能强度可以实现:办公建筑平均能耗强度降低到70kWh/m²以下(如前文提到的深圳某办公楼),学校建筑平均能耗强度降低到40kWh/m²以下,大型商场平均能耗强度降低到120kWh/m²以下,一般商场平均能耗强度降低到40kWh/m²以下,旅馆平均能耗强度降低到80kWh/m²以下。

未来非住宅类城镇建筑面积还会有所增长,通过新建建筑落实以用能定额为目标的全过程管理,既有建筑推广合同能源管理,发展和推广先进的创新技术,有可能使非住宅城镇建筑(不含北方采暖)用能强度从当前的22.1kgce/m²,降低到20kgce/m²,在当前总用能量1.74亿tce情况下,增长至总用能量不超过2.4亿tce。

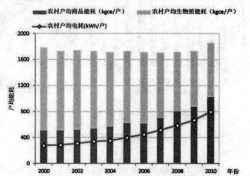

图5 我国农村住宅用能强度变化趋势

(五)农村住宅用能

农村住宅单位面积用能(包括生物质能)已超过同气候带的城镇住宅用能,但目前农村建筑提供的服务水平远低于城镇住宅。户均总能耗没有明显的变化,而生物质能有被商品能耗取代的趋势(如图5)。2010年,农村建筑商品能耗为1.77亿tce,占建筑总能耗的26.1%,生物质能(秸秆、薪柴)的消耗约折合1.39亿tce。

从2000年到2010年农村人口从8.1亿减少到6.7亿,而人均住房面积增长带来总住房面积的增长。随着城镇化的推进,农村人口将进一步减少,预计未来农村建筑面积将略有增长,从目前的230亿平方米增长到240亿平方米。

驱动农村建筑用能增长的原因包括两点:(1)生物质能逐渐被商品能替代,居民用电量逐年增加;(2)开展"并村"运动,让从事农业生产的人口住进小区,改变了生活方式,实际不利于其生产和生活。

针对农村住宅不同终端用能类型,未来农村住宅用能应充分利用生物质能解决炊事和北方采暖的需求;利用太阳能解决生活热水的用能需求;充分利用农村环境资源,优化自然通风解决室内降温需求;在服务水平相当的情况下,照明用能强度应控制在和城镇住宅相当的水平;农村家庭住宅面积大于城镇家庭,家电用能强度则会略低于城镇住宅家电用能,未来在6.5kWh/m²以内。

具体而言,在北方发展"无煤村",南方发展"生态村":

(1)北方农村无煤村的技术途径:(a)房屋改造,加强保温,加强气密,从而减少采暖需热量;发展火炕,充分利用炊事余热;(b)发展各种太阳能采暖,太阳能生活热水;(c)秸秆薪柴颗粒压缩技术,实现高密度储存和高效燃烧。

（2）南方农村"生态村"的技术途径：(a)房屋改造，在传统农居的基础上进一步改善，通过被动式方法获得舒适的室内环境；(b)发展沼气池，解决炊事和生活热水；(c)解决燃烧污染、污水等问题，营造优美的室外环境。

以上的节能技术或措施已有相当多的案例。例如，秦皇岛市石门新村，通过围护结构改造，建造沼气池，利用秸秆气化炉取代传统柴灶和煤炉，加强太阳能利用等措施，年户均生活总能耗为2.1tce，对比未改造的村落3.8tce，商品能用量（电、煤、液化气）大大降低，特别是煤的使用量，仅为对比村的1/10，生物质能利用效率提高，而服务水平也明显提高；而对于生物质利用，目前已有生物质固体压缩成型燃料加工技术、生物质压缩成型颗粒燃烧炉具、SGL气化炉及多联产工艺、低温沼气发酵微生物强化技术等多项技术或设备，充分利用农村生物质资源，能够有效的解决炊事、采暖和生活热水等方面的用能需求。

未来农村建筑面积将不会明显增加，发展以生物质能源和可再生能源为主，辅之以电力和燃气的新型清洁能源系统，有可能将农村住宅商品用能强度从现在的7.7kgce/m²降低到4.2kgce/m²，总商品用能量从当前的1.77亿tce减少到1亿tce。

（六）未来我国建筑用能控制目标

通过分析北方城镇采暖用能，城镇住宅（不含北方采暖）用能，非住宅类城镇建筑（不含北方采暖）用能和农村住宅用能等四类建筑用能的现状和节能技术措施，结合未来人口和建筑面积总量分析，可以得到在可实现的技术和措施下，未来我国建筑用能总量有可能实现的控制目标。

对比当前建筑用能强度和建筑面积，总结各项用能和建筑面积控制目标如表3。在建筑面积从453亿平方米增长到600亿平方米的情况下，通过大量具体的针对各类型建筑用能特点的节能工作，中国建筑用能总量从当前的6.77亿tce，有可能控制在8.4亿tce以内，符合未来我国建筑用能在10亿tce以内的控制目标。

我国未来建筑能耗总量规划　　表3

		建筑面积（亿m²）	密度（kgce/m²）	总量（亿tce）
北方城镇采暖	目前	98	16.6	1.63
	未来	150	10	1.5
城镇住宅（除采暖外）	目前	144	11.4	1.64
	未来	240	14.6	3.5
非住宅类城镇建筑（除采暖外）	目前	79	22.1	1.74
	未来	120	20	2.4
农村住宅	目前	230	7.7	1.77
	未来	240	4.2	1
总计	目前	453	14.9	6.77
	未来	600	14	8.4

四、总结

建筑用能关系到国家能源安全，社会稳定和经济的可持续发展。本文自上而下地提出了未来建筑能源总量目标，并根据我国建筑用能特点和实际情况，规划各类建筑用能控制目标的技术措施，提出我国建筑节能技术路线：

我国能源消耗总量受全球碳减排目标和

我国能源供应能力的共同约束。为保障国家能源安全，承担大国责任，我国未来能源消耗总量应该控制在40亿tce以内。根据我国以工业能耗为主能源结构特点，未来建筑能耗应该控制在10亿tce以内；

根据我国各类建筑用能特点，从实际用能现状和可实现的技术或措施出发，自下而上的分析我国建筑用能总量可以达到的目标，即综合北方城镇采暖用能，城镇住宅（不含北方采暖）用能，非住宅类城镇建筑（不含北方采暖）用能和农村住宅用能，未来建筑用能总量有可能控制在8.4亿tce以内。

对于北方城镇建筑采暖，从热源、输送与分配和建筑热需求等三个方面，应该着重抓提高热源效率，落实热改以消除过热现象，改善保温以降低采暖热需求。

引导绿色健康生活方式，是实现城镇住宅（不含北方采暖）用能节能目标的关键措施；尤其是在长江流域应该开发和提倡各种分散的空气源热泵形式，在进一步改善这一地区冬季室内环境的基础上，使其全年采暖空调能耗不超过30kWh/m²。

对于非住宅类城镇建筑（不含北方采暖）用能，新建建筑落实以用能定额为目标的建筑用能全过程管理，既有建筑推广合同能源管理，发展和推广先进的创新技术，实现用能控制目标。

农村建筑用能是最大的不确定因素，发展以生物质能源和可再生能源为主，辅之以电力和燃气等新型清洁能源系统，在北方发展"无煤村"，南方发展"生态村"，应作为新农村建设的主要目标之一。

中国建筑能源消耗不可能走欧美发达国家的发展模式。中国建筑节能技术路线应是：从我国建筑用能特点出发，结合我国城镇化发展大背景，具体落实各类建筑用能指标，从实际用能数据出发，从具体的每一类建筑的实际特点出发，"自下而上"全面落实、实现我们的建筑节能宏大目标。

（选自《建设科技》2012年17期）

全国重点省市"十二五"绿色建筑行动目标

北京市

城镇新建建筑全部执行强制性节能标准，2013年开始贯彻落实节能75%的居住建筑节能设计标准，2014年完成公共建筑节能设计标准修订。自2013年6月1日起，新建项目执行绿色建筑标准，并基本达到绿色建筑等级评定一星级以上标准。2015年，保障性住房基本采用产业化方式建造，新建住宅基本实现全装修；累计完成新建绿色建筑不少于3500万平方米，产业化住宅不少于1500万平方米，全市使用可再生能源的民用建筑面积达到存量建筑总面积的8%。

2015年前，计划完成5850万平方米老旧小区综合整治工作，完成1.5亿平方米既有节能居住建筑的供热计量改造，并在改造后同步实行供热计量收费。2020年，基本完成全市有改造价值的城镇居住建筑节能改造，基本完成全市农民住宅抗震节能改造。

"十二五"期间，基本完成公共建筑供热计量改造，实施30余家市级政府部门办公设施综合节能改造工程。对普通公共建筑进行节能改造，市商务、旅游、教育、卫生等部门，依法对商场超市、宾馆饭店、学校、医院等公共建筑所有权人或运行管理单位节能改造工作进行指导监督。公共建筑所有权人或运行管理单位要履行节能改造实施主体责任，开展节能诊断，科学采取无成本和低成本改造、建筑用能系统改造及建筑围护结构改造等措施，提高用能效率和管理水平。市发展改革、财政、住房城乡建设、市政市容等部门，要根据建筑节能项目的特点，创新支持政策，切实推动合同能源管理，为市场化融资创造有利条件。积极申请国家公共建筑节能改造重点城市示范和"节约型高等学校"示范。

（选自《北京市绿色建筑行动方案》）

河北省

自2014年1月1日起，政府投资的国家机关、学校、医院等建筑，石家庄市保障性住房以及单体建筑面积超过2万平方米的大型公共建筑，全面执行绿色建筑标准。

2013年、2014年、2015年，分别计划完成既有居住建筑供热计量及节能改造1369万平方米、1000万平方米、1000万平方米，努力实现围护结构、供热计量和管网热平衡三项综合改造。到2015年，既有居住建筑供热计量及节能改造累计完成9600万平方米以上。

具备热计量收费条件的新建建筑和完成热计量改造的既有建筑，全部实行按用热量计价收费。2013年底，设区市住宅供热计量收费面积达到本市住宅集中供热面积的35%以上，2014年、2015年分别达到40%、50%以上。2013年底，县级市住宅供热计量收费面积达到住宅集中供热面积的15%以上。2014年、2015年分别达到20%、25%以上。完善计量价格及收费政策，2013年9月底前，各设区市全部出台基础热价比例30%、计量热价比例70%的价格政策和"多退少补"收费政策，并在2013年采暖期逐步扩大实行范围。

2013~2015年，张家口、秦皇岛、廊坊、沧州、衡水、邢台、邯郸市7个设区市建成能耗监测中转平台并与省级能耗监测平台联网，实现能耗监测平台全覆盖；完成公共建筑节能改造210万平方米，2013年、2014年、2015年分别完成63万平方米、73万平方米、74万平方米（各市目标任务见表二）；完成公共机构办公建筑节能改造210万平方米，2013年、2014年、2015年分别完成63万平方米、73万平方米、74万平方米。积极推进节约型校园建设，高等院校改造示范不低于20万平方米，单位面积能耗下降20%以上。

（选自河北省住房和建设厅《开展绿色建筑行动创建建筑节能省住房城乡建设系统工作方案》）

山西省

"十二五"期间，以保障房、重点工程和新区建设为重点，推进绿色建筑单体建设，积极开展绿色生态城区和高星级绿色建筑示范。2013年起，政府投资类公益性工程全面执行绿色建筑标准。2014年起，单体建筑面积超过2万平方米的机场、车站、宾馆、饭店、商场、写字楼等大型公共建筑、太原市新建保障性住房全面执行绿色建筑标准，其他地区新建保障性住房执行绿色建筑标准比例应不低于20%。到2015年末，20%的城镇新建建筑达到绿色建筑标准要求，各设区市建设两个以上10万平方米以上的绿色建筑集中示范区。

转变既有居住建筑节能改造实施方式，积极推动以换热站为单元连片改造，突出规模效应。太原市连片规模不少于7万平方米，其他设区城市不少于5万平方米，县城不少于2万平方米。2013年首先在太原市、绛县、怀仁县、长治县开展连片整体改造示范；注重统筹结合，将既有建筑节能改造与建筑物抗震加固、社区整治、旧区提质工程等相结合，同步规划、同步实施，做到既提升形象、又注重提升品质。鼓励既有建筑按绿色标准改造。到2020年末，要基本完成具有改造价值的居住建筑节能改造工作。

制订供热系统改造规划，5年内完成城镇老旧供热系统节能改造，提高热源效率和管网保温性能，改善管网热平衡。优化系统调节能力，2015年末，所有的换热站实现自动调节，实现建筑用能与热源厂实时联动。因地制宜地推广热电联产、高效锅炉、工业废热利用等供热技术，推广"吸收式热泵"和"吸收式换热"技术，提高可再生能源供热比例。严格执行两部制热价，新建建筑、完成供热计量改造的既有建筑全部实行按热量计量收费。

积极推动公共建筑节能改造，政府机关办公建筑要带头实施节能改造。积极开展公共建筑节能改造重点城市示范，鼓励采取合同能源管理模式进行改造，对项目按节能量予以奖励，继续推行"节约型高等学校"建设。

（选自《山西省开展绿色建筑行动实施意见》）

吉林省

"十二五"期间,完成新建绿色建筑1000万平方米,建成3个绿色示范城区;到2014年,长春市保障性住房全面执行绿色建筑标准,其他设区的市和长白山保护开发区重点抓好保障性住房建设示范项目;到2015年末,20%的城镇新建建筑达到绿色建筑标准要求。

"十二五"期间,计划完成既有居住建筑供热计量和节能改造1.3亿平方米以上,公共建筑和机构办公建筑节能改造500万平方米,实施农村危房改造节能示范15万套。到2020年末,全省具备节能改造价值的市(州)、县(市)既有居住建筑全部改造完成。

加快实施"节能暖房"工程。坚持区域性整体改造的原则,以既有居住建筑供热计量及节能改造为核心,统筹实施老旧小区环境综合整治,大力推进供热计量改革,准确把握供热计量技术路线,完善政策和管理办法,完成改造的既有居住建筑和新建建筑全部实现供热计量收费。

加大"节能暖房"工程整体区域中公共建筑的外围护结构节能改造,开展大型公共建筑和公共机构办公建筑空调、采暖、通风、照明、热水等用能系统的节能改造,提高能源利用效率,降低能源消耗。鼓励采用合同能源管理模式进行改造,对项目按节能量进行奖补。

开展改后工程"回头看"检查,对发现的工程质量问题及时督促整改,积极探索并建立有效的改造后管理与维护长效机制。各地要安排管理与维护专项资金,通过市场运作、政府扶持的方法,采取物业维修基金出一点、产权人合理负担一点、政府扶持一点、节能收益分享一点等办法多渠道筹集。成立专门机构或指派现有机构、企业具体负责既有建筑节能改造工程建后的管理与维护。鼓励企业采用合同能源管理方式参与节能改造工程建设,特别是鼓励能源服务或供热企业作为投资主体参与节能改造,积极引导民间资本等各方面资金投入。居住建筑和公共建筑节能改造完工后,应进行建筑能效测评和专项验收。

以提高热源效率和构建合理结构为重点,加快推进小锅炉撤并改造步伐,全省利用两年的时间,完成低效燃煤小锅炉撤并改造任务;优先推广高效锅炉供热技术,因地制宜发展热电联产供热,鼓励推广热泵、工业余热利用等供热技术。实施陈旧管网改造,提高管网保温性能。编制实施《"十二五"陈旧管网改造规划》,加快推进全省陈旧管网改造,网损控制在5%以下。推广"吸收式热泵"和"吸收式换热"技术,提高集中供热管网的输送能力。优化系统调节能力,改善管网热平衡。实施热网联行运行,采用自动化控制技术优化系统调节,降低循环水泵电耗。

(选自《吉林省住房城乡建设厅省绿色建筑行动方案》)

山东省

到2015年,城镇新建建筑强制性节能标准执行率设计阶段达到100%、施工阶段达到99%以上;累计建成绿色建筑5000万平方米以上,当年20%以上的城镇新建建筑达到绿色建筑标准。"十二五"期间，全面执行居住建筑节能75%、公共建筑节能65%的建筑节能设计标准。

"十二五"期间，对全省40%以上具备改造价值的城镇既有居住建筑实施节能改造，完成公共建筑节能改造1000万平方米以上。到2020年年末，基本完成全省有改造价值的城镇既有建筑节能改造。"十二五"期间，完成1000栋以上公共建筑节能监测系统建设，形成覆盖全省的建筑能耗监测网络。到2015年年末，公共建筑单位面积能耗降低10%，其中大型公共建筑降低15%。

（选自《山东省人民政府关于大力推进绿色建筑行动的实施意见》）

河南省

城镇新建建筑严格落实强制性节能标准，2015年设计阶段节能标准执行率达到100%，施工阶段实施率达到98%以上。"十二五"期间，新建绿色建筑4000万平方米，2015年城镇新建建筑中的20%达到绿色建筑标准，国家可再生能源建筑应用示范市县新建建筑绿色建筑比例达到50%以上。

"十二五"期间，完成采暖地区既有居住建筑供热计量及节能改造1500万平方米，夏热冬冷地区居住建筑节能改造达到100万平方米，公共建筑和公共机构建筑节能改造达到600万平方米。到2020年末，基本完成采暖地区有改造价值的城镇居住建筑节能改造任务。

（选自《河南省绿色建筑行动实施方案》）

陕西省

城镇新建建筑严格落实强制性节能标准，到"十二五"末，20%的城镇新建建筑达到绿色建筑标准。

到"十二五"末，完成既有居住建筑供热计量及节能改造800万平方米，公共机构建筑节能改造1000万平方米，实施农村危房改造节能示范住房2万户。

采暖区以围护结构、供热计量、管网热平衡改造为重点，组织开展供热计量及节能改造；非采暖区以建筑门窗、外遮阳、自然通风为重点，开展节能改造试点。

鼓励采取合同能源管理模式改造商场、宾馆、写字楼、学校、医院等大型公共建筑和公共机构建筑的空调、采暖、通风、照明、热水等用能系统，对改造项目按节能量予以奖励。到"十二五"末，公共机构集中供热收费计量比例达到100%，高效节能灯使用率达到100%，节水器具使用率达到100%。

健全既有建筑节能改造工作机制。将节能改造与旧城区综合改造、城市市容整治、既有建筑抗震加固相结合，做到同步规划、同体设计、同时施工。严格落实工程建设责任制，把好规划、设计、施工和材料关，对达不到要求的，不得通过竣工验收，确保改造工程质量和效果。

（选自《陕西省绿色建筑行动实施方案》）

青海省

全省城镇新建建筑严格落实强制性节能标准，2015年末，城镇新建民用建筑按照绿色建筑二星级标准设计比例达到20%；到2020年末，绿色建筑占当年城镇新增民用建筑的比例达到30%以上。

"十二五"期间，计划完成既有居住建筑供热计量和节能改造1000万平方米以上，实施农村危房改造节能示范4万套；新建建筑中累计安装太阳能热水器集热面积约15万平方米，太阳能采暖工程新建项目50万平方米，太阳能路灯2000套。各州、地、市（包括格尔木）政府所在地城镇新建建筑和完成供热计量节能改造的既有居住建筑全部实行热计量收费。

积极推动公共建筑节能改造。国家机关办公建筑的节能改造费用应当纳入年度财政预算，居住建筑和公益事业使用的公共建筑节能改造费用，由政府、建筑所有权人共同负担。开展大型公共建筑和公共机构办公建筑空调、采暖、通风、照明、热水等用能系统的节能改造，继续推行"节约型高等学校"建设，提高用能效率和管理水平。

（选自《青海省绿色建筑行动实施方案》）

内蒙古

到"十二五"期末，要建立健全推进绿色建筑发展的政策法规体系、技术标准体系、监管评价体系、咨询服务体系，形成完备的绿色建筑发展推广机制；政府投资项目要全部按照绿色建筑标准进行规划、设计、建设和使用，城市新区建设、新批开发区建设要全部满足绿色建筑标准要求，建造一批示范带动作用明显的绿色建筑群(城、镇)。2012年，各盟市都要积极行动起来，每个盟市至少确定一家开发企业，把其所有开发项目都建成绿色建筑。

"十二五"期间实施改造面积5000万平方米。培育呼和浩特、包头、赤峰三个示范城市。到2020年，基本完成全区既有建筑节能改造。

（选自《内蒙古自治区"十二五"绿色建筑发展规划》）

江苏省

"十二五"期间，全省达到绿色建筑标准的项目总面积超过1亿平方米，其中，2013年新增1500万平方米。2015年，全省城镇新建建筑全面按一星及以上绿色建筑标准设计建造；2020年，全省50%的城镇新建建筑按二星及以上绿色建筑标准设计建造。"十二五"期末，建立较完善的绿色建筑政策法规体系、行政监管体系、技术支撑体系、市场服务体系，形成具有江苏特点的绿色建筑技术路线和工作推进机制，绿色建筑发展水平保持全国领先地位。

全省机关办公建筑和大型公共建筑在装修、扩建、加层等改造及抗震加固时，应综合采取节能、节水等改造措施。具备条件的，应整体达到一星级绿色建筑标准；局部改造的，改造部分要达到绿色建筑相关指标要求。经批准的机关办公建筑的节能改造费用，由同级政府纳入本级财政预算。开展既有公共建筑节能改造项目示范和城市示范，积极培育节能服务市场，大力支持节能服务企业和用能单位采取合同能源管理模式实施节能项目，落实完善国家和省扶持合同能源管理的措施，对符合条件的合同能源管理项目，按规定落实财政扶持政策。力争"十二五"期间，既有公共建筑节能改造面积达2000万平方米。

开展既有居住建筑节能改造试点。各地要充分利用老旧小区出新和环境综合整治、既有建筑抗震加固等有利时机，同步推动屋面、外墙、门窗、楼道等部位的节能改造，切实提高居住和环境舒适度。对业主单位取得一致意见或有统一部门管理的建筑，引导鼓励其实施节能改造，并给予必要的扶持。力争"十二五"期间，完成980万平方米既有居住建筑节能改造试点任务。

(选自《江苏省绿色建筑行动实施方案》)

安徽省

"十二五"期间，全省新建绿色建筑1000万平方米以上，创建100个绿色建筑示范项目和10个绿色生态示范城区。到2015年末，全省20%的城镇新建建筑按绿色建筑标准设计建造，其中，合肥市达到30%。到2017年末，全省30%的城镇新建建筑按绿色建筑标准设计建造。

建立完善既有建筑节能改造工作机制，国家机关既有办公建筑、政府投资和以政府投资为主的既有公共建筑未达到民用建筑节能强制性标准的，应当制定节能改造方案，按规定报送审查后开展节能改造。旧城区改造、市容整治、老旧小区综合整治、既有建筑抗震加固、围护结构装修和用能系统更新，应当同步实施建筑节能改造。鼓励采取合同能源管理模式进行公共建筑节能改造。

(选自《安徽省绿色建筑行动实施方案》)

福建省

城镇新建建筑严格落实强制性节能标准，到2015年末，竣工验收阶段节能标准执行率达100%；新增绿色建筑1000万平方米以上，城镇新建建筑达到绿色建筑标准的比例达20%，生态示范城区的绿色建筑比例达100%；建立2个绿色生态示范城区，100个绿色建筑星级项目；推进既有公共建筑和夏热冬冷地区居住建筑节能改造；新增可再生能源建筑应用面积3000万平方米。

其中，福州验收阶段节能标准执行率达100%，绿色建筑面积达200万平方米，绿色建筑星级项目20个，2015年末城镇新建绿色建筑比例达30%，可再生能源建筑应用面积新增700万平方米，既有公共建筑节能改造10万平方米。

(选自《福建省住房和城乡建设厅绿色建筑行动方案》)

湖北省

"十二五"期间，全省新建绿色建筑1000万平方米以上，完成既有居住建筑、公共建筑和公共机构办公建筑节能改造600万平方米；可再生能源建筑应用面积达5000万平方米以上，武汉城市圈实施集中连片发展，其他市县太阳能热水系统在民用建筑中基本实现规模化应用；基本建成公共建筑节能监管体系，形成省、市两级公共建筑能耗监测平台；建设一批绿色生态城镇、绿色建筑集中示范区和国家绿色生态示范城区。

到2015年末，全省城镇新建建筑20%以上达到绿色建筑标准；新建建筑节能标准设计阶段执行率达100%，施工阶段达98%以上；公共建筑单位面积能耗降低10%，其中大型公共建筑降低15%；县以上城镇新建居住建筑开始实施低能耗建筑节能标准。

以提高用能效率和管理水平为重点，开展大型公共建筑和公共机构办公建筑节能改造。鼓励采取合同能源管理模式进行建筑节能改造，对项目按节能量予以奖励。武汉市争取列入国家公共建筑节能改造重点城市，在省内率先组织实施公共建筑节能改造示范。以更换节能门窗、增设外遮阳、改善自然通风等为重点，开展居住建筑节能改造试点。结合旧城改造、环境综合整治及住宅平改坡、维修加固，同步实施整体或单项节能改造，将集中组织节能改造与居民分户自行改造相结合，探索适宜的改造模式和技术路线。

（选自《湖北省政府绿色建筑行动实施方案》）

湖南省

在进一步抓好建筑节能的基础上，促进建筑节能向绿色、低碳转型，提高绿色建筑在新建建筑中的比重。到2015年底，全省20%以上城镇新建建筑达到绿色建筑标准要求，各县创建1个以上获得绿色建筑评价标识的居住小区，长沙、株洲、湘潭三市城区25%以上新建建筑达到绿色建筑标准要求；全省创建5个以上示范作用明显的绿色建筑集中示范区，其中长沙、株洲、湘潭三市应分别创建1个以上绿色建筑集中示范区；到2015年底，全省城镇新（改、扩）建建筑严格执行节能强制性标准，设计阶段标准执行率达到100%，施工阶段标准执行率全省设区城市达到99%以上，县市和建制镇达到95%以上；到2020年，全省30%以上新建建筑达到绿色建筑标准要求，长沙、株洲、湘潭三市50%以上新建建筑达到绿色建筑标准要求。建立并完善绿色建筑建设与评价的政策法规体系、建设监管体系、技术标准体系和咨询服务体系，基本建立政府引导、市场推动、社会参与的绿色建筑发展模式，绿色建筑理念成为全社会的广泛共识。

重点开展门窗节能改造、建筑物遮阳改造，因地制宜开展屋面和外墙节能改造、用能设备节能改造，探索既有居住建筑节能改造的技术路线和推广机制。有条件的地区应结合旧城更新、城区环境综合整治、平改坡、房屋修缮维护、抗震加固等工作，实施整体综合节能改造。重点推进国家机关办公建筑和建筑面积2万平方米以上的大型公共建筑的节能监管及节能改造。建立国家机关办公建筑和大型公共建筑能耗监测平台。新建国家机关办公建筑和大型公共建筑，必须实施建筑用能分项计量，并应与能耗监测平台数据联网。研究制定各类公共建筑的能耗限额标准，积极开展能耗统计、能源审计、能耗公示、超定额加价、能效测评工作。开展高等学校节能监管体系建设，扩大节约型校园建设规模。开展重点用能单位办公楼节能改造试点，推广合同能源管理。

（选自《湖南省绿色建筑行动方案》）

四川省

到2015年，完成新建绿色建筑3200万平方米，城镇新建民用建筑全面实现节能50%的目标，有条件的城市或工程项目实现节能65%的目标，20%的城镇新建建筑达到绿色建筑标准要求。到2015年，力争完成既有居住建筑节能改造200万平方米，公共建筑和公共机构办公建筑节能改造350万平方米，其中公共机构办公建筑完成节能改造180万平方米。

力争完成建筑中推广可再生能源应用面积超过4000万平方米，年节能量6亿千瓦时，年常规能源替代量25万吨标准煤。

（选自《四川省住房和城乡建设厅绿色建筑行动实施方案》）

海南省

全省在"十二五"期间完成新建绿色建筑550万平方米，到2015年年底，20%的新建建筑达到绿色建筑标准的目标任务。城镇新区建设、5万平方米以上商品房小区、旧城更新和棚户区改造中，建立包括绿色建筑比例、生态环保、公共交通、可再生能源利用、土地集约利用、再生水利用、废弃物回收利用以及拆除年限等内容的绿色建设指标体系，并将其提前纳入各类规划中。《方案》明确要积极推进绿色居住、绿色办公、绿色工业、绿色酒店、绿色商场、绿色医院、绿色校园等城镇绿色建筑发展，自2014年起，政府投资的机关、学校、博物馆、科技馆、体育馆等建筑以及单体建筑面积超过2万平方米的机场、车站、宾馆、饭店、商场、写字楼等大型公共建筑全面执行绿色建筑标准。

"十二五"期间，鼓励采取合同能源管理模式推动公共建筑节能改造，全省完成大型公共建筑节能改造30万平方米。推进公共建筑节能改造重点市县示范，继续推行"节约型高等学校建设"，实施农村危房改造节能示范2000套。

（选自《海南省住房和城乡建设厅绿色建筑行动方案》）

北京市既有公共建筑能耗情况调研报告

不同规模的公共建筑,其室内人员、灯光和办公设备的密度不同,全年的用能特点和能源消耗总量也不同。根据建筑的用能特点,将公共建筑划分为普通公共建筑和大型公共建筑。大型公共建筑是指建筑面积超过2万平方米且采用集中空调系统的各类星级酒店、大中型商场、高级写字楼、车站机场及体育场馆等。普通公共建筑则是指建筑面积在2万平方米以下或建筑面积超过2万平方米,但未采用集中空调的各类办公建筑、科研教学和医疗建筑等。

在这些公共建筑中,办公建筑、旅馆酒店及大中型商场的比例占到70%以上,是节能改造的重点,因此本调研主要针对这三类公共建筑进行。

一、北京市既有公共建筑现状和背景

经过新中国成立50多年来的建设,特别是近十几年基础设施建设的高速发展,北京城市面貌发生了巨大的变化,截止到2003年,全市既有房屋建筑面积已达4.75亿平方米,其中3.83亿平方米为民用建筑,民用建筑用能已占到全市终端能耗的30%以上。

根据北京市城市总体规划以及产业结构调整中继续加大第三产业比重的需要,未来几年内写字楼、公寓、饭店、会展中心及奥运场馆等大型公共建筑会大幅度增加,同时一批普通公共建筑由于使用功能改变进行改造后,能源需求成倍增长,在用能特点上转变成为大型公共建筑。加上现有存量,北京市的大型公共建筑面积在未来几年内将达到4000万平方米。

大型公共建筑的用能主要是电耗,北京市各类大型公共建筑的全年平均耗电量约为150kWh/m^2,是普通城市住宅单位面积用电量的10~15倍。据此计算,大型公共建筑面积虽占北京市民用建筑总面积的5%,其总电耗却高达33亿kWh,与全市一半居民的生活用电量相当。大型公共建筑的用电,包括照明、办公设备、电梯、空调、供热等多个系统,夏季由于集中空调系统的使用,其用电量要明显高于其他季节,全年用电变化趋势如图1所示。

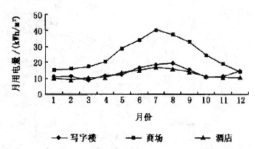

图1 北京市大型公共建筑全年用电变化趋势

大型公共建筑由于其内部发热量大,冬季供热能耗不大,供暖季平均供热量仅为10~30W/m^2,冬季供热总能耗为0.1~0.3GJ,供热能耗与普通居民住宅基本相当。

二、政府办公建筑能耗现状

近几年,随着政府办公环境的不断改善

和各种办公设备的不断更新升级,政府机构能耗总量增长更加迅速。政府机构办公建筑的特点是能耗指标高、终端用能设备总体能效水平低等问题,具有较大的节能潜力,是节能改造的重点领域。

各节能诊断单位建筑面积、规模以及投入使用时间汇总表 表1

试点单位	建筑面积(m²)	包含独立建筑数量(栋)	人数	投入使用时间(年)
A	120000	4	2500	1998
B	87186	2	1800	2003
C	45700	2	1000	1997
D	37596	3	1000	2000
E	28662	1	714	2000
F	32517	1	950	1996
G	44450	3	500	1995~1999
H	93296	3	1700	1995~1999

各节能诊断单位的冷、热源及空调系统形式表 表2

试点单位	冷源形式	热源形式	空调系统形式
A	开利水冷离心机组	城市热网+壳管式换热器	风机盘管加新风 全空气系统 分体空调 恒温系统
B	特灵水冷离心机组	城市热网+板式换热器	风机盘管加新风 全空气系统 恒温系统
C	约克水冷离心机组	城市热网+板式换热器	风机盘管加新风 分体空调 恒温恒湿空调
D	特灵离心式机组 2×2070 KW 特灵螺杆式机组 1×825 KW	市政管网+板式换热器	全空气系统 风机盘管+新风 恒温恒湿空调
E	约克离心式机组 3×2987 KW	航天部大院热力站	风机盘管+新风
F	开利螺杆式机组 3×1055KW	市政管网+板式换热器	风机盘管+新风 全空气系统
G	开利活塞式机组 2×872KW 约克离心式机组 1×2987KW 约克螺杆式机组 1×879KW	燃油锅炉+板式换热器	全空气系统 风机盘管+新风 分体空调
H	特灵螺杆式机组 3×1230KW 3×887KW 3×790KW	市政管网+板式换热器	风机盘管+新风 专用空调系统 风机盘管系统

中国建筑科学研究院分别于2005年和2006年连续两年对国务院机关事务管理局下属的8家单位的办公楼开展检测与节能诊断工作，各单位节能与诊断概况汇总如下。

（一）建筑概况

各节能诊断单位的建筑面积、规模以及投入使用时间汇总见表1。

（二）能耗状况

各节能诊断单位所采用的冷、热源及空调系统形式见表2。

1. 建筑物耗电量指标

各节能诊断单位全年总用电量、单位建筑面积用电量汇总见表3。

各节能诊断单位全年总用电量、单位建筑面积用电量汇总表　　表3

节能诊断单位	全年总用电量（万kWh/年）	全年单位建筑面积用电量（kWh/m²·年）
A	1294.24	108
B	550.5	63.2
C	296.78	64.9
D	299	79
E	303	106
F	170	52
G	344	77
H	898	96

上述8家政府机构办公建筑的全年单位建筑面积用电量在52kWh/m²~108kWh/m²，除1家外其余均高于2002年政府机构全年单位建筑面积用电量的平均值55.5kWh/m²。

2. 建筑用能分类

（1）总用能分类

各节能诊断单位建筑总用电量分项构成比例汇总见表4。

（2）空调用能分类

各节能诊断单位空调系统耗电量分项构成比例汇总见表5。

各节能诊断单位建筑总用电量分项构成比例汇总表　　表4

试点单位		分项构成 空调/采暖	办公设备及照明		动力及其他	
			办公设备	照明	动力	其他
A		54%	14%		32%	
B		27%	50%		23%	
C		30%	53%		17%	
D		49%	20%	14%	9%	8%
E		31%	27%	14%	6%	21%
F		42%	27%	19%	6%	6%
G		43%	15%	24%	7%	11%
H	主辅楼	29%	51%	10%	9%	1%
	综合楼	42%	46%	8%	3%	1%

各节能诊断单位空调系统耗电量分项构成比例汇总表　　　　表5

分项构成 试点单位		冷水机组	水泵		末端设备及冷却塔其他	
			冷冻水泵	冷却水泵	末端设备	冷却塔
A		28%	41%		31%	
B		51%	30%		19%	
C		31%	35%		34%	
D		35%	10%	10%	43%	2%
E		52%	9%	12%	25%	2%
F		41%	18%	21%	19%	1%
G	防汛总楼	54%	21%	10%	13%	2%
	生活服务楼	53%	12%	11%	22%	2%
H	主辅楼	58%	25%	8%	7%	2%
	综合楼	52%	17%	17%	11%	3%

三、综合写字楼能耗现状

北京拥有大量的综合写字楼，大部分为高级办公建筑。中国建筑科学研究院于2008年底对一些大型写字楼进行了2007~2008年一年的能耗情况调查审计，表6给出了各建筑全年能耗状况，从表中可以看出，写字楼单位面积全年用电量在60kWh/m²~120kWh/m²之间，相互之间存在较大差距。

以其中的A建筑为例，该建筑2007~2008年逐月的电耗情况见图2。从图中可以看出夏季供冷期的月平均耗电量明显高于其他月份，平均月耗电量分别为采暖期与过渡期的1.28倍和3.82倍。说明制冷设备的耗能对建筑用能的影响较大。

以其中的A建筑为例，该建筑2007~2008年逐月的电耗情况见图2。从图中可以看出夏季供冷期的月平均耗电量明显高于其他月份，平均月耗电量分别为采暖期与过渡期的1.28倍和3.82倍。说明制冷设备的耗能对建筑用能的影响较大。

各能源审计建筑电耗指标汇总表　　　　表6

建筑	建筑面积 （m²）	建筑数量 （栋）	人数	投入使用时间 （年）	全年总用电量 （万kWh/年）	全年单位建筑面积用电量 （kWh/m²·年）	人均年耗电量 kW·h/（人·年）
A	25700	1	800	1996	253.3	98.5	3165
B	39575	1	1500	1998	467.6	118.2	3117
C	24300	1	800	—	217.5	89.5	2719
D	20301	1	460	1998	127.1	62.6	2764
E	232730	4	10000	2005	1724.2	99.2	2258
F	38000	1	2000	1995	449.2	118.2	2246

七、统计篇

各能源审计建筑总用电量分项构成比例汇总表 表7

分项构成 试点单位	空调/采暖	办公设备及照明		综合服务
		办公设备	照明	
A	36.3	21.7	22	20.0
C	44.3	21.7	13.8	20.2
E	20.2	59.5		20.3
F	27.0	54.0	6.0	13.0

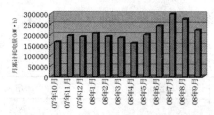

图2 北京某写字楼全年逐月耗电变化情况

四、北京市旅馆酒店建筑能耗现状

旅馆酒店与办公建筑不同，建筑的用电是连续的，全天都在使用。旅馆酒店虽然营业时间长，但是由于受到旅游季节变化和入住率波动的影响，多数时间是在部分负荷下工作。根据对北京市25家三星级以上酒店的现场测试，星级酒店全年平均用电量基本在 $100kWh/m^2 \sim 150kWh/m^2$，但也有个别建筑超过 $200kWh/m^2$，如图3所示。

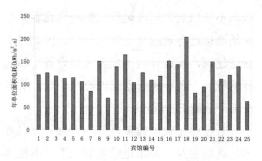

图3 北京市旅馆酒店建筑单位面积全年平均用电量

以其中1家酒店为例，具体分析各用电设备的电耗情况。如图4所示，酒店总用电量中，比重最大的两个部分是空调和照明，分别占43.6%和24.8%。此外酒店为客人提供每天24小时生活热水，因此生活热水的电耗也明显高于其他大型公共建筑，所占的比重达17%，酒店电梯使用较为频繁，电耗也高，占到总用电量的9.3%。

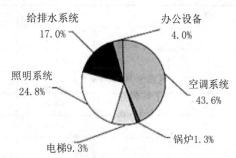

图4 旅馆建筑分项耗电量构成图

在空调系统中，制冷机电耗占47.3%，冷冻水泵、冷却水泵、供暖泵和冷却塔的电耗占27%，此外北京市的酒店类建筑普遍采用风机盘管加新风的空调方式，空调箱风机和风机盘管全年电耗合计所占比重达25.7%，如图5所示。

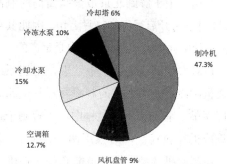

图5 旅馆建筑空调系统分项耗电量构成图

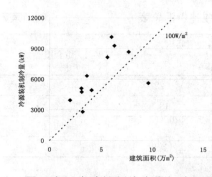

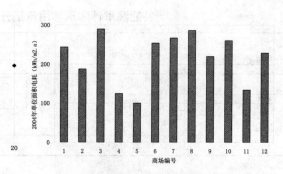

图6 商场类建筑制冷容量与建筑面积关系散点图

图7 12家商场2004年单位面积电耗

8家商场空调系统分项构成表 表8

商场代码	建筑面积	制冷机	冷冻泵	冷却泵	空调箱	冷却塔风机
	万平方米	%	%	%	%	%
A	3.1	48.6	8.2	13.0	30.1	3.2
B	3.1	49.9	9.9	17.4	22.8	1.3
C	3.6	49.5	6.5	8.4	35.7	4.1
D	5.6	49.1	7.3	11.6	32.0	1.1
E	6	44.6	15.5	17.2	22.7	4.5
F	7.7	40.9	11.1	8.7	39.4	4.6
G	9.6	27.3	16.7	10.8	45.3	2.2
H	20	42.2	4.8	17.6	35.3	3.3
平均值	—	44.0	10.0	13.1	32.9	3.0

五、北京市大型商场建筑能耗现状

商场营业时间通常为9：00～22：00，每天长达12个小时以上，且基本全年营业。由于内部发热量大，空调开启时间也较其他公共建筑长，调查中了解到北京市一些商场的制冷机从3月下旬开启运行到11月上旬。因此其单位面积的电耗在大型公共建筑中是最高的。

在对大型商场的调查中发现，空调系统的装机制冷量过大，有的制冷容量甚至超过了170W/m²。在重点调查过程中，了解到个别建筑冷机在负荷高峰时仅用两台，而4台备用，在制冷机选型上缺乏节能意识。在确定制冷机台数和每台机组的容量时，往往过多地考虑一次投资，很少考虑全年动态负荷曲线，不能做到使同时运行的制冷机总容量尽可能地接近建筑的动态空调负荷。因此对于新建建筑，在设计时不仅要考虑设备单独运行的特性，还要考虑系统的特性曲线、机组在部分负荷下的COP。

通过对北京市12家商场的调查，可以看出各商场相互之间用电量差异很大，电耗高的商场用电量达到了电耗低的商场的近3倍，全年总耗电量基本在200kWh/m²～300kWh/m²。上述差异表明，北京市大型商场存在着巨大的节能潜力。

在大型商场用电量中，空调系统和照明

的耗电量很大，占到85%以上，其余15%为电梯用电。

表8给出了8家商场空调系统分项构成的比例。在商场类空调系统的耗电量中，制冷机占44%，冷冻水泵占10%，冷却水泵占13.1%，空调箱的比例占32.9%，冷却塔风机的比例占3%。由此可以看出，在商场类的建筑中，空调箱所耗的电量大，有很大的节能潜力。

六、存在的主要问题

（一）冷源方面存在如下问题：

1. 冷水机组选型偏大，既增加初投资又提高了运行成本。

2. 冷水机组运行策略不合理。

"大马拉小车"的运行方式降低了冷水机组能效比（COP）；

冷水机组出口温度设定不合理。

3. 污垢热阻导致冷水机组蒸发器和冷凝器传热系数下降，机组性能系数降低。

（二）输配系统方面存在如下问题：

1. 冷冻、冷却水泵选型偏大，水泵处于大流量、小温差工作状态。

2. 空调冷冻水系统水力不平衡。

3. 冷冻水泵定流量运行，输送能效比高于标准规定。

（三）末端系统方面存在如下问题：

1. 新风系统：

新风系统存在新风口堵塞现象；

新风系统基本不可调，无热回收装置；

2. 风机盘管水系统未按照设计要求设置电动两通阀。

3. 风管与风口连接不严密。

4. 设备老化，风口余压偏低。

（四）电气系统、照明及办公设备方面存在如下问题：

1. 电气系统存在变压器负荷率偏低、空调控制系统不完善等共性问题。

2. 部分试点单位未使用高效节能灯具。

3. 电脑、饮水机、复印机等办公设备长时间处于待机状态，年空耗大量电量。

（五）管理方面存在如下问题：

1. 未根据不同功能房间使用时间对空调系统进行分区、分时管理。

2. 部分冷冻水经未开启的冷水机组旁通。

3. 个别辅助房间（库房、卫生间等）温度设置标准偏高，造成能源浪费。

4. 办公人员行为节能意识不强。

（选自《公共建筑节能改造技术指南》）

上海市既有公共建筑能耗情况调研报告

一、上海市既有公共建筑现状和背景

截至2006年底,上海市现有既有建筑约为6.4亿平方米,其中住宅约为3.8亿平方米,公共建筑为2.6亿平方米。但是公共建筑的能耗值却是住宅的好几倍,甚至十几倍。造成公共建筑能耗巨大主要源于围护结构方面大面积的使用玻璃幕墙、用能设备方面空调采暖系统及其辅助系统实际耗能巨大。这些公共建筑多是空间大、电器多、开放时间长、耗电量巨大。公共建筑的能耗以电为主,占总能耗的70%左右。根据抽样调查显示,30%左右公共建筑未采用任何节能措施,近70%的公共建筑仅采用部分节能措施,而采用系统的节能管理方式的建筑,更是屈指可数。

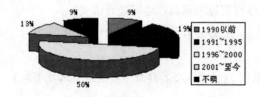

图1 建筑竣工年限

在公共建筑的发展中,以高层建筑的发展最为迅速。在本次调研的高层建筑中,1990年以后竣工的建筑占到82%(如图1),而且超高层建筑主要是1994年以后建造的。

上海市公共建筑在其数量快速增加的同时,建筑的功能也在悄悄地发生变化。以前建造的单一功能建筑通过改建、扩建,已经扩展到其他功能,而新建筑在设计、施工的时候就将这一市场需求考虑在内,导致目前上海市公共建筑的功能多元化趋势非常明显。最典型的是办公建筑与商业、旅馆建筑的融合。本次调查的建筑中,商办楼和宾馆办公楼的比例非常高,占总调查总数的55%。

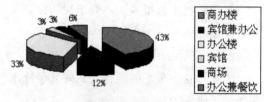

图2 公共建筑类型

上海市的经济发展虽然居于全国首列,但是上海市的能源资源却与其经济地位极不相称。长期以来,上海市的能源品种主要是周边地区输送来的煤炭,经发电后输送到全市,因此上海市公共建筑的主要能源是电力。随着电力供需矛盾和电网峰谷矛盾的日益突出,上海市逐渐增加峰谷电价差,并引进西部天然气用以缓解电力供应方面的矛盾。这种用电矛盾和政策性调整也在影响着公共建筑的能源选择与管理。

就调查的对象而言,80%的建筑在夏季是以电为空调系统的唯一能源,还有8%的建筑以天然气为唯一能源,采用复合能源的建筑有8%,如表1所示。

在本次调查中,将建筑能耗系统简单地分为三类:空调系统、照明系统、其他动力系统,分别对各建筑能耗进行了统计。结

夏季冷源型式表　　　表1

能源使用		比例	
单一冷源	电（离心、螺杆、活塞）	80%	92%
	蒸汽（溴化锂）	4%	
	燃气（溴化锂）	8%	
多能源	燃气（溴化锂）+电	4%	8%
	燃油（溴化锂）+电	4%	

果发现，建筑中照明系统能耗的比例约为10%～20%，空调系统的能耗约为40%～60%，其他动力系统的能耗约为30%～40%，如图3所示。也就是说空调系统能耗在整个公共建筑能耗中占据主导地位。

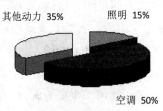

图3　建筑物各类型能耗比例

在空调系统的能耗中，不同的建筑选用的制冷主机装机容量也有所区别，如图4所示，如果采用面积平均，可以估算上海市商、办建筑目前单位面积装机容量为$150.85w/m^2$。

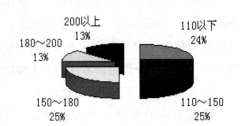

图4　单位面积装机容量（W/m²）

下面分别以办公建筑、宾馆和商场来介绍调查过程的具体数据、存在的问题及节能潜力。

二、上海市某办公楼能耗现状调研

（一）项目建筑概况

该办公大楼总建筑面积70641平方米。其中，主楼为综合办公楼，高29层，建筑面积38516平方米，副楼为生产调度楼，高5层，建筑面积11560平方米，地下室为车库和设备用房，共2层，建筑面积20565平方米。

（二）项目空调系统概况

该办公大楼于2004年启用。大楼采用中央空调系统，风机盘管加新风系统形式，冷热水管道为双管同程式，冷热源设备主要有：离心式冷水机组2台、空气源热泵冷热水机组7台、电热蒸汽锅炉3台、冷却塔2台。输送系统的设备主要有：水泵18台、新风机和空调箱79台、风机盘管约527台。大楼的照明灯具主要有格栅荧光灯、节能灯等。本办公建筑的电力能耗状况为：

1. 该办公大楼2005年单位面积总能耗为$126kWh/m^2$。其中，空调系统冬夏季运行能耗占总能耗的58%左右；照明系统能耗估计约占总能耗的15%左右；副楼中用于通信设备及其他的能耗占总能耗的27%左右。

2. 通过大楼的全年空调负荷模拟计算（以现行的《公共建筑节能设计标准》为计算依据）可知，现有建筑的外围护结构，主要是透明幕墙及外窗部位，传热系数不符合标准要求。因此造成全年空调负荷的增加。

3. 在照明系统中，经现场监测和数据分析，主楼5～13层在办公时间的实测照明功率密度平均值为$17W/m^2$，高于现行节能建筑照明设计标准$11W/m^2$。

4. 通过对空调系统运行逐时能耗的分析

发现，约有20%的风机盘管在双休日和工作日的下班时间仍处运行状态，应进一步调查其是否可以关闭。

5.大楼中的员工有较多的加班工作和节假日会议等情况，对产生较高的能耗指标有一定影响。

（三）节能潜力分析

1.空调系统的节能措施

主要从风机盘管的运行节能管理出发。本大楼风机盘管在双休日和工作日下班后的能耗是偏高的，降低风机盘管在此时间段运行能耗，可考虑增加一个定时开关装置，设定开关电源的时间，以确保在员工"忘记关电"的情况下，仍然能够关闭电源。风机盘管的节能空间估计在每年45万度电左右，可实现本大楼总建筑节能率约4%。

2.室内照明的节能措施

本大楼室内照明部分的能耗也是偏高的，本大楼室内照明的节能措施主要有：（1）使用高效节能型光源，降低照明功率密度值；（2）调整照明控制回路，在光照较强时关闭靠窗一侧的照明灯，充分利用本大楼大面积玻璃透光幕墙的特点；（3）增加工位照明光源，减少大面积照明光源，总体上实现在保证工作需要的前提下，降低平均照明功率密度的目的。室内照明的节能空间估计在每年60万度电左右，可实现本大楼总建筑节能率约5%。

3.外围护结构的节能措施

本大楼的建筑特点之一是大比例的透明玻璃幕墙围护结构，这种大比例透明玻璃幕墙对冬季采暖负荷的减少略有好处，但相应也增加了夏季空调负荷。建议设计布置合理又经济的内遮阳措施，可以有效减少夏季室内空调负荷，内遮阳的节能效果最终是通过降低夏季空调能耗来实现的，对透明幕墙的内遮阳改造的节能空间估计在每年22万度电左右，可实现本大楼总建筑节能率约2%。另外，根据建筑幕墙采用的低辐射镀膜中空双层玻璃的特性，夏季充分利用已有的遮光百叶帘，能有效地降低一定的空调能耗。

以上三个节能建议在投资很少的情况下，可实现本大楼总建筑节能率约11%左右。

三、上海市某星级宾馆能耗现状调研

（一）项目建筑概况

该宾馆为四星级，由1幢主楼、1座俱乐部和4栋别墅组成。宾馆总建筑面积20307平方米，其中主楼建于1982年，共6层，建筑面积14130平方米，俱乐部2层，建筑面积4761平方米。其中，主楼为客房、餐饮和会议用途，俱乐部为休闲娱乐用途。宾馆共有客房149间，2005年客房入住率为66.87%。

该宾馆主楼采用框架结构，外墙为普通粘土砖，屋面采取了保温措施，外窗为普通铝合金单玻窗。

（二）项目空调系统概况

该宾馆建筑中，主楼和俱乐部夏季由位于地下机房的螺杆式冷水机组集中供冷，冬季由地下机房的锅炉集中供热；4栋别墅采用分体式空调供冷供热。本次调研主要以主楼、俱乐部以及地下机房为分析对象。

通过实地的调研，冷站冷源由3台螺杆式冷水机组组成，其中一台为制冷量为380RT（1336kW），功率为267kW（1#），其余两台制冷量为300RT（1055kW），功率为179kW（2#、3#）。由于冷机选型偏大，因此全年绝大部分时间只需开一台冷机，开两天冷机的时间不超过5天，具体为7、8、9月份开1#大冷机，4、5月份开2#、3#小冷机。冬季采暖热源为两台燃油锅炉，容量均为4吨。

冷冻水输配系统包含4台冷冻泵，其中1#、2#冷冻泵额定流量为176立方米，扬程44米；3#、4#冷冻泵额定流量为160立方米，扬程38米。冷却水系统输配系统包含4台冷却泵，泵的额定流量均为400立方米，扬程均为24米。泵采用变频控制，共装有两台变频器，其中1#变频器为37kW，管1#和2#冷冻泵，以及1#、2#采暖泵；2#变频器为30kW，管2#和3#冷却泵。夏季工况下没有使用变频器，冬季工况下变频运行。

根据调研信息，整理得到2003～2005年该宾馆逐年单位面积耗电量、单位面积建筑总能耗和用水量，具体见图5～图7。由于宾馆消耗的燃料包括燃油和煤气，因此为统一计量，将燃料都换算为标煤，得到各年燃料消耗量如图2所示。由于2003年全国遭遇非典疫情，宾馆停业3个月，因此2003年的能耗中不包括这3个月的用量。由图5可见，该宾馆单位面积耗电量在155kWh/（m²·a）左右，与其他宾馆相比较高。

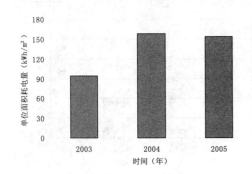

图5 该宾馆逐年用电量统计

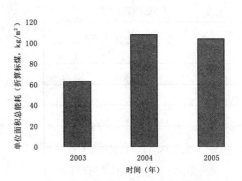

图6 该宾馆逐年燃料消耗量统计

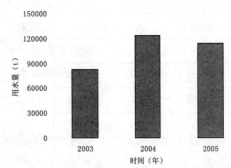

图7 该宾馆逐年用水量统计

（三）节能潜力分析

1. 围护结构

该饭店由于建筑时间较早，外墙为普通粘土砖，传热系数较大。外窗为单层茶色玻璃，既不利于采光，保温隔热性能也差。窗框为普通铝合金窗框，未采取断热措施，是围护结构的主要热损失点之一。但围护结构改造需要与宾馆的发展相结合考虑，在宾馆有围护结构改造计划的时候，建议宾馆外墙加外保温，玻璃更换为双层中空Low-E玻璃，并结合好的外遮阳形式，降低通过建筑物围护结构的热传递。

2. 空调系统冷热源及输配系统分析

（1）冷冻水流量过大

根据2005年冷站全年运行记录，得到冷站全年冷冻水供回水温差如图4所示。

由图可见，冷冻水供回水温差大都分布在1.5℃～3.5℃之间，其中有相当长的时间运行在2℃温差下，供回水温差过少。究其原因，主要是冷冻水流量过大。系统的设计流量为160m³/h，但实测流量为297m³/h，比设计流量大86%。因此，在建筑冷负荷一定的情况下，供回水温差变为设计温差（5℃）的54%。

（2）末端风机盘管控制器分析

通过对典型房间的抽查，发现就所查房间，房间开关风机盘管相应水管电磁阀均不作用。这就造成了虽然顾客和工作人员做到了人走关风机盘管，但冷冻水依然在房间的盘管内循环流动，增大了系统的冷冻水流量，从而增大了冷冻泵的能耗。

（3）照明分析

该饭店已投入大量的人力物力用于宾馆照明节能，不仅在大堂、餐厅等公共区域更换了节能灯具，而且照明系统还配置了两台照明节电器，正常运行工作。照明系统进一步的节能潜力主要表现在以下两个方面，一是做好行为节能，做到人走关灯，按需开灯，减少浪费行为；二是进一步推进灯具改革，扩大节能灯的使用比例。

四、上海市某商场能耗现状调研

（一）项目建筑概况

该商场于1993年12月开业，总面积32000平方米，地下一层、地上八层，是集购物、休闲、餐饮、娱乐于一体的多元化大型购物场所。商场外窗为铝合金中空玻璃，外墙和屋顶均未采取保温措施。

（二）项目空调系统概况

目前空调系统主机为3台600冷吨的约克离心机组，采暖使用一台150kW的电锅炉。水系统采用二级泵系统，共包含5台15kW和3台30kW的冷冻泵和5台30kW的冷却泵，以及2台15kW的采暖泵，泵均未采取变频措施。照明方面目前已普遍采用了节能灯。

通过问卷调查和实地走访，得到该商场2004～2006年实际的能源消耗情况，具体结果见图8～图10。由图9可见，商场单位面积的用电量在300kWh/m²～400kWh/m²之间，且逐年减少。

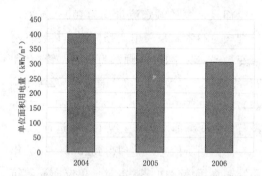

图8 商场2004～2006年单位面积用电量统计结果

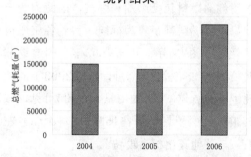

图9 商场2004～2006年总燃气用量统计结果

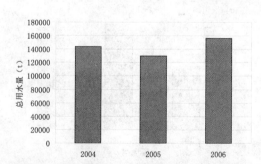

图10 商场2004～2006年总用水量统计结果

（三）节能潜力分析

现结合业主反映及现场勘查的情况，初步分析其在如下方面存在较大节能潜力：

1. 改善气流组织，减少无组织送风，降低空调冷源消耗。

2. 提高输配系统效率。

3. 优化系统运行参数。

（选自《公共建筑节能改造技术指南》）

八、附录

本篇记述了2012年10月至2013年9月期间我国既有建筑改造工作所发生的重要事件,包括政策的出台、行业重大活动、会议、重要工程的进展等,旨在记述过去,鉴于未来。

既有建筑改造大事记

2012年10月25日,山西省政府办公厅发布了《关于进一步做好"十二五"既有居住建筑节能改造工作的通知》,对山西省"既有建筑改造"工作作出明确规划,将通过创新节能改造模式和融资方式、引进合同能源管理,降低既有建筑能耗、提高资源利用效率,力争在2013年年底前完成"既改"任务。

2012年10月29日,住房城乡建设部发布通知,批准《既有居住建筑节能改造技术规程》为行业标准,编号为JGJ/T129-2012,自2013年3月1日起实施。原行业标准《既有采暖居住建筑节能改造技术规程》JGJ129-2000同时废止。

2012年11月29日,山东省十一届人大常委会第三十四次会议审议通过《山东省民用建筑节能条例》(以下简称《条例》)。《条例》以《节约能源法》、国务院《民用建筑节能条例》等法律、法规为依据,充分吸收借鉴了外省市立法经验,结合山东省实际,从建筑节能技术与产品应用、新建建筑节能、既有建筑节能、可再生能源建筑应用、绿色建筑、民用建筑用能系统运行节能等方面进行了规范和提出了明确要求。

2012年12月5日,为贯彻落实《国务院关于印发"十二五"节能减排综合性工作方案的通知》(国发[2011]26号)以及住房城乡建设部、财政部《关于推进夏热冬冷地区既有居住建筑节能改造的实施意见》(建科[2012]55号),指导夏热冬冷地区既有居住建筑节能改造工作,住房和城乡建设部组织编制了《夏热冬冷地区既有居住建筑节能改造技术导则(试行)》。

2012年12月12日,住房和城乡建设部、国家发展和改革委员会、财政部、农业部、国家林业局、国务院侨办、中华全国总工会联合下发《关于加快推进棚户区(危旧房)改造的通知》,加快推进非成片棚户区(危旧房)改造,城中村改造和城镇旧住宅区综合整治。

2012年12月27日,住房和城乡建设部办公厅发布《关于加强绿色建筑评价标识管理和备案工作》的通知,指出各地应本着因地制宜的原则发展绿色建筑,并鼓励业主、房地产开发、设计、施工和物业管理等相关单位开发绿色建筑。

2013年1月1日,国务院办公厅转发了国家发改委、住建部《绿色建筑行动方案》的通知,提出"十二五"期间完成新建绿色建筑10亿平方米;到2015年末,20%的城镇新建建筑达到绿色建筑标准要求。同时,完成北方采暖地区既有居住建筑供热计量和节能改造4亿平方米以上,夏热冬冷地区既有居住建筑节能改造5000万平方米，公共建筑和公共机构办公建筑节能改造1.2亿平方米，实施农村危房改造节能示范40万套。到2020年末，基本完成北方采暖地区有改造价值的城镇居住建筑节能改造。

2013年1月1日，由北京市质监局和北京市规划委联合发布的地方标准《居住建筑节能设计标准》(DB11/891-2012)正式实施。该标准在国内首次提出建筑节能设计75%的要求，高于国内相关国标和行标，同发达国家水平相当。该标准适用于北京地区新建、改建和扩建居住建筑以及未纳入基本建设程序管理的农村自建住宅。标准在建筑的外窗外墙、太阳能热水系统、空调能耗、电气设计的能源设计、管网设计、采暖分户计量与室温调整6个方面重点提出了要求，鼓励采用新技术新材料，标准部分条款要求强制执行。

2013年1月10日，为了加快城市集中供热管网改造，确保供热安全和节能，推进城镇供热体制及供热计量改革，住房城乡建设部会同国家有关部门组织开展《北方采暖地区集中供热老旧管网改造规划》的编制工作。

2013年2月20日，住房和城乡建设部建筑节能与科技司印发了《住房城乡建设部建筑节能与科技司2013年工作要点》（以下简称《要点》），《要点》指出，2013年建筑节能与科技工作，以落实党的十八大精神为主线，根据《国务院关于印发节能减排"十二五"规划的通知》、《中共中央国务院关于深化科技体制改革加快国家创新体系建设的意见》和《国务院办公厅关于转发发展改革委住房城乡建设部绿色建筑行动方案的通知》（国办发[2013]1号）要求，全面部署，协调推进，抓好重点，以点带面，保质保量完成任务。具体工作安排包括切实转变思想作风和工作作风、着力抓好建筑节能、大力推动绿色建筑发展、加强科技创新、开展广泛的国际科技合作、积极推进墙材革新六个方面。

2013年3月，《既有建筑改造年鉴2012》出版发行，本书由中国建筑科学研究院组织编纂，以"十二五"国家科技支撑计划项目"既有建筑绿色化改造关键技术研究与示范"课题单位为依托，由中国建筑工业出版社出版发行，面向全国新华书店、建筑书店、网上书城公开发行。主要内容有政策法规、标准规范、科研项目、技术成果、论文选编、工程案例、统计分析、大事记。

2013年4月1日，"第九届国际绿色建筑与建筑节能大会暨新技术与产品博览会"在北京国际会议中心举行，大会的举办不仅加强国内外信息的交流与合作，及时沟通了解有关绿色建筑、建筑节能方面的最新信息动态与趋势，更为重要的是能够同步引进国际上最先进的工艺和技术，推进中国建筑业走资源节约型的发展道路，同时为国内外企业提供无可比拟的商机。在中国及世界各国政府和机构对发展绿色建筑事业应对气候变化的高度重视和给予的大力支持下，大会已成为中国规模和影响力最大的绿色建筑节能行业盛会。

2013年4月22日，由中国建筑科学研究院主办，北京筑巢传媒有限公司承办的"第五届既有建筑改造技术交流研讨会"在北京成功召开。会议以"推动建筑绿色改造，提升人居环境品质"为主题，以"十二五"国家科技支撑计划项目"既有建筑绿色化改造关键技术研究与示范"为依托，分设了绿色改造、节能改造、国际科技交流三个分会场。

2013年4月23日，由中国建筑科学研究院承担的"十二五"国家科技支撑计划"既有建筑绿色化改造关键技术研究与示范"项目阶段工作总结会在北京顺利召开。科学技术部21世纪议程管理中心张巧显副处长、卫新锋博士，住房和城乡建设部建筑节能与科技司韩爱兴副司长、陈新处长、姚秋实工程师，城镇化领域绿色建筑专项项目专员中国城科会绿色建筑与节能专业委员会王有为主任、西安建筑科技大学刘加平院士、天津大学环境科学与工程学院朱能教授、中国建筑科学研究院王俊院长、王清勤院长助理，项目管理办公室成员、各课题负责人及承担单位和参加单位的相关人员共70余人参加会议。

2013年4月27日，山东省政府发布《关于大力推进绿色建筑行动的实施意见》（以下简称《意见》），《意见》提出，到2015年，城镇新建建筑强制性节能标准执行率设计阶段达到100%，施工阶段达到99%以上，累计建成绿色建筑5000万平方米以上，当年20%以上的城镇新建建筑达到绿色建筑标准。"十三五"期间，全面执行居住建筑节能75%、公共建筑节能65%的建筑节能设计标准。同时要求，"十二五"期间，对全省40%以上具备改造价值的城镇既有居住建筑实施节能改造，完成公共建筑节能改造1000万平方米以上。到2020年年末，基本完成全省有改造价值的城镇既有建筑节能改造。

2013年5月13日，北京市人民政府办公厅印发了《北京市发展绿色建筑推动生态城市建设实施方案》，在全国率先提出了新建项目执行绿色建筑标准，实现居住建筑节能75%的目标。按照《方案》要求，自2013年6月1日起，新获得规划许可证的项目在送审施工设计图阶段，将被要求达到一星级及以上的绿色建筑标准，否则将不能通过审查，此举在全国尚属首次。在土地的招拍挂阶段，应满足一定的生态指标，否则土地的交易将受到阻碍。"十二五"期间，北京市将创建昌平未来科技城、丰台丽泽金融商务区等至少10个绿色生态示范区。

2013年5月21日，江西出台了《江西省节能减排"十二五"专项规划》。按照规划，到2015年，全面执行新颁布的节能设计标准，执行比例达到95%以上，城镇新建建筑能源利用效率比2010年提高30%以上。加快可再生能源建筑领域规模化应用，开展可再生能源建筑应用集中连片推广。大力发展绿色建筑，到2015年城镇新建建筑10%以上达到绿色建筑标准。积极促进新型材料推广应用，大力推进新型墙体材料革新，开发推广新型节能墙体和屋面体系。新型墙体材料产量占墙体材料总量的比例达到65%以上，建筑应用比例达到75%以上。推进农村建筑节能，推动建筑工业化和住宅产业化。开展大型公共建筑节能监管和高耗能建筑节能改造。建立健全大型公共建筑节能监管体系，宾馆、商厦、写字楼、机场、车站等要严格执行夏季、冬季空调温度设置标准，"十二五"期间，公共建筑节能改造200万平方米，既有居住建筑节能改造100万平方米以上，公共建筑单位面积能耗下降10%。

2013年5月27日，上海市建设交通委、市发展改革委、市财政局日前联合发布了《关于组织申报上海市公共建筑节能改造重点城市示范项目的通知》以下简称《通知》。《通知》指出，凡符合条件的项目承担单位，从即日起可向上海市建筑建材业市场管理总站申报。该《通知》中所补贴的"公共建筑节能改造重点城市示范项目"，是指对用能系统和围护结构等进行单项或多项节能改造，改造后单位建筑面积能耗下降20%（含）以上的项目。该财政补助资金由三部分组成：国家财政部下达本市的公共建筑节能改造补助资金、本市节能减排专项资金安排的财政配套补助资金和相关项目的节能量审核费用。

2013年6月6日，国家标准《既有建筑改造绿色评价标准》（以下简称《标准》）编制组成立暨第一次工作会议在北京召开。住房和城乡建设部标准定额司梁锋副处长，标准定额研究所陈国义处长、林岚岚教授级高工，住房和城乡建设部建筑环境与节能标准化技术委员会邹瑜秘书长、汤亚军，主编单位中国建筑科学研究院王俊院长、住房和城乡建设部科技发展促进中心杨榕主任，以及《标准》编制组专家和秘书组成员共30余人参加了会议。

2013年6月26日，李克强总理主持召开国务院常务会议，研究部署加快棚户区改造，促进经济发展和民生改善。

2013年7月4日，根据《湖南省绩效评估委员会关于印发〈2013年市州党委政府绩效评估指标〉的通知》要求，省绩效评估委员会将对湖南省各市州政府的建筑节能工作进行年中考核，具体考核指标如下：1.新建建筑实施节能强制性标准执行率设计阶段未达100%，施工阶段各设区城市未达98%以上，县（市）城区未达95%以上，每项少1%扣0.1分；2.本地区列入省级建设科技计划的绿色建筑创建项目和建筑节能示范工程项目未完成年度任务的，每项少完成1%扣0.1分；3.既有建筑节能改造未完成省下达任务指标的，每少完成10%扣0.1分。

2013年7月12日，《国务院关于加快棚户区改造的意见》出台，决定进一步加大棚户区改造力度，2013年至2017年改造各类棚户区1000万户，其中2013年改造304万户。

2013年7月13日，既有公共建筑节能改造推进会在常州市召开。从会上获悉，常州作为试点城市，已对部分既有公共建筑进行了用电普查，并将着手对既有公共建筑进行节能改造。

2013年7月15日，根据财政部、住房城乡建设部《关于进一步推进公共建筑节能工作的通知》（财建[2011]207号）、湖南省人民政府办公厅《关于加强全省国家机关办公建筑和大型公共建筑节能监管体系建设的意见》（湘政办函[2012]48号）等精神，经研究，湖南省住房和城乡建设厅决定面向省直机关、长沙市、株洲市及湘潭市组织申报公共建筑能耗检测系统建设示范单位，对经验收合格的单位进行授牌。

2013年7月18日，四川省制定并公布了《四川省绿色建筑行动实施方案》（以下简称《方案》）。《方案》对总体要求、主要目标、重点任务和保障措施等进行了明确。《方案》确定，在新建建筑方面，到2015年，城镇新建民用建筑全面实现节能50%的目标，有条件的城市或工程项目实现节能65%的目标。既有建筑节能改造方面，到2015年，力争完成既有居住建筑节能改造200万平方米，公共建筑和公共机构办公建筑节能改造350万平方米。可再生能源建筑应用方面，到2015年，力争完成建筑中推广可再生能源应用面积超过4000万平方米，年节能量6亿千瓦时，年常规能源替代量25万吨标准煤。

2013年8月1日起，合肥《既有居住建筑节能改造技术导则》和《既有公共建筑节能改造技术导则》正式施行。该两部有关既有建筑节能改造的技术导则，填补了合肥既有建筑节能改造没有技术指导的空白，有望极大促进既有建筑进行节能改造的进程。

2013年8月6日，《陕西省绿色建筑行动实施方案》（以下简称《方案》）经陕西省政府同意于日前印发，《方案》明确提出到"十二五"末，完成既有居住建筑供热计量及节能改造800万平方米，公共机构建筑节能改造1000万平方米，实施农村危房改造节能示范住房2万户。同时，20%的城镇新建建筑要达到绿色建筑标准。

2013年8月11日，国务院印发《关于加快发展节能环保产业的意见》（以下简称《意见》）。对于节能环保产业的重要组成部分的绿色建筑，《意见》提出了明确目标，到2015年，新增绿色建筑面积10亿平方米以上，城镇新建建筑中二星级及以上绿色建筑比例超过20%；建设绿色生态城（区）。提高新建建筑节能标准，推动政府投资建筑、保障性住房及大型公共建筑率先执行绿色建筑标准，新建建筑全面实行供热按户计量；推进既有居住建筑供热计量和节能改造；实施供热管网改造2万公里；在各级机关和教科文卫系统创建节约型公共机构2000家，完成公共机构办公建筑节能改造6000万平方米，带动绿色建筑建设改造投资和相关产业发展。大力发展绿色建材，推广应用散装水泥、预拌混凝土、预拌砂浆，推动建筑工业化。积极推进太阳能发电等新能源和可再生能源建筑规模化应用，扩大新能源产业国内市场需求。

2013年8月20日，深圳市经市政府五届八十八次常务会议审议通过，发布《深圳市绿色建筑促进办法》（以下简称《办法》）。《办法》中第十九条规定：用能水平在市主管部门发布能耗限额标准以上的既有大型公共建筑和机关事业单位办公建筑，应当进行节能改造。鼓励优先采用合同能源管理方式进行节能改造。

2013年9月12日，由住房和城乡建设部建筑节能与科技司、教育部发展规划司根据中德技术合作"公共建筑（中小学校和医院）节能项目"工作计划联合举办的"通向节能之路——中小学校节能国际研讨会"在天津召开。来自德国国际合作机构的驻华代表，有关省市住房城乡建设部门、教育主管部门负责学校建筑节能和基本建设管理的有关负责人，开展学校建筑设计、施工的有关单位负责人以及相关研究机构和协会、学会的负责人等共200余人参加了会议。会议认为，在中小学校开展节能改造具有十分重要而特殊的意义。与会者还实地参观了中德技术合作首个公建节能改造中小学校示范项目——天津朱唐庄中学改造工程。

2013年9月28日，石家庄市政府下发《关于推进既有建筑节能改造工作实施意见》。意见中要求，2013~2017年，石家庄市计划完成既有居住建筑供热计量及节能改造面积512.39万平方米；完成公共机构既有办公建筑节能改造面积86万平方米。改造后的既有居住建筑和公共建筑全部实行供热计量收费。

日吉华

日吉华装饰纤维水泥墙板（嘉兴）有限公司

公司简介

日吉华装饰纤维水泥墙板（嘉兴）有限公司，是1956年诞生于日本的装饰纤维增强水泥墙板世界知名企业——日吉华株式会社（日本低层住宅外墙板市场占有率近45%）的独资子公司。

公司2004年进入中国，在嘉兴有两个公司（工厂），以安全舒适的居住环境为目标，有效的利用再生纤维等资源，30多年前产品完全实现无石棉化，取得「中国环境标志」，是中国新型节能绿色环保建材生产和应用的引领者。参编制定标准《外墙用非承重纤维增强水泥板》（JG/T 396-2012）。

产品简介（品牌：日吉华）

日吉华装饰性纤维增强水泥墙板，是以水泥，硅质材料及纤维等为主要材料，经成型、高温高压蒸汽养护、特有的涂装工艺等工序制作而成，是一种集装饰性和功能性于一体的新型节能绿色环保墙体材料。

国产板：贝古斯系列、JXN系列和A系列等。
进口板：EX系列、S系列和IW系列等。

产品特点

1. 装饰性强，款式多样（600多种），表情丰富，多彩的格调可为设计师提供发挥创意的广阔空间，适合个性化设计。使用不同色系的板块进行组合，营造富有现代感的装饰效果，使用同色的板块进行组合，营造朴素大方的装饰效果。18种标准色可选，也可彩印砂岩、花岗岩、洞石、大理石、木纹、LOGO等效果。
2. 采用企口连接，卡件固定的干挂通气式施工，安装简便易操作，不受季节影响，缩短工期，节约成本。
3. 贝古斯系列（高密度板）采用背栓单元式工法施工时，外墙中间部分局部板块破损可以很容易地进行更换。
4. 具有很好的耐候性、耐久性、隔热性、阻燃性、隔声性、抗震性、自洁性。
5. 板块大，重量轻，只需要竖向龙骨，数量少，断面小，节约钢材。
6. 无石棉，无放射性，无污染，绿色环保。
7. 日本的技术、设备、管理和品质。涂装工艺技术水平领先。

产品用途

用于民用建筑的室内装饰，外墙装饰及工业建筑的外墙装饰等。
1. 高密度板的贝古斯系列：用于中高层建筑外墙装饰及旧房外墙改造的外装饰。
2. 低密度板的EX系列、W系列、M系列、A系列及中密度板的JXN系列：用于低层建筑，中高层建筑裙房及别墅的外装饰及内装饰。

联系方式

公 司 地 址：浙江省嘉兴市昌盛东路1011号（ www.nichiha.com.cn ）
北京事务所：北京市西城区阜成门外大街2号
　　　　　　万通新世界广场A座8层806、807室　　TEL：010-8804-7242　　FAX：010-8804-7265
上海事务所：上海中山西路2025号永升大厦1515室　TEL：021-6481-4200　　FAX：021-6481-4211

创造中国人用得起的隔热膜

昆宝窗膜

　　该公司是在青州市双宝包装镀膜机械有限公司、北京云润天成信息技术有限公司、青州市双宝真空镀膜技术研究所基础上创立的具有独立法人资格的高科技企业。公司拥有光学、自动化、机械、真空、太阳能等领域的专家数名。节能隔热膜的膜系设计膜料选取及制作方法获国家发明专利。产品通过国家权威部门检验，各项指标参数全部合格。截至目前，成为国内唯一准予进入汽车及建筑贴膜市场的合格产品。

　　目前，节能隔热膜系设计、膜系选取及制作方法，获得国家发明专利（专利授权号：200710121913.9）；SBD系列卷绕式真空镀膜机的监控、蒸发系统分别获得国家实用新型专利（专利授权号：201020505738.0和201020505751.6）。

节能　　隔热　　防爆　　环保

　　本产品的膜系设计，是根据可见光、红外线、紫外线波长范围采用光学干涉（介质—金属—介质）诱导透射理论设计膜系，用光真空镀膜法镀制。膜系设计、膜系选取及制作方法，获得国家发明利，其产品同时满足可见光高透过、紫外光高阻隔、红外光高反射安全防爆的性能、防辐射、美观舒适。承担了玻璃节能的历史使命

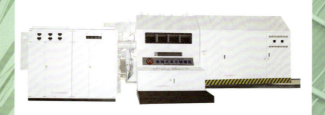

青州昆宝窗膜科技有限公司
QingZhou KingBao WindowFilms CO.,LTD
青州市双宝包装镀膜机械有限公司
QingZhou ShuangBao Package Filming Machine CO.,LTD

地址：青州市云门山街道办事处七里河社区以南海岱南路以东、卢郭路以北。
电话：15725368970　18866182887
传真：0536—2137331

燕通科技(香港)有限公司
AirStar Air Conditioning Technology Group (HK) Ltd.

▶ 香港科技园

Energy 能源

Create 创造

燕通科技(香港)有限公司 历经十年的研究，开发出"辐射和新风"中央空调国际专利技术（RCF技术）。该系列专利已经在中国大陆、中国香港、新加坡、日本、欧洲、美国和澳大利亚等国家和地区注册。该技术解决了欧洲同类技术在热湿气候条件下的结露问题。由于专利辐射板具有较大的辐射强度，可以满足舒适性空调的需要，并且不用冷梁来辅助。

专利的新风机具有非常强的除湿能力，使得RCF技术运行时室内具有很好的相对湿度和优良的CO_2浓度。

RCF技术在香港机场金门协兴写字楼、国泰航空飞机维修公司和香港科技园使用证明，可以比传统中央空调节省运行电费40%以上。维护管理费用节省90%！

该技术的节能和环保特点使得高端楼宇获得LEED认证变得更加容易！RCF技术适用于写字楼、学校、酒店、机场、地铁和电子工业建筑。具有非常好的推广前景。

公司地址：香港　沙田　香港科技园　科技大道西11号　生物科技二期　二座313~315
联系电话：+856 6854 1187
邮件地址：master@yantong.cn

SimpSunAir® 辛普森热源塔热泵系统
Frost Again ? Try SimpSun Heat Source Tower

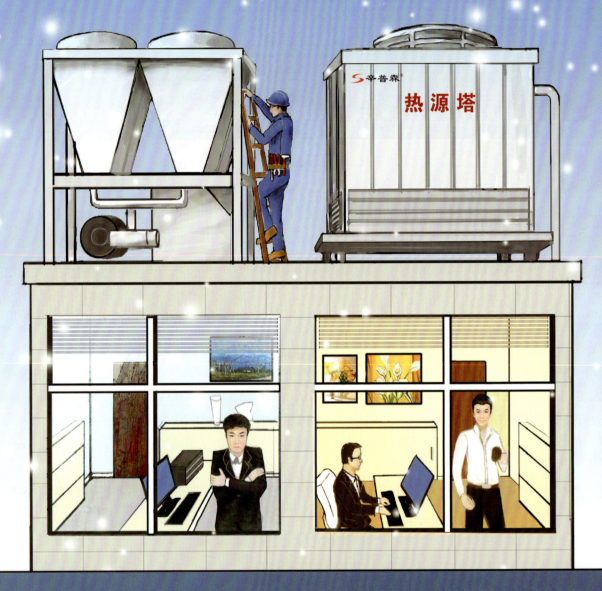

不用化霜、不用打井埋管、不用石化能源、节能环保

在我国南方地区，空气源热泵应用得较为广泛，但在冬季需要采取除霜措施，导致制热效果不好且额外增加系统约30%的能耗。水地源热泵利用土壤或地下水作为相对稳定的冷热源，但是，国家对地下水的利用有严格的限制，而土地的紧缺使得地源热泵在大城市中应用十分困难。热源塔热泵系统简单，是一种可以为建筑物提供冷暖空调及生活热水的可再生能源技术，其节能效果与水地源热泵相当，可以解决上述问题，极适用于长江流域及其以南地区室外空气湿球温度不低于-8℃及热负荷不小于1000kW的项目，广泛应用于宾馆、医院、公寓、酒店、商场等场所。

绿色辛境界 环保新世界

地址：江苏省扬州市邗江经济开发区牧羊路20号   电话：0514-87830088   传真：0514-87771269   Http://www.simpsun.com   www.xpszg.com

绿色 | 环保 | 节能 | 低碳 | 保温 | 装饰 | 防水 | 防火

外墙保温装饰一体板

- 防水保温装饰一体板（岩棉）- A级

- 防水保温装饰一体板（玻璃棉）- A级

- 防水保温装饰一体板（EPS）- B1级

公司简介：

德一建科保温装饰一体板系统、防水系统，结合了欧洲先进技术和中国本土优质辅料，顺应建筑节能、减碳和城市建筑色彩靓丽这两大趋势而研发的，它是创造性的将保温、防火和装饰三大功能集于一身。

产品通过了ISO9001质量管理体系认证，产品质量由中国人民财产保险股份有限公司承保，并获得了省级"高新技术产品"、"中国著名品牌"、"AAA质量服务信誉示范单位"、"全国建材产业科技创新优秀企业"、"江苏省十佳绿色建材企业"、"江苏省优秀科技企业"、"江苏优质诚信服务单位"等荣誉称号。

以诚信打造企业品质，用文化凝聚发展动力，德一建科始终坚守"以德为本、科技兴企"立业理念，秉承"诚信•责任•感恩"的核心价值观，坚持用科学发展观引领企业发展、践行德一建科的承诺。创造性地为客户提供有价值的服务 实现企业与客户关系的和谐，互惠互利，走向双赢。

德一防水

绿色环保 零甲醛

- 高弹性水泥基防水胶浆JS（柔性）
- 渗透型无色墙面修补液（结晶型）
- 渗透结晶型水泥基防水胶浆GB（刚性）

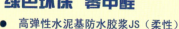

德一新型建筑材料科技有限公司
DEONE NEW BUILDING MATERIAL TECHNOLOGY CO.,LTD.

全国免费咨询电话
400-109-8118

江苏总部
总部地址：江苏张家港市塘桥经济开发区商城路
电话：0512-82593099
传真：0512-82593199
 http://www.jsdeyi.com.cn E-mail:jsdeyi@126.com

新疆生产基地
子公司地址：乌鲁木齐市南湖东路222号
工厂地址：乌鲁木齐市经济技术开发区昌公路三坪出口
电话：0991-4652234 传真：0991-4878234
 http://www.jsdeyi.com.cn E-mail:xjdeyi@126.com

技术领先　注重服务

远程电缆股份有限公司是专业生产电线电缆的大型企业，成立于2001年2月，并于2012年8月在深圳证券交易所上市，股票简称"远程电缆"，股票代码"002692"。公司位于江苏省宜兴市官林镇，公司注册资本32643万元，占地25万余平米，厂房建筑面积16万余平方米，员工800余名，已形成50万余公里的年生产能力，主要从事电力电缆、裸电线、电气装备用电线电缆等的研发、制造、销售。现采用行业最新灌装生产工艺可以生产出不受长度限制的产品，满足市场不同需求，研发的耐火系列产品广泛应用在建筑等领域。

公司通过了GB/T 19001质量管理体系、GB/T 24001环境管理体系、GB/T 28001职业健康安全量管理体系的认证，是高新技术企业。产品广泛应用于电力、石化、冶金、建筑、铁路交通等领域，并出口亚洲、非洲等多个国家和地区。

防火线缆行业领军企业

远程电缆股份有限公司
热　线：4001868166　　　传　真：0510-87206771
E-mail：chinayuancheng@yccable.cn
地址：中国江苏省宜兴市官林镇远程路8号

供暖节能　　行业先锋

公司简介

　　北京阿克姆热能科技开发有限公司是一家集研发、生产和销售于一体的、以技术创新为主的北京市高新技术企业。公司成立于2003年，注册资金1500万，拥有多名毕业于清华大学硕士研究生、海外留学归国人员以及专业的热能控制技术专家，专业开发出了阿克姆（ACME）供暖节能智能控制系列产品、阿克姆（ACME）燃煤/燃气锅炉DCS控制柜系列，并拥有十几项专利和版权证书。

　　阿克姆公司是国家发改委2010年首批备案公示的节能服务公司，北京市供热系统节能改造技术规程参编单位，是专业的供暖与锅炉控制节能产品提供商，可以为用户提供合同能源管理(EMC)的节能服务，向用户提供能源效率审计、节能项目设计、设备采购、施工、监测、培训、运行管理等一条龙服务。

长春轨道客车160万平米厂房供暖节能改造厂房内阿克姆控制设备

中国人民大学燃气锅炉、106万平米供热节能改造部分设备

地址：北京市海淀区西三旗金燕龙大厦606
电话：010-80772088/62714895/62715781/62714895
传真：010-80772188
邮箱：acme_wxs@sohu.com
网址：www.acmechina.com